AutoCAD 中文版学习进阶系列

AutoCAD 2016 中文版
精彩百例解析

三维书屋工作室
胡仁喜 刘昌丽 等编著

U0345639

机 械 工 业 出 版 社

本书以应用实例为媒介，由浅入深，循序渐进，在实战演练的过程中融入 AutoCAD 2016 知识的精髓。全书以 100 个实例覆盖 AutoCAD 2016 各个主要知识点，包括平面图形的绘制与编辑、各种辅助绘图工具、三维图形的绘制与编辑以及工程应用的零件图与装配图等。

本书随书配送了多功能学习光盘，光盘中包含全书所有实例源文件素材，并制作了全程实例配音讲解动画的 AVI 文件。利用作者精心设计的多媒体界面，读者可以随心所欲，像看电影一样轻松愉悦地学习本书。

本书可作为大中专院校 CAD 课程的配套练习教材，也可作为初学者的自学练习辅导用书，同时还可作为工程技术人员的参考书。

图书在版编目（CIP）数据

AutoCAD 2016 中文版精彩百例解析/胡仁喜等编著.—北京：机械工业出版社，2016.6
ISBN 978-7-111-54410-4

Ⅰ．①A⋯ Ⅱ．①胡⋯ Ⅲ．①计算机辅助设计—AutoCAD 软件—教材 Ⅳ．①TP391.72

中国版本图书馆 CIP 数据核字(2016)第 174590 号

机械工业出版社（北京市百万庄大街 22 号　邮政编码 100037）
责任编辑：曲彩云　　　　责任印制：常天培
北京中兴印刷有限公司印刷
2016 年 8 月第 1 版第 1 次印刷
184mm×260mm · 29 印张 · 711 千字
0001－3000 册
标准书号：ISBN 978-7-111-54410-4
　　　　　ISBN 978-7-89386-056-0（光盘）
定价：79.00 元（含 1DVD）

凡购本书，如有缺页、倒页、脱页，由本社发行部调换
电话服务　　　　　　　　　　网络服务
服务咨询热线：010-88361066　机工官网：www.cmpbook.com
读者购书热线：010-68326294　机工官博：weibo.com/cmp1952
　　　　　　　010-88379203　金 书 网：www.golden-book.com
编辑热线：　　010-88379782　教育服务网：www.cmpedu.com
封面无防伪标均为盗版

前　言

AutoCAD 的诞生与普及，使工程设计各学科有了新的飞跃。它所提供的精确绘制功能与个性化造型设计功能以及开放性设计平台为机械设计、建筑设计、服装设计和广告设计等各个学科的发展提供了一个广阔的大舞台。

本书作者根据 AutoCAD 2016 中文版的功能与特征，结合多年教学与工程设计经验体会，精心编写了本书。本书以应用实例为媒介，根据作者多年的经验及学习的通常心理，由浅入深，从易到难地娓娓道来，并在实战演练的过程中融入了 AutoCAD 2016 知识的精髓。全书以 100 个实例覆盖 AutoCAD 2016 各个主要知识点，突出基本绘图技巧与新增功能。充分考虑工程制图的行业应用实际需要，兼顾学习趣味性与工程实用性。全书分别通过实例介绍了二维图形绘制与编辑，辅助绘图工具，文本与尺寸标注，图块、图案填充与外部参照，设计中心与综合绘图，三维绘图与编辑等。各篇既相对独立又前后关联，在介绍的过程中，及时给出总结和相关提示，帮助读者快捷地掌握所学知识。全书解说翔实，图文并茂。本书可以作为初学者的练习教材，也可作为工程技术人员的参考书。

与市场上已经出版的同类书比较，本书有以下几个特点：

◆ 专业针对性强。本书主要针对机械设计与建筑设计行业从业人员编写，所选用实例直接来源于设计工程应用实例。

◆ 解说详细具体。本书以实例为单元进行讲述，对每一个实例的每一个步骤都进行了完整地讲解。读者可以毫无障碍地按照作者设计的思路进行操作学习。

◆ 结构清晰明了。全书按照 AutoCAD 知识的难易程度和通常学习过程，循序渐进，层层深入。潜移默化地引导读者掌握 AutoCAD 各个知识点。

◆ 示例经典实用。全书所有实例都来自工程应用实际并经过作者精心提炼，每一个实例都对 AutoCAD 的某些功能进行针对性的讲解。

◆ 构思精巧缜密。全书有明暗两条主线，很明显的一条主线是以 AutoCAD 知识结构为序逐步深入介绍。暗藏的一条主线是以机械设计与建筑设计，尤其是机械设计由简单到复杂，由零件图到装配图，由平面图到立体图的全程设计过程为序层层递进介绍。通过全书的学习，既可以完整地掌握 AutoCAD 的功能，又可以全面地获得机械设计与建筑设计的工程应用能力。可谓是"一箭双雕，一举两得"。

本书配送了多功能学习光盘，光盘中包含全书所有实例源文件素材，并制作了全程实例配音讲解动画的 AVI 文件。利用作者精心设计的多媒体界面，读者可以随心所欲，像看电影一样轻松愉悦地学习本书。

本书由三维书屋工作室总策划，胡仁喜和刘昌丽主要编写。康士廷、王敏、王玮、孟培、王艳池、闫聪聪、王培合、王义发、王玉秋、杨雪静、张日晶、卢园、孙立明、甘勤涛、李兵、路纯红、阳平华、李亚莉、张俊生、李鹏、周冰、董伟、李瑞、王渊峰等参与部分章节编写。

虽然作者几易其稿，但由于时间仓促加之水平有限，书中纰漏与失误在所难免，恳请广大读者登录网站 www.sjzswsw.com 或联系 hurenxi2000@163.com 批评指正，也欢迎加入三维书屋图书学习交流群 QQ：379090620 交流探讨。

编　者

目　录

第 1 篇
绘图基础篇

　　本篇主要介绍 AutoCAD 绘图的一些基础知识，包括二维绘图命令、二维编辑命令、机械图形单元、建筑图形单元和电气图形单元等知识，并为后面的工程设计做准备。

第 1 章

平面图形绘制基础

本章学习AutoCAD 2016绘图的基本知识。了解如何设置图形的系统参数、绘图环境，熟悉基本图形绘制命令等，为进入系统学习准备必要的前提知识。

    学 习 要 点

- 操作界面
- 设置绘图环境
- 了解文件管理
- 掌握图形显示和精确绘图功能
- 熟悉基本的二维绘图命令

实例 1　五角星

本实例绘制的五角星如图 1-1 所示。

实讲实训
多媒体演示

多媒体演示
参见配套光盘中
的\\动画演示\第
1 章 \ 五 角
星.avi。

图 1-1　五角星

 思路提示

本实例绘制的五角星是典型的由线段组成的图形，如果要采用直接绘制直线的方法绘制，要准确绘制出五角星的形状，必须事先计算好五个角的坐标位置。五角星绘制流程如图 1-2 所示。

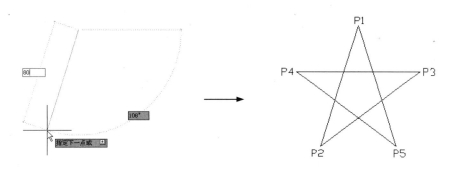

图 1-2　五角星绘制流程

 解题步骤

01 准备绘图。在命令行输入命令"NEW"，或者选择菜单栏中的"文件"→"新建"命令，或者单击"标准"工具栏中的"新建"按钮，或者单击"快速访问"工具栏中的"新建"按钮，系统会建立一个新图形。

提示：在 AutoCAD"自定义快速访问工具栏"处调出菜单栏，如图 1-3 所示，调出后的菜单栏如图 1-4 所示。选择菜单栏中的"工具"→"工具栏"→"AutoCAD"命令，调出所需要的工具栏，如图 1-5 所示。

3

图 1-3　调出菜单栏

图 1-4　菜单栏显示界面

图 1-5　调出工具栏

02 绘制五角星。单击"默认"选项卡"绘图"面板中的"直线"按钮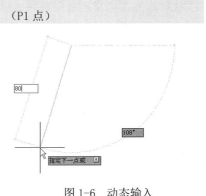，命令行提示与操作如下：

命令:LINE↙
指定第一个点:120，120↙　（P1 点）
指定下一点或 ［放弃(U)］: @80<252 ↙
（P2 点，也可以按下"DYN"按钮，在鼠标位置为 108°时动态输入 80，如图 1-6 所示）
指定下一点或 ［放弃(U)］: 159.091，90.870↙
（P3 点）
指定下一点或 ［闭合(C)/放弃(U)］:@ 80，0↙
（错位的 P4 点，也可以按下"DYN"按钮，在鼠标位置为 0°时动态输入 80）
指定下一点或 ［闭合(C)/放弃(U)］:U↙
（取消对 P4 点的输入）
指定下一点或 ［闭合(C)/放弃(U)］:@ -80，0 ↙
（P4 点）
指定下一点或 ［闭合(C)/放弃(U)］: 144.721，43.916↙（P5 点）
指定下一点或 ［闭合(C)/放弃(U)］:C↙
（封闭五角星并结束命令）

图 1-6　动态输入

03 保存文件。在命令行输入命令"QSAVE"，或选择菜单栏中的"文件"→"保存"命令，或者单击"标准"工具栏中的"保存"按钮，或者单击"自定义快速访问工具栏"中的"保存"按钮。

系统打开如图 1-7 所示的"图形另存为"对话框，在对话框内寻找对应的路径，在文件名后输入相应的图文件名。可以在文件类型中选择相应的附加名，一般以.dwg 或者.dxf 为附加名，单击"保存"按钮即可。

图 1-7　"图形另存为"对话框

思考

绘制五角星还有一个简便的方法：先绘制一个正五边形，连接对角线，再删除绘制的正五边形。读者可以自己尝试。

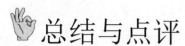 总结与点评

本例讲解了一个简单的造型，用到的绘图命令为最简单的"直线"命令。绘制的对象虽然非常简单，但"麻雀虽小，肝胆俱全"。作者在绘制 5 条线段的同时，巧妙地将"直线"命令各个选项、各种不同的绘制方式完整地应用了一遍，这样就有利于读者在这个简单的实例中全面理解和掌握"直线"命令的具体使用方法和各个功能选项的具体含义。

实例2 螺栓

本实例绘制的螺栓如图1-8所示。

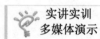
> **实讲实训**
> **多媒体演示**
>
> 多媒体演示参见配套光盘中的\\动画演示\第1章\螺栓.avi。

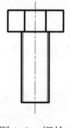

图1-8 螺栓

 思路提示

由于图形中出现了三种不同的线型，所以需要设置图层来管理线型。整个图形都是由线段构成，所以只需要利用LINE命令就能绘制图形。其绘制流程如图1-9所示。

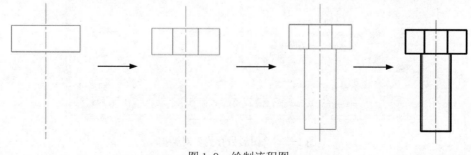

图1-9 绘制流程图

解题步骤

01 设置图层。

❶在命令行输入命令"LAYER",或者选择菜单栏中的"格式"→"图层"命令,或者单击"图层"工具栏中的"图层特性管理器"按钮,或者单击"默认"选项卡"图层"面板中的"图层特性"按钮,系统打开"图层特性管理器"对话框,如图 1-10 所示。

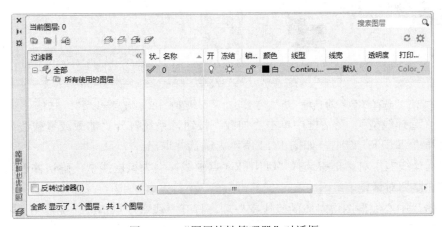

图 1-10 "图层特性管理器"对话框

❷单击"新建"按钮创建一个新图层,把该图层的名字由默认的"图层 1"改为"中心线",如图 1-11 所示。

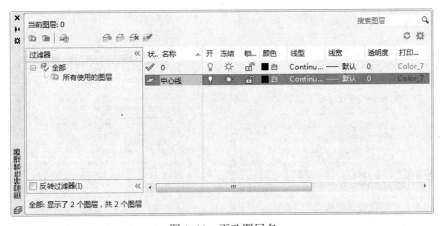

图 1-11 更改图层名

❸单击"中心线"图层对应的"颜色"项,打开"选择颜色"对话框,选择红色为该层颜色,如图 1-12 所示。确认并返回"图层特性管理器"对话框。

❹单击"中心线"图层对应"线型"项,打开"选择线型"对话框,如图 1-13 所示。

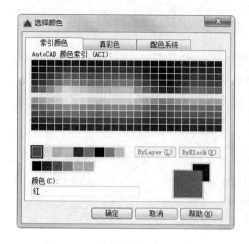

图 1-12 "选择颜色"对话框   图 1-13 "选择线型"对话框

❺在"选择线型"对话框中单击"加载"按钮，系统打开"加载或重载线型"对话框，选择"CENTER"线型，如图 1-14 所示。确认并退出。

在"选择线型"对话框中选择"CENTER（点画线）"为该层线型，确认并返回"图层特性管理器"对话框。

❻单击"中心线"图层对应的"线宽"项，打开"线宽"对话框，选择 0.09mm 线宽，如图 1-15 所示。确认并退出。

图 1-14 "加载或重载线型"对话框   图 1-15 "线宽"对话框

❼用相同的方法再建立另一个新层，命名为"轮廓线"和"细实线"。"轮廓线"层的颜色设置为黑色，线型为 Continuous（实线），线宽为 0.30mm；"细实线"层的颜色设置为蓝色，线型为 Continuous（实线），线宽为 0.09mm。并且让两个图层均处于打开、解冻和解锁状态，各项设置如图 1-16 所示。

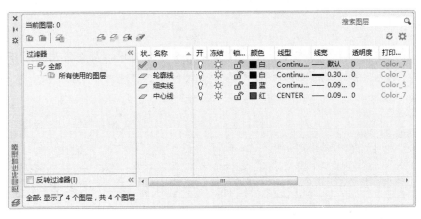

图 1-16　设置图层

❽选择中心线图层，单击"置为当前"按钮，将其设置为当前层，然后确认关闭"图层特性管理器"对话框。

02 绘制中心线。

命令：LINE✓
指定第一个点：40，25✓
指定下一点或［放弃(U)］：40，-145✓

03 绘制螺母外框。再次打开图层管理器，将"轮廓线"层设置为当前层。

命令：LINE✓
指定第一个点：0，0✓
指定下一点或［放弃(U)］：@80，0✓
指定下一点或［放弃(U)］:@0，-30✓
指定下一点或［闭合(C)/放弃(U)］:@80<180✓
指定下一点或［闭合(C)/放弃(U)］：C✓

按 Enter 键后，绘制一条从终点到这一系列直线起点的直线，如图 1-17 所示。

04 完成螺栓头绘制。

命令：LINE✓
指定第一个点：30,0✓
指定下一点或［放弃(U)］：@0,-30✓
指定下一点或［放弃(U)］:✓
命令：LINE✓
指定第一个点：55,0✓
指定下一点或［放弃(U)］：@0,-30✓
指定下一点或［放弃(U)］：✓

结果如图 1-18 所示。

图 1-17　执行闭合　　　　　　　　图 1-18　绘制直线

注意

如果执行完毕了一个命令之后，下一个命令与原命令相同，那么不用输入下一个命令的命令行，而只需要单击Enter键即可，如上述命令。

05 绘制螺杆。

命令：LINE↙
指定第一个点：20,-30↙
指定下一点或 [放弃(U)]：@0,-100↙
指定下一点或 [放弃(U)]：@40,0↙
指定下一点或 [闭合(C)/放弃(U)]：@0,100↙
指定下一点或 [闭合(C)/放弃(U)]：

结果如图1-19所示。

06 绘制螺纹。再次打开图层管理器，将"细实线"层设置为当前层。

命令：LINE↙
指定第一个点：22.56,-30↙
指定下一点或 [放弃(U)]：@0,-100↙
指定下一点或 [放弃(U)]：↙
命令：LINE↙
指定第一个点：57.44,-30↙
指定下一点或 [放弃(U)]：@0,-100↙

按下状态栏上的"线宽"按钮，结果如图1-20所示。

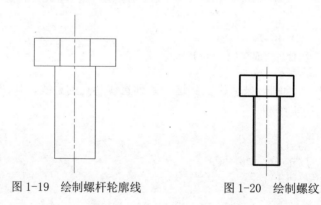

图1-19　绘制螺杆轮廓线　　　　　　图1-20　绘制螺纹

注意

在AutoCAD中，通常有两种输入数据的方法：输入坐标值或用鼠标在屏幕指定。输入坐标值很精确，但比较麻烦；鼠标指定比较快捷，但不太精确。用户可以根据需要来选择。比如，本例所绘制的螺栓由于是对称的，所以最好用输入坐标值的方法输入数据。

07 保存文件。在命令行输入命令"QSAVE"，或选择菜单栏中的"文件"→"保存"命令，或者单击"标准"工具栏中的"保存"按钮🖫，或者单击"快速访问"工具栏中的"保存"按钮🖫。在打开的"图形另存为"对话框中输入文件名保存即可。

总结与点评

　　本实例通过一个简单的机械零件绘制过程着重讲述了图层的设置和应用方法。AutoCAD 2016 提供了详细直观的"图层特性管理器"对话框，用户可以方便地通过对该对话框中的各选项及其二级对话框进行设置，从而实现创建新图层、设置图层颜色及线型的各种操作。合理利用图层，可以事半功倍。我们应该学会养成一种习惯：在开始绘制图形时，预先设置一些基本图层。每个图层锁定自己的专门用途。

实例 3　组合圆

　　本实例绘制的组合圆如图 1-21 所示。

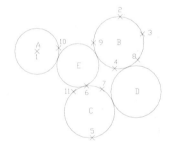

图 1-21　组合圆

> **实讲实训 多媒体演示**
>
> 多媒体演示参见配套光盘中的\\动画演示\第 1 章 \ 组合圆.avi。

 思路提示

　　本实例需要绘制的是一系列的圆，这些圆之间又存在一些对应的位置关系，绘制过程中将用到绘制圆的各种具体方式方法。其绘制流程如图 1-22 所示。

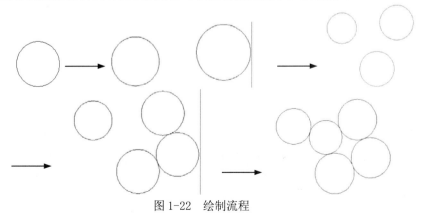

图 1-22　绘制流程

解题步骤

01 准备绘图。在命令行输入命令"NEW",或者选择菜单栏中的"文件"→"新建"命令,或者单击"标准"工具栏中的 "新建"按钮🗋,或者单击"自定义快速访问工具栏"中的"新建"按钮🗋,系统会建立一个新图形。

02 绘制圆 A。

命令:CIRCLE✓ (或选择菜单栏中的"绘图"→"圆"命令,或者单击"绘图"工具栏中的"圆"按钮⊙,或者单击"默认"选项卡"绘图"面板中的"圆"按钮⊙,下同)
指定圆的圆心或 [三点(3P)/两点(2P)/切点、切点、半径(T)]: 150,160✓ (1 点)
指定圆的半径或 [直径(D)]: 40✓ (画出 A 圆)

如图 1-23 所示。

03 绘制圆 B

命令: CIRCLE✓
指定圆的圆心或 [三点(3P)/两点(2P)/切点、切点、半径(T)]: 3P✓ (以三点方式绘制圆,或在动态输入模式下,按下"↓"键,打开动态菜单,如图 1-24 所示,选择"三点"选项)
指定圆上的第一点: 300,220✓ (2 点)
指定圆上的第二点: 340,190✓ (3 点)
指定圆上的第三点: 290,130✓ (4 点)(画出 B 圆)

结果如图 1-25 所示。

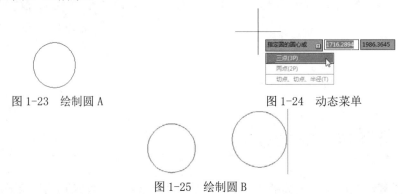

图 1-23 绘制圆 A 图 1-24 动态菜单

图 1-25 绘制圆 B

04 绘制圆 C。

命令: CIRCLE✓
指定圆的圆心或 [三点(3P)/两点(2P)/切点、切点、半径(T)]:2P✓ (2 点画圆方式)
指定圆直径的第一个端点: 250,10✓ (5 点)
指定圆直径的第二个端点: 240,100✓ (6 点)(画出 C 圆)

结果如图 1-26 所示。

05 绘制圆 D。

命令: CIRCLE✓
指定圆的圆心或 [三点(3P)/两点(2P)/切点、切点、半径(T)]: T✓ (切点、切点、半径画圆方式)
指定对象与圆的第一个切点:(在 7 点附近选中圆 C)
指定对象与圆的第二个切点:(在 8 点附近选中圆 B)
指定圆的半径: <45.2769>:45✓ (画出圆 D)

结果如图 1-27 所示。

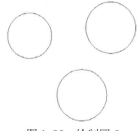

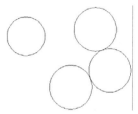

图 1-26　绘制圆 C　　　　　　　　　　　图 1-27　绘制圆 D

06 绘制圆 E。单击"默认"选项卡"绘图"面板中"圆"下拉菜单下的"相切、相切、相切"按钮 。

```
命令：CIRCLE✓
指定圆的圆心或 [三点(3P)/两点(2P)/相切、相切、半径(T)]：3P✓
指定圆上的第一个点：（打开状态栏上的"对象捕捉"按钮）
_tan 到 　（9 点）
指定圆上的第二个点：_tan 到 　（10 点）
指定圆上的第三个点：_tan 到 　（11 点）（画出圆 E）
```

结果如图 1-21 所示。

 注意

在 AutoCAD 中，通常同一个命令有三种执行方式：命令行直接输入命令名、菜单选项和工具栏按钮。三种方式执行效果相同，都会在命令行显示命令名，只不过菜单方式和工具栏方式执行时，会在命令名前加一个下划线，如-line。AutoCAD 命令也不分大小写，意义相同。以后输入命令时不再详细说明，一般在第一次用到时做一下说明，以后只给出命令行执行方式。

👌 总结与点评

> 本实例讲解了一个简单的组合圆，用到的绘图命令为最简单的"圆"命令。在绘制时巧妙地将"圆"命令各个选项、各种不同的绘制方式完整地应用了一遍，这样就有利于读者在这个简单的实例中全面理解和掌握"圆"命令的具体使用方法。

实例 4　五瓣梅

本实例绘制的梅花图案如图 1-28 所示。

实讲实训 多媒体演示
多媒体演示参见配套光盘中的\\动画演示\第 1 章\五瓣梅.avi。

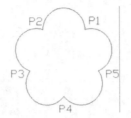

图 1-28　圆弧组成的梅花图案

 思路提示

　　本实例绘制的梅花图案完全由圆弧构成，因此可以利用绘制圆弧命令来完成图形的绘制。其绘制流程如图 1-29 所示。

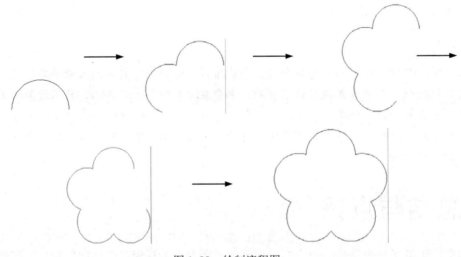

图 1-29　绘制流程图

 解题步骤

　　01 准备绘图。在命令行输入命令"NEW"，或者选择菜单栏中的"文件"→"新建"命令，或者单击"标准"工具栏中的 "新建"按钮，或者单击"自定义快速访问工具栏"中的"新建"按钮，系统会建立一个新图形。

　　02 绘制第一段圆弧。

命令：ARC✓（或者选择菜单栏中的"绘图"→"圆弧"命令，或者单击"绘图"工具栏中的"圆弧"按钮，或者单击"默认"选项卡"绘图"面板中的"圆弧"按钮，下同）
　　指定圆弧的起点或 [圆心(C)]：140,110✓
　　指定圆弧的第二点或 [圆心(C)/端点(E)]：E✓
　　指定圆弧的端点：@40<180✓

指定圆弧的中心点(按住 Ctrl 键以切换方向)或 [角度(A)/方向(D)/半径(R)]: R↙
指定圆弧的半径(按住 Ctrl 键以切换方向): 20↙
结果如图 1-30 所示。

03 绘制第二段圆弧。

命令:ARC↙
指定圆弧的起点或 [圆心(C)]: (用鼠标指定刚才绘制圆弧的端点 P2)
指定圆弧的第二点或 [圆心(C)/端点(E)]: E↙
指定圆弧的端点: @40<252↙
指定圆弧的中心点(按住 Ctrl 键以切换方向)或 [角度(A)/方向(D)/半径(R)]:A↙
指定夹角(按住 Ctrl 键以切换方向): 180↙

结果如图 1-31 所示。

图 1-30　绘制圆弧 1　　　　　　　　图 1-31　绘制圆弧 2

04 绘制第三段圆弧。

命令:ARC↙
指定圆弧的起点或 [圆心(C)]: (用鼠标指定刚才绘制圆弧的端点 P3)
指定圆弧的第二点或 [圆心(C)/端点(E)]: C↙
指定圆弧的圆心: @20<324↙
指定圆弧的端点(按住 Ctrl 键以切换方向)或 [角度(A)/弦长(L)]: A↙
指定夹角(按住 Ctrl 键以切换方向):180↙

结果如图 1-32 所示。

05 绘制第四段圆弧。

命令:ARC↙
指定圆弧的起点或 [圆心(C)]: (用鼠标指定刚才绘制圆弧的端点 P4)
指定圆弧的第二点或 [圆心(C)/端点(E)]: C↙
指定圆弧的圆心: @20<36↙
指定圆弧的端点(按住 Ctrl 键以切换方向)或 [角度(A)/弦长(L)]: L
指定弦长(按住 Ctrl 键以切换方向): 40↙

结果如图 1-33 所示。

图 1-32　绘制圆弧 3　　　　　　　　图 1-33　绘制圆弧 4

06 绘制第五段圆弧。

命令:ARC ↙
指定圆弧的起点或 [圆心(C)]: (用鼠标指定刚才绘制圆弧的端点 P5)
指定圆弧的第二点或 [圆心(C)/端点(E)]: E↙

指定圆弧的端点:(用鼠标指定刚才绘制圆弧的端点P1)
指定圆弧的中心点(按住 Ctrl 键以切换方向)或 [角度(A)/方向(D)/半径(R)]: D↙
指定圆弧起点的相切方向(按住 Ctrl 键以切换方向): @20<20↙
结果如图 1-28 所示。

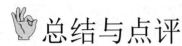
总结与点评

本例讲解了一个简单的梅花造型,巧妙运用了"圆弧"命令各个选项,便于读者在这个简单的实例中全面理解和掌握"圆弧"命令的具体使用方法。值得注意的是:在绘制圆弧时圆弧的曲率是遵循逆时针方向的,所以在选择指定圆弧两个端点和半径模式时,需要注意端点的指定顺序,否则有可能导致圆弧的凹凸形状与预期的相反。

实例 5 方头平键

本实例绘制的方头平键如图 1-34 所示。

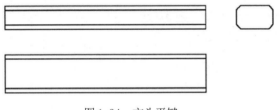

图 1-34 方头平键

> **实讲实训**
> **多媒体演示**
>
> 多媒体演示参见配套光盘中的\\动画演示\第1章\方头平键.avi。

思路提示

本实例绘制的方头平键由 3 个视图来表达,所以需要构造线来确定各个视图之间的位置。其绘制流程如图 1-35 所示。

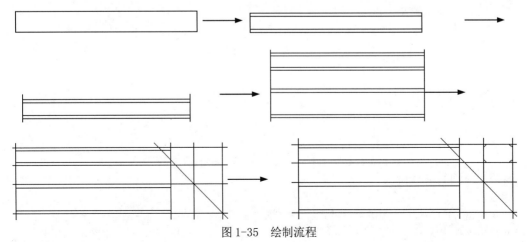

图 1-35 绘制流程

解题步骤

01 绘制主视图外形。

命令：RETANG↙
指定第一个角点或 [倒角(C)/标高(E)/圆角(F)/厚度(T)/宽度(W)]：0,30 ↙
指定另一个角点或 [面积(A)/尺寸(D)/旋转(R)]：@100,11 ↙

结果如图 1-36 所示。

02 绘制主视图棱线。

命令：LINE↙
指定第一个点：0,32↙
指定下一点或 [放弃(U)]：@100,0↙
指定下一点或 [放弃(U)]：↙
命令：LINE↙
指定第一个点：0,39↙
指定下一点或 [闭合(C)/放弃(U)]：@100,0↙
指定下一点或 [闭合(C)/放弃(U)]：↙

结果如图 1-37 所示。

图 1-36　绘制主视图外形　　　　　　　　　图 1-37　绘制主视图棱线

03 绘制竖直构造线。

命令：XLINE↙
指定点或 [水平(H)/垂直(V)/角度(A)/二等分(B)/偏移(O)]：(指定主视图左边竖线上一点)
指定通过点：(指定竖直位置上一点)
指定通过点：↙

用同样方法绘制右边竖直构造线，如图 1-38 所示。

04 绘制俯视图。

命令：RECTANG↙
指定第一个角点或 [倒角(C)/标高(E)/圆角(F)/厚度(T)/宽度(W)]：(指定左边构造线上一点)
指定另一个角点或 [面积(A)/尺寸(D)/旋转(R)]：@100,18
命令：LINE↙
指定第一个点：0,2↙
指定下一点或 [放弃(U)]：@100,0↙
指定下一点或 [放弃(U)]：↙
命令：LINE↙
指定第一个点：0,16↙
指定下一点或 [放弃(U)]：@100,0↙
指定下一点或 [放弃(U)]：↙

结果如图 1-39 所示。

图 1-38　绘制竖直构造线　　　　　　　　　图 1-39　绘制俯视图

05 绘制左视图构造线。

命令：_xline
指定点或 [水平(H)/垂直(V)/角度(A)/二等分(B)/偏移(O)]：H↙
指定通过点：(指定主视图上右上端点)
指定通过点：(指定主视图上右下端点)
指定通过点：(捕捉俯视图上右上端点)
指定通过点：(捕捉俯视图上右下端点)
指定通过点：↙
命令：_xline
指定点或 [水平(H)/垂直(V)/角度(A)/二等分(B)/偏移(O)]：A↙
输入构造线的角度 (0) 或 [参照(R)]：-45↙
指定通过点：(任意指定一点)
指定通过点：↙
命令：XLINE↙
指定点或 [水平(H)/垂直(V)/角度(A)/二等分(B)/偏移(O)]：V↙
指定通过点：(指定斜线与第三条水平线的交点)
指定通过点：(指定斜线与第四条水平线的交点)

结果如图 1-40 所示。

06 绘制左视图。

命令：RECTANG↙
指定第一个角点或 [倒角(C)/标高(E)/圆角(F)/厚度(T)/宽度(W)]：C↙
指定矩形的第一个倒角距离 <0.0000>：(指定主视图上右上端点)
指定第二点：(指定主视图上右上第二个端点)
指定矩形的第二个倒角距离 <2.0000>：↙
指定第一个角点或 [倒角(C)/标高(E)/圆角(F)/厚度(T)/宽度(W)]：(按构造线确定位置指定一个角点)
指定另一个角点或 [面积(A)/尺寸(D)/旋转(R)]：(按构造线确定位置指定另一个角点)

结果如图 1-41 所示。

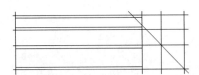
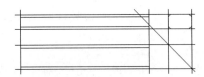

图 1-40　绘制左视图构造线　　　　　　　　图 1-41　绘制左视图

07 删除构造线。最终结果如图 1-34 所示。

👋 总结与点评

　　本实例讲解的方头平键是机械中常用的零件，主要用"矩形"命令和"构造线"命令来完成。其中用到的"矩形"命令的不同选项，可以帮助读者理解和掌握"矩形"命令的不同选项功能。"构造线"命令在本例中用作定位辅助线，用来保证三视图中"主俯长对正，主左高平齐，俯左宽相等"的视图关系基本原则。希望读者能在以后绘制三视图时灵活运用该命令。

实例 6 洗脸盆

本实例绘制的洗脸盆如图 1-42 所示。

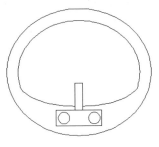

实讲实训
多媒体演示

多媒体演示参见配套光盘中的\\动画演示\第 1 章 \ 洗脸盆.avi。

图 1-42 洗脸盆

 思路提示

本实例绘制的洗脸盆是一个工程应用实例。建筑设计中经常要绘制脸盆图案。在绘制过程中，要用到椭圆、椭圆弧、圆、圆弧、矩形和直线命令。其绘制流程如图 1-43 所示。

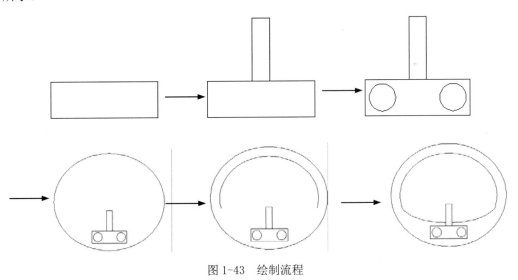

图 1-43 绘制流程

 解题步骤

01 绘制水龙头图形。

命令：RECTANG↙
指定第一个角点或 [倒角(C)/标高(E)/圆角(F)/厚度(T)/宽度(W)]：(用鼠标指定一个点)
指定另一个角点或 [面积(A)/尺寸(D)/旋转(R)]：(用鼠标指定另一个点，如图 1-44 所示)
命令：RECTANG↙

指定第一个角点或 [倒角(C)/标高(E)/圆角(F)/厚度(T)/宽度(W)]：（用鼠标在上面绘制矩形的上边的适当位置指定一个点）

　　指定另一个角点或 [面积(A)/尺寸(D)/旋转(R)]：（用鼠标向右上方指定另一个点，如图 1-45 所示）

　　命令：CIRCLE↙

　　指定圆的圆心或 [三点(3P)/两点(2P)/切点、切点、半径(T)]：（用鼠标在下面矩形中适当位置指定一个点）

　　指定圆的半径或 [直径(D)]：（用鼠标拉出半径长度）

　　命令：CIRCLE↙

　　指定圆的圆心或 [三点(3P)/两点(2P)/切点、切点、半径(T)]：（用鼠标在下面矩形中与第一个圆的圆心大约对称位置指定一个点）

　　指定圆的半径或 [直径(D)] <32.1448>:↙（直接按 Enter 键表示半径与上次绘制的圆半径相同，如图 1-46 所示）

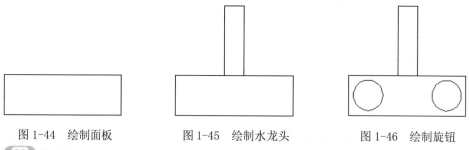

图 1-44　绘制面板　　　　　图 1-45　绘制水龙头　　　　　图 1-46　绘制旋钮

02 绘制脸盆。

　　命令：ELLIPSE↙（或者选择菜单栏中的"绘图"→"椭圆"命令，或者单击"绘图"工具栏中的"椭圆"按钮🛆，或者单击"默认"选项卡"绘图"面板中的"椭圆"按钮🛆，下同）

　　指定椭圆的轴端点或 [圆弧(A)/中心点(C)]：（用鼠标指定椭圆轴端点）

　　指定轴的另一个端点：（用鼠标指定另一端点）

　　指定另一条半轴长度或 [旋转(R)]：（用鼠标在屏幕上拉出另一半轴长度）

　　结果如图 1-47 所示。

　　命令：ELLIPSE↙

　　指定椭圆的轴端点或 [圆弧(A)/中心点(C)]：A↙

　　指定椭圆弧的轴端点或 [中心点(C)]：C↙

　　指定椭圆弧的中心点：（在对象捕捉模式下，捕捉刚才绘制的椭圆中心点）

　　指定轴的端点：（用鼠标指定椭圆轴端点）

　　指定另一条半轴长度或 [旋转(R)]：R↙

　　指定绕长轴旋转的角度：（用鼠标指定椭圆轴端点）

　　指定起点角度或 [参数(P)]：（用鼠标拉出起始角度）

　　指定端点角度或 [参数(P)/夹角(I)]：（用鼠标拉出终止角度）

　　结果如图 1-48 所示。

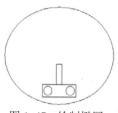　　　　　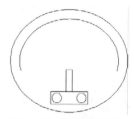

图 1-47　绘制椭圆　　　　　　图 1-48　绘制椭圆弧

　　命令：ARC↙

　　指定圆弧的起点或 [圆心(C)]：（捕捉椭圆弧端点）

指定圆弧的第二个点或 [圆心(C)/端点(E)]:（指定第二点）
指定圆弧的端点:（捕捉椭圆弧另一端点）
绘制结果如图 1-42 所示。

 # 总结与点评

> 如果对绘制的图形没有严格的尺寸要求，在绘制时，可以采用鼠标定点的方式给出相应的位置点或尺寸值，这种方式的优点是方便快速。
>
> 本例综合运用了各种简单的绘图命令，但着重强调的是"椭圆"和"椭圆弧"命令的用法，希望读者通过本例，加强对这两个命令的理解和掌握。

实例 7　卡通造型

本实例绘制的卡通造型如图 1-49 所示。

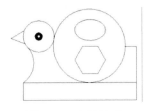

图 1-49　卡通造型

实讲实训 多媒体演示
多媒体演示 参见配套光盘中 的\\动画演示\第 1 章 \ 卡 通 造 型.avi。

 思路提示

本实例绘制的卡通造型，由于大圆与小圆和矩形有相切关系，所以应先画小圆和矩形，然后再画大圆及其内部的椭圆和正六边形，最后画其他部分。绘制过程中要用到直线、圆、圆弧、椭圆、圆环、矩形和正多边形等命令。其绘制流程如图 1-50 所示。

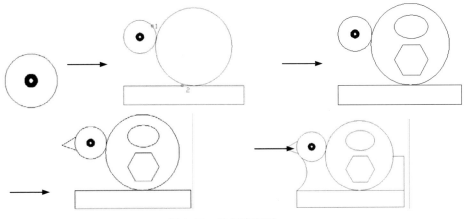

图 1-50　绘制流程图

解题步骤

01 绘制左边小圆及圆环。

命令：CIRCLE↙

指定圆的圆心或 [三点(3P)/两点(2P)/切点、切点、半径(T)]：230,210↙ （输入圆心的X,Y坐标值）

指定圆的半径或 [直径(D)]：30↙ （输入圆的半径）

命令：DONUT↙ （或单击下拉菜单"绘图"→"圆环"）

指定圆环的内径 <10.0000>：5↙ （圆环内径）

指定圆环的外径 <20.0000>：15↙ （圆环外径）

指定圆环的中心点或 <退出>：230,210↙ （圆环中心坐标值）

指定圆环的中心点或<退出>：↙ （退出）

结果如图 1-51 所示。

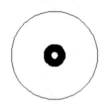

图 1-51　绘制左边小圆及圆环

02 绘制矩形。

命令：RECTANG↙

指定第一个角点或 [倒角(C)/标高(E)/圆角(F)/厚度(T)/宽度(W)]：200,122↙ （矩形左上角点的坐标值）

指定另一个角点或 [面积(A)/尺寸(D)/旋转(R)]：420,88↙ （矩形右上角点的坐标值）

结果如图 1 52 所示。

图 1-52　绘制矩形

03 绘制右边大圆及小椭圆、正六边形。

命令：CIRCLE↙

指定圆的圆心或 [三点(3P)/两点(2P)/切点、切点、半径(T)]：T↙ （用指定两个相切对象及给出圆的半径的方式画圆）

指定对象与圆的第一个切点：（如图 1-53 所示用鼠标在 1 点附近选取小圆）

指定对象与圆的第一个切点：（如图 1-53 所示用鼠标在 2 点附近选取矩形）

指定圆的半径：<30.0000>：70↙

结果如图 1-53 所示。

命令：ELLIPSE↙

指定椭圆的轴端点或 [圆弧(A)/中心点(C)]：C↙ （用指定椭圆圆心的方式画椭圆）

　　指定椭圆的中心点：330,222↙　　（椭圆中心点的坐标值）
　　指定轴的端点：360,222↙　　（椭圆长轴的右端点的坐标值）
　　指定另一条半轴长度或 [旋转(R)]:20↙　　（椭圆短轴的长度）
　　命令：POLYGON↙　（或选择菜单栏中的"绘图"→"多边形"命令，或者单击"绘图"工具栏中
的"多边形"按钮⬠，或者单击"默认"选项卡"绘图"面板中的"多边形"按钮⬠，下同）
　　输入侧面数〈4〉：6↙　　（正多边形的边数）
　　指定正多边形的中心点或 [边(E)]：330,165↙　　（正六边形的中心点的坐标值）
　　输入选项 [内接于圆(I)/外切于圆(C)] 〈I〉:↙　　（用内接于圆的方式画正六边形）
　　指定圆的半径：30↙　　（正六边形内接圆的半径）

结果如图 1-54 所示。

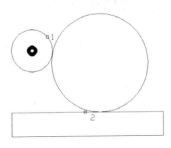

图 1-53　绘制切圆

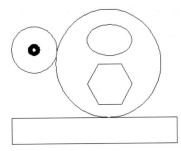

图 1-54　小椭圆、正六边形

04 绘制左边折线及圆弧。

　　命令:LINE↙
　　指定第一个点：202,221
　　指定下一点或 [放弃(U)]：@30<-150↙　　（用相对极坐标值给定下一点的坐标值）
　　指定下一点或 [放弃(U)]：@30<-20↙　　（用相对极坐标值给定下一点的坐标值）
　　指定下一点或 [闭合(C)/放弃(U)]:↙

结果如图 1-55 所示。

　　命令：ARC↙
　　指定圆弧的起点或 [圆心(C)]：200,122↙　　（给出圆弧的起点坐标值）
　　指定圆弧的第二个点或 [圆心(C)/端点(E)]：E↙　　（用给出圆弧端点的方式画圆弧）
　　指定圆弧的端点：210,188↙　　（给出圆弧端点的坐标值）
　　指定圆弧的中心点(按住 Ctrl 键以切换方向)或 [角度(A)/方向(D)/半径(R)]:R↙　（用给出圆弧
半径的方式画圆弧）
　　指定圆弧的半径(按住 Ctrl 键以切换方向)：45↙　　（圆弧半径值）

结果如图 1-56 所示。

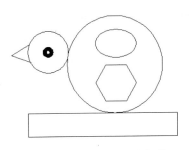

图 1-55　绘制左边折线

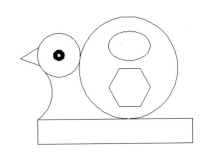

图 1-56　绘制圆弧

05 绘制右边折线。

　　命令:LINE↙

```
指定第一个点：420,122↙
指定下一点或 [放弃(U)]：@68<90↙
指定下一点或 [放弃(U)]：@23<180↙
指定下一点或 [闭合(C)/放弃(U)]：↙
```

结果如图 1-49 所示。

 # 总结与点评

在本实例讲解的简单的卡通造型中，综合运用了各种简单的绘图命令，重点让读者掌握"圆环"和"正多边形"命令。

在使用"圆环"命令时，可以通过指定圆环的内、外直径绘制圆环，也可以绘制填充圆。若指定内径为零，则画出实心填充圆。希望读者在以后绘图过程中灵活运用。

"正多边形"有三种不同的执行方式，这里只使用了其中的一种，另两种方式读者可以通过自行练习来加强理解。

实例 8　雨伞

本实例绘制的雨伞如图 1-57 所示。

图 1-57　雨伞

 实讲实训
多媒体演示

多媒体演示参见配套光盘中的\\动画演示\第1章\雨伞.avi。

 思路提示

本实例绘制的雨伞要用到圆弧、样条曲线和多段线命令。在绘制的过程中，必须注意不同线条绘制的先后顺序，如图 1-58 所示。

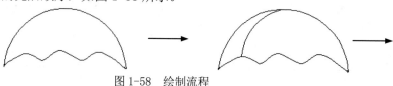

图 1-58　绘制流程

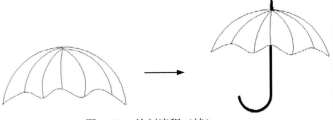

图1-58   绘制流程（续）

 解题步骤

01 绘制伞的外框。

命令：ARC✓
指定圆弧的起点或 [圆心(C)]：C✓
指定圆弧的圆心：(在屏幕上指定圆心)
指定圆弧的起点：(在屏幕上心位置右边指定圆弧的起点)
指定圆弧的端点(按住 Ctrl 键以切换方向)或 [角度(A)/弦长(L)]：A✓
指定夹角(按住 Ctrl 键以切换方向)：180✓（注意角度的逆时针转向）

02 绘制伞的底边。

命令：SPLINE✓（或者选择菜单栏中的"绘图"→"样条曲线"命令，或者单击"绘图"工具栏中的"样条曲线"按钮 ∿，或者单击"默认"选项卡"绘图"面板中的"样条曲线拟合"按钮 ∿，下同）
当前设置：方式=拟合   节点=弦
指定第一个点或 [方式(M)/节点(K)/对象(O)]：(指定样条曲线的第一个点)
输入下一个点或 [起点切向(T)/公差(L)]：(指定样条曲线的下一个点)
输入下一个点或 [端点相切(T)/公差(L)/放弃(U)]：(指定样条曲线的下一个点)
输入下一个点或 [端点相切(T)/公差(L)/放弃(U)/闭合(C)]：(指定样条曲线的下一个点)
输入下一个点或 [端点相切(T)/公差(L)/放弃(U)/闭合(C)]：(指定样条曲线的下一个点)
输入下一个点或 [端点相切(T)/公差(L)/放弃(U)/闭合(C)]：(指定样条曲线的下一个点)
输入下一个点或 [端点相切(T)/公差(L)/放弃(U)/闭合(C)]：(指定样条曲线的下一个点)
输入下一个点或 [端点相切(T)/公差(L)/放弃(U)/闭合(C)]：✓

结果如图1-59所示。

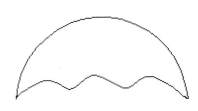

图1-59   绘制伞底边

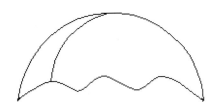

图1-60   绘制伞面辐条

03 绘制伞面。

命令：ARC✓
指定圆弧的起点或 [圆心(C)]：(指定圆弧的起点)
指定圆弧的第二个点或 [圆心(C)/端点(E)]：(指定圆弧的第二个点)
指定圆弧的端点：(指定圆弧的端点)

结果如图1-60所示。

命令：ARC✓

指定圆弧的起点或［圆心(C)］：（指定圆弧的起点）

指定圆弧的第二个点或［圆心(C)/端点(E)］：（指定圆弧的第二个点）

指定圆弧的端点：（与上面相同方法绘制第二段圆弧）

命令：ARC↙

指定圆弧的起点或［圆心(C)］：（指定圆弧的起点）

指定圆弧的第二个点或［圆心(C)/端点(E)］：（指定圆弧的第二个点）

指定圆弧的端点：（与上面相同方法绘制第三段圆弧）

命令：ARC↙

指定圆弧的起点或［圆心(C)］：（指定圆弧的起点）

指定圆弧的第二个点或［圆心(C)/端点(E)］：（指定圆弧的第二个点）

指定圆弧的端点：（与上面相同方法绘制第四段圆弧）

命令：ARC↙

指定圆弧的起点或［圆心(C)］：（指定圆弧的起点）

指定圆弧的第二个点或［圆心(C)/端点(E)］：（指定圆弧的第二个点）

指定圆弧的端点：（与上面相同方法绘制第五段圆弧）

绘制结果如图1-61所示。

04 绘制伞顶和伞把。

命令：PLINE↙

指定起点：（指定伞顶起点）

当前线宽为 3.0000

指定下一个点或［圆弧(A)/半宽(H)/长度(L)/放弃
(U)/宽度(W)］：W↙

　指定起点宽度〈3.0000〉：4↙

　指定端点宽度〈4.0000〉：2↙

　指定下一个点或［圆弧(A)/半宽(H)/长度(L)/放弃
(U)/宽度(W)］：（指定伞顶终点）

图1-61　绘制伞面

　指定下一点或［圆弧(A)/闭合(C)/半宽(H)/长度(L)/放弃(U)/宽度(W)］：U↙　（觉得位置不合
适，取消）

　指定下一个点或［圆弧(A)/半宽(H)/长度(L)/放弃(U)/宽度(W)］：（重新指定伞顶终点）

　指定下一点或［圆弧(A)/闭合(C)/半宽(H)/长度(L)/放弃(U)/宽度(W)］：（鼠标右击确认）

命令：PLINE↙

指定起点：（指定伞把起点）

当前线宽为 2.0000

　指定下一个点或［圆弧(A)/半宽(H)/长度(L)/放弃(U)/宽度(W)］：H↙

　指定起点半宽〈1.0000〉：1.5↙

　指定端点半宽〈1.5000〉：↙

　指定下一个点或［圆弧(A)/半宽(H)/长度(L)/放弃(U)/宽度(W)］：（指定下一点）

　指定下一点或［圆弧(A)/闭合(C)/半宽(H)/长度(L)/放弃(U)/宽度(W)］：A↙

　指定圆弧的端点(按住 Ctrl 键以切换方向)或［角度(A)/圆心(CE)/闭合(CL)/方向(D)/半宽(H)/
直线(L)/半径(R)/第二个点(S)/放弃(U)/宽度(W)］：（指定圆弧的端点）

　指定圆弧的端点(按住 Ctrl 键以切换方向)或［角度(A)/圆心(CE)/闭合(CL)/方向(D)/半宽(H)/
直线(L)/半径(R)/第二个点(S)/放弃(U)/宽度(W)］：（鼠标右击确认）

最终绘制的图形如图1-57所示。

 注意

在命令前加一下划线表示采用菜单或工具栏方式执行命令,与命令行方式效果相同。

总结与点评

本实例通过一个常见的日常生活用品的绘制，着重讲解了"样条曲线"和"多段线"命令这两个复杂的绘图命令的使用方法。在绘制多段线时，巧妙运用了"多段线"命令宽度选项，这样可以绘制带有宽度的多段线。而在绘制样条曲线时，在结束点处按 Enter 键就能按照用户的意图在当前点结束绘制。

实例 9   交通标志

本实例绘制的交通标志如图 1-62 所示。

图 1-62   交通标志

实讲实训
多媒体演示

多媒体演示参见配套光盘中的\\动画演示\第1 章 \ 交通标志.avi。

思路提示

本实例绘制的交通标志主要用到圆环、多段线命令。在绘制过程中，必须注意不同线条绘制的先后顺序。其绘制流程如图 1-63 所示。

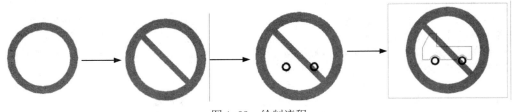

图 1-63   绘制流程

解题步骤

01 绘制圆环。

命令：DONUT
指定圆环的内径 〈0.5000〉：110
指定圆环的外径 〈1.0000〉：140
指定圆环的中心点或 〈退出〉：100,100
指定圆环的中心点或 〈退出〉：
结果如图 1-64 所示。

02 绘制斜线。

```
命令：_pline
指定起点：(在圆环左上方适当捕捉一点)
当前线宽为 0.0000
指定下一个点或 [圆弧(A)/半宽(H)/长度(L)/放弃(U)/宽度(W)]：W↙
指定起点宽度 <0.0000>：10↙
指定端点宽度 <10.0000>：↙
指定下一个点或 [圆弧(A)/半宽(H)/长度(L)/放弃(U)/宽度(W)]：(斜向向下在圆环上捕捉一点)
指定下一点或 [圆弧(A)/闭合(C)/半宽(H)/长度(L)/放弃(U)/宽度(W)]：↙
```

结果如图 1-65 所示。

03 绘制车轱辘。单击【颜色控制】下拉按钮，设置当前图层颜色为黑色。利用"圆环"命令，绘制圆心坐标为（128，83）和（83，83）、圆环内径为 9、外径为 14 的两个圆环，结果如图 1-66 所示。

图 1-64　绘制圆环

图 1-65　绘制斜线

图 1-66　绘制车轱辘

04 绘制车身。

```
命令：_pline
指定起点：140,83
当前线宽为 0.0000
指定下一个点或 [圆弧(A)/半宽(H)/长度(L)/放弃(U)/宽度(W)]：136.775,83
指定下一点或 [圆弧(A)/闭合(C)/半宽(H)/长度(L)/放弃(U)/宽度(W)]：A
指定圆弧的端点(按住 Ctrl 键以切换方向)或[角度(A)/圆心(CE)/闭合(CL)/方向(D)/半宽(H)/
直线(L)/半径(R)/第二个点(S)/放弃(U)/宽度(W)]：CE
指定圆弧的圆心：128,83
指定圆弧的端点(按住 Ctrl 键以切换方向)或 [角度(A)/长度(L)]：指定一点（在极限追踪的条
件下拖动鼠标向左在屏幕上单击）
指定圆弧的端点(按住 Ctrl 键以切换方向)或[角度(A)/圆心(CE)/闭合(CL)/方向(D)/半宽(H)/
直线(L)/半径(R)/第二个点(S)/放弃(U)/宽度(W)]：L
指定下一点或 [圆弧(A)/闭合(C)/半宽(H)/长度(L)/放弃(U)/宽度(W)]：@-27.22, 0
指定下一点或 [圆弧(A)/闭合(C)/半宽(H)/长度(L)/放弃(U)/宽度(W)]：A
指定圆弧的端点(按住 Ctrl 键以切换方向)或[角度(A)/圆心(CE)/闭合(CL)/方向(D)/半宽(H)/
直线(L)/半径(R)/第二个点(S)/放弃(U)/宽度(W)]：CE
指定圆弧的圆心：83, 83
指定圆弧的端点(按住 Ctrl 键以切换方向)或 [角度(A)/长度
(L)]：A
指定夹角(按住 Ctrl 键以切换方向)：180
指定圆弧的端点(按住 Ctrl 键以切换方向)或[角度(A)/圆心
(CE)/闭合(CL)/方向(D)/半宽(H)/直线(L)/半径(R)/第二个点(S)/
放弃(U)/宽度(W)]：L
指定下一点或 [圆弧(A)/闭合(C)/半宽(H)/长度(L)/放弃
(U)/宽度(W)]：58,85
指定下一点或 [圆弧(A)/闭合(C)/半宽(H)/长度(L)/放弃
(U)/宽度(W)]：58,104.5
指定下一点或 [圆弧(A)/闭合(C)/半宽(H)/长度(L)/放弃(U)/宽度(W)]：71,127
```

图 1-67　绘制车身

指定下一点或 [圆弧(A)/闭合(C)/半宽(H)/长度(L)/放弃(U)/宽度(W)]: 82,127
指定下一点或 [圆弧(A)/闭合(C)/半宽(H)/长度(L)/放弃(U)/宽度(W)]: 82,106
指定下一点或 [圆弧(A)/闭合(C)/半宽(H)/长度(L)/放弃(U)/宽度(W)]: 140,106
指定下一点或 [圆弧(A)/闭合(C)/半宽(H)/长度(L)/放弃(U)/宽度(W)]: C

结果如图 1-67 所示。

05 绘制货箱。单击"默认"选项卡"绘图"面板中的"矩形"按钮 ，在车身后部合适的位置绘制几个矩形。结果如图 1-62 所示。

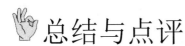 **总结与点评**

本实例主要强调"多段线"命令各个选项的灵活应用。这里绘制载货汽车时，调用了多段线的命令。该命令的执行过程比较繁杂，反复使用了绘制圆弧和绘制直线的选项。注意灵活调用绘制圆弧的各个选项，尽量使绘制过程简单明了。

实例 10 旋具

本实例绘制的旋具如图 1-68 所示。

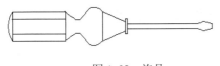

图 1-68 旋具

**实讲实训
多媒体演示**

多媒体演示参见配套光盘中的\\动画演示\第1章\旋具.avi。

 思路提示

本实例绘制的旋具，左部把手可以看成是由圆弧、矩形、直线组成的，可以用圆弧命令 ARC、矩形命令 RECTANG、直线命令 LINE 绘制完成；旋具的中部由两段曲线和一些折线组成，可以用样条曲线命令 SPLINE 绘制曲线，用直线命令 LINE 绘制折线；旋具的右部是由直线组成的，我们可以用多段线命令 PLINE 绘制完成。其绘制流程如图 1-69 所示。

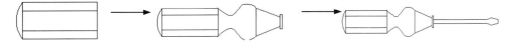

图 1-69 绘制流程图

 解题步骤

01 绘制旋具左部把手。单击"默认"选项卡"绘图"面板中的"矩形"按钮 ，绘制矩形，两个角点的坐标为（45,180）和（170,120）；单击"默认"选项卡"绘图"面板中的"直线"按钮 ，绘制两条线段，坐标分别为{(45,166)、(@125<0)}、{(45,134)、

（@125<0）}；单击"默认"选项卡"绘图"面板中的"圆弧"按钮 ，绘制圆弧，三点坐标分别为（45,180）、（35,150）、（45,120）。绘制的图形如图1-70所示。

02 绘制旋具的中间部分。单击"默认"选项卡"绘图"面板中的"样条曲线拟合"按钮 ，命令行提示与操作如下：

```
命令：SPLINE↙
当前设置：方式=拟合    节点=弦
指定第一个点或 [方式(M)/节点(K)/对象(O)]：170,180↙
输入下一个点或 [起点切向(T)/公差(L)]：192,165↙
输入下一个点或 [端点相切(T)/公差(L)/放弃(U)]：225,187↙
输入下一个点或 [端点相切(T)/公差(L)/放弃(U)/闭合(C)]：255,180↙
输入下一个点或 [端点相切(T)/公差(L)/放弃(U)/闭合(C)]：↙
命令：↙    （直接按Enter键表示重复执行上次执行的命令）
当前设置：方式=拟合    节点=弦
指定第一个点或 [方式(M)/节点(K)/对象(O)]：170,120↙
输入下一个点或 [起点切向(T)/公差(L)]：192,135↙
输入下一个点或 [端点相切(T)/公差(L)/放弃(U)]：225,113↙
输入下一个点或 [端点相切(T)/公差(L)/放弃(U)/闭合(C)]：255,120↙
输入下一个点或 [端点相切(T)/公差(L)/放弃(U)/闭合(C)]：↙
```

单击"默认"选项卡"绘图"面板中的"直线"按钮 ，绘制一条连续线段，坐标分别为{（255,180）、（308,160）、（@5<90）、（@5<0）、（@30<-90）、（@5<-180）、（@5<90）、（255,120）、（255,180）}；再利用"直线"命令绘制一条连续线段，坐标分别为{（308,160）、（@20<-90）}。绘制完成后的图形如图1-71所示。

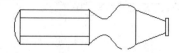

图1-70   绘制旋具把手   图1-71   绘制完成的旋具中间部分的图形

03 绘制旋具的右部。单击"默认"选项卡"绘图"面板中的"多段线"按钮 ，命令行提示与操作如下：

```
命令：PLINE↙
指定起点：313,155↙
当前线宽为 0.0000
指定下一点或 [圆弧(A)/闭合(C)/半宽(H)/长度(L)/放弃(U)/宽度(W)]：@162<0↙
指定下一点或 [圆弧(A)/闭合(C)/半宽(H)/长度(L)/放弃(U)/宽度(W)]：A↙
指定圆弧的端点(按住 Ctrl 键以切换方向)或[角度(A)/圆心(CE)/闭合(CL)/方向(D)/半宽(H)/
直线(L)/半径(R)/第二个点(S)/放弃(U)/宽度(W)]：490,160↙
指定圆弧的端点(按住 Ctrl 键以切换方向)或[角度(A)/圆心(CE)/闭合(CL)/方向(D)/半宽(H)/
直线(L)/半径(R)/第二个点(S)/放弃(U)/宽度(W)]：↙
命令：PL↙    （PL为PLINE的快捷命令）
指定起点：313,145↙
当前线宽为 0.0000
指定下一点或 [圆弧(A)/闭合(C)/半宽(H)/长度(L)/放弃(U)/宽度(W)]：@162<0↙
指定下一点或 [圆弧(A)/闭合(C)/半宽(H)/长度(L)/放弃(U)/宽度(W)]：A↙
指定圆弧的端点(按住 Ctrl 键以切换方向)或[角度(A)/圆心(CE)/闭合(CL)/方向(D)/半宽(H)/
直线(L)/半径(R)/第二个点(S)/放弃(U)/宽度(W)]：490,140↙
```

指定圆弧的端点(按住 Ctrl 键以切换方向)或[角度(A)/圆心(CE)/闭合(CL)/方向(D)/半宽(H)/直线(L)/半径(R)/第二个点(S)/放弃(U)/宽度(W)]: L↙

    指定下一点或 [圆弧(A)/闭合(C)/半宽(H)/长度(L)/放弃(U)/宽度(W)]: 510,145↙

    指定下一点或 [圆弧(A)/闭合(C)/半宽(H)/长度(L)/放弃(U)/宽度(W)]: @10<90↙

    指定下一点或 [圆弧(A)/闭合(C)/半宽(H)/长度(L)/放弃(U)/宽度(W)]: 490,160↙

    指定下一点或 [圆弧(A)/闭合(C)/半宽(H)/长度(L)/放弃(U)/宽度(W)]: ↙

最终绘制的图形如图 1-68 所示。

 注意

在 AutoCAD 的命令行中输入坐标值时,数值之间的逗号一定要是在西文状态下,否则输入的数据被认为是无效数据。

 总结与点评

本实例讲解了旋具这种常见工具的简单绘制方法,综合运用了"直线""矩形""圆弧""多段线"和"样条曲线"命令。通过本实例的练习,可以帮助读者掌握绘制过程中对各种绘图命令的灵活应用。

本例中还演示了两种快捷执行绘图命令的方法:

1)直接按 Enter 键,表示重复执行上次命令。

2)利用快捷命令。这种快捷命令输入的字母少,也易于记忆,希望读者在后面的绘图练习中灵活应用。各种命令的具体的快捷命令,读者可以查阅软件帮助文件或其他文献。

实例 11 轴

本实例绘制的轴如图 1-72 所示。

图 1-72 轴

实讲实训 多媒体演示
多媒体演示参见配套光盘中的\\动画演示\第1章\轴.avi。

 思路提示

本实例绘制的轴主要由直线、圆及圆弧组成,因此,可以用绘制直线命令 LINE、绘制圆命令 CIRCLE 及绘制圆弧命令 ARC 来绘制完成。其绘制流程如图 1-73 所示。

图 1-73 绘制流程图

31

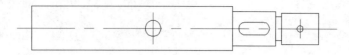

图 1-73　绘制流程图（续）

 解题步骤

01 设置绘图环境。

命令：LIMITS↙
重新设置模型空间界限：
指定左下角点或 [开(ON)/关(OFF)] <0.0000, 0.0000>：↙
指定右上角点 <420.0000, 297.0000>：297, 210↙

02 图层设置。选择菜单栏中的"格式"→"图层"命令，或者单击"图层"工具栏中的"图层特性管理器"按钮，或者单击"默认"选项卡"图层"面板中的"图层特性"按钮，新建两个图层：

❶ "轮廓线"层，线宽属性为 0.3mm，其余属性默认。

❷ "中心线"层，颜色设为红色，线型加载为 CENTER2，其余属性默认。

03 绘制轴的中心线。

❶绘制轴的中心线。将"中心线"图层设置为当前图层。单击"默认"选项卡"绘图"面板中的"直线"按钮，坐标分别为 {（65，130）、（170，130）}、{（110，135）、（110，125）}、{（158，133）、（158，127）}，结果如图1-74所示。

图 1-74　绘制中心线

❷单击"默认"选项卡"图层"面板中的图层下拉列表右侧的三角按钮，将"轮廓线"层设置为当前图层，并在其上绘制主体图形。

❸单击"默认"选项卡"绘图"面板中的"矩形"按钮，绘制左端14轴段，角点坐标为（70,123）、（@66,14）。

❹选择菜单栏中的"工具"→"工具栏"→"AutoCAD"命令，调出"对象捕捉"工具栏，如图1-75所示。

单击"默认"选项卡"绘图"面板中的"直线"按钮，命令行提示与操作如下：

命令：L（LINE 命令的快捷命令）
_line
指定第一个点：（单击"对象捕捉"工具栏上的按钮，打开"捕捉自"功能）
_from 基点：_int （单击"对象捕捉"工具栏上的按钮，打开"捕捉到交点"功能）
于：（将鼠标移向 φ14 轴段右端与水平中心线的交点附近，系统自动捕捉到该交点作为基点）
<偏移>：@0, 5.5↙
指定下一点或 [放弃(U)]：@14, 0↙
指定下一点或 [放弃(U)]：@0, -11↙
指定下一点或 [闭合(C)/放弃(U)]：@-14, 0↙

指定下一点或 [闭合(C)/放弃(U)]:↙
命令:↙（直接按 Enter 键，表示重复执行上一个命令）
LINE 指定第一个点:（"捕捉自"功能的命令行执行方式）
_from 基点: int ↙（"捕捉到交点"功能的命令行执行方式，其他"对象捕捉"功能的命令执
行方式见后面总结与点评部分）
于:（捕捉 φ11 轴段右端与水平中心线的交点）
〈偏移〉: @0,3.75↙
指定下一点或 [放弃(U)]: @2,0↙
指定下一点或 [放弃(U)]:↙
命令:↙
LINE 指定第一个点:（同时按下 Shift 键和鼠标右键，系统打开"对象捕捉"快捷菜单，如图
1-76 所示，从中选择按钮 ）
_from 基点:_int（在打开的"对象捕捉"快捷菜单中选择按钮 ）
于:（捕捉 φ11 轴段右端与水平中心线的交点）
〈偏移〉: @0,-3.75↙
指定下一点或 [放弃(U)]: @2,0↙
指定下一点或 [放弃(U)]:↙

❺单击"默认"选项卡"绘图"面板中的"矩形"按钮□，绘制右端 φ10 轴段，角点
坐标为（152，125）、（@12，10），结果如图1-77所示。

图 1-75　快捷菜单与工具栏　　　　　　　图 1-76　快捷菜单

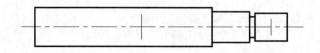

图 1-77 泵轴的外轮廓线

04 绘制轴的孔及键槽。

❶单击状态栏上"对象捕捉"右侧的小三角按钮 ▾，弹出快捷菜单，如图 1-78 所示，单击其中的"对象捕捉设置"命令，打开如图 1-79 所示的"草图设置"对话框，单击其中的按钮 全部选择 ，这样所有的对象捕捉模式都被选择，单击按钮 确定 。用鼠标左键单击状态栏上的"对象捕捉"按钮 ⬜ ，该按钮亮显，表示启用对象捕捉模式，这样就可以在绘图过程中灵活捕捉各种可能的特殊位置点。

❷单击"默认"选项卡"绘图"面板中的"圆"按钮 ⊘ ，命令行提示与操作如下：

命令：_CIRCLE
指定圆的圆心或 [三点(3P)/两点(2P)/切点、切点、半径(T)]：（将鼠标移向左端中心线的交点，系统自动捕捉该点为圆心）
指定圆的半径或 [直径(D)]：2.5↙

重复"圆"命令，捕捉右端中心线的交点为圆心，绘制直径为 2 的圆。

❸单击"默认"选项卡"绘图"面板中的"多段线"按钮 ⤴ ，命令行提示与操作如下：

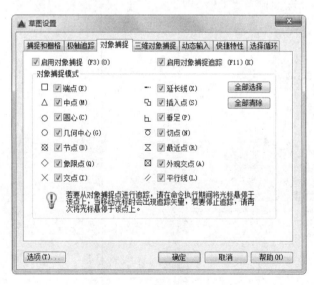

图 1-78　右键快捷菜单　　　　　图 1-79　"草图设置"对话框

命令：PLINE↙（绘制轴的键槽）
指定起点：140,132↙
当前线宽为 0.0000
指定下一个点或 [圆弧(A)/半宽(H)/长度(L)/放弃(U)/宽度(W)]：@6,0↙
指定下一点或 [圆弧(A)/闭合(C)/半宽(H)/长度(L)/放弃(U)/宽度(W)]：A↙（绘制圆弧）
指定圆弧的端点(按住 Ctrl 键以切换方向)或[角度(A)/圆心(CE)/闭合(CL)/方向(D)/半宽(H)/

直线(L)/半径(R)/第二个点(S)/放弃(U)/宽度(W)：@0,-4↙（输入圆弧端点的相对坐标）

指定圆弧的端点(按住 Ctrl 键以切换方向)或[角度(A)/圆心(CE)/闭合(CL)/方向(D)/半径(H)/直线(L)/半径(R)/第二个点(S)/放弃(U)/宽度(W)]：L↙（绘制直线）

指定下一点或 [圆弧(A)/闭合(C)/半宽(H)/长度(L)/放弃(U)/宽度(W)]：@-6,0↙

指定下一点或 [圆弧(A)/闭合(C)/半宽(H)/长度(L)/放弃(U)/宽度(W)]：A↙

指定圆弧的端点(按住 Ctrl 键以切换方向)或[角度(A)/圆心(CE)/闭合(CL)/方向(D)/半宽(H)/直线(L)/半径(R)/第二个点(S)/放弃(U)/宽度(W)]：（捕捉上部直线段的左端点，绘制左端的圆弧）

指定圆弧的端点(按住 Ctrl 键以切换方向)或[角度(A)/圆心(CE)/闭合(CL)/方向(D)/半宽(H)/直线(L)/半径(R)/第二个点(S)/放弃(U)/宽度(W)]：↙

总结与点评

本实例讲解了一个常用机械零件，用到"直线""多段线""圆"和"矩形"命令。本例重点不在于对基本绘图命令的应用，而在于"对象捕捉"工具的灵活应用。"对象捕捉"工具的操作方式，总结起来有如下 4 种：

1）使用"对象捕捉"工具栏。

2）使用"对象捕捉"右键快捷菜单。

3）使用"对象捕捉"状态栏。

4）使用"对象捕捉"工具的命令行执行方式。详细的命令见表 1-1。

表 1-1　特殊位置点捕捉命令行方式

名称	命令	按钮与含义
临时追踪点	TT	建立临时追踪点
两点之间中点	M2P	捕捉两个独立点之间的中点
捕捉自	FRO	与其他捕捉方式配合使用建立一个临时参考点，作为指出后继点的基点
端点	END	线段或圆弧的端点
中点	MID	线段或圆弧的中点
交点	INT	线、圆弧或圆等的交点
外观交点	APP	图形对象在视图平面上的交点
延长线	EXT	指定对象的延伸线上的点
圆心	CET	圆或圆弧的圆心
象限点	QUA	距光标最近的圆或圆弧上可见部分象限点
切点	TAN	最后生成的一个点到选中的圆或圆弧上引切线的切点位置
垂足	PER	在线段、圆、圆弧或其延长线上捕捉一个点，使生成的对象线与原对象正交
平行线	PAR	指定对象平行的图形对象上的点

（续）

名称	命令	按钮与含义
节点	NOD	捕捉用 Point 或 DIVIDE 等命令生成的点
插入点	INS	文本对象和图块的插入点
最近点	NEA	离拾取点最近的线段、圆、圆弧等对象上的点
无	NON	取消对象捕捉
对象捕捉设置	OSNAP	设置对象捕捉

实例 12　居室墙体图

本实例绘制的居室平面图如图 1-80 所示。

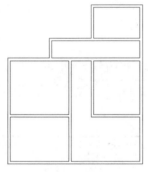

图 1-80　居室平面图

实讲实训
多媒体演示
多媒体演示参见配套光盘中的\\动画演示\第 1 章\居室墙体图.avi。

　思路提示

本实例绘制的居室平面图是建筑制图里最基本也是最重要的一种图形。可以通过各种方法绘制平面图，其中最简单、最常用的方法是采用多线绘制与编辑的方法。本实例要绘制的居室平面图也可以采用多线绘制与编辑的方法来实现。其绘制流程如图 1-81 所示。

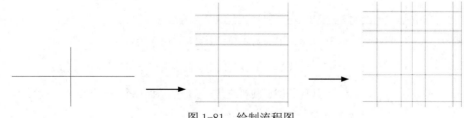

图 1-81　绘制流程图

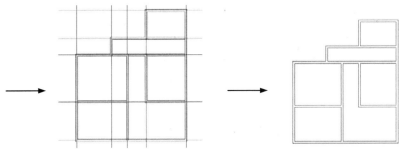

图 1-81　绘制流程图（续）

 解题步骤

01 图层设置。选择菜单栏中的"格式"→"图层"命令，或者单击"图层"工具栏中的"图层特性管理器"按钮，或者单击"默认"选项卡"图层"面板中的"图层特性"按钮，新建两个图层：

❶ "轮廓线"层，属性默认。

❷ "辅助线"层，颜色设为红色，其余属性默认。

02 设置图形边界。

> 命令：LIMITS✓　（或者选择菜单栏中的"格式"→"图形界限"命令）
> 重新设置模型空间界限：
> 指定左下角点或［开(ON)/关(OFF)］<0.0000,0.0000>:
> 指定右上角点 <420.0000,297.0000>: 8000,6000✓

 注意

在 AutoCAD 的默认设置中，总是将图形的边界设置成 420×297，而建筑制图的尺寸一般都比较大，如果不重新设置图形边界就直接绘图，会导致超出原图形边界的图形不可见。

03 绘制辅助线。

❶按下 F8 键打开正交模式。将"辅助线"图层设置为当前图层。

> 命令：XLINE✓（选择菜单栏中的"绘图"→"构造线"命令，或者单击"绘图"工具栏中的"构造线"按钮，或者单击"默认"选项卡"绘图"面板中的"构造线"按钮，下同）
> 指定点或［水平(H)/垂直(V)/角度(A)/二等分(B)/偏移(O)］:（指定一点）
> 指定通过点:（指定水平方向一点）
> 指定通过点:✓
> 命令：XLINE✓
> 指定点或［水平(H)/垂直(V)/角度(A)/二等分(B)/偏移(O)］:（指定一点）
> 指定通过点:（指定垂直方向一点）
> 指定通过点: ✓

❷绘制出一条水平构造线和一条竖直构造线，组成"十"字构造线，如图 1-82 所示。继续绘制辅助线。

> 命令：XLINE✓
> 指定点或［水平(H)/垂直(V)/角度(A)/二等分(B)/偏移(O)］: 0✓
> 指定偏移距离或[通过 (T)]<通过>: 4200✓

选择直线对象：（选择刚绘制的水平构造线）
指定向哪侧偏移：（指定上边一点）
选择直线对象：（继续选择刚绘制的水平构造线）

❸使用相同方法，将偏移得到的水平构造线依次向上偏移 5100、1800 和 3000，绘制的水平构造线如图 1-83 所示。使用同样方法绘制垂直构造线，向右偏移依次是 3900、1800、2100 和 4500，结果如图 1-84 所示。

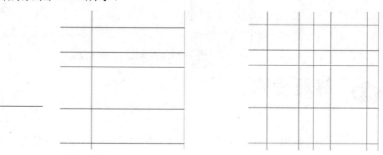

图·1-82　"十"字构造线　　　图 1-83　水平方向的主要辅助线　　　图 1-84　居室的辅助线网格

04 定义多线样式。在命令行输入命令"MLSTYLE"，或者选择菜单栏中的"格式"→"多线样式"命令，系统打开"多线样式"对话框。在该对话框中单击"新建"按钮，系统打开"创建新的多线样式"对话框，在该对话框的"新样式名"文本框中键入"墙体线"，单击"继续"按钮，系统打开"新建多线样式：墙体线"对话框，进行如图 1-85所示的设置。

图 1-85　"新建多线样式：墙体线"对话框

05 设置"对象捕捉"模式。

❶单击"对象捕捉"按钮，使其处于按下的开启状态。

❷右击"对象捕捉"，弹出右键快捷菜单，如图 1-78 所示；单击"设置"按钮，弹出"草图设置"对话框，如图 1-79 所示。可以在该选项卡中选择"节点"选项，也可全选。这样，在绘制弧线并将鼠标靠近某个节点时会出现捕捉点的标志，将鼠标停留 2s，

38

会在鼠标下方出现"节点"字样。

06 绘制多线墙体。

❶将当前图层转换为"轮廓线"层。

```
命令：MLINE↙    （或者选择菜单栏中的"绘图"→"多线"命令）
当前设置：对正 = 上，比例 = 20.00，样式 = STANDARD
指定起点或 [对正(J)/比例(S)/样式(ST)]：S↙
输入多线比例 <20.00>：1↙
当前设置：对正 = 上，比例 = 1.00，样式 = STANDARD
指定起点或 [对正(J)/比例(S)/样式(ST)]：J↙
输入对正类型 [上(T)/无(Z)/下(B)] <上>：Z↙
当前设置：对正 = 无，比例 = 1.00，样式 = STANDARD
指定起点或 [对正(J)/比例(S)/样式(ST)]：（在绘制的辅助线交点上捕捉一点）
指定下一点：（在绘制的辅助线交点上捕捉下一点）
指定下一点或 [放弃(U)]：（在绘制的辅助线交点上捕捉下一点）
指定下一点或 [闭合(C)/放弃(U)]：（在绘制的辅助线交点上捕捉下一点）
……
指定下一点或 [闭合(C)/放弃(U)]:C↙
```

❷使用相同方法根据辅助线网格绘制多线，绘制结果如图 1-86 所示。

07 编辑多线。

❶选择菜单栏中的"修改"→"对象"→"多线"命令，系统打开"多线编辑工具"对话框，如图 1-87 所示。选择其中的"T 形打开"选项，确认后，命令行提示与操作如下：

```
命令：MLEDIT↙
选择第一条多线：（选择多线）
选择第二条多线：（选择多线）
选择第一条多线或 [放弃(U)]：（选择多线）
……
选择第一条多线或 [放弃(U)]：↙
```

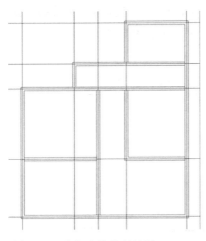

图 1-86 全部多线绘制结果

图 1-87 "多线编辑工具"对话框

❷使用同样方法继续进行多线编辑，编辑的最终结果如图 1-80 所示。

总结与点评

本实例居室墙体图的讲解主要强调了"多线""编辑多线"命令的使用方法和技巧。这两个命令在建筑相关制图中绘制墙线时大量应用，在以后的绘图过程中如果能够灵活运用，能够大大提高绘图效率，同时还可以保证图线之间的统一性。

实例 13　花朵

本实例绘制的花朵如图 1-88 所示。

**实讲实训
多媒体演示**

多媒体演示
参见配套光盘中
的\\动画演示\第
1 章\花朵.avi。

图 1-88　花朵图案

思路提示

本实例绘制的花朵图案由花朵与枝叶组成。其中花朵外围是一个由五段圆弧组成的图形。花枝和花叶可以用多义线来绘制。不同的颜色可以通过特性工具板来修改，这是在不分别设置图层的情况下的一种简捷方法。其绘制流程如图 1-89 所示。

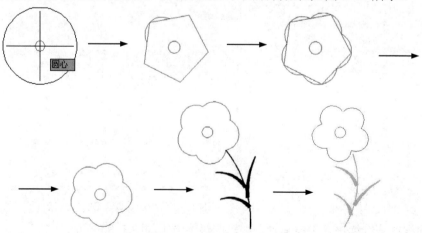

图 1-89　绘制流程图

解题步骤

01 绘制花蕊。

命令：_CIRCLE
指定圆的圆心或 [三点(3P)/两点(2P)/切点、切点、半径(T)]：（指定圆心）
指定圆的半径或 [直径(D)]：（用鼠标拉出圆的半径）

02 绘制正五边形。

命令：_POLYGON
输入侧面数 〈4〉：5✓
指定正多边形的中心点或 [边(E)]：〈对象捕捉 开〉（按下状态栏上的"对象捕捉"按钮，打开
对象捕捉功能，捕捉圆心，如图1-90所示）
输入选项 [内接于圆(I)/外切于圆(C)]〈I〉：✓
指定圆的半径：（用鼠标拉出圆的半径）

绘制结果如图1-91所示。

图1-90　捕捉圆心　　　　图1-91　绘制正五边形

03 绘制花朵。

命令：_ARC
指定圆弧的起点或 [圆心(C)]：（捕捉最上斜边的中点）
指定圆弧的第二个点或 [圆心(C)/端点(E)]：（捕捉最上顶点）
指定圆弧的端点：（捕捉左上斜边中点）

绘制结果如图1-92所示。使用同样方法绘制另外4段圆弧，结果如图1-93所示。

最后删除正五边形，结果如图1-94所示。

图1-92　绘制一段圆弧　　　图1-93　绘制所有圆弧　　　图1-94　绘制花朵

04 绘制枝叶。

命令：_PLINE
指定起点：(捕捉圆弧右下角的交点)
当前线宽为 0.0000
指定下一个点或 [圆弧(A)/半宽(H)/长度(L)/放弃(U)/宽度(W)]：W✓
指定起点宽度 0.0000〉：4✓
指定端点宽度 〈4.0000〉：✓
指定下一个点或 [圆弧(A)/半宽(H)/长度(L)/放弃(U)/宽度(W)]：A✓
指定圆弧的端点(按住 Ctrl 键以切换方向)或[角度(A)/圆心(CE)/方向(D)/半宽(H)/直线(L)/半
径(R)/第二个点(S)/放弃(U)/宽度(W)]：S✓
指定圆弧上的第二个点：(指定第二点)

指定圆弧的端点：（指定第三点）

指定圆弧的端点(按住 Ctrl 键以切换方向)或[角度(A)/圆心(CE)/方向(D)/半宽(H)/直线(L)/半径(R)/第二个点(S)/放弃(U)/宽度(W)]：✓（完成花枝绘制）

命令：_pline

指定起点：（捕捉花枝上一点）

当前线宽为 4.0000

指定下一个点或 [圆弧(A)/半宽(H)/长度(L)/放弃(U)/宽度(W)]：H✓

指定起点半宽 <2.0000>：12✓

指定端点半宽 <12.0000>：3✓

指定下一个点或 [圆弧(A)/半宽(H)/长度(L)/放弃(U)/宽度(W)]：A✓

指定圆弧的端点(按住 Ctrl 键以切换方向)或[角度(A)/圆心(CE)/方向(D)/半宽(H)/直线(L)/半径(R)/第二个点(S)/放弃(U)/宽度(W)]：S✓

指定圆弧上的第二个点：（指定第二点）

指定圆弧的端点：（指定第三点）

指定圆弧的端点(按住 Ctrl 键以切换方向)或[角度(A)/圆心(CE)/方向(D)/半宽(H)/直线(L)/半径(R)/第二个点(S)/放弃(U)/宽度(W)]：✓

使用同样方法绘制另两片叶子，结果如图 1-95 所示。

05 调整颜色。

❶选择枝叶，枝叶上显示夹点标志，如图 1-96 所示。在一个夹点上单击鼠标右键，打开右键快捷菜单，选择其中的"特性"命令，如图 1-97 所示。系统打开"特性"选项板，在"颜色"下拉列表框中选择"绿色"，如图 1-98 所示。

图 1-95　绘制出花朵图案　　　图 1-96　选择枝叶

图 1-97　右键快捷菜单　　　图 1-98　修改枝叶颜色

❷使用同样方法修改花朵颜色为红色，花蕊颜色为洋红色，最终结果如图 1-88 所示。

 总结与点评

本实例讲解了一个简单的花朵造型。在绘制时一定要先绘制中心的圆，因为正五边形的外接圆与此圆同心，必须通过捕捉获得正五边形的外接圆圆心位置。如果反过来，先画正五边形，再画圆，会发现无法捕捉正五边形外接圆圆心。所以绘图时必须注意绘制的先后顺序。

另外本实例强调了"特性"工具的灵活应用。"特性"工具中包含了当前对象的各种特性参数，用户可以通过修改特性参数来灵活修改和编辑对象。"特性"工具对任何对象都适用。读者要注意灵活运用。

实例 14 三维书屋

本实例绘制的三维书屋如图 1-99 所示。

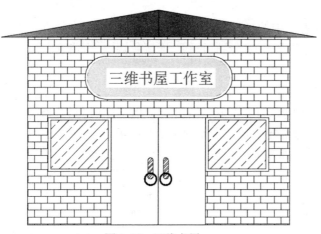

实讲实训
多媒体演示

多媒体演示参见配套光盘中的\\动画演示\第 1 章\三维书屋.avi。

图 1-99 三维书屋

 思路提示 ∎

本实例绘制三维书屋的基本思路是：先利用一些简单的绘图命令，如直线、圆弧、圆环、矩形、多段线等命令绘制房子基本轮廓，然后利用"多行文字"命令绘制牌匾名字，最后利用"图案填充"命令绘制各种图案，完成本例绘制。其绘制流程如图 1-100 所示。

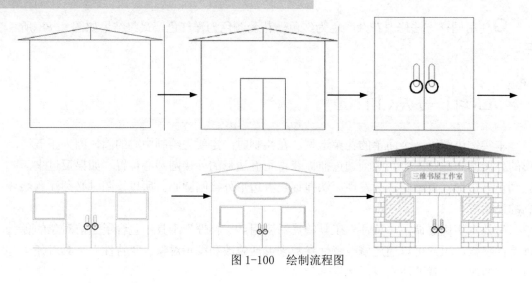

图 1-100　绘制流程图

解题步骤

01 绘制屋顶轮廓。

❶单击"默认"选项卡"绘图"面板中的"直线"按钮，绘制以{（0，500）、（600，500）}为端点坐标的直线。

❷重复"直线"命令，单击状态栏中的"对象捕捉"按钮，捕捉绘制好的直线的中点。以该点为起点，以坐标（@0，50）为第二点，绘制直线。连接各端点，结果如图 1-101 所示。

02 绘制墙体轮廓。

单击"默认"选项卡"绘图"面板中的"矩形"按钮，以（50，500）为第一角点、（@500，-350）为第二角点绘制墙体轮廓，结果如图 1-102 所示。

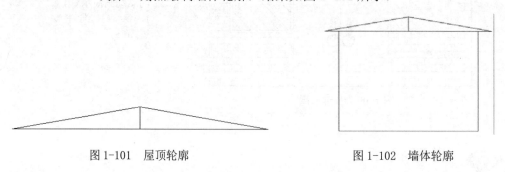

图 1-101　屋顶轮廓　　　　　　　　　　　　　　图 1-102　墙体轮廓

03 绘制门体。

❶绘制门体。单击"默认"选项卡"绘图"面板中的"矩形"按钮，以墙体底面的中点作为第一角点，以（@90，200）为第二角点绘制右边的门。同理，以墙体底面的中点作为第一角点，以（@-90，200）为第二角点绘制左边的门。绘制门体的结果如图 1-103 所示。

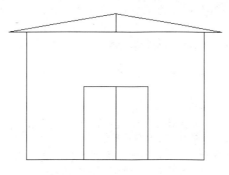

图 1-103　绘制门体

❷绘制门把手。单击"默认"选项卡"绘图"面板中的"矩形"按钮▭，在适当的位置上绘制一个长度为 10、高度为 40、倒圆半径为 5 的矩形。 重复"矩形"命令，绘制另一个门把手。结果如图 1-104 所示。

❸绘制门环。单击"默认"选项卡"绘图"面板中的"圆环"按钮◎，在适当的位置上绘制两个内径为 20、外径为 25 的圆环。结果如图 1-105 所示。

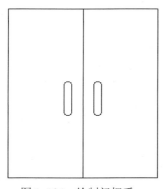

图 1-104　绘制门把手

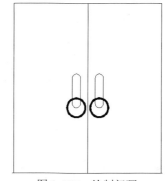

图 1-105　绘制门环

04 绘制窗户。

❶单击"默认"选项卡"绘图"面板中的"矩形"按钮▭，指定门的左上角点为第一个角点，指定第二角点为（@-120，-100），绘制左边外玻璃窗；接着指定门的右上角点为第一个角点，指定第二角点为（@120,-100），绘制右边外玻璃窗。

❷重复"矩形"命令，以（205，345）为第一角点、（@-110，-90）为第二角点绘制左边内玻璃窗，以（505，345）为第一角点、（@-110,-90）为第二角点绘制右边的内玻璃窗，结果如图 1-106 所示。

05 单击"默认"选项卡"绘图"面板中的"多段线"按钮⤵，绘制牌匾。命令行提示与操作如下：

```
命令：PLINE
指定起点：　（用光标拾取一点作为多段线的起点）
```

指定下一点或 [圆弧(A)/半宽(H)/长度(L)/放弃(U)/宽度(W)]:: @200,0
指定下一点或 [圆弧(A)/闭合(C)/半宽(H)/长度(L)/放弃(U)/宽度(W)]: A
指定圆弧的端点(按住 Ctrl 键以切换方向)或[角度(A)/圆心(CE)/闭合(CL)/方向(D)/半宽(H)/直线(L)/半径(R)/第二个点(S)/放弃(U)/宽度(W)]:A
指定夹角: -180
指定圆弧的端点(按住 Ctrl 键以切换方向)或 [圆心(CE)/半径(R)]:R
指定圆弧的半径: 40
指定圆弧的弦方向(按住 Ctrl 键以切换方向) <0>:-90
指定圆弧的端点(按住 Ctrl 键以切换方向)或[角度(A)/圆心(CE)/闭合(CL)/方向(D)/半宽(H)/直线(L)/半径(R)/第二个点(S)/放弃(U)/宽度(W)]: L
指定下一点或 [圆弧(A)/闭合(C)/半宽(H)/长度(L)/放弃(U)/宽度(W)]: @-200,0
指定下一点或 [圆弧(A)/闭合(C)/半宽(H)/长度(L)/放弃(U)/宽度(W)]:A
指定圆弧的端点(按住 Ctrl 键以切换方向)或[角度(A)/圆心(CE)/闭合(CL)/方向(D)/半宽(H)/直线(L)/半径(R)/第二个点(S)/放弃(U)/宽度(W)]: A
指定夹角: -180
指定圆弧的端点(按住 Ctrl 键以切换方向)或 [圆心(CE)/半径(R)]:R
指定圆弧的半径: 40
指定圆弧的弦方向(按住 Ctrl 键以切换方向) <180>: 90
指定圆弧的端点(按住 Ctrl 键以切换方向)或[角度(A)/圆心(CE)/闭合(CL)/方向(D)/半宽(H)/直线(L)/半径(R)/第二个点(S)/放弃(U)/宽度(W)]:CL

使用同样方法，在刚绘制的封闭多段线外面适当距离再绘制同样一条封闭多段线，结果如图 1-107 所示。

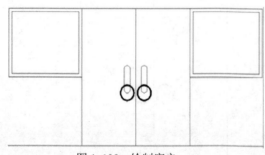

图 1-106　绘制窗户

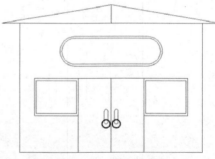

图 1-107　牌匾轮廓

06 输入牌匾中的文字。单击"默认"选项卡"注释"面板中的"多行文字"按钮 **A**，系统打开"文字编辑器"选项卡。在该对话框中输入文字，并设置字体的属性。设置字体属性之后的结果如图 1-108 所示。在绘图区域空白处单击，即可完成牌匾的绘制，如图 1-109 所示。

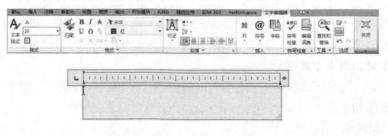

图1-108　"文字编辑器"选项卡

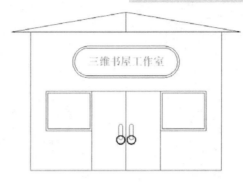

图1-109　牌匾文字

07 填充图形。图案的填充主要包括 5 部分，即墙面、玻璃窗、门把手、牌匾和屋顶等的填充。单击"默认"选项卡"绘图"面板中的"图案填充"按钮▨，选择适当的图案，即可分别填充这 5 部分图形。

❶外墙图案填充。单击"默认"选项卡"绘图"面板中的"图案填充"按钮▨，系统打开"图案填充创建"选项卡，在"图案"面板中选择"BRICK"图案，设置如图 1-110 所示。在墙面区域中选取一点，按 Enter 键后完成墙面填充，如图 1-111 所示。

图 1-110　"图案填充创建"选项卡

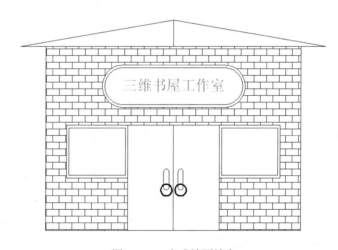

图 1-111　完成墙面填充

❷窗户图案填充。单击"默认"选项卡"绘图"面板中的"图案填充"按钮▨，在"图案"面板中选择"ANSI33"图案，将其"比例"设置为 4，选择窗户区域进行填充，结果如图 1-112 所示。

❸门把手图案填充。单击"默认"选项卡"绘图"面板中的"图案填充"按钮▨，在"图案"面板中选择"STEEL"图案，将其"比例"设置为 2，选择门把手区域进行填充，结果如图 1-113 所示。

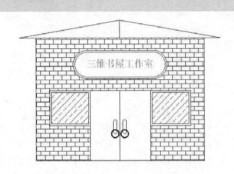

图1-112　完成窗户填充　　　　　　　　图1-113　完成门把手填充

❹牌匾图案填充。单击"默认"选项卡"绘图"面板中的"渐变色"按钮，系统打开"图案填充创建"选项卡，设置如图1-114所示。在牌匾区域中选取一点，按Enter键后完成牌匾填充，如图1-115所示。

图1-114　"图案填充创建"选项卡

完成牌匾填充后，发现不需要填充金黄色渐变，这时可以选中填充图案右击，在弹出的快捷菜单中选择"图案填充编辑"命令，系统打开"图案填充编辑"对话框，选择"单色"按钮，将颜色渐变滑块移动到中间位置，结果如图1-115所示。单击"确定"按钮，完成牌匾填充图案的编辑，如图1-116所示。

图1-115　完成牌匾填充　　　　　　图1-116　"图案填充编辑"对话框

屋顶图案填充。单击"默认"选项卡"绘图"面板中的"图案填充"按钮，打开

"图案填充创建"选项卡，将屋顶左侧分别设置"渐变色 1"和"渐变色"为绿和红，屋顶右侧分别设置"渐变色 1"和"渐变色"为红和绿，结果如图 1-117 所示。选择屋顶区域进行填充，参数设置如图 1-118 所示。

图 1-117　编辑填充图案

图 1-118　"图案填充创建"选项卡

总结与点评

本实例看起来比较复杂，但新学到的命令就两个：

1．"图案填充"命令。可以利用图案填充分别处理墙面、窗户、门把手、牌匾和屋顶等处。在这里用到了图案填充各种类型的应用，包括字定义图案、预定义图案、单色彩色图案填充、渐变色双色图案填充、填充文字对象处理等。本例练习的主要目的是学习"图案填充"命令的应用。

在使用"图案填充"命令时，读者容易犯两个错误：

1）总是无法准确地选择填充区域。出现这种问题的主要原因是填充区域不是封闭的。有的填充区域看起来好像是封闭的，但是局部放大以后，会发现有些连接点实际上并没有完全连接，所以导致系统无法确定填充区域。

2）随意选择填充图案。这一点读者务必注意。国家标准（不管是机械制图国家标准还是建筑制图国家标准或其他专业国家标准）对不同的图案表示的含义有严格的规定，如间隔均匀的 45°或 135°斜线表示金属材料，十字交叉 45°和 135°表示塑料材料。读者在进行制图时一定要遵守相关国家标准。

2．"多行文字"绘制命令。执行该命令，打开一个文字编辑器，该编辑器与 Word 软件界面类似，一般功能读者应该比较容易理解，至于该编辑器一些比较难的功能操作，我们会在后面通过相关实例进行讲解。

第 **2** 章

常见图形单元绘制

本章继续学习AutoCAD 2016二维绘图的基本知识，包括二维绘图命令和二维编辑命令。

◎ 二维绘图命令
◎ 二维编辑命令

实例 15　扳手

本实例绘制的扳手如图 2-1 所示。

实讲实训 多媒体演示

多媒体演示参见配套光盘中的\\动画演示\第2章\扳手.avi。

 思路提示

　　本实例绘制的扳手，首先利用二维基本绘图命令绘制各子图部分，然后利用移动命令 MOVE、面域命令 REGION 和布尔运算的差集命令 SUBTRACT 完成图形的绘制。其绘制流程如图 2-2 所示。

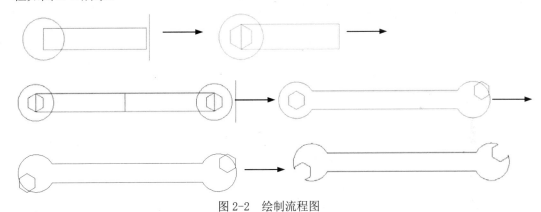

图 2-2　绘制流程图

 解题步骤

01 绘制矩形。

命令:RECTANGLE✓（或者单击"默认"选项卡"绘图"面板中的"矩形"按钮▢）
指定第一个角点或 [倒角(C)/标高(E)/圆角(F)/厚度(T)/宽度(W)]: 50,50✓
指定另一个角点或 [面积(A)/尺寸(D)/旋转(R)]:90,40✓
结果如图 2-3 所示。

02 绘制圆。

命令: CIRCLE✓（或者单击"默认"选项卡"绘图"面板中的"圆"按钮⊙）
指定圆的圆心或 [三点(3P)/两点(2P)/切点、切点、半径(T)]: 50,45✓
指定圆的半径或 [直径(D)]: 9✓
结果如图 2-4 所示。

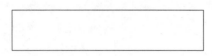

图 2-3　绘制矩形

图 2-4　绘制圆

03 绘制正六边形。

命令：POLYGON✓（或者单击"默认"选项卡"绘图"面板中的"多边形"按钮⬠）
输入侧面数 〈4〉：6✓
指定正多边形的中心点或 [边(E)]：50,45✓
输入选项 [内接于圆(I)/外切于圆(C)] 〈I〉：✓
指定圆的半径：5✓

结果如图 2-5 所示。

04 旋转处理。

命令：ROTATE✓（或者单击"默认"选项卡"修改"面板中的"旋转"按钮⟳）
UCS 当前的正角方向：ANGDIR=逆时针　ANGBASE=0
选择对象：（选择正六边形）
找到 1 个
指定基点：50,45✓
指定旋转角度，或 [复制(C)/参照(R)] 〈0〉：30✓

结果如图 2-6 所示。

图 2-5　绘制正六边形

图 2-6　旋转处理

05 镜像处理。

命令：MIRROR✓（或者单击"默认"选项卡"修改"面板中的"镜像"按钮⚬⚬）
选择对象：（用鼠标选中圆、正多边形和矩形）
指定对角点：
找到 3 个
选择对象：✓
指定镜像线的第一点：90,50✓
指定镜像线的第二点：90,40✓
要删除源对象吗？[是(Y)/否(N)] 〈N〉：✓

结果如图 2-7 所示。

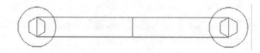

图 2-7　镜像处理

06 创建面域对象并求其并集。

命令：REGION✓（或者单击"默认"选项卡"绘图"面板中的"面域"按钮◉）
选择对象：指定对角点：找到 6 个✓（用鼠标选中 6 个对象）
选择对象：✓
已提取 6 个环。
已创建 6 个面域。

命令：UNION↙
选择对象：指定对角点：找到 2 个(2 个重复)，总计 4 个（用鼠标选中圆和矩形）
选择对象：↙

结果如图 2-8 所示。

图 2-8　并集处理的结果

07 移动六边形区域。

命令：MOVE↙（或者单击"默认"选项卡"修改"面板中的"移动"按钮 ✛）
选择对象：（选中右侧的正六边形）
找到 1 个
选择对象：↙
指定基点或［位移(D)］〈位移〉：130,45↙
指定第二个点或〈使用第一个点作为位移〉：135,50↙

结果如图 2-9 所示。重复上述命令，移动左边的六边形面域，结果如图 2-10 所示。

图 2-9　移动右侧正六边形　　　　　　　　图 2-10　移动左侧正六边形

08 差集处理。

命令：SUBTRACT↙（或者单击"三维工具"选项卡"实体编辑"面板中的"差集"按钮 ⊚）
选择要从中减去的实体、曲面和面域...
选择对象：（选择外部轮廓线）
选择对象：↙
选择要减去的实体、曲面和面域...
选择对象：（选择六边形面域）
选择对象：↙

结果如图 2-1 所示。

 # 总结与点评

本实例讲解了一个常用的生产工具的绘制方法，主要应用了两类命令：

1）三个简单的编辑命令，如"移动""旋转"和"镜像"命令，这三个命令有一个共同特征，就是都属于复制类命令，即生成与自身相同的对象。这些对象的操作相对简单，读者注意通过实例体会。

2）"面域"和"并集""差集"布尔运算命令。这些命令在二维绘图中不常用到，很多读者都不熟悉，但是这些命令能为绘图带来很多方便。其中"面域"命令是进行布尔运算以及很多三维操作的基础，读者要注意学习体会。

实例16　卡盘

本实例绘制的卡盘如图2-11所示。

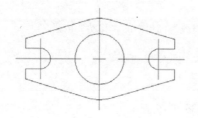

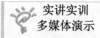

实讲实训
多媒体演示

多媒体演示
参见配套光盘中
的\\动画演示\第
2章\卡盘.avi。

图2-11　卡盘

 思路提示

本实例绘制的卡盘主要由圆、圆弧和直线组成，并且上下、左右均对称，因此可以用绘制圆命令CIRCLE、绘制多段线命令PLINE，并配合修剪命令TRIM绘制出图形的右上部分，然后再利用镜像命令分别进行上下及左右的镜像操作，即可绘制完成该图形。其绘制流程如图2-12所示。

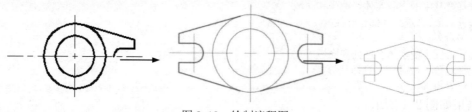

图2-12　绘制流程图

 解题步骤

01 设置绘图环境。

❶用LIMITS命令设置图幅：297×210。

❷用ZOOM命令将绘图界面缩放至一定大小。

02 设置图层。选择菜单栏中的"格式"→"图层"命令，或者单击"图层"工具栏中的"图层特性管理器"按钮，或者单击"默认"选项卡"图层"面板中的"图层特性"按钮，新建两个图层。

❶第一图层命名为"粗实线"，线宽属性为0.3mm，其余属性默认。

❷第二图层命名为"中心线"，颜色设为红色，线型加载为"CENTER"，其余属性默认。单击状态栏上的"线宽"按钮，将线宽显示打开。

03 绘制图形的对称中心线。将"中心线"图层设置为当前图层。

命令：LINE↙

指定第一个点: 57,100↙
指定下一点或 [放弃(U)]: 143,100↙
指定下一点或 [放弃(U)]: ↙

使用同样方法绘制线段，两个端点坐标分别为（100,75）和（100,125）。

04 绘制图形的右上部分。将"粗实线"图层设置为当前图层。

命令: CIRCLE↙
指定圆的圆心或 [三点(3P)/两点(2P)/切点、切点、半径(T)]: _int 于（打开交点捕捉，捕捉对称中心线的交点作为圆心）
指定圆的半径或 [直径(D)]: D↙
指定圆的直径: 40↙

相同方法绘制 φ25 圆。

命令: PLINE↙
指定起点: 125,100↙
当前线宽为 0.0000
指定下一个点或 [圆弧(A)/半宽(H)/长度(L)/放弃(U)/宽度(W)]: A↙
指定圆弧的端点(按住 Ctrl 键以切换方向)或[角度(A)/圆心(CE)/方向(D)/半宽(H)/直线(L)/半径(R)/第二个点(S)/放弃(U)/宽度(W)]: CE↙
指定圆弧的圆心: 130,100↙
指定圆弧的端点(按住 Ctrl 键以切换方向)或 [角度(A)/长度(L)]: A↙
指定夹角(按住 Ctrl 键以切换方向): -90↙
指定圆弧的端点(按住 Ctrl 键以切换方向)或[角度(A)/圆心(CE)/方向(D)/半宽(H)/直线(L)/半径(R)/第二个点(S)/放弃(U)/宽度(W)]: L↙
指定下一点或 [圆弧(A)/闭合(C)/半宽(H)/长度(L)/放弃(U)/宽度(W)]: @8,0↙
指定下一点或 [圆弧(A)/闭合(C)/半宽(H)/长度(L)/放弃(U)/宽度(W)]: @0,5↙
指定下一点或 [圆弧(A)/闭合(C)/半宽(H)/长度(L)/放弃(U)/宽度(W)]: _tan 到（捕捉 φ40 圆的切点）
指定下一点或 [圆弧(A)/闭合(C)/半宽(H)/长度(L)/放弃(U)/宽度(W)]: ↙（绘制结果如图 2-13 所示）

05 镜像所绘制的图形。将"中心线"图层设置为当前图层。

命令: LINE↙ （绘制右端竖直对称中心线）
指定第一个点: 130,110↙
指定下一点或 [放弃(U)]: @0,-20↙
指定下一点或 [放弃(U)]: ↙
命令: MIRROR↙（选择菜单栏中的"修改"→"镜像"命令，或者单击"修改"工具栏中的"镜像"按钮，或者单击"默认"选项卡"修改"面板中的"镜像"按钮，下同）
选择对象:（选择绘制的多段线）
指定镜像线的第一点: _endp 于（捕捉中间水平对称中心线的左端点）
指定镜像线的第二点: _endp 于（捕捉中间水平对称中心线的右端点）
要删除源对象吗？[是(Y)/否(N)] <N>: ↙

使用相同方法，选择右端的多段线与中心线，以中间竖直对称中心线为对称轴，不删除源对象，进行镜像编辑。

命令: TRIM↙
当前设置:投影=UCS,边=无
选择剪切边...
选择对象或 <全部选择>:（选择 4 条多段线，如图 2-14 所示）
……总计 4 个
选择对象: ↙
选择要修剪的对象，或按住 Shift 键选择要延伸的对象，或[栏选(F)/窗交(C)/投影(P)/边(E)/

删除(R)/放弃(U)]:（分别选择中间大圆的左右段）

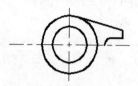

图 2-13　图形的主要轮廓线

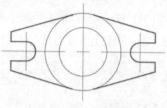

图 2-14　选择剪切边

最终绘制的图形结果如图 2-11 所示。

 # 总结与点评

本实例讲解了一个简单的机械造型，主要强调了两个编辑命令：

1. "镜像"等命令.这个命令在上一个例子中已经用过，这里连续两次使用此命令来进行巧妙绘图，让读者体会到在绘制对称图形时，使用"镜像"命令可以大大提高绘图速度。

2. "修剪"命令。这个编辑命令的操作方法相对复杂，主要是要清楚：一般是先选择边界，后选择被修剪的对象；在选择边界和被修剪对象时，可以同时选择多个对象。

实例 17　铰套

本实例绘制的铰套如图 2-15 所示。

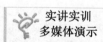

**实讲实训
多媒体演示**

多媒体演示
参见配套光盘中
的\\动画演示\第
2 章\铰套.avi。

图 2-15　铰套

 ## 思路提示

本实例绘制的铰套为两个铰连在一起的方形套。为了保持每个方形套宽度尺寸一致，可以采用矩形平移的方法绘制；为了表示两个方形套之间的铰接关系，可以利用剪切编辑功能剪掉部分图线。其绘制流程如图 2-16 所示。

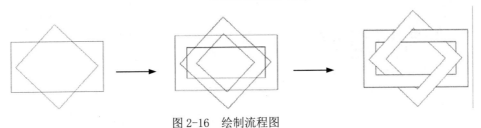

图 2-16 绘制流程图

 解题步骤

01 绘制两个矩形。

命令：RECTANG↙
指定第一个角点或［倒角(C)/标高(E)/圆角(F)/厚度(T)/宽度(W)］：（指定一点）
指定另一个角点或［面积(A)/尺寸(D)/旋转(R)］：（指定另一点）

系统绘制出一个矩形。使用相同方法绘制另一个矩形，如图 2-17 所示。

02 绘制方形套。

命令：OFFSET↙
当前设置：删除源=否　图层=源　OFFSETGAPTYPE=0
指定偏移距离或［通过(T)/删除(E)/图层(L)］〈通过〉：2↙
选择要偏移的对象，或［退出(E)/放弃(U)］〈退出〉：（指定图中的一个矩形）
指定要偏移的那一侧上的点，或［退出(E)/多个(M)/放弃(U)］〈退出〉：（指定其内侧）
选择要偏移的对象，或［退出(E)/放弃(U)］〈退出〉：（指定图中另一个矩形）
指定要偏移的那一侧上的点，或［退出(E)/多个(M)/放弃(U)］〈退出〉：（指定其内侧）
选择要偏移的对象，或［退出(E)/放弃(U)］〈退出〉：↙

结果如图 2-18 所示。

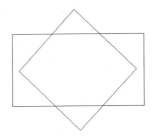

图 2-17 绘制矩形

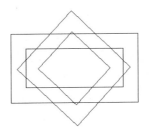

图 2-18 绘制方形套

03 剪切出层次关系。

命令：TRIM↙
当前设置：投影=UCS，边=延伸
选择剪切边...
选择对象或〈全部选择〉：↙（全部选择）
选择要修剪的对象，或按住 Shift 键选择要延伸的对象，或[栏选(F)/窗交(C)/投影(P)/边(E)/删除(R)/放弃(U)]：（按层次关系依次选择要剪切掉的部分图线）
......
选择要修剪的对象，或按住 Shift 键选择要延伸的对象，或[栏选(F)/窗交(C)/投影(P)/边(E)/删除(R)/放弃(U)]：↙

最终结果如图 2-15 所示。

总结与点评

本实例通过一个简单的造型，强调了两个编辑命令的使用方法：

1）"偏移"命令。使用本命令可以绘制与源对象类似的对象，读者注意体会。

2）"修剪"命令。本实例利用"修剪"命令时，一次性地将修剪对象与被修剪对象一起选择，这种修剪方法称为"互为修剪"，即同一对象相对另一个对象，既是修剪边界，又是被修剪边，这种群体性的相互修剪的优点是方便快捷。

实例18 卫星轨道

本实例绘制的卫星轨道如图2-19所示。

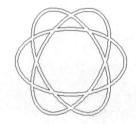

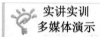

实讲实训
多媒体演示

多媒体演示参见配套光盘中的\\动画演示\第2章\卫星轨道.avi。

图2-19 卫星轨道

 思路提示

本实例绘制的卫星轨道可以用画椭圆命令画一个椭圆，然后用偏移命令将这个椭圆偏移复制，形成两个套在一起的椭圆，再用阵列命令将这两个套在一起的椭圆进行圆形阵列操作，圆形阵列的中心为椭圆的中心，最后用修剪命令将每两个椭圆之间相交的部分剪切掉。修剪边用窗口选择的方式选择全部的图形，被修剪的边为每两个椭圆之间相交的部分，即进行相互修剪操作。其绘制流程如图2-20所示。

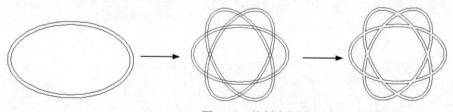

图2-20 绘制流程图

 解题步骤

01 绘制椭圆。

命令：ELLIPSE↙

指定椭圆的轴端点或 [圆弧(A)/中心点(C)]：（指定端点）

指定轴的另一个端点：（指定另一端点）

指定另一条半轴长度或 [旋转(R)]：（用鼠标拉出另一条半轴的长度）

命令：OFFSET↙（或者选择菜单栏中的"修改"→"偏移"命令，或者单击"修改"工具栏中的"偏移"按钮，或者单击"默认"选项卡"修改"面板中的"偏移"按钮，下同）

当前设置：删除源=否　图层=源　OFFSETGAPTYPE=0

指定偏移距离或 [通过(T)/删除(E)/图层(L)]〈3.0000〉：3↙

选择要偏移的对象，或 [退出(E)/放弃(U)]〈退出〉：（选择绘制的椭圆）

指定要偏移的那一侧上的点，或 [退出(E)/多个(M)/放弃(U)]〈退出〉：（指定一点）

选择要偏移的对象，或 [退出(E)/放弃(U)]〈退出〉：↙

绘制结果如图 2-21 所示。

02 阵列对象。选择菜单栏中的"修改"→"阵列"→"环形阵列"命令，或者单击"修改"工具栏中的"环形阵列"按钮，或者单击"默认"选项卡"修改"面板中的"环形阵列"按钮。命令行提示与操作如下：

命令：_arraypolar

选择对象：（框选绘制的两个椭圆）

选择对象：↙

类型 = 极轴　关联 = 是

指定阵列的中心点或 [基点(B)/旋转轴(A)]：（选择椭圆圆心为中心点）

选择夹点以编辑阵列或 [关联(AS)/基点(B)/项目(I)/项目间角度(A)/填充角度(F)/行(ROW)/层(L)/旋转项目(ROT)/退出(X)]〈退出〉：AS

创建关联阵列 [是(Y)/否(N)]〈是〉：N

选择夹点以编辑阵列或 [关联(AS)/基点(B)/项目(I)/项目间角度(A)/填充角度(F)/行(ROW)/层(L)/旋转项目(ROT)/退出(X)]〈退出〉：I

输入阵列中的项目数或 [表达式(E)]〈6〉：3

选择夹点以编辑阵列或 [关联(AS)/基点(B)/项目(I)/项目间角度(A)/填充角度(F)/行(ROW)/层(L)/旋转项目(ROT)/退出(X)]〈退出〉：F

指定填充角度(+=逆时针、-=顺时针)或 [表达式(EX)]〈360〉：

选择夹点以编辑阵列或 [关联(AS)/基点(B)/项目(I)/项目间角度(A)/填充角度(F)/行(ROW)/层(L)/旋转项目(ROT)/退出(X)]〈退出〉：↙

绘制的图形如图 2-22 所示。

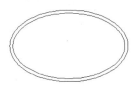

图 2-21　绘制椭圆并偏移

图 2-22　阵列对象

03 修剪对象。

命令：TRIM↙（或选择菜单栏中的"修改"→"修剪"命令，或者单击"修改"工具栏中的"修剪"按钮，或者单击"默认"选项卡"修改"面板中的"修剪"按钮，下同）

当前设置：投影=UCS，边=无

选择剪切边

选择对象或〈全部选择〉：↙

选择要修剪的对象，或按住 Shift 键选择要延伸的对象，或[栏选(F)/窗交(C)/投影(P)/边(E)/删除(R)/放弃(U)]：（选择两椭圆环的交叉部分）

选择要修剪的对象，或按住 Shift 键选择要延伸的对象，或[栏选(F)/窗交(C)/投影(P)/边(E)/删除(R)/放弃(U)]：（选择两椭圆环的交叉部分）

选择要修剪的对象，或按住 Shift 键选择要延伸的对象，或 [投影(P)/边(E)/放弃(U)]：✓
如此重复修剪，最终图形如图 2-19 所示。

 总结与点评

　　本实例通过卫星轨迹造型，重点讲解了"阵列"命令的运用。"阵列"命令有"环形阵列""矩形阵列"和"路径阵列"三种方式，本实例使用的是"环形阵列"的方式，对于"矩形阵列"和"路径阵列"方式，读者可以自行体会。

实例 19　紫荆花

　　本实例绘制的紫荆花如图 2-23 所示。

图 2-23　紫荆花

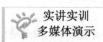

实讲实训
多媒体演示

多媒体演示参见配套光盘中的\\动画演示\第2章\紫荆花.avi。

 思路提示

　　本实例绘制的紫荆花可以按如下思路绘制：先用多段线命令 PLINE 画一个花瓣的外框；再绘制一个五角星，如果大小不合适，可以用缩放命令 SCALE 将所画的五角星缩小到合适的大小；如果位置不合适，可以用移动命令 MOVE 将其进行移动，用旋转命令 ROTATE将其旋转到合适的位置。最后用环形阵列命令 ARRAYPOLAR 将所画的花瓣进行圆形阵列操作。其绘制流程如图 2-24 所示。

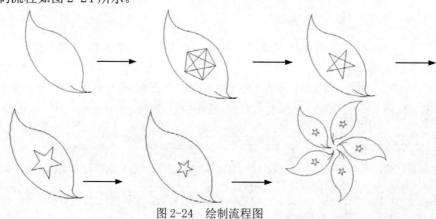

图 2-24　绘制流程图

解题步骤

01 绘制花瓣外框。

命令：PLINE✓
指定起点：（指定一点）
当前线宽为 0.0000
指定下一个点或 [圆弧(A)/半宽(H)/长度(L)/放弃(U)/宽度(W)]：A✓
指定圆弧的端点(按住 Ctrl 键以切换方向)或[角度(A)/圆心(CE)/方向(D)/半宽(H)/直线(L)/半径(R)/第二个点(S)/放弃(U)/宽度(W)]：S✓
指定圆弧上的第二个点：（指定第二点）
指定圆弧的端点：（指定端点）
指定圆弧的端点(按住 Ctrl 键以切换方向)或[角度(A)/圆心(CE)/闭合(CL)/方向(D)/半宽(H)/直线(L)/半径(R)/第二个点(S)/放弃(U)/宽度(W)]：S✓
指定圆弧上的第二个点：（指定第二点）
指定圆弧的端点：（指定端点）
指定圆弧的端点(按住 Ctrl 键以切换方向)或[角度(A)/圆心(CE)/闭合(CL)/方向(D)/半宽(H)/直线(L)/半径(R)/第二个点(S)/放弃(U)/宽度(W)]：D✓
指定圆弧的起点切向：（指定起点切向）
指定圆弧的端点(按住 Ctrl 键以切换方向)：（指定端点）
指定圆弧的端点(按住 Ctrl 键以切换方向)或[角度(A)/圆心(CE)/闭合(CL)/方向(D)/半宽(H)/直线(L)/半径(R)/第二个点(S)/放弃(U)/宽度(W)]：（指定端点）
指定圆弧的端点(按住 Ctrl 键以切换方向)或[角度(A)/圆心(CE)/闭合(CL)/方向(D)/半宽(H)/直线(L)/半径(R)/第二个点(S)/放弃(U)/宽度(W)]：✓
命令：ARC✓
指定圆弧的起点或 [圆心(C)]：（指定刚绘制的多义线下端点）
指定圆弧的第二个点或 [圆心(C)/端点(E)]：（指定第二点）
指定圆弧的端点：（指定端点）

绘制结果如图 2-25 所示。

02 绘制五角星。

命令：POLYGON✓
输入侧面数<4>：5✓
指定正多边形的中心点或 [边(E)]：（指定中心点）
输入选项 [内接于圆(I)/外切于圆(C)] <I>：✓
指定圆的半径：（指定半径）
命令：LINE✓
指定第一个点：（指定第一点）
指定下一点或 [放弃(U)]：（指定下一点）
指定下一点或 [放弃(U)]：（指定下一点）
指定下一点或 [闭合(C)/放弃(U)]：（指定下一点）
指定下一点或 [闭合(C)/放弃(U)]：（指定下一点）
指定下一点或 [闭合(C)/放弃(U)]：（指定下一点）
指定下一点或 [闭合(C)/放弃(U)]：（指定下一点）

绘制结果如图 2-26 所示。

03 编辑五角星。

命令：ERASE✓✓

选择对象：（选择正五边形）
找到 1 个
选择对象：✓

结果如图 2-27 所示。

利用 TRIM 命令，将五角星内部线段进行修剪，结果如图 2-28 所示。

命令：SCALE✓
选择对象：（框选修剪的五角星）
指定对角点：
找到 10 个
选择对象：✓
指定基点：（指定五角星斜下方凹点）
指定比例因子或［复制(C)/参照(R)]〈1.0000〉：0.5✓

图 2-25　花瓣外框　　图 2-26　绘制五角星　　图 2-27　删除正五边形　　图 2-28　修剪五角星

结果如图 2-29 所示。

04 阵列花瓣。选择菜单栏中的"修改"→"阵列"
→"环形阵列"命令，或者单击"修改"工具栏中的"环形
阵列"按钮🔁，或者单击"默认"选项卡"修改"面板中的
"环形阵列"按钮🔁。命令行提示与操作如下：

命令：_arraypolar
选择对象：（选择绘制的花瓣）
选择对象：✓
类型 = 极轴　关联 = 否
指定阵列的中心点或［基点(B)/旋转轴(A)]：（选择花瓣下端点外一点）
选择夹点以编辑阵列或［关联(AS)/基点(B)/项目(I)/项目间角度(A)/填充角度(F)/行(ROW)/层
(L)/旋转项目(ROT)/退出(X)]〈退出〉：I
输入阵列中的项目数或［表达式(E)]〈6〉：5
选择夹点以编辑阵列或［关联(AS)/基点(B)/项目(I)/项目间角度(A)/填充角度(F)/行(ROW)/层
(L)/旋转项目(ROT)/退出(X)]〈退出〉：F
指定填充角度(+=逆时针、-=顺时针)或［表达式(EX)]〈360〉：
选择夹点以编辑阵列或［关联(AS)/基点(B)/项目(I)/项目间角度(A)/填充角度(F)/行(ROW)/层
(L)/旋转项目(ROT)/退出(X)]〈退出〉：✓

最终图形如图 2-23 所示。

图 2-29　缩放五角星

 # 总结与点评

本实例讲解了一个紫荆花造型，主要利用了"阵列""缩放""删除""修剪"等编辑
命令。其中"缩放""删除"是两个新学到的命令。在绘制图形时，如果大小不合适，可
以用缩放命令 SCALE 将图形调整到合适的大小。"删除"命令则相对简单，读者按命令行
提示操作即可。

实例 20　足球

本实例绘制的足球如图 2-30 所示。

图 2-30　足球

实讲实训
多媒体演示

多媒体演示
参见配套光盘中
的\\动画演示\第
2 章\足球.avi。

 思路提示

本实例绘制的足球是由相互邻接的正六边形通过用圆修剪而形成的。可以利用正多
边形的命令 POLYGON 绘制一个正六边形，利用镜像命令 MIRROR 对其进行镜像操作，对这
个镜像形成的正六边形利用环形阵列命令 ARRAYPOLAR 进行圆形阵列操作，接着在适当的
位置用圆命令 CIRCLE 绘制一个圆，将所绘制圆外面的线条用修剪命令 TRIM 修剪掉，最
后将圆中的 3 个区域利用填充命令 BHATCH 进行实体填充。其绘制流程如图 2-31 所示。

 解题步骤

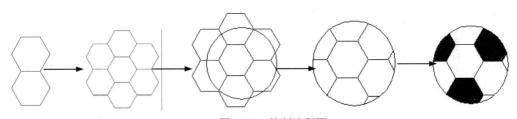

图 2-31　绘制流程图

01 绘制正六边形。

命令：POLYGON↙
输入侧面数 <4>：6↙
指定正多边形的中心点或 [边(E)]：240,120↙
输入选项 [内接于圆(I)/外切于圆(C)] <I>：↙
指定圆的半径：20↙

02 镜像操作。

命令：MIRROR↙
选择对象：↙（用鼠标左键选取正六边形上的一点）
选择对象：↙（按 Enter 键，结束选择）
指定镜像线的第一点：<对象捕捉 开>（捕捉正六边形下边的顶点）
指定镜像线的第二点：（方法同上）
要删除源对象吗[是(Y)/否(N)] <N>：（不删除源对象）

结果如图 2-32 所示。

图 2-32　正六边形镜像后的图形

03 环形阵列操作

命令：ARRAYPOLAR✓（或者选择菜单栏中的"修改"→"阵列"→"环形阵列"命令，或者单击"修改"工具栏中的"环形阵列"按钮💠，或者单击"默认"选项卡"修改"面板中的"环形阵列"按钮💠，下同）

选择对象：（选择图 2-32 下面的正六边形）

选择对象：✓

类型 = 极轴　关联 = 否

指定阵列的中心点或 ［基点(B)/旋转轴(A)］：（240，120）

选择夹点以编辑阵列或 ［关联(AS)/基点(B)/项目(I)/项目间角度(A)/填充角度(F)/行(ROW)/层(L)/旋转项目(ROT)/退出(X)] ＜退出＞：I

输入阵列中的项目数或 ［表达式(E)] ＜6＞：6

选择夹点以编辑阵列或 ［关联(AS)/基点(B)/项目(I)/项目间角度(A)/填充角度(F)/行 (ROW)/层 (L)/旋转项目(ROT)/退出(X)] ＜退出＞：F

指定填充角度(+=逆时针、-=顺时针)或 ［表达式(EX)] ＜360＞：

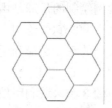

图 2-33　环形阵列后的图形

选择夹点以编辑阵列或 ［关联(AS)/基点(B)/项目(I)/项目间角度(A)/填充角度(F)/行(ROW)/层(L)/旋转项目(ROT)/退出(X)] ＜退出＞：✓

确认后生成如图 2-33 所示的图形。

04 绘制圆。

命令：C✓

指定圆的圆心或 ［三点(3P)/两点(2P)/切点、切点、半径(T)]：250,115✓

指定圆的半径或 ［直径(D)]：35✓

绘制完此步后的图形如图 2-34 所示。

05 修剪操作。选择菜单栏中的"修改"→"修剪"命令，或者单击"修改"工具栏中的"修剪"按钮，或者单击"默认"选项卡"修改"面板中的"修剪"按钮，结果如图 2-35 所示。

06 填充操作。单击"默认"选项卡"绘图"面板中的"图案填充"按钮，系统打开"图案填充创建"选项卡，图案设置成"SOLID"，如图 2-36 所示。用鼠标指定三个将要填充的区域，确认后生成如图 2-30 所示的图形。

图 2-34　绘制圆后的图形　　　　图 2-35　修剪后的图形

图 2-36　"图案填充创建"选项卡

 总结与点评

　　本实例讲解了一个简单的足球造型.这是一个很有趣的造型,乍看起来不知道怎样下手绘制,但仔细研究其中图线的规律就可以找寻到一定的方法。本实例巧妙地运用了"圆""镜像""正多边形""阵列"和"图案填充"等命令来完成造型的绘制。读者在这个简单的实例中要学会全面理解和掌握基本绘图命令与编辑命令并能灵活应用。

实例 21　多孔盖

　　本实例绘制的多孔盖如图 2-37 所示。

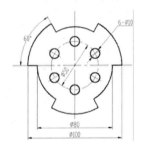

图 2-37　多孔盖

> **实讲实训**
> **多媒体演示**
>
> 多媒体演示参见配套光盘中的\\动画演示\第 2 章 \ 多孔盖.avi。

 思路提示

　　本实例绘制的多孔盖,首先应用绘图辅助命令中的设置图层命令 LAYER 设置图层,然后使用圆命令 CIRCLE、直线命令 LINE、环形阵列命令 ARRAYPOLAR 绘制主要轮廓,接着利用修剪命令 TRIM 修剪轮廓线,最后利用打断命令 BREAK 修剪过长的中心线。其绘制流程如图 2-38 所示。

图 2-38　绘制流程图

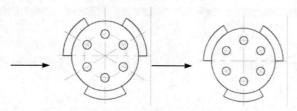

图 2-38 绘制流程图（续）

 解题步骤

01 设置图层。选择菜单栏中的"格式"→"图层"命令，或者单击"图层"工具栏中的"图层特性管理器"按钮 ，或者单击"默认"选项卡"图层"面板中的"图层特性"按钮 ，新建两个图层。

❶ 第一图层命名为"轮廓线"层，线宽属性为 0.3mm，其余属性默认。

❷ 第二图层命名为"中心线"层，颜色设为红色，线型加载为"CENTER"，其余属性默认。

02 绘制图形的对称中心线。将"中心线"层设置为当前图层。

命令: L↙
LINE 指定第一个点: 45,100↙
指定下一点或 [放弃(U)]: 155,100↙
指定下一点或 [放弃(U)]:↙

同样，利用 LINE 命令绘制线段，端点坐标分别为（100,45）和（100,155）。

命令: C↙
CIRCLE 指定圆的圆心或 [三点(3P)/两点(2P)/切点、切点、半径(T)]: _int 于（捕捉中心线的交点作为圆心）
指定圆的半径或 [直径(D)]: D↙
指定圆的直径: 50↙

结果如图 2-39 所示。

03 绘制图形的主要轮廓线。将"轮廓线"层设置为当前图层。

单击"默认"选项卡"绘图"面板中的"圆"按钮 ，捕捉中心线的交点作为圆心，指定直径 80 绘制圆；捕捉中心线的交点作为圆心，指定直径为 100 绘制圆；捕捉中心线圆与竖直中心线的交点作为圆心，指定直径为 10 绘制圆，结果如图 2-40 所示。

图 2-39 绘制中心线   图 2-40 绘制主要轮廓线

命令: _line

指定第一个点：_int 于（捕捉 $\varPhi$80 圆与水平对称中心线的交点）
指定下一点或 [放弃(U)]：_int 于（捕捉 $\varPhi$100 圆与水平对称中心线的交点）
指定下一点或 [放弃(U)]：✓

04 阵列操作。

命令：ARRAYPOLAR✓（或者选择菜单栏中的"修改"→"阵列"→"环形阵列"命令，或者单击"修改"工具栏中的"环形阵列"按钮 ，或者单击"默认"选项卡"修改"面板中的"环形阵列"按钮 ，下同）
选择对象：（选择绘制的圆与直线）
选择对象：✓
类型 = 极轴 关联 = 否
指定阵列的中心点或 [基点(B)/旋转轴(A)]：（选择同心圆圆心）
选择夹点以编辑阵列或 [关联(AS)/基点(B)/项目(I)/项目间角度(A)/填充角度(F)/行(ROW)/层(L)/旋转项目(ROT)/退出(X)]〈退出〉：I
输入阵列中的项目数或 [表达式(E)]〈6〉：6
选择夹点以编辑阵列或 [关联(AS)/基点(B)/项目(I)/项目间角度(A)/填充角度(F)/行(ROW)/层(L)/旋转项目(ROT)/退出(X)]〈退出〉：F
指定填充角度(+=逆时针、-=顺时针)或 [表达式(EX)]〈360〉：
选择夹点以编辑阵列或 [关联(AS)/基点(B)/项目(I)/项目间角度(A)/填充角度(F)/行(ROW)/层(L)/旋转项目(ROT)/退出(X)]〈退出〉：✓

使用同样方法，将竖直中心线进行项目为 3 的 360º 环形阵列。绘制的图形如图 2-41 所示。

05 用修剪命令 TRIM 对所绘制的图形进行修剪。

命令：TRIM✓（剪去多余的线段）
当前设置：投影=UCS，边=无
选择剪切边...
选择对象或〈全部选择〉：（分别选择 6 条直线）
……
找到 1 个，总计 6 个
选择要修剪的对象，按住 Shift 键选择要延伸的对象，或[栏选(F)/窗交(C)/投影(P)/边(E)/删除(R)/放弃(U)]：（分别选择要修剪的圆弧）

结果如图 2-42 所示。

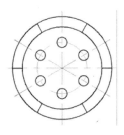

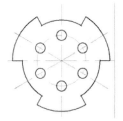

图 2-41 阵列结果　　　　　　　　　　　　图 2-42 修剪结果

06 打断处理。

命令：BREAK✓（或者选择菜单栏中的"修改"→"打断"命令，或者单击"修改"工具栏中的"打断"按钮 ，或者单击"默认"选项卡"修改"面板中的"打断"按钮 ，下同）
选择对象：（选择要打断的中心线圆的适当位置点）
指定第二个打断点 或 [第一点(F)]：（选择中心线圆逆时针方向的适当位置点）

使用同样方法，继续打断过长的中心线，最终结果如图 2-37 所示。

总结与点评

本实例讲解了一个简单的造型，运用了一些基本绘图命令与编辑命令。其中的"打断"命令是新学的命令，这个命令本身操作比较简单，但具体执行本命令时有三点需要注意：

1）《机械制图国家标准》规定，中心线超过轮廓线 2～5mm，多余的部分必须剪掉。这里注意不能采用"修剪"命令，"修剪"命令只能使中心线修剪到与轮廓线平齐，而不能超出 2～5mm。

2）对于环形均布的结构，其环行方向中心线只能是圆弧，而不能是直线。

3）利用"打断"命令修剪圆时，注意第一打断点和第二打断点的选择顺序。系统默认按从第一点到第二点的逆时针方向去掉部分圆弧。如果打断线的顺序选反了，可能会得到不符合预想的结果。

实例 22　吊钩

本实例绘制的吊钩如图 2-43 所示。

实讲实训
多媒体演示

多媒体演示参见配套光盘中的\\动画演示\第2章\吊钩.avi。

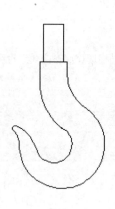

图 2-43　吊钩

 思路提示

本实例绘制的吊钩，首先利用偏移命令将中心线偏移，定位出各圆弧段的圆心，再利用圆命令 CIRCLE 绘制圆，然后调用修剪命令 TRIM、圆角命令 FILLET 和删除命令 ERASE 绘制出吊钩的成图。其绘制流程如图 2-44 所示。

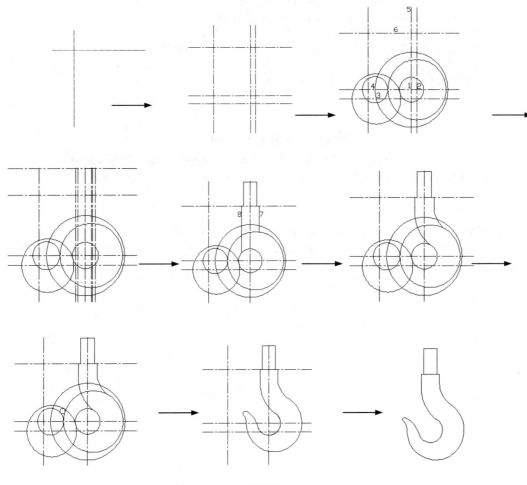

图2-44　绘制流程图

解题步骤

01 设置图层。选择菜单栏中的"格式"→"图层"命令或者单击"图层"工具栏中的"图层特性管理器"按钮，单击"默认"选项卡"图层"面板中的"图层特性"按钮，新建两个图层。

❶第一图层命名为"轮廓线"，线宽属性为0.3mm，其余属性默认。

❷第二图层命名为"辅助线"，颜色设为红色，线型加载为"center"，其余属性默认。

02 绘制定位直线。将"辅助线"层设置为当前图层。

命令：LINE↙（或者单击"默认"选项卡"绘图"面板中的"直线"按钮 ）
指定第一个点：
指定下一点或［放弃(U)］：（用鼠标在水平方向取两点）
指定下一点或［放弃(U)］：↙

重复上述命令绘制竖直辅助线，结果如图2-45所示。

03 偏移处理。

命令：OFFSET✓（或者单击"默认"选项卡"修改"面板中的"偏移"按钮 ⬮）
当前设置：删除源=否　图层=源　OFFSETGAPTYPE=0
指定偏移距离或 ［通过(T)/删除(E)/图层(L)］：142✓
选择要偏移的对象，或 ［退出(E)/放弃(U)］<退出>：(选择竖直线)
指定要偏移的那一侧上的点，或 ［退出(E)/多个(M)/放弃(U)］<退出>：(选择竖直线的右侧)
选择要偏移的对象，或 ［退出(E)/放弃(U)］<退出>：✓

重复上述命令，将竖直线向右偏移160，将水平线分别向下偏移180、210，结果如图 2-45 所示。

04 绘制圆。将"轮廓线"层设置为当前图层。

命令：CIRCLE✓（或者单击"默认"选项卡"绘图"面板中的"圆"按钮 ⊙）
指定圆的圆心或 ［三点(3P)/两点(2P)/切点、切点、半径(T)］：(以点1为圆心)
指定圆的半径或 ［直径(D)］：120✓

重复上述命令，绘制半径为 40 的同心圆，再以点 2 为圆心绘制半径为 96 的圆，以点 3 为圆心绘制半径为 80 的圆，以点 4 为圆心绘制半径为 42 的圆，结果如图 2-46 所示。

05 偏移处理。单击"默认"选项卡"修改"面板中的"偏移"按钮 ⬮，将线段 5 分别向两侧偏移 22.5 和 30，将线段 6 向上偏移 80，结果如图 2-47 所示。

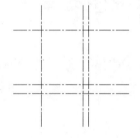 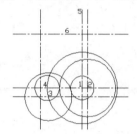 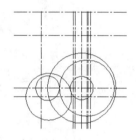

　　图 2-45　偏移处理　　　　　图 2-46　绘制圆　　　　　图 2-47　偏移处理

06 修剪处理。单击"默认"选项卡"修改"面板中的"修剪"按钮 ⊬，对相应对象进行修剪，结果如图 2-48 所示。

07 倒圆角。

命令：FILLET✓（或者单击"默认"选项卡"修改"面板中的"圆角"按钮 ⬭）
当前设置：模式 = 不修剪，半径 = 0.0000
选择第一个对象或 ［放弃(U)/多段线(P)/半径(R)/修剪(T)/多个(M)］：T✓
输入修剪模式选项 ［修剪(T)/不修剪(N)］<不修剪>：t✓
选择第一个对象或 ［放弃(U)/多段线(P)/半径(R)/修剪(T)/多个(M)］：R✓
指定圆角半径 <0.0000>：80✓
选择第一个对象或 ［放弃(U)/多段线(P)/半径(R)/修剪(T)/多个(M)］：(选择线段7)
选择第二个对象，或按住 Shift 键选择对象以应用角点或 ［半径(R)］：(选择半径为70的圆)

重复上述命令，选择线段 8 和半径为 40 的圆进行倒圆角，半径为 120，结果如图 2-49 所示。

08 绘制圆。

命令：CIRCLE✓（或者单击"默认"选项卡"绘图"面板中的"圆"按钮 ⊙）
指定圆的圆心或 ［三点(3P)/两点(2P)/切点、切点、半径(T)］：3P✓
指定圆上的第一个点：tan✓　　到 (选择半径为42的圆)
指定圆上的第二个点：tan✓　　到 (选择半径为96的圆)
指定圆上的第三个点：tan✓　　到 (选择半径为80的圆)

结果如图 2-50 所示。

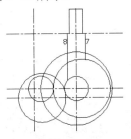 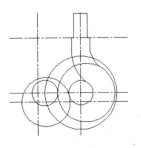

图 2-48　修剪处理　　　　　　　　　　图 2-49　倒圆角

09 修剪处理。单击"默认"选项卡"修改"面板中的"修剪"按钮，将多余线段进行修剪，结果如图 2-51 所示。

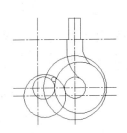 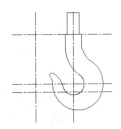

图 2-50　绘制圆　　　　　　　　　　图 2-51　修剪处理

10 删除线段。单击"默认"选项卡"修改"面板中的"删除"按钮，删除多余线段，结果如图 2-43 所示。

 # 总结与点评

本实例讲解了一个常见的机械造型，用到了"直线""圆""偏移""修剪""圆角"等命令。关于本实例，有两点需要注意：

1）本实例新学了一个"圆角"命令。本命令执行方法看似简单，但初学者容易犯的一个错误是，总是感觉执行命令后，图形没有出现预想中的圆角，看起来没有什么变化。这里主要原因是读者没有设置倒圆半径，而系统默认的倒圆半径是 0，所以就看不出有什么变化。

2）本实例的结构看起来简单，但实际上绘制起来很复杂，因为涉及各个圆弧的光滑连接，即互为相切关系。要准确地绘制各个轮廓，就要运用数学中的相切原理，计算各个圆弧的相对位置关系，并规划好不同的圆弧的绘制顺序，只有这样才能准确地绘制出此类结构的轮廓。

第 **3** 章

机械图形单元绘制

本章学习各种机械图形单元的绘制方法，包括凸轮、棘轮、齿轮、间歇轮、连接件、端盖、弹簧、键、轴承、轴承座以及各种机械零件附件。

通过本章学习，帮助读者掌握各种典型机械零件绘制方法和设计思路。

○ 二维绘图和编辑命令

○ 不同机械零件绘制方法

实例23 凸轮

本实例绘制的凸轮如图3-1所示。

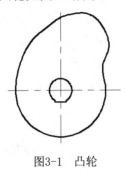

图3-1 凸轮

实讲实训 多媒体演示
多媒体演示参见配套光盘中的\\动画演示\第3章\凸轮.avi。

 思路提示

　　本实例绘制的凸轮，从图 3-1 中可以看出，凸轮的轮廓由不规则的曲线组成。为了准确地绘制凸轮轮廓曲线，需要用到样条曲线，并且要利用点的等分来控制样条曲线的范围。在绘制的过程中，也要用到剪切、删除等编辑功能。其绘制流程如图 3-2 所示。

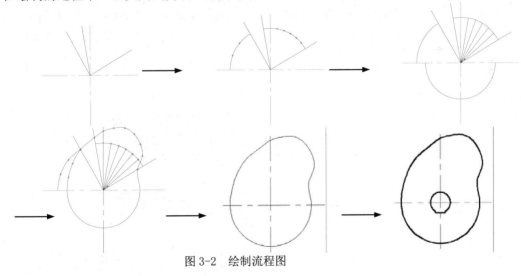

图 3-2 绘制流程图

解题步骤

　　01 图层设置。选择菜单栏中的"格式"→"图层"命令，或者单击"图层"工具栏中的"图层特性管理器"按钮 ，或者单击"默认"选项卡"图层"面板中的"图层特性"按钮 ，新建三个图层。

　　❶第一层命名为"粗实线"，线宽设为0.3mm，其余属性默认。

❷第二层命名为"细实线"，所有属性默认。

❸第三层命名为"中心线"，颜色为红色，线型为CENTER，其余属性默认。

02 绘制中心线。将"中心线"图层设置为当前图层。

命令: LINE✓
指定第一个点: -40,0✓
指定下一点或 [放弃(U)]: 40,0✓
指定下一点或 [放弃(U)]:✓

使用同样方法，绘制线段，两个端点坐标为（0,40）和（0,-40）。

03 绘制辅助直线。将"细实线"图层设置为当前图层。

命令: LINE✓
指定第一个点: 0,0✓
指定下一点或 [放弃(U)]: @40<30✓
指定下一点或 [放弃(U)]: ✓

使用同样方法，绘制两条线段，端点坐标分别为{（0,0）、（@40<100）}和{（0,0）、（@40<120）}。所绘制的图形如图3-3所示。

04 绘制辅助线圆弧。

命令:ARC✓
ARC 指定圆弧的起点或 [圆心(C)]: C✓
指定圆弧的圆心: 0,0✓
指定圆弧的起点: 30<120✓
指定圆弧的端点(按住 Ctrl 键以切换方向)或 [角度(A)/弦长(L)]: A✓
指定夹角(按住 Ctrl 键以切换方向): 60✓

使用同样方法绘制圆弧，圆心坐标为（0,0），圆弧起点坐标为（@30<30），夹角为70°。

05 等分圆弧。在命令行输入命令"DDPTYPE"，或者单击"默认"选项卡"实用工具"面板中的"点样式"按钮，系统打开"点样式"对话框，如图3-4所示。将点格式设为⊠。

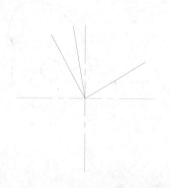

图3-3　中心线及其辅助线　　　　　　图3-4　"点样式"对话框

命令: DIVIDE✓　（或者单击"默认"选项卡"绘图"面板中的"定数等分"按钮，下同）
选择要定数等分的对象:（选择左边的弧线）
输入线段数目或 [块(B)]: 3✓

使用同样方法将另一条圆弧7等分，绘制结果如图3-5所示。将中心点与第二段弧线的等分点连上直线，如图3-6所示。

06 绘制凸轮下半部分圆弧。将"粗实线"图层设置为当前图层。

命令:ARC↙
指定圆弧的起点或 [圆心(C)]:C↙
指定圆弧的圆心:0,0↙
指定圆弧的起点:24,0↙
指定圆弧的端点(按住 Ctrl 键以切换方向)或 [角度(A)/弦长(L)]:A↙
指定夹角(按住 Ctrl 键以切换方向):-180↙

绘制结果如图3-7所示。

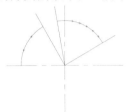　　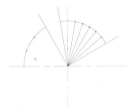　　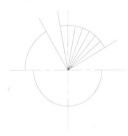

图3-5　绘制辅助线并等分　　　　图3-6　连接等分点与中心点　　　图3-7　绘制凸轮下轮廓线

07 绘制凸轮上半部分样条曲线

❶标记样条曲线的端点，命令行提示与操作如下：

命令: POINT↙　　（或者单击"默认"选项卡"绘图"面板中的"多点"按钮˙）
当前点模式: PDMODE=2 PDSIZE=-2.0000
指定点: 24.5<160↙

相同方法，依次标记点（26.5<140）、（30<120）、（34<100）、（37.5<90）、（40<80）、（42<70）、（41<60）、（38<50）、（33.5<40）、（26<30）。

注意

这些点刚好在等分点与圆心连线的延长线上，可以通过"对象捕捉"功能中的"捕捉到延长线"功能选项确定这些点的位置。"对象捕捉"工具栏中的"捕捉到延长线"按钮如图3-8所示。

图3-8　"对象捕捉"工具栏

❷绘制样条曲线，命令行提示与操作如下：

命令:SPLINE↙
当前设置: 方式=拟合　节点=弦
指定第一个点或 [方式(M)/节点(K)/对象(O)]:（选择下边圆弧的右端点）
输入下一个点或 [起点切向(T)/公差(L)]:（选择 26<30 点）
输入下一个点或 [端点相切(T)/公差(L)/放弃(U)]:（选择 33.5<40 点）
输入下一个点或 [端点相切(T)/公差(L)/放弃(U)/闭合(C)]:（选择 38<50 点）
……（依次选择上面绘制的各点，最后一点为下边圆弧的左端点）
输入下一个点或 [端点相切(T)/公差(L)/放弃(U)/闭合(C)]:↙

绘制结果如图3-9所示。

08 修剪图形。

命令: ERASE ↙
选择对象:（选择绘制的辅助线和点）

选择对象：↙

将多余的点和辅助线删除掉。再单击"默认"选项卡"修改"面板中的"打断"按钮，将过长的中心线剪掉，结果如图3-10所示。

09 绘制凸轮轴孔。

```
命令：CIRCLE↙
指定圆的圆心或 [三点(3P)/两点(2P)/切点、切点、半径(T)]：0, 0↙
指定圆的半径或 [直径(D)]：6↙
命令：LINE↙
指定第一个点：-3, 0↙
指定下一点或 [放弃(U)]：@0, -6↙
指定下一点或 [放弃(U)]：@6, 0↙
指定下一点或 [闭合(C)/放弃(U)]：@0, 6↙
指定下一点或 [闭合(C)/放弃(U)]：C↙
```

绘制的图形如图3-11所示。单击"默认"选项卡"修改"面板中的"修剪"按钮，剪掉键槽位置的圆弧，单击状态栏上的"线宽"按钮，打开线宽属性。凸轮最终如图3-1所示。

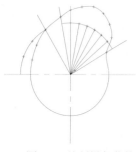

图3-9　绘制样条曲线

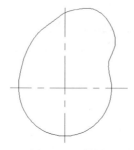

图3-10　删除辅助线

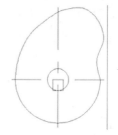

图3-11　绘制轴孔

总结与点评

　　本实例主要强调了"样条曲线"与"定数等分"命令的使用方法。如果灵活使用 "样条曲线"命令，可以绘制很多曲线形状比较复杂的造型，如局部剖视图的断裂分界线等。
　　本实例讲解的凸轮是一种典型机械零件，真实的凸轮曲线绘制，要按照从动件运动规律利用反转法或解析计算法确定其准确的轮廓曲线。

实例24　棘轮

本实例绘制的棘轮如图3-12所示。

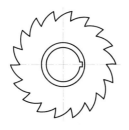

图3-12　棘轮

实讲实训
多媒体演示

多媒体演示
参见配套光盘中
的\\动画演示\第
3章\棘轮.avi。

 思路提示 ■

　　本实例绘制的棘轮，从图 3-12 中可以看出，由于棘轮的轮齿呈圆周均匀分布，可以
考虑采用圆周等分的方式确定轮齿位置。在绘制过程中，要用到剪切、删除等编辑命令。
其绘制流程如图 3-13 所示。

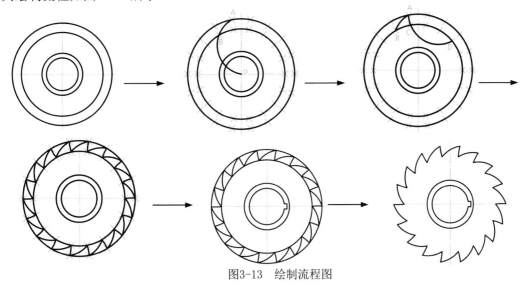

图3-13　绘制流程图

 解题步骤 ■

　　01 图层设置。选择菜单栏中的"格式"→"图层"命令，或者单击"图层"工具
栏中的"图层特性管理器"按钮 ，或者单击"默认"选项卡"图层"面板中的"图层特
性"按钮 ，新建三个图层。

　　❶第一图层命名为"粗实线"图层，将线宽设为0.3mm，其余属性默认。

　　❷第二图层命名为"细实线"图层，所有选项默认。

　　❸第三图层命名为"中心线"图层，颜色为红色，线型为CENTER，其余属性默认。

　　02 缩放图形至合适比例。

命令:ZOOM↙

指定窗口的角点，输入比例因子（nX 或 nXP），或者

[全部(A)/中心(C)/动态(D)/范围(E)/上一个(P)/比例(S)/窗口(W)/对象(O)]〈实时〉：C↙

指定中心点：0,0↙

输入比例或高度〈1025.7907〉：400↙

03 绘制棘轮中心线。将"中心线"图层设置为当前图层。

命令:LINE↙

指定第一个点：-120,0↙

指定下一点或 [放弃(U)]：@240,0↙

指定下一点或 [放弃(U)]：↙

使用同样方法，绘制线段，端点坐标为（0,120）和（@0,-240）。

04 绘制棘轮内孔及轮齿内外圆。将"粗实线"图层设置为当前图层。

命令：CIRCLE↙

指定圆的圆心或 [三点(3P)/两点(2P)/切点、切点、半径(T)]：0,0↙

指定圆的半径或 [直径(D)]：35↙

使用同样方法，以（0，0）为圆心绘制同心圆，半径分别为45、90和110。绘制效果如图3-14所示。

05 等分圆形。单击"默认"选项卡"实用工具"面板中的"点样式"按钮⬚，打开"点样式"对话框。单击其中的⊠样式，将点大小设置为相对于屏幕设置大小的5%，单击"确定"按钮。

利用DIVIDE命令将半径分别为90与110的圆18等分，绘制如图3-15所示。

06 绘制齿廓。

命令：ARC↙

指定圆弧的起点或 [圆心(C)]：（捕捉图 3-16 中的 A 点）

指定圆弧的第二个点或 [圆心(C)/端点(E)]：（捕捉 B 点）

指定圆弧的端点：（捕捉 O 点）

绘制完毕后的图形如图3-16所示。

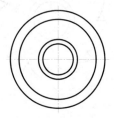 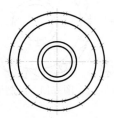 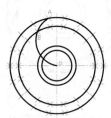

图3-14　绘制棘轮轮廓线及中心线　图3-15　等分棘轮齿内孔及轮齿内外圆　图3-16　轮齿的绘制

07 修剪圆弧。

命令:TRIM↙

当前设置:投影=UCS，边=无

选择剪切边...

选择对象或〈全部选择〉：（选择半径为 90 的圆）

选择对象：↙

选择要修剪的对象，或按住 Shift 键选择要延伸的对象，或[栏选(F)/窗交(C)/投影(P)/边(E)/删除(R)/放弃(U)]：（选择 ABO 圆弧的 BO 部分）

选择要修剪的对象，或按住 Shift 键选择要延伸的对象，或[栏选(F)/窗交(C)/投影(P)/边(E)/删除(R)/放弃(U)]：↙

结果如图3-17所示。

08 绘制另一段齿廓并修剪。

命令:ARC↙
指定圆弧的起点或［圆心(C)］:（选择图3-18的A点）
指定圆弧的第二个点或［圆心(C)/端点(E)］:（选择图3-18的C点）
指定圆弧的端点:（选择图3-18的D点）

绘制图形如图3-18所示。

将弧线CD段修剪，单击"默认"选项卡"修改"面板中的"修剪"按钮，修剪结果如图3-19所示。

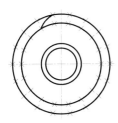 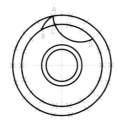 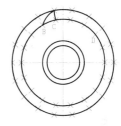

图3-17　剪切后的图形　　　图3-18　绘制弧线ACD后的图形　　　图3-19　剪切后弧线CD的图形

重复以上步骤，绘制圆弧直到图形如图3-20所示为止。

思考

在图3-19的基础上，绘图成为如图3-20所示，一条一条地绘制圆弧在AutoCAD绘图中并不可取。简便的方法可以通过"环形阵列"命令来完成。具体操作方法读者可以自行完成。

09 绘制键槽。

命令:LINE↙
指定第一个点: 40,5↙
指定下一点或［放弃(U)］: @-10,0↙
指定下一点或［放弃(U)］: @0,-10↙
指定下一点或［闭合(C)/放弃(U)］: @10,0↙
指定下一点或［闭合(C)/放弃(U)］: C↙

利用TRIM命令和ERASE命令修剪键槽部分图线，结果如图3-21所示。

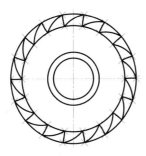 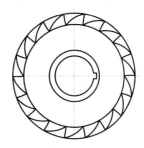

图3-20　轮齿　　　　　　　图3-21　绘制键槽

10 擦除圆。利用ERASE命令擦除半径为90和110的圆，得到如图3-12所示的图形。

总结与点评

本实例讲解的棘轮也是一个典型的机械零件。本实例最关键的地方是确定单个棘齿的轮廓，这里采用的是等分圆的方法确定棘齿圆弧轮廓线上的关键点，也为后面准确地绘制所有棘齿埋下了伏笔，这里读者可以自己体会一下，如果随意绘制两条圆弧作为棘齿轮廓会出现什么情形。

实例25　间歇轮

本实例绘制的间歇轮如图3-22所示。

实讲实训
多媒体演示

多媒体演示参见配套光盘中的\\动画演示\第3章\间歇轮.avi。

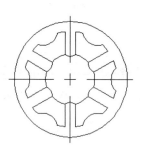

图3-22　间歇轮

 思路提示

本实例绘制间歇轮，根据图形的特点，首先利用"圆""直线""圆弧"和"修剪"命令，绘制出一个轮片，再利用"环形阵列"命令进行圆周阵列，最后利用"修剪"命令完成此图。其绘制流程如图 3-23 所示。

 解题步骤

01 设置图层。选择菜单栏中的"格式"→"图层"命令，或者单击"图层"工具栏中的"图层特性管理器"按钮，或者单击"默认"选项卡"图层"面板中的"图层特性"按钮，新建两个图层。

❶第一图层命名为"轮廓线"，线宽属性为0.3mm，其余属性默认。

❷第二图层命名为"中心线"，颜色设为红色，线型加载为CENTER，其余属性默认。

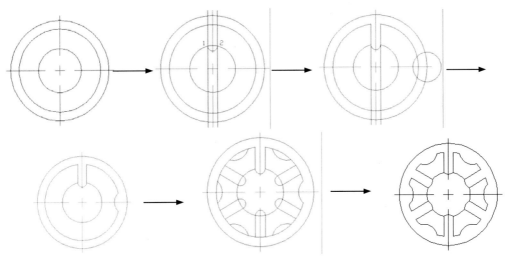

图3-23 绘制流程图

02 绘制直线。将当前图层设置为"中心线"层。

命令：LINE✓（或者单击"绘图"工具栏中的"直线"按钮 ╱ ）
指定第一个点：165,200✓
指定下一点或 [放弃(U)]：235,200✓
指定下一点或 [放弃(U)]：✓

重复LINE命令绘制从点（200,165）到（200,235）的直线，结果如图3-24所示。

03 绘制圆。将当前图层设置为"轮廓线"层。

命令：CIRCLE✓（或者单击"绘图"工具栏中的"圆"按钮 ⊘ ）
指定圆的圆心或 [三点(3P)/两点(2P)/切点、切点、半径(T)]：200,200✓
指定圆的半径或 [直径(D)]：32✓

重复CIRCLE命令，绘制以点（200,200）为圆心,分别以26.5和14为半径的同心圆，如图3-25所示。

04 绘制直线。在竖直中心线左右两边各3mm处绘制两条与之平行的直线，如图3-26所示。

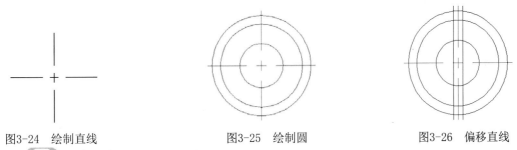

图3-24 绘制直线   图3-25 绘制圆   图3-26 偏移直线

05 绘制圆弧

命令：ARC✓（或者单击"绘图"工具栏中的"圆弧"按钮 ╭ ）
指定圆弧的起点或 [圆心(C)]：（选取 1 点）
指定圆弧的第二个点或 [圆心(C)/端点(E)]：e✓
指定圆弧的端点：（选取 2 点）
指定圆弧的中心点(按住 Ctrl 键以切换方向)或 [角度(A)/方向(D)/半径(R)]：R✓
指定圆弧的半径(按住 Ctrl 键以切换方向)：3✓

结果如图3-27所示。

06 修剪处理。单击"默认"选项卡"修改"面板中的"修剪"按钮 ⊬，将图形修剪成如图3-28所示。

07 绘制圆。单击"默认"选项卡"绘图"面板中的"圆"按钮 ⊘，绘制以大圆与水平直线的交点为圆心，半径为9的圆，如图3-29所示。

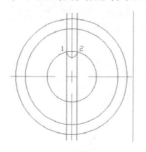

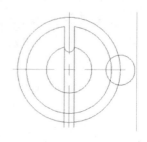

图3-27 绘制圆弧   图3-28 修剪处理   图3-29 绘制圆

08 修剪处理。单击"默认"选项卡"修改"面板中的"修剪"按钮 ⊬ 进行修剪，如图3-30所示。

09 阵列处理。

命令：ARRAYPOLAR↙（或者选择菜单栏中的"修改"→"阵列"→"环形阵列"命令，或者单击"修改"工具栏中的"环形阵列"按钮 ⛶，或者单击"默认"选项卡"修改"面板中的"环形阵列"按钮 ⛶，下同）
　　选择对象：（选择刚修剪的圆弧与第6步修剪的两竖线及其相连的圆弧）
　　选择对象：↙
　　类型 = 极轴　关联 = 是
　　指定阵列的中心点或 [基点(B)/旋转轴(A)]：（选择圆中心线交点）
　　选择夹点以编辑阵列或 [关联(AS)/基点(B)/项目(I)/项目间角度(A)/填充角度(F)/行(ROW)/层(L)/旋转项目(ROT)/退出(X)]〈退出〉：I
　　输入阵列中的项目数或 [表达式(E)]〈6〉：6
　　选择夹点以编辑阵列或 [关联(AS)/基点(B)/项目(I)/项目间角度(A)/填充角度(F)/行(ROW)/层(L)/旋转项目(ROT)/退出(X)]〈退出〉：F
　　指定填充角度(+=逆时针、-=顺时针)或 [表达式(EX)]〈360〉：
　　选择夹点以编辑阵列或 [关联(AS)/基点(B)/项目(I)/项目间角度(A)/填充角度(F)/行(ROW)/层(L)/旋转项目(ROT)/退出(X)]〈退出〉：↙

结果如图3-31所示。

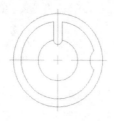

图3-30 修剪处理   图3-31 阵列结果

10 修剪处理。单击"默认"选项卡"修改"面板中的"修剪"按钮 ⊬，进行修剪，结果如图3-22所示。

总结与点评

间歇机构是机械机构中的一种重要非连续运动机构，本实例绘制的间歇轮是间歇机构的核心零件。根据间歇轮均匀间隔的图形的结构特点，首先绘制出一个轮片，再利用"阵列"命令进行圆周阵列并修剪，其思路相对明了。

实例26　螺钉

本实例绘制的螺钉如图3-32所示。

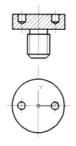

图3-32　螺钉

实讲实训
多媒体演示
多媒体演示参见配套光盘中的\\动画演示\第3章\螺钉.avi。

 思路提示

本实例绘制的螺钉由于图形中出现了三种不同的线型，所以需要设置图层来管理线型。其绘制流程如图 3-33 所示。

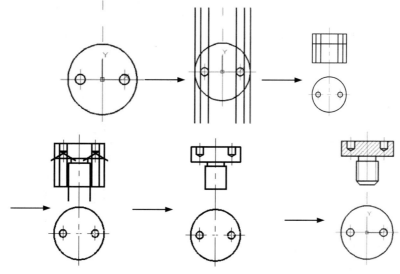

图3-33　绘制流程图

解题步骤

01 图层设定。选择菜单栏中的"格式"→"图层"命令，或者单击"图层"工具栏中的"图层特性管理器"按钮，或者单击"默认"选项卡"图层"面板中的"图层特性"按钮，新建如下三个图层。

❶第一图层命名为"粗实线"图层，线宽0.3mm，其余属性默认。

❷第二图层命名为"细实线"图层，线宽0.09mm，所有属性默认。

❸第三图层命名为"中心线"图层，线宽0.09mm，颜色红色，线型CENTER，其余属性默认。

02 绘制中心线。将"中心线"图层设置为当前图层。

```
命令:LINE↙
指定第一个点: -17,0↙
指定下一点或 [放弃(U)]: @34,0↙
指定下一点或 [放弃(U)]: ↙
```

同样，利用LINE命令绘制另外3条线段，端点坐标分别为{(0,-17)、(@0,70)}{(-9,4)、(@0,-8)}{(9,4)、(@0,-8)}。

03 绘制轮廓线。将"粗实线"图层设置为当前图层。

```
命令: CIRCLE↙
指定圆的圆心或 [三点(3P)/两点(2P)/切点、切点、半径(T)]: 0,0↙
指定圆的半径或 [直径(D)]: 14↙
```

同样，利用CIRCLE命令绘制圆，圆心坐标为（-9,0），半径为2；再次利用CIRCLE命令绘制另一个圆，圆心坐标为（9,0），半径为2。结果如图3-34所示。

04 绘制构造线。

```
命令: XLINE↙
指定点或 [水平(H)/垂直(V)/角度(A)/二等分(B)/偏移(O)]: (捕捉最外边圆的左象限点)
指定通过点: @0,2↙ (或者打开状态栏上的"正交"开关，鼠标向上指定一点)
指定通过点: ↙
```

使用同样方法，捕捉图3-34中各圆的左右象限点为指定点，指定竖直方向一点为通过点绘制构造线，结果如图3-35所示。

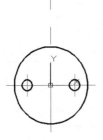

图3-34 绘制俯视图

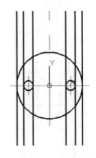

图3-35 绘制构造线

注意

可以利用"绘图"→"构造线"绘制无限长的直线，通常可以通过指定两点绘制构造线，也可以创建竖直的、水平的或者和已知面成一定角度的构造线。构造线一般用作绘图辅助线，以保持不同视图间的尺寸对应关系。

05 绘制直线。

命令:LINE↙
指定第一个点: -14,25↙
指定下一点或 [放弃(U)]: @28,0↙
指定下一点或 [放弃(U)]: ↙

同样，利用LINE命令绘制另两条线段，端点分别为{(-14,48)、(@28,0)}{(-14,40)、(@28,0)}。

06 修剪对象。

命令:TRIM↙
当前设置:投影=UCS,边=延伸
选择修剪边...
选择对象或〈全部选择〉: (选择如图3-36所示的修剪边界)
选择要修剪的对象，或按住 Shift 键选择要延伸的对象，或[栏选(F)/窗交(C)/投影(P)/边(E)/删除(R)/放弃(U)]: (选择需要修剪的边，如图3-36所示)
选择要修剪的对象，或按住 Shift 键选择要延伸的对象，或[栏选(F)/窗交(C)/投影(P)/边(E)/删除(R)/放弃(U)]: ↙

修剪结果如图3-37所示。

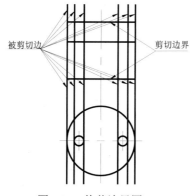

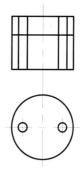

图3-36　修剪边界图　　　　　　　　　图3-37　修剪之后的图形

注意

修剪命令的使用方法是一般先选择要修剪的边界，然后再选择需要修剪的边。此外，选择作为修剪对象的修剪边的对象，或者按 Enter 键选择所有对象作为可能的修剪边。有效的修剪边对象包括二维和三维多段线、圆弧、圆、椭圆、布局视口、直线、射线、面域、样条曲线、文字和构造线。

07 绘制直线。

命令:LINE↙
指定第一个点:-11,44↙
指定下一点或 [放弃(U)]: @10<-30↙

同样，利用LINE命令绘制其他几条线段或连续线段，端点分别为{（-7,44）、（@10<210）}、{（-4.75,40）、（@0,-2.5）、（@-1.25,0）、（@0,-20）}、{（11,44）、（@10<210）}、{（7,44）、（@10<-30）}、{（4.75,40）、（@0,-2.5）、（@1.25,0）、（@0,-20）}、{（-4.75,37.5）、（4.75,37.5）}、{（-11,44）、（-7,44）}、{（7,44）、（11,44）}。

 注意

这里也可以利用"镜像"命令来完成对称部分的绘制，读者可以自行操作体会。

08 绘制中心线。将"中心线"图层设置为当前图层。

利用LINE命令绘制两条线段，端点分别为{（-9,50）、（@0,-12）}、{（9,50）、（@0,-12）}。绘制结果如图3-38所示。

单击"默认"选项卡"修改"面板中的"修剪"按钮 ⊀，将图3-39修剪成如图3-39所示。

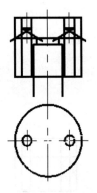

图3-38 待修剪图形

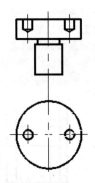

图3-39 修剪后的图形

 注意

如果所需要操作的局部在图形中太小，就选择菜单栏中的"视图"→"缩放"→"窗口"命令或者单击"缩放"工具栏中的"窗口"按钮 🔍，鼠标单击两个点，正好是需要放大的矩形的对角线，如果想恢复上一步的视图，选择菜单栏中的"视图"→"缩放"→"上一个"命令。

09 倒角。

```
命令：CHAMFER↙
（"修剪"模式）当前倒角距离 1 = 0.0000，距离 2 = 0.0000
选择第一条直线或[放弃(U)/多段线(P)/距离(D)/角度(A)/修剪(T)/方式(E)/多个(M)]：D↙
指定第一个倒角距离 <0.0000>：2↙
指定第二个倒角距离 <2.0000>：↙
选择第一条直线或[放弃(U)/多段线(P)/距离(D)/角度(A)/修剪(T)/方式(E)/多个(M)]：（选择主视图最下面的直线）
选择第二条直线，或按住 Shift 键选择直线以应用角点或 [距离(D)/角度(A)/方法(M)]：（选择侧面直线）
```

注意

"修改"→"倒角"命令或"修改"→"圆角"命令需要指定倒角距离或圆角半径，如果不指定，系统会以默认值 0 为倒角距离或圆角半径，这样从图形上就看不出倒角或圆角的效果。

10 绘制直线。将"细实线"图层设置为当前图层。

```
命令:LINE↙
指定第一个点: -6,27 ↙
指定下一点或 [放弃(U)]: @12,0 ↙
指定下一点或 [放弃(U)]: ↙
```

同样，利用LINE命令绘制另外三条线段，端点坐标分别为{(-4.75,37.5)、(@0,-5)}、{(4.75,37.5)、(@0,-5)}，如图3-40所示。

11 延伸图形。延伸的步骤和方法与修剪的操作一致，选择菜单栏中的"修改"→"延伸"命令，或者单击"修改"工具栏中的"延伸"按钮 ⊣，或者单击"默认"选项卡"修改"面板中的"延伸"按钮 ⊣，命令行提示与操作如下。

```
命令: _extend
当前设置:投影=UCS，边=无
选择边界的边...
选择对象或〈全部选择〉: （选择延伸边界，如图 3-41 所示）
选择对象: ↙
选择要延伸的对象，或按住 Shift 键选择要修剪的对象，或[栏选(F)/窗交(C)/投影(P)/边(E)/放
弃(U)]: （选择要延伸的对象，如图 3-40 所示）
选择要延伸对象，或按住 Shift 键选择要修剪对象，或[栏选(F)/窗交(C)/投影(P)/边(E)/放弃(U)]:
↙
```

如图3-40所示的选择延伸边界和待延伸边，直线延伸后的结果如图3-41所示。

12 图案填充。选择菜单栏中的"绘图"→"图案填充"命令，或者单击"绘图"工具栏中的"图案填充"按钮 ▨，或者单击"默认"选项卡"绘图"面板中的"图案填充"按钮 ▨，填充图形，结果如图3-32所示。

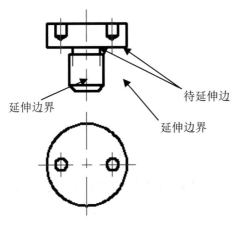

图3-40　倒角与待延伸直线

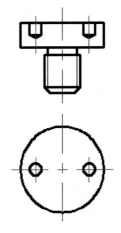

图3-41　直线延伸后的图形

总结与点评

　　本实例绘制的螺钉是机械零件中最常用的螺纹连接件，在其绘制过程中，要注意遵守国家标准和相关制图规范，例如，牙底采用细实线，且要绘制到螺纹倒角线为止，牙底实线一般不要与牙顶线距离过大，取倒角距离的一半，而不要取倒角距离，这一点很多读者容易犯错。

　　在本实例中新学到一个"延伸"命令，此命令的执行方法与"修剪"命令类似，是"修剪"命令的反向执行命令。这个命令有一个很实用的场合，就是读者在不放大图形局部结构，不好判断图线之间是否完全接触的情况下（这种情况在确定图案填充区域或修剪边界时经常出现），先利用"延伸"命令操作确保图线之间肯定接触，这样操作就不容易出现问题了。

实例27　螺母

　　本实例绘制的螺母如图3-42所示。

实讲实训 多媒体演示
多媒体演示参见配套光盘中的\\动画演示\第3章\螺母.avi。

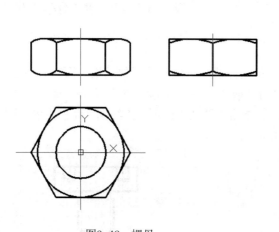

图3-42　螺母

 思路提示

　　本实例绘制的螺母由于图形中出现了两种不同的线型，所以需要设置图层来管理线型。其绘制流程如图 3-43 所示。

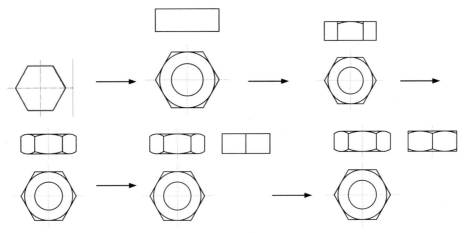

图3-43 绘制流程图

 解题步骤

01 图层设置。选择菜单栏中的"格式"→"图层"命令，或者单击"图层"工具栏中的"图层特性管理器"按钮 █，或者单击"默认"选项卡"图层"面板中的"图层特性"按钮 █，新建两个图层。

❶第一图层命名为"粗实线"图层，线宽为0.3mm，其余属性默认。

❷第二图层命名为"中心线"图层，线宽为0.09mm，线型为CENTER，颜色设为红色，其余属性默认。

打开线宽显示。

02 绘制中心线。将"中心线"图层设置为当前图层。

命令：LINE✓
指定第一个点：-13,0✓
指定下一点或 [放弃(U)]：@26,0✓
指定下一点或 [放弃(U)]：✓

同样，利用LINE命令绘制另一条线段，端点分别为（0,-11）和（@0,22）。

03 绘制多边形。将"粗实线"图层设置为当前图层。绘制正六边形。

命令：POLYGON✓
输入侧面数 〈4〉：6✓
指定正多边形的中心点或 [边(E)]：0,0✓
输入选项 [内接于圆(I)/外切于圆(C)] 〈I〉:✓
指定圆的半径：10✓

绘制结果如图3-44所示。

 注意

正多边形的绘制有三种方式：

1）指定中心点和外接圆半径，正多边形的所有顶点都在此圆周上。

2）指定中心点和内切圆半径，指定正多边形中心点到各边中点的距离。

3）指定边，通过指定第一条边的端点来定义正多边形。

04 绘制圆。

命令：CIRCLE✓
指定圆的圆心或 [三点(3P)/两点(2P)/切点、切点、半径(T)]: 0,0 ✓
指定圆的半径或 [直径(D)] <15.0000>:8.6603✓

同样，利用 CIRCLE命令，以（0,0）为圆心，以5为半径绘制圆，如图3-45所示。

05 绘制主视图矩形。

命令：RECTANG✓
指定第一个角点或 [倒角(C)/标高(E)/圆角(F)/厚度(T)/宽度(W)]: -10,15✓
指定另一个角点或 [面积(A)/尺寸(D)/旋转(R)]: @20,7✓

绘制如图3-46所示图形。

06 绘制构造线。

命令：XLINE✓
指定点或 [水平(H)/垂直(V)/角度(A)/二等分(B)/偏移(O)]: （选择如图 3-47 所示的 A 点）
指定通过点: @0,10✓
指定通过点: ✓

同样，通过B点绘制另一条竖直构造线，如图3-47所示。

07 绘制圆并修剪。

命令：CIRCLE✓
指定圆的圆心或 [三点(3P)/两点(2P)/切点、切点、半径(T)]: 0,7✓
指定圆的半径或 [直径(D)]: 15✓

然后单击"默认"选项卡"修改"面板中的"修剪"按钮，将绘制的圆修剪成如图3-48所示。

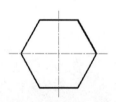 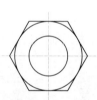 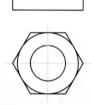 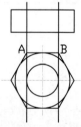

图3-44　绘制正多边形　　图3-45　绘制圆　　图3-46　绘制矩形　　图3-47　绘制构造线

08 绘制构造线。

命令：XLINE✓
指定点或 [水平(H)/垂直(V)/角度(A)/二等分(B)/偏移(O)]: （选择图 3-49 中的 A 点）
指定通过点: @10,0✓
指定通过点: ✓

结果如图3-49所示。

09 绘制圆弧。

命令：ARC✓
指定圆弧的起点或 [圆心(C)]: （捕捉图 3-49 中的 A 点）
指定圆弧的第二个点或 [圆心(C)/端点(E)]: -7.5,22✓
指定圆弧的端点: （捕捉图 3-49 中的 B 点）

将构造线运用删除命令擦除掉，结果如图3-50所示。

10 镜像处理。

命令：MIRROR✓

选择对象：（选择上述圆弧）
选择对象：↙
指定镜像线的第一点：0,0↙
指定镜像线的第二点：0,10↙
要删除源对象吗？[是(Y)/否(N)] ⟨N⟩：↙

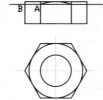

图3-48 绘制圆并修剪　　　　　图3-49 绘制构造线　　　　　图3-50 擦除构造线后的图形

结果如图3-51所示。同样以（-10,18.5），（10,18.5）为镜像线上的两点，对上面的三条圆弧进行镜像处理，结果如图3-52所示。

11 修剪处理。选择菜单栏中的"修改"→"修剪"命令，或者单击"修改"工具栏中的"修剪"按钮 ⊢，或者单击"默认"选项卡"修改"面板中的"修剪"按钮 ⊢，对图形进行修剪，结果如图3-53所示。

12 绘制中心线。

命令：LINE↙
指定第一个点：0,13↙
指定下一点或 [放弃(U)]：@0,11↙
指定下一点或 [放弃(U)]：↙

效果如图3-53所示。

图3-51 镜像处理　　　　　图3-52 再次镜像处理　　　　　图3-53 修剪并绘制中心线

13 绘制左视图正六边形。

命令：POLYGON↙
输入侧面数 ⟨4⟩：6↙
指定正多边形的中心点或 [边(E)]：E↙
指定边的第一个端点：35,13.5↙
指定边的第二个端点：@0,10↙

结果如图3-54所示。

14 绘制构造线。

命令：XLINE↙
指定点或 [水平(H)/垂直(V)/角度(A)/二等分(B)/偏移(O)]：0,15↙
指定通过点：@10,0↙
指定通过点：↙

同样，利用XLINE命令，通过点（0,22）和（@10,0），以及图3-55中的A点和（@0,10）绘制两条构造线，结果如图3-55所示。

15 修剪图形。单击"默认"选项卡"修改"面板中的"修剪"按钮 ，修剪图形，结果如图3-56所示。

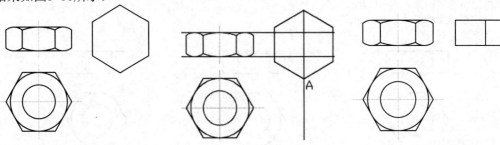

图3-54 绘制正六边形　　　图3-55 绘制构造线　　　图3-56 修剪图形

16 绘制构造线。

命令：XLINE↙
指定点或 [水平(H)/垂直(V)/角度(A)/二等分(B)/偏移(O)]：（选择图3-57中的A点）
指定通过点：@10,0↙
指定通过点：↙

结果如图3-57所示。

17 绘制圆弧。

❶选择菜单栏中的"绘图"→"圆弧"→"三点"命令，或者单击"绘图"工具栏中的"圆弧"按钮 ，或者单击"默认"选项卡"绘图"面板中的"圆弧"按钮 。捕捉图3-58所示的A、B、C三点，其中B点为该直线的1/4点，如果捕捉不到，

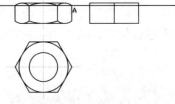

图3-57 绘制构造线

可以单击"默认"选项卡"修改"面板中的"打断"按钮 ，来打断其中点，再捕捉其中点的方式来操作。

❷绘制好圆弧之后进行镜像操作，以{（26.3397，22）、（26.3397，15）}为镜像线上的两点镜像圆弧，同理继续镜像图形，结果如图3-58所示。

18 修剪操作。选择菜单栏中的"修改"→"修剪"命令，或者单击"修改"工具栏中的"修剪"按钮 ，或者单击"默认"选项卡"修改"面板中的"修剪"按钮 ，结果如图3-59所示。

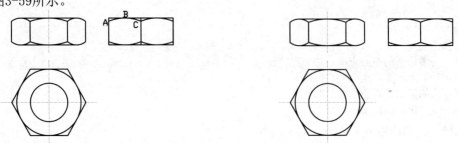

图3-58 镜像操作　　　　　　　　　图3-59 修剪操作

19 绘制中心线。将"中心线"图层设置为当前图层。

命令：LINE↙
指定第一个点：26.3397，23↙
指定下一点或 [放弃(U)]：26.3397，13↙
指定下一点或 [放弃(U)]：↙

绘制结果如图3-42所示。

 总结与点评

本实例绘制的螺母是常用的螺纹连接件，也是一个标准件，所以其图形轮廓的绘制，尤其是圆弧线的绘制一定要严格遵守国家标准中的相关规范。

实例28 圆头平键

本实例绘制的圆头平键如图3-60所示。

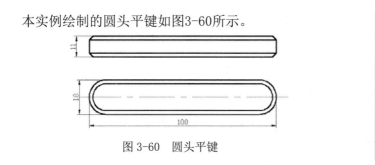

图3-60 圆头平键

实讲实训
多媒体演示

多媒体演示参见配套光盘中的\\动画演示\第3章\圆头平键.avi。

 思路提示

本实例绘制的圆头平键结构很简单，按以前学习的方法，可以通过直线和圆弧绘制而成。现在我们可以通过倒角和圆角命令取代直线和圆弧命令绘制圆头结构，以最快速方便的方法达到绘制目的。其绘制流程如图3-61所示。

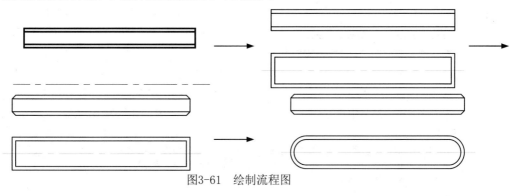

图3-61 绘制流程图

 解题步骤

01 图层设计。选择菜单栏中的"格式"→"图层"命令，或者单击"图层"工具栏中的"图层特性管理器"按钮，或者单击"默认"选项卡"图层"面板中的"图层特性"按钮，新建两个图层。

❶第一图层命名为"粗实线"，线宽0.3mm，其余属性默认。

❷第二图层命名为"中心线"，颜色为红色，线型为"CENTER"，其余属性默认。

将线宽显示打开。

02 绘制中心线。将"中心线"图层设置为当前图层。

命令:LINE↙
指定第一个点: -5,-21↙
指定下一点或 [放弃(U)]:@110,0↙

03 绘制平键主视图。将"粗实线"图层设置为当前图层。

命令:RECTANG↙
指定第一个角点或 [倒角(C)/标高(E)/圆角(F)/厚度(T)/宽度(W)]: 0,0↙
指定另一个角点或 [面积(A)/尺寸(D)/旋转(R)]: @100,11↙
命令:LINE↙
指定第一个点: 0,2↙
指定下一点或 [放弃(U)]: @100,0↙
指定下一点或 [放弃(U)]: ↙

使用同样方法绘制线段，两端点坐标为（0,9）和（@100,0），绘制结果如图3-62所示。

04 绘制平键俯视图。

命令:RECTANG↙
指定第一个角点或 [倒角(C)/标高(E)/圆角(F)/厚度(T)/宽度(W)]: 0,-30↙
指定另一个角点或 [面积(A)/尺寸(D)/旋转(R)]: @100,18↙
命令: OFFSET↙
当前设置: 删除源=否 图层=源 OFFSETGAPTYPE=0
指定偏移距离或 [通过(T)/删除(E)/图层(L)]〈通过〉: 2↙
选择要偏移的对象，或 [退出(E)/放弃(U)]〈退出〉: (选择上一步绘制的矩形)
指定要偏移的那一侧上的点，或 [退出(E)/多个(M)/放弃(U)]〈退出〉: (用鼠标选择矩形内任意一点)
选择要偏移的对象，或 [退出(E)/放弃(U)]〈退出〉: ↙

绘制结果如图3-63所示。

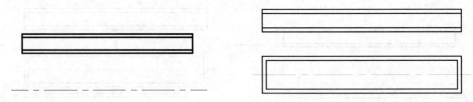

图3-62　绘制主视图　　　　　　　　　　　　图3-63　绘制轮廓线

05 分解矩形。

命令:EXPLODE↙(或选择菜单栏中的"修改"→"分解"命令，或者单击"修改"工具栏中的"分解"按钮⌗，或者单击"默认"选项卡"修改"面板中的"分解"按钮⌗，下同)
选择对象: (框选主视图图形)
指定对角点:
找到 3 个，总计 1 个
2 个不能分解。
选择对象: ↙

这样，主视图矩形被分解成为4条直线。

思考

为什么要分解矩形？分解命令是将合成对象分解为其部件对象，可以分解的对象包括矩形、尺寸标注、块体、多边形等。将矩形分解成线段是为下一步进行倒角做准备。

06 倒角处理。

命令: CHAMFER✓(或选择菜单栏中的"修改"→"倒角"命令，或者单击"修改"工具栏中的"倒角"按钮⌐，或者单击"默认"选项卡"修改"面板中的"倒角"按钮⌐，下同)
("修剪"模式) 当前倒角距离 1 = 0.0000，距离 2 = 0.0000
选择第一条直线或[放弃(U)/多段线(P)/距离(D)/角度(A)/修剪(T)/方式(E)/多个(M)]: D✓
指定第一个倒角距离 <0.0000>: 2✓
指定第二个倒角距离 <2.0000>: 2✓
选择第一条直线或[放弃(U)/多段线(P)/距离(D)/角度(A)/修剪(T)/方式(E)/多个(M)]: (选择如图3-64所示的直线)
选择第二条直线，或按住 Shift 键选择直线以应用角点或 [距离(D)/角度(A)/方法(M)]: (选择如图3-64所示的直线)

执行完命令之后，变成如图3-65所示图形。

倒角所选择直线

图3-64　倒角所选择的两条直线

对其他边倒角，仍然运用倒角命令，结果如图3-66所示。

图3-65　倒角之后的图形　　　　　　　图3-66　倒角处理

 注意

倒角需要指定倒角的距离和倒角对象。如果需要加倒角的两个对象在同一图层，AutoCAD 将在这个图层创建倒角。否则，AutoCAD 在当前图层上创建倒角线。倒角的颜色、线型和线宽也是如此。

07 圆角处理。

命令: FILLET✓(或选择菜单栏中的"修改"→"圆角"命令，或者单击"修改"工具栏中的"圆角"按钮⌐，或者单击"默认"选项卡"修改"面板中的"圆角"按钮⌐，下同)
当前设置: 模式 = 修剪，半径 = 0.0000
选择第一个对象或[放弃(U)/多段线(P)/半径(R)/修剪(T)/多个(M)]: R✓
指定圆角半径 <0.0000>: 9✓
选择第一个对象或[放弃(U)/多段线(P)/半径(R)/修剪(T)/多个(M)]: P✓

选择二维多段线或［半径(R)］：（选择图 3-67 俯视图中的外矩形）

操作圆角命令完毕之后，如图3-68所示。

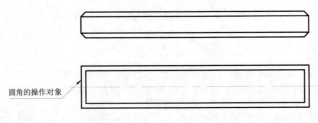

图3-67　操作圆角的对象

下面对第二个矩形进行圆角操作。

命令：FILLET↙
当前设置：模式 = 修剪，半径 = 9.0000
选择第一个对象或[放弃(U)/多段线(P)/半径(R)/修剪(T)/多个(M)]：R↙
指定圆角半径 〈9.0000〉：7 ↙
选择第一个对象或[放弃(U)/多段线(P)/半径(R)/修剪(T)/多个(M)]：P↙
选择二维多段线：（选择图 3-68 俯视图中的内矩形）
4 条直线已被圆角

操作完毕之后图形如图3-60所示。

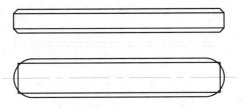

图3-68　圆角命令后的图形

 注意

可以给多段线的直线线段加圆角，这些直线可以相邻、不相邻、相交或由线段隔开。如果多段线的线段不相邻，则被延伸以适应圆角。如果它们是相交的，则被修剪以适应圆角。图形界限检查打开时，要创建圆角，则多段线的线段必须收敛于图形界限之内。

结果是包含圆角（作为弧线段）的单个多段线。这条新多段线的所有特性（如图层、颜色和线型）将继承所选的第一个多段线的特性。

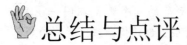 总结与点评

本实例绘制的圆头平键也是机械零件中的标准件，其结构虽然很简单，但在绘制时，其尺寸一定要遵守《机械制图国家标准》中的相关规定。

在本实例的绘制过程中，我们也学习了两个新命令："倒角"命令和"分解"命令。"倒角"命令和"圆角"命令类似，需要注意设置倒角距离，否则倒角操作后看起来好像没有效果，因为系统默认的倒角距离是 0。"分解"命令操作很简单，但这个命令很实用，在后面学习过程中应注意体会。

实例29　弹簧

本实例绘制弹簧如图3-69所示。

实讲实训
多媒体演示

多媒体演示
参见配套光盘中
的\\动画演示\第
3章\弹簧.avi。

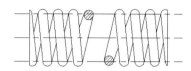

图3-69　弹簧

 思路提示

本实例绘制的弹簧主要利用直线命令 LINE、圆命令 CIRCLE、阵列命令 ARRAY、修剪命令 TRIM 绘制出弹簧，再利用旋转命令 ROTATE 和图案填充命令 BHATCH 完成整个图形的绘制。其绘制流程如图 3-70 所示。

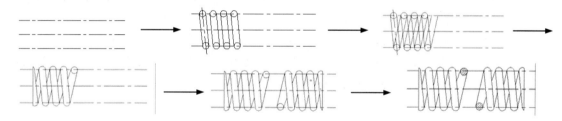

图3-70　绘制流程图

 解题步骤

01 设置图层。选择菜单栏中的"格式"→"图层"命令，或者单击"图层"工具栏中的"图层特性管理器"按钮🔲，或者单击"默认"选项卡"图层"面板中的"图层特性"按钮🔲，新建三个图层。

❶第一图层命名为"轮廓线"，线宽属性为0.3mm，其余属性默认。

❷第二图层命名为"中心线"，颜色设为红色，线型加载为CENTER，其余属性默认。

❸第三图层名称设为"细实线"，颜色设为蓝色，其余属性默认。

02 绘制中心线。将"中心线"层设置为当前图层。单击"默认"选项卡"绘图"面板中的"直线"按钮✏，绘制一条水平线。结果如图3-71所示。

03 偏移处理。单击"默认"选项卡"修改"面板中的"偏移"按钮📋，将水平中心线向上向下各偏移15，结果如图3-72所示。

图3-71　绘制中心线

图3-72　偏移处理

04 绘制辅助直线

命令：LINE↙（或者单击"默认"选项卡"绘图"面板中的"直线"按钮↙）
指定第一个点：（在水平直线下方任取一点）
指定下一点或 [放弃(U)]：@45<96↙
指定下一点或 [放弃(U)]：↙

结果如图3-73所示。

05 绘制圆。将"轮廓线"层设置为当前图层。

命令：CIRCLE↙（或者单击"默认"选项卡"绘图"面板中的"圆"按钮）
指定圆的圆心或 [三点(3P)/两点(2P)/切点、切点、半径(T)]：（选取点1）
指定圆的半径或 [直径(D)]：3↙

重复上述命令以点2为圆心绘制半径为3的圆，结果如图3-74所示。

图3-73 绘制辅助直线 　　　　　　　　　图3-74 绘制圆

06 绘制直线。单击"默认"选项卡"绘图"面板中的"直线"按钮↙，绘制两条与两个圆相切的直线，结果如图3-75所示。

07 阵列处理。选择菜单栏中的"修改"→"阵列"→"矩形阵列"命令，或者单击"修改"工具栏中的"矩形阵列"按钮，或者单击"默认"选项卡"修改"面板中的"矩形阵列"按钮，命令行提示与操作如下：

命令：_arrayrect
选择对象：（选择两圆和两直线）
选择对象：↙
类型 = 矩形　关联 = 否
选择夹点以编辑阵列或 [关联(AS)/基点(B)/计数(COU)/间距(S)/列数(COL)/行数(R)/层数(L)/退出(X)] <退出>：R
输入行数或 [表达式(E)] <3>：1
指定 行数 之间的距离或 [总计(T)/表达式(E)] <54>：
指定 行数 之间的标高增量或 [表达式(E)] <0>：
选择夹点以编辑阵列或 [关联(AS)/基点(B)/计数(COU)/间距(S)/列数(COL)/行数(R)/层数(L)/退出(X)] <退出>：COL
输入列数或 [表达式(E)] <4>：4
指定 列数 之间的距离或 [总计(T)/表达式(E)] <13.7297>：10
选择夹点以编辑阵列或 [关联(AS)/基点(B)/计数(COU)/间距(S)/列数(COL)/行数(R)/层数(L)/退出(X)] <退出>：↙

结果如图3-76所示。

图3-75 绘制直线 　　　　　　　　　　图3-76 阵列处理

08 绘制直线。单击"默认"选项卡"绘图"面板中的"直线"按钮↙，绘制与圆相切的线段3和线段4，结果如图3-77所示。

09 阵列处理。单击"默认"选项卡"修改"面板中的"矩形阵列"按钮░，选择线段3和线段4为阵列对象，结果如图3-78所示。

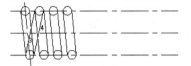

图3-77　绘制直线

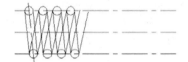

图3-78　阵列处理

10 复制圆。

命令：COPY✓（或者单击"默认"选项卡"修改"面板中的"复制"按钮░）
选择对象：找到 1 个（选取图形上侧最右边的圆）
选择对象：✓
指定基点或 [位移(D)/模式(O)] 〈位移〉：（选择圆心）
指定第二个点或 [阵列(A)] 〈使用第一个点作为位移〉：10✓（鼠标向右偏移）

结果如图3-79所示。

11 绘制辅助直线。单击"默认"选项卡"绘图"面板中的"直线"按钮░，绘制辅助直线5，结果如图3-80所示。

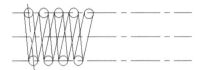

图3-79　复制圆

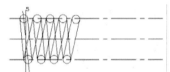

图3-80　绘制辅助直线

12 修剪处理。

命令：TRIM✓（或者单击"默认"选项卡"修改"面板中的"修剪"按钮░）
当前设置：投影=UCS，边=无
选择剪切边...
选择对象：（选择直线5）
选择对象：✓
选择要修剪的对象，或按住 Shift 键选择要延伸的对象，或[栏选(F)/窗交(C)/投影(P)/边(E)/删除(R)/放弃(U)]：（用鼠标选择要修剪的对象）
选择要修剪的对象，或按住 Shift 键选择要延伸的对象，或[栏选(F)/窗交(C)/投影(P)/边(E)/删除(R)/放弃(U)]：✓

结果如图3-81所示。

13 删除线段。单击"默认"选项卡"修改"面板中的"删除"按钮░，删除多余直线，结果如图3-82所示。

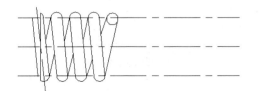

图3-81　修剪处理

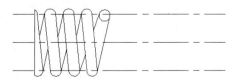

图3-82　删除多余直线

14 复制图形。单击"默认"选项卡"修改"面板中的"复制"按钮，复制左侧的图形，结果如图3-83所示。

15 旋转处理。

命令：ROTATE↙（或者单击"默认"选项卡"修改"面板中的"旋转"按钮⟳）
UCS 当前的正角方向：　ANGDIR=逆时针　ANGBASE=0
选择对象：（选择右侧的图形）
找到 25 个
指定基点：（在水平中心线上取一点）
指定旋转角度，或［复制(C)/参照(R)］〈0〉:180↙

结果如图3-84所示。

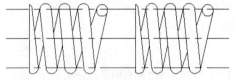
图3-83　复制结果

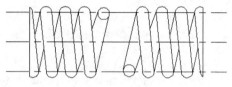
图3-84　旋转处理

16 图案填充。将"细实线"层设置为当前图层。单击"默认"选项卡"绘图"面板中的"图案填充"按钮，系统打开"图案填充创建"面板，选择ANSI31图案，填充图形，结果如图3-69所示。

总结与点评

　　本实例绘制的弹簧是一种典型的机械零件。其结构图线看起来比较复杂，不太好下手，这里巧妙地利用了"阵列""修剪"等命令来完成绘制，读者一定要注意体会，在以后遇到其他相似结构的绘制时，可以灵活应用。

实例30　连接盘

本实例绘制的连接盘如图3-85所示。

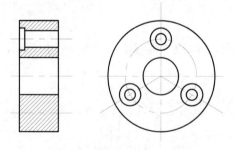

图3-85　连接盘

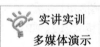

实讲实训
多媒体演示

多媒体演示参见配套光盘中的\\动画演示\第3章\连接盘.avi。

思路提示

本实例绘制的连接盘，从图中可以看出该图形的绘制主要应用了绘制直线命令LINE、绘制圆命令CIRCLE、图案填充命令BHATCH等来完成图形的绘制。其绘制流程如图3-86所示。

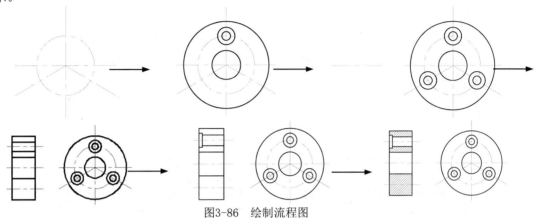

图3-86　绘制流程图

解题步骤

01 图层设定。选择菜单栏中的"格式"→"图层"命令，或者单击"图层"工具栏中的"图层特性管理器"按钮 ，或者单击"默认"选项卡"绘图"面板中的"图案填充"按钮 ，新建三个图层。

❶第一图层命名为"粗实线"，线宽为0.30mm，其余属性默认。

❷第一图层命名为"细实线"，所有属性默认。

❸第一图层命名为"中心线"，颜色为红色，线型为CENTER，其余属性默认。

将线宽显示打开。

02 绘制左视图中心线。将"中心线"图层设置为当前图层。

> 命令：LINE✓
> 指定第一个点：165,200✓
> 指定下一点或 [放弃(U)]：@70,0✓
> 同样绘制三条线段,线段的端点分别为{(200,165)、(@0,70)} {(200,200)、(@40<-30)} {(200,200)、(@40<210)}。
>
> 命令：CIRCLE✓
> 指定圆的圆心或 [三点(3P)/两点(2P)/切点、切点、半径(T)]：(选择中心线的交点)
> 指定圆的半径或 [直径(D)] <10.0000>：20 ✓

结果如图3-87所示。

03 左视图的轮廓线。单击"默认"选项卡"绘图"面板中的"圆"按钮 ，以(200,200)为圆心，分别以30和10为半径绘制两个同心圆；继续单击"默认"选项卡"绘图"面板中的"圆"按钮 ，分别以3和6为半径绘制另两个同心圆。绘制结果如图3-88所示。

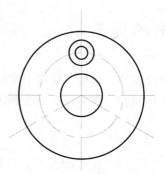

图3-87　轴承端盖左视图中心线　　　　　　图3-88　绘制左视图轮廓线

04 复制圆。

命令：COPY↙
选择对象：（选择半径为 3 与半径为 6 的两个圆）
选择对象：↙
当前设置：　复制模式 ＝ 多个
指定基点或 ［位移(D)/模式(O)］〈位移〉：（捕捉图 3-89 所示 A 点）
指定第二个点或 ［阵列(A)］〈使用第一个点作为位移〉：（捕捉图 3-89 所示 B 点）
指定第二个点或 ［阵列(A)/退出(E)/放弃(U)］〈退出〉：（捕捉图 3-89 所示 C 点）

复制结果如图3-89所示。

05 绘制主视图的中心线。将"中心线"图层设置为当前图层。

命令：LINE↙
指定第一个点：115,200↙
指定下一点或 ［放弃(U)］：@35,0↙
指定下一点或 ［放弃(U)］：↙

结果如图3-90所示。

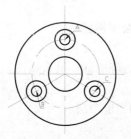

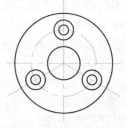

图3-89　轴承端盖的左视图　　　　　　图3-90　左视图以及主视图中心线

命令：COPY↙
选择对象：（选择刚绘制的直线）
选择对象：↙
当前设置：　复制模式 ＝ 多个
指定基点或 ［位移(D)/模式(O)］〈位移〉：120,200↙
指定第二个点或 ［阵列(A)］〈使用第一个点作为位移〉：@0,20↙
指定第二个点或 ［阵列(A)/退出(E)/放弃(U)］〈退出〉：@0,-20↙
指定第二个点或 ［阵列(A)/退出(E)/放弃(U)］〈退出〉：↙

结果如图3-91所示。

06 绘制主视图轮廓线。将"粗实线"图层设置为当前图层。

命令：RECTANG↙

指定第一个角点或 [倒角(C)/标高(E)/圆角(F)/厚度(T)/宽度(W)]：120,170↙
指定另一个角点或 [面积(A)/尺寸(D)/旋转(R)]：@22,60↙

07 复制直线。

命令：LINE↙
指定第一个点：120,190↙
指定下一点或 [放弃(U)]：@22,0↙
指定下一点或 [放弃(U)]：↙

绘制结果如图3-92所示。

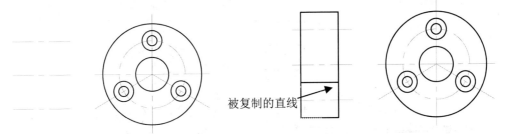

图3-91　复制中心线　　　　　　　　　图3-92　准备复制直线

命令：COPY↙
选择对象：（选择如图3-92所示的直线）
选择对象：↙
当前设置：复制模式 = 多个
指定基点或 [位移(D)/模式(O)]〈位移〉：（单击图形中任意一点）
指定第二个点或 [阵列(A)]〈使用第一个点作为位移〉：@0,20↙
指定第二个点或 [阵列(A)/退出(E)/放弃(U)]〈退出〉：@0,25.5↙
指定第二个点或 [阵列(A)/退出(E)/放弃(U)]〈退出〉：@0,34.5↙
指定第二个点或 [阵列(A)/退出(E)/放弃(U)]〈退出〉：↙

复制之后的图形如图3-93所示。

08 绘制矩形。

命令：RECTANG↙
指定第一个角点或 [倒角(C)/标高(E)/圆角(F)/厚度(T)/宽度(W)]：120,214↙
指定另一个角点或 [面积(A)/尺寸(D)/旋转(R)]：@3,12↙

单击"默认"选项卡"修改"面板中的"修剪"按钮，对复制的上面的两条平行线进行剪切，剪切后结果如图3-94所示。

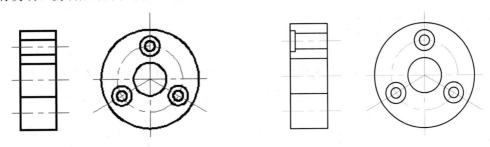

图3-93　复制图形　　　　　　　　　图3-94　轴承端盖

09 图案填充。

❶将细实线图层设置为当前图层。单击"默认"选项卡"绘图"面板中的"图案填充"按钮，打开"图案填充创建"选项板，选择ANSI31图案，填充比例设置为0.5，如图3-95

所示。

图3-95　打开"图案填充创建"选项板

❷单击"拾取点"按钮▣，选择轴承端盖图形中如图3-96所示的4个填充区域，即在填充区域内任选一点单击，选择完毕之后按Enter键，完成图形的填充，结果如图3-97所示。

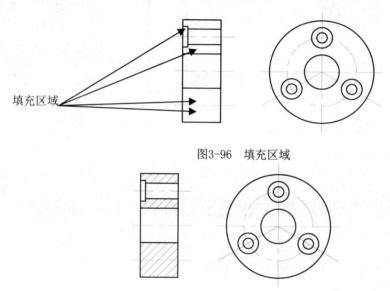

填充区域

图3-96　填充区域

图3-97　预览填充图案

注意

如果对一个已经填充好的区域进行修改，双击该填充区域即可，或者单击下拉菜单"修改→对象→图案填充"，而后选择待修改区域，或者单击修改Ⅱ工具栏命令图标▣。

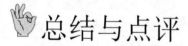总结与点评

本实例绘制的连接盘属于典型的机械零件，其绘制方法相对简单。在绘制过程中学习到一个新命令："复制"命令。该命令操作方法比较简单，读者注意练习该命令各个功能选项的操作方法。

实例31　油杯

本实例绘制的油杯如图3-98所示。

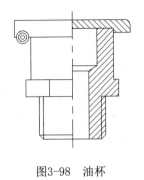

图3-98 油杯

实讲实训
多媒体演示

多媒体演示
参见配套光盘中
的\\动画演示\第
3章\油杯.avi。

思路提示

本实例绘制的油杯主要利用偏移命令 OFFSET 将各部分定位，再进行倒角命令 CHAMFER、圆角命令 FILLET、修剪命令 TRIM 和图案填充命令 BHATCH 完成此图。其绘制流程如图 3-99 所示。

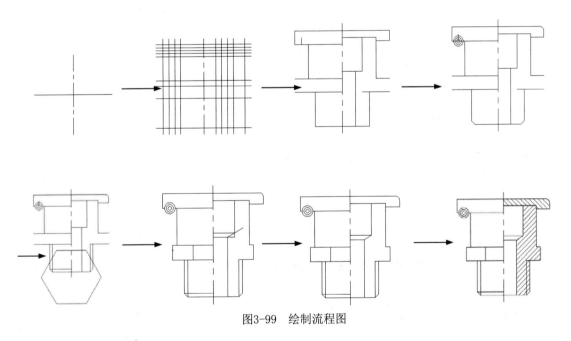

图3-99 绘制流程图

解题步骤

01 设置图层。选择菜单栏中的"格式"→"图层"命令，或者单击"图层"工具栏中的"图层特性管理器"按钮，或者单击"默认"选项卡"图层"面板中的"图层特性"按钮，新建三个图层。

❶第一图层名为"轮廓线"，线宽属性为0.3mm，其余属性默认。

❷第二图层命名为"中心线"，颜色设为红色，线型加载为CENTER，其余属性默认。

❸第三图层名称设为"细实线",颜色设为蓝色,其余属性默认。

02 绘制中心线与辅助直线。将"中心线"层设置为当前图层。单击"默认"选项卡"绘图"面板中的"直线"按钮 ,绘制竖直中心线。将"轮廓线"层设置为当前图层。重复上述命令绘制水平辅助直线,结果如图3-100所示。

03 偏移处理。单击"默认"选项卡"修改"面板中的"偏移"按钮 ,分别将竖直辅助直线向左偏移14、12、10和8,向右偏移14、10、8、6和4,再将水平辅助直线向上偏移2、10、11、12、13和14,向下偏移4和14,结果如图3-101所示。

04 修剪处理。单击"默认"选项卡"修改"面板中的"修剪"按钮 ,修剪相关图线,结果如图3-102所示。

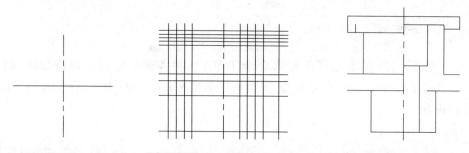

图3-100 绘制辅助直线　　　图3-101 偏移处理　　　图3-102 修剪处理

05 倒圆角。

命令: FILLET✓ (或者单击"默认"选项卡"绘图"面板中的"圆弧"按钮)
当前设置: 模式 = 修剪,半径 = 0.0000
选择第一个对象或 [放弃(U)/多段线(P)/半径(R)/修剪(T)/多个(M)]: R✓
指定圆角半径 <0.0000>: 1.2✓
选择第一个对象或 [放弃(U)/多段线(P)/半径(R)/修剪(T)/多个(M)]: (选择线段1)
选择第二个对象,或按住 Shift 键选择对象以应用角点或 [半径(R)]: (选择线段2)

结果如图3-103所示。

06 绘制圆。

命令: CIRCLE✓ (或者单击"默认"选项卡"绘图"面板中的"圆"按钮)
指定圆的圆心或 [三点(3P)/两点(2P)/切点、切点、半径(T)]: (选择点3)
指定圆的半径或 [直径(D)]:0.5✓

重复上述命令分别绘制半径为1和1.5的同心圆,结果如图3-104所示。

07 倒角处理。

命令: CHAMFER✓ (或者单击"默认"选项卡"修改"面板中的"倒角"按钮)
("修剪"模式) 当前倒角距离 1 = 0.0000,距离 2 = 0.0000
选择第一条直线或 [放弃(U)/多段线(P)/距离(D)/角度(A)/修剪(T)/方式(E)/多个(M)]: D✓
指定第一个倒角距离 <0.0000>: 1✓
指定第二个倒角距离 <1.0000>: ✓
选择第一条直线或 [放弃(U)/多段线(P)/距离(D)/角度(A)/修剪(T)/方式(E)/多个(M)]:(选择线段4)
选择第二条直线,或按住 Shift 键选择直线以应用角点或 [距离(D)/角度(A)/方法(M)](选择线段5)

重复上述命令选择线段5和线段6进行倒角处理,结果如图3-105所示。

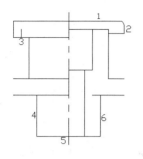
图3-103　倒圆角

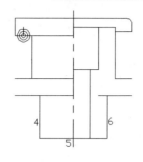
图3-104　绘制圆

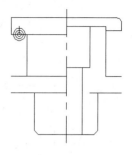
图3-105　倒角处理

08 绘制直线。单击"默认"选项卡"绘图"面板中的"直线"按钮，在倒角处绘制直线，结果如图3-106所示。

09 修剪处理。单击"默认"选项卡"修改"面板中的"修剪"按钮，修剪相关图线，结果如图3-107所示。

10 绘制正多边形。

命令：POLYGON✓（或者单击"默认"选项卡"绘图"面板中的"多边形"按钮）
输入侧面数〈4〉:6✓
指定正多边形的中心点或［边(E)］：（选择点7）
输入选项［内接于圆(I)/外切于圆(C)］〈I〉:✓
指定圆的半径: 11.2✓

结果如图3-108所示。

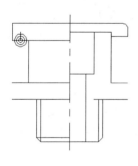
图3-106　绘制直线

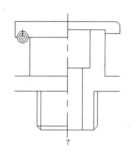
图3-107　修剪处理

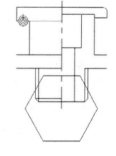
图3-108　绘制正多边形

11 绘制直线。单击"默认"选项卡"绘图"面板中的"直线"按钮，结果如图3-109所示。

12 修剪处理。单击"默认"选项卡"修改"面板中的"修剪"按钮，修剪相关图线，结果如图3-110所示。

13 删除线段。单击"默认"选项卡"修改"面板中的"删除"按钮，删除多余直线。结果如图3-111所示。

14 绘制直线。单击"默认"选项卡"绘图"面板中的"直线"按钮，绘制直线，起点为点8，终点坐标为（@5<30）。再绘制过其与相临竖直线交点的水平直线。结果如图3-112所示。

15 修剪处理。单击"默认"选项卡"修改"面板中的"修剪"按钮，修剪相关图线，结果如图3-113所示。

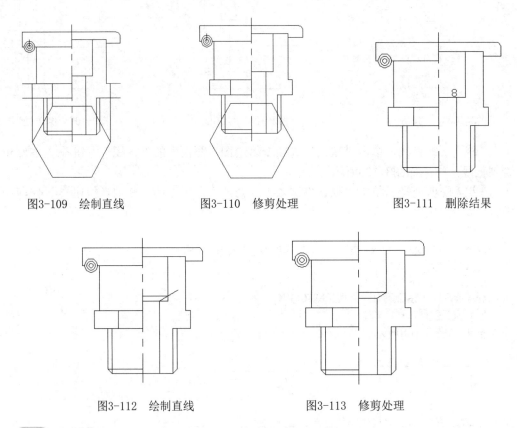

图3-109　绘制直线　　　　图3-110　修剪处理　　　　图3-111　删除结果

图3-112　绘制直线　　　　　　　　图3-113　修剪处理

16 图案填充。将"细实线"层设置为当前图层。单击"默认"选项卡"绘图"面板中的"图案填充"按钮▨，系统打开"图案填充创建"面板，选择ANSI31图案，分别选择角度为0°和90°，比例为0.3；选择相应的填充区域。两次填充后，结果如图3-98所示。

✋ 总结与点评

　　本实例绘制的油杯主要用到前面讲过的绘图命令和编辑命令，读者注意熟练运用就行。在视图表达方法上，采用的是半剖视图，半剖视图一般适用于内部较为复杂的对称结构。这里需要强调的一点就是图案填充的处理方法。在一个装配图中，如果对两个不同的零件进行剖面填充，一定要注意采用不同的剖面线，如果都是金属零件，就调整剖面线的间距或0°和90°两种角度间开使用。

实例32　轴承座

　　本实例绘制的轴承座如图3-114所示。

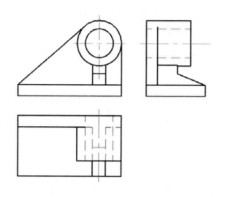

图3-114 轴承座

实讲实训
多媒体演示

多媒体演示
参见配套光盘中
的\\动画演示\第
3章\轴承座.avi。

 思路提示

本实例绘制的轴承座主要应用设置图层命令 LAYER；利用对象捕捉功能和一些二维绘图及编辑命令绘制轴承座主视图；最后，借助于对象追踪功能及辅助线，绘制轴承座的俯视图及左视图。其绘制流程如图 3-115 所示。

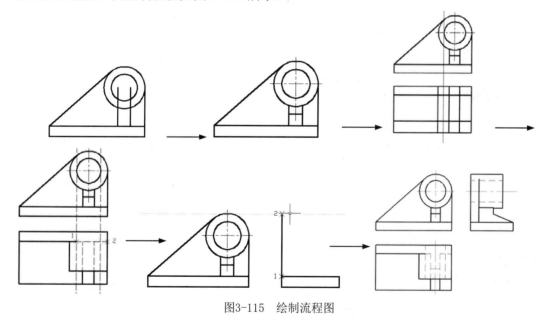

图3-115 绘制流程图

 解题步骤

01 设置图层。选择菜单栏中的"格式"→"图层"命令，或者单击"图层"工具栏中的"图层特性管理器"按钮 ，或者单击"默认"选项卡"图层"面板中的"图层特性"按钮 ，新建四个图层。

❶第一图层命名为"轮廓线"层，线宽属性为0.3mm，其余属性默认。

❷第二图层命名为"中心线"层，颜色设为红色，线型加载为CENTER，其余属性默认。

❸第三图层命名为"虚线"层，颜色设为蓝色，线型加载为DASHED，其余属性默认。

❹第四图层命名为"细实线"层，其余属性默认。

02 绘制轴承座主视图。将"轮廓线"层设置为当前图层。单击状态栏中的"线宽"按钮，显示线宽。

```
命令：RECTANG↙
指定第一个角点或［倒角(C)/标高(E)/圆角(F)/厚度(T)/宽度(W)］:（指定任意一点）
指定另一个角点或［面积(A)/尺寸(D)/旋转(R)］: @140,15↙
命令：LINE↙
指定第一个点:（捕捉矩形右上角点）
指定下一点或［放弃(U)］: @0,55↙
命令：CIRCLE↙
指定圆的圆心或［三点(3P)/两点(2P)/切点、切点、半径(T)］:（单击"对象捕捉"工具栏中 按钮）
_from 基点:（捕捉直线端点）
＜偏移＞: @-30,0↙
指定圆的半径或［直径(D)］:（捕捉直线端点，绘制 R30 圆）
使用同样方法，捕捉 R30 圆心，绘制 φ38 圆。
命令：LINE↙
指定第一个点:（捕捉矩形左上角点）
指定下一点或［放弃(U)］:（捕捉 R30 圆切点）
命令：OFFSET↙
当前设置：删除源=否 图层=源 OFFSETGAPTYPE=0
指定偏移距离或［通过(T)/删除(E)/图层(L)］＜1.0000＞: 21↙
选择要偏移的对象，或［退出(E)/放弃(U)］＜退出＞:（选择右边竖直线）
指定要偏移的那一侧上的点，或［退出(E)/多个(M)/放弃(U)］＜退出＞:（选择左边一点）
选择要偏移的对象，或［退出(E)/放弃(U)］＜退出＞:↙
```

使用同样方法，将右边竖直线向左偏移39。结果如图3-116所示。

```
命令：TRIM↙
当前设置：投影=UCS，边=无
选择剪切边...
选择对象或＜全部选择＞:（选择最外面的圆）
找到 1 个 选择对象: ↙
选择要修剪的对象，或按住 Shift 键选择要延伸的对象，或［栏选(F)/窗交(C)/投影(P)/边(E)/删除(R)/放弃(U)］:（选择偏移的两竖线上端）
选择要修剪的对象，或按住 Shift 键选择要延伸的对象，或［栏选(F)/窗交(C)/投影(P)/边(E)/删除(R)/放弃(U)］: ↙
```

结果如图3-117所示。

```
命令：LINE↙
指定第一个点:（单击"对象捕捉"工具栏中的 按钮）
_from 基点:（如图 3-118 所示，捕捉直线端点 1）
＜偏移＞: @0,15↙
指定下一点或［放弃(U)］:（如图 3-118 所示，捕捉垂足点 2）
指定下一点或［放弃(U)］:↙
```

结果如图3-118所示。

03 绘制轴承座主视图中心线。将"中心线"层设置为当前图层。

```
命令：LINE↙
指定第一个点:（单击"对象捕捉"工具栏中的 按钮）
_from 基点:（捕捉 R30 圆心）
```

〈偏移〉: @-35,0↙
指定下一点或 [放弃(U)]:@70,0↙ （绘制水平中心线）
指定下一点或 [闭合(C)/放弃(U)]:↙

采用相同方法绘制竖直中心线。结果如图3-119所示。

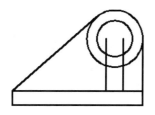

图3-116　偏移直线

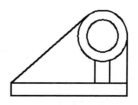

图3-117　修剪直线

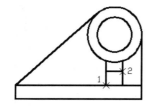

图3-118　绘制直线

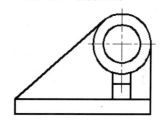

图3-119　轴承座主视图

04 绘制轴承座俯视图底板外轮廓线。将"轮廓线"层设置为当前图层。

命令: LINE↙
指定第一个点:〈正交 开〉〈对象捕捉追踪 开〉（打开正交及对象追踪功能，捕捉主视图矩形左下角点，利用对象追踪，如图3-120所示，确定俯视图上的点）
指定下一点或 [放弃(U)]:（向右拖动鼠标，利用对象捕捉功能，如图3-121所示，捕捉主视图矩形右下角点，确定俯视图上的点2）
指定下一点或[闭合(C)/放弃(U)]:@0,-80↙
指定下一点或[闭合(C)/放弃(U)]:（方法同前，利用对象追踪，如图3-122所示，捕捉点1，确定点3）
指定下一点或[闭合(C)/放弃(U)]:C↙

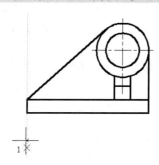

图3-120　利用对象追踪确定点1

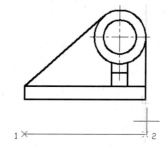

图3-121　确定点2

05 绘制俯视图其余外轮廓线。

命令: OFFSET↙
当前设置: 删除源=否　图层=源　OFFSETGAPTYPE=0
指定偏移距离或 [通过(T)/删除(E)/图层(L)]〈通过〉〈1.0000〉: 15↙

选择要偏移的对象，或［退出(E)/放弃(U)］〈退出〉：（选择俯视图后边线）
指定要偏移的那一侧上的点，或［退出(E)/多个(M)/放弃(U)］〈退出〉：（选择下边一点）
选择要偏移的对象，或［退出(E)/放弃(U)］〈退出〉：↙

使用同样方法，将俯视图后边线向下偏移60。将俯视图右边线分别向左偏移21、39、60。

将"细实线"层设置为当前图层。

命令：XLINE↙
指定点或［水平(H)/垂直(V)/角度(A)/二等分(B)/偏移(O)］：（捕捉主视图左端直线与 R30 圆的切点）
指定通过点：（指定竖直方向上一点）

结果如图3-123所示。

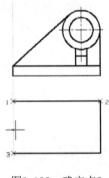

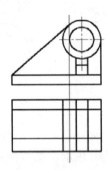

图3-122　确定点3　　　　　　　　图3-123　偏移直线及绘制辅助线

命令：TRIM↙
当前设置：投影=UCS，边=无
选择剪切边...
选择对象或〈全部选择〉：（选择绘制的辅助线）
找到 1 个
选择对象：↙
选择要修剪的对象，或按住 Shift 键选择要延伸的对象，或[栏选(F)/窗交(C)/投影(P)/边(E)/删除(R)/放弃(U)]：（选择俯视图上第二条水平线右端）
选择要修剪的对象，或按住 Shift 键选择要延伸的对象，或[栏选(F)/窗交(C)/投影(P)/边(E)/删除(R)/放弃(U)]：↙

使用同样方法修剪别的图线，单击"默认"选项卡"修改"面板中的"删除"按钮，删除辅助线及多余的线，结果如图3-124所示。

06 绘制俯视图内轮廓线。将"虚线"图层设置为当前图层。

命令：XLINE↙
指定点或［水平(H)/垂直(V)/角度(A)/二等分(B)/偏移(O)］：（分别捕捉主视图 $\phi38$ 圆左象限点及右象限点）
指定通过点：（指定竖直方向上一点）
命令：LINE↙
指定第一个点：（打开正交功能，捕捉俯视图直线端点1）
指定下一点或［放弃(U)］：（捕捉垂足点2）

方法同前，绘制另两条虚线，结果如图3-125所示。

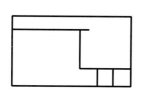

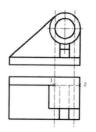

图3-124 俯视图外轮廓线

图3-125 绘制虚线

命令：TRIM↙
当前设置：投影=UCS，边=无
选择剪切边...
选择对象或〈全部选择〉：(选择俯视图上第一与第三条水平线)
找到 2 个
选择对象：↙
选择要修剪的对象，或按住 Shift 键选择要延伸的对象，或[栏选(F)/窗交(C)/投影(P)/边(E)/删除(R)/放弃(U)]：(选择俯视图上左右两条虚线的两端)
选择要修剪的对象，或按住 Shift 键选择要延伸的对象，或[栏选(F)/窗交(C)/投影(P)/边(E)/删除(R)/放弃(U)]：↙

结果如图3-126所示。

命令：_break (或者单击"默认"选项卡"修改"面板中的"打断于点"按钮，下同)
选择对象：(指定图 3-126 中水平虚线)
指定第二个打断点 或 [第一点(F)]：_f
指定第一个打断点：(指定 1 点)
指定第二个打断点：@

使用同样方法，打断2点，结果如图3-126所示。

命令：MOVE↙
选择对象：(选择刚打断的虚线)
找到 1 个
选择对象：↙
指定基点或 [位移(D)]〈位移〉：(在打断的水平线上任选一点)↙
指定第二个点或〈使用第一个点作为位移〉：27 ↙

将"中心线"图层设置为当前图层，方法同前，利用对象追踪功能，绘制俯视图中心线。

结果如图3-127所示。

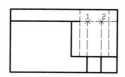

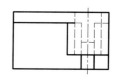

图3-126 修剪虚线

图3-127 轴承座俯视图

07 绘制轴承座左视图外轮廓线。

❶将"轮廓线"层设置为当前图层。

命令：RECTANG↙
指定第一个角点或 [倒角(C)/标高(E)/圆角(F)/厚度(T)/宽度(W)]：(利用对象追踪功能，捕捉主视图矩形右下角点，向右拖动鼠标，确定矩形的左下角点)

指定另一个角点或 [面积(A)/尺寸(D)/旋转(R)]：@80,15✓
命令：LINE✓
指定第一个点：(捕捉点 1，即刚绘制矩形左上角)
指定下一点或 [放弃(U)]： (如图 3-128 所示，利用对象追踪功能，捕捉主视图 R30 圆上象限点，确定点 2)

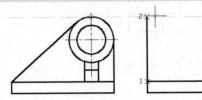

图3-128　利用对象追踪确定点2

指定下一点或 [放弃(U)]： (利用对象追踪功能，捕捉主视图 R30 圆下象限点，确定点 3)
指定下一点或 [闭合(C)/放弃(U)]： (捕捉垂足点 4)
指定下一点或 [闭合(C)/放弃(U)]：✓

结果如图3-129所示。

命令：OFFSET✓
当前设置：删除源=否　图层=源　OFFSETGAPTYPE=0
指定偏移距离或 [通过(T)/删除(E)/图层(L)] 〈通过〉〈1.0000〉：15✓
选择要偏移的对象，或 [退出(E)/放弃(U)] 〈退出〉：(选择左视图左边线)
指定要偏移的那一侧上的点，或 [退出(E)/多个(M)/放弃(U)] 〈退出〉：(选择右边一点)
选择要偏移的对象，或 [退出(E)/放弃(U)] 〈退出〉：✓

使用同样方法，将左视图左边线向右偏移42。

命令：XLINE✓
指定点或 [水平(H)/垂直(V)/角度(A)/二等分(B)/偏移(O)]：H✓
指定通过点：(捕捉主视图 R30 圆左端切点 1)
指定通过点：(捕捉直线端点 2)
指定通过点：(捕捉直线端点 3)
指定通过点：✓

结果如图3-130所示。

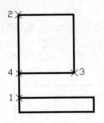

图3-129　绘制直线

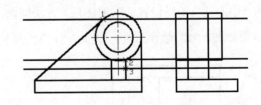

图3-130　绘制辅助线

❷单击"默认"选项卡"修改"面板中的"修剪"按钮，对直线进行修剪；单击"默认"选项卡"修改"面板中的"删除"按钮，删除辅助线及多余的线。结果如图3-131所示。

命令：LINE✓
指定第一个点：(捕捉直线端点)
指定下一点或 [放弃(U)]： (捕捉矩形右上角点)
指定下一点或 [放弃(U)]：✓

结果如图3-132所示。

08 完成左视图的绘制。

```
命令: COPY↙
选择对象: (选取俯视图中的虚线、粗实线及中心线, 将其复制到俯视图右边)
找到 4 个
选择对象:
当前设置: 复制模式 = 多个
指定基点或 [位移(D)/模式(O)] <位移>: (指定一点)
指定第二个点或 [阵列(A)] <使用第一个点作为位移>: (向右指定另一点)
指定第二个点或 [阵列(A)/退出(E)/放弃(U)] <退出>: ↙
命令: ROTATE↙
UCS 当前的正角方向: ANGDIR=逆时针 ANGBASE=0
选择对象: (选取复制的对象)
指定对角点: 找到 4 个
选择对象: ↙
指定基点: (指定一点)
指定旋转角度, 或 [复制(C)/参照(R)] <0>: 90↙
```

结果如图3-133所示。

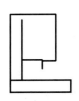 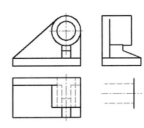

图3-131 修剪及删除辅助线 　图3-132 左视图外轮廓线 　图3-133 复制并旋转对象

```
命令: MOVE↙
选择对象: (选取旋转的对象)
找到 4 个
选择对象: ↙
指定基点或 [位移(D)] <位移>: (捕捉中心线与右边线的交点)
指定第二个点或 <使用第一个点作为位移>: (捕捉左视图上端右边线的中点)
```

单击"默认"选项卡"修改"面板中的"删除"按钮 ，删除多余的右边线。

结果如图3-114所示。

 # 总结与点评

> 本实例绘制了轴承座三视图，主要是让读者体会一下在AutoCAD中怎样保证三视图之间的"主俯长对正，主左高平齐，俯左宽相等"的尺寸关系。这里采取了两种方法：追踪法与构造线法。这两种方法都可以保证上面所说的尺寸关系，读者注意在绘图过程中要灵活掌握。有很多初学者往往忽略这种尺寸对应关系，绘制出的图就是错误的，在以后绘图过程中一定要注意这一点。

实例33　曲柄

本实例绘制的曲柄如图3-134所示。

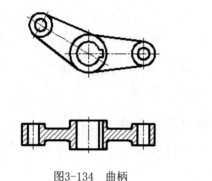

实讲实训
多媒体演示

多媒体演示
参见配套光盘中
的\\动画演示\第
3章\曲柄.avi。

图3-134　曲柄

 思路提示

本实例绘制的曲柄根据图形的对应关系绘制曲柄的主视图和俯视图，绘制主视图时，主要用到了旋转命令、调用构造线命令和修剪等命令完成俯视图的绘制。其绘制流程如图3-135所示。

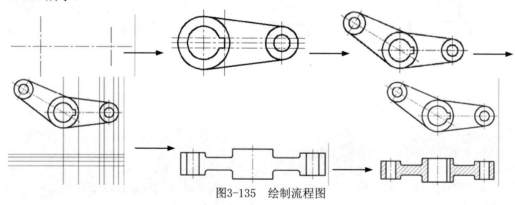

图3-135　绘制流程图

 解题步骤

01 设置图层。选择菜单栏中的"格式"→"图层"命令，或者单击"图层"工具栏中的"图层特性管理器"按钮，或者单击"默认"选项卡"图层"面板中的"图层特性"按钮，新建三个图层。

❶第一图层命名为"中心线"：颜色设为红色，线型加载为CENTER，其余属性默认。

❷第二图层命名为"粗实线"：线宽属性为0.3mm，其余属性默认。

❸第三图层命名为"细实线"：颜色设为蓝色，其余属性默认。

02 绘制对称中心线。将"中心线"层设置为当前图层。

命令：LINE✓（绘制水平对称中心线）

指定第一个点: 100,100↙
指定下一点或［放弃(U)］: 180,100↙
指定下一点或［放弃(U)］:↙

使用同样方法,绘制端点坐标为(120,120)和(120,80)的线段。结果如图3-136所示。

03 绘制另一条中心线

命令: OFFSET↙（对所绘制的竖直对称中心线进行偏移操作）
当前设置: 删除源=否 图层=源 offsetgaptype=0
指定偏移距离或［通过(T)/删除(E)/图层(L)］<16.0000>: 48↙
选择要偏移的对象,或［退出(E)/放弃(U)］<退出>:（选择所绘制竖直对称中心线）
指定要偏移的那一侧上的点,或［退出(E)/多个(M)/放弃(U)］<退出>:（在选择的竖直对称中心线右侧任一点单击鼠标左键）
选择要偏移的对象,或［退出(E)/放弃(U)］<退出>:↙

调整偏移中心线的长度,结果如图3-137所示。

图3-136 绘制中心线   图3-137 偏移中心线

04 绘制轴孔部分。将"粗实线"层设置为当前图层。

命令:CIRCLE↙（绘制 φ32 圆）
指定圆的圆心或［三点(3P)/两点(2P)/切点、切点、半径(T)］:_int 于（捕捉左端对称中心线的交点）
指定圆的半径或［直径(d)］: D↙
指定圆的直径: 32↙

使用同样方法,利用CIRCLE命令绘制3个圆,圆心坐标为相应的中心线交点,直径分别为20、20和10。结果如图3-138所示。

05 绘制公切线。打开"对象捕捉"工具栏,如图3-139所示。绘制公切线,结果如图3-140所示。

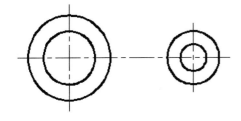

图3-138 绘制轴孔   图3-139 "对象捕捉"工具栏

06 绘制辅助线。单击"默认"选项卡"修改"面板中的"偏移"按钮 ⚏ ,将水平对称中心线向上下各偏移3,使用同样方法,利用OFFSET命令,指定偏移距离为12.8,将竖直对称中心线向右偏移。结果如图3-141所示。

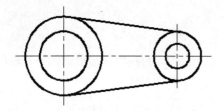

图3-140 绘制切线

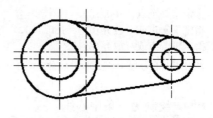

图3-141 绘制辅助线

07 绘制键槽。

命令: LINE✓（绘制中间的键槽）
指定第一个点: _int 于（捕捉上部水平对称中心线与小圆的交点）
指定下一点或［放弃(u)］: _int 于（捕捉上部水平对称中心线与竖直对称中心线的交点）
指定下一点或［放弃(u)］: _int 于（捕捉下部水平对称中心线与竖直对称中心线的交点）
指定下一点或［闭合(c)/放弃(u)］: _int 于（捕捉下部水平对称中心线与小圆的交点）
指定下一点或［闭合(c)/放弃(u)］:✓

结果如图3-142所示。

08 剪掉圆弧上键槽开口部分。单击"默认"选项卡"修改"面板中的"修剪"按钮，将键槽中间的圆弧进行修剪，结果如图3-143所示。

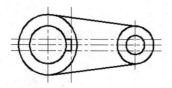

图3-142 绘制键槽

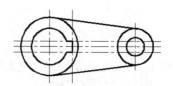

图3-143 修剪键槽

09 删除线段。单击"默认"选项卡"修改"面板中的"删除"按钮，删除多余的辅助线。结果如图3-144所示。

10 复制旋转。

命令: ROTATE✓
UCS 当前的正角方向: ANGDIR=逆时针 ANGBA SE=0
选择对象:（如图 3-145 所示，选择图形中要旋转的部分）
……
找到 1 个，总计 6 个
选择对象:✓
指定基点: _int 于（捕捉左边中心线的交点）
指定旋转角度，或［复制(C)/参照(R)］<0>:c✓
旋转一组选定对象。
指定旋转角度，或［复制(C)/参照(R)］<0>: 150✓

此时，曲柄主视图绘制完成，结果如图3-146所示。

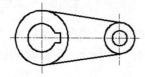

图3-144 删除辅助线

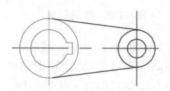

图 3-145 选择对象

11 绘制竖直辅助线。将"细实线"层设置为当前图层。

命令：XLINE↙（或者单击"绘图"工具栏中的"构造线"按钮↙）
指定点或 [水平(H)/垂直(V)/角度(A)/二等分(B)/偏移(O)]：v↙
指定通过点：（如图3-147所示，分别捕捉曲柄各个象限点及圆心，绘制6条竖直辅助线）

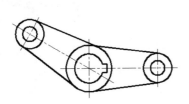

图3-146 复制并旋转曲柄

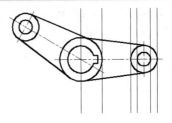

图3-147 绘制竖直辅助线

12 绘制水平辅助线。

命令：↙
指定点或 [水平(H)/垂直(V)/角度(A)/二等分(B)/偏移(O)]：h↙
指定通过点：（在主视图下方适当位置处单击鼠标，确定俯视图中曲柄最后面的线）
指定通过点：↙

单击"默认"选项卡"修改"面板中的"偏移"按钮▱，选取绘制的水平辅助线，分别将其向下偏移12、7、3。结果如图3-148所示。

13 绘制俯视图轮廓线。

❶将"粗实线"层设置为当前图层。单击"默认"选项卡"绘图"面板中的"直线"按钮↙，如图3-149所示，分别捕捉辅助线的交点，绘制直线：1点→2点→3点→4点→5点→6点→7点。单击"默认"选项卡"绘图"面板中的"直线"按钮↙，如图3-149所示，再分别捕捉辅助线的其他交点，绘制直线：8点→9点及10点→11点。单击"默认"选项卡"修改"面板中的"圆角"按钮▱，如图3-150所示，对绘制的直线进行倒圆角操作，圆角半径为2。单击"默认"选项卡"修改"面板中的"镜像"按钮⚊，将绘制的粗实线以最下端水平辅助线为镜像线进行镜像操作。结果如图3-151所示。

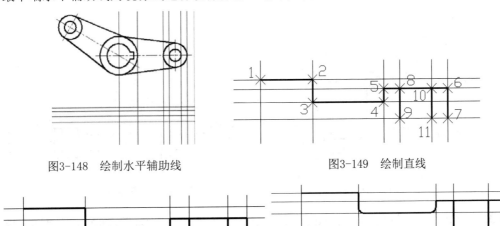

图3-148 绘制水平辅助线

图3-149 绘制直线

图3-150 倒圆角操作

图3-151 镜像操作

❷单击"默认"选项卡"修改"面板中的"删除"按钮✐，删除所有的辅助线。

14 绘制俯视图中心线。将"中心线"层设置为当前图层。

命令：LINE↙（或者单击"默认"选项卡"绘图"面板中的"直线"按钮✎）
指定第一个点：（单击"对象捕捉"工具栏中的"捕捉自"按钮 ）
_from 基点：（如图3-149所示，捕捉端点1）
<偏移>：@0,3↙
指定下一点或 [放弃(u)]：@0,-30↙
指定下一点或 [放弃(u)]：↙
……

方法相同，绘制右端中心线。结果如图3-152所示。

15 绘制俯视图。

❶单击"默认"选项卡"修改"面板中的"镜像"按钮▲，选取竖直中心线右端的所有图形，以竖直中心线为镜像线，进行镜像操作。结果如图3-153所示。

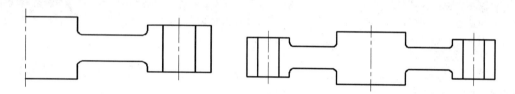

图3-152　绘制中心线　　　　　　　　　　　图3-153　镜像操作

❷将"粗实线"层设置为当前图层。单击"默认"选项卡"绘图"面板中的"构造线"按钮✐，方法同前，捕捉曲柄主视图中间直径为20圆的象限点及键槽端点，如图3-154所示，绘制3条竖直线。

❸单击"默认"选项卡"修改"面板中的"修剪"按钮⊹，对绘制的3条粗实线进行修剪，结果如图3-155所示。

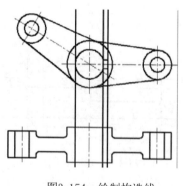
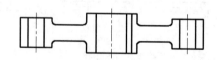

图3-154　绘制构造线　　　　　　　　　　　图3-155　修剪构造线

❹将"细实线"层设置为当前图层。单击"默认"选项卡"绘图"面板中的"图案填充"按钮▨，选取填充区域，如图3-156所示，绘制俯视图中的剖面线。结果如图3-157所示。

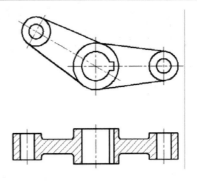

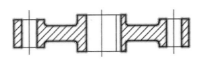

图3-156　选取填充区域　　　　　　　图3-157　曲柄图形

 总结与点评

本实例绘制的曲柄是机械中常用零件，在这里就绘制过程强调两点：

1）新学了 "旋转"命令。这里用到的是复制旋转功能，读者注意学习体会。

2）注意圆的公切线的绘制方法。这里利用了"对象捕捉"功能中的"切点捕捉"功能。单切点一般比较好捕捉，而双切点在捕捉过程中，系统会自动调整捕捉到的切点位置，这一点读者可以体会一下。

实例34　挂轮架

本实例绘制的挂轮架如图3-158所示。

图3-158　挂轮架

 实讲实训
多媒体演示

多媒体演示参见配套光盘中的\\动画演示\第3章\挂轮架.avi。

 思路提示

本实例绘制的是挂轮架，由图 3-158 可知，该挂轮架主要由直线、相切的圆及圆弧组成，因此，可以用绘制直线命令 LINE、绘制圆命令 CIRCLE 及绘制圆弧命令 ARC，并配合修剪命令 TRIM 来绘制；挂轮架的上部是对称的结构，因此可以使用镜像命令对其进行操作；对于其中的圆角如 R10、R8、R4 等均可以采用圆角命令 FILLET 画出。其绘制流程如图 3-159 所示。

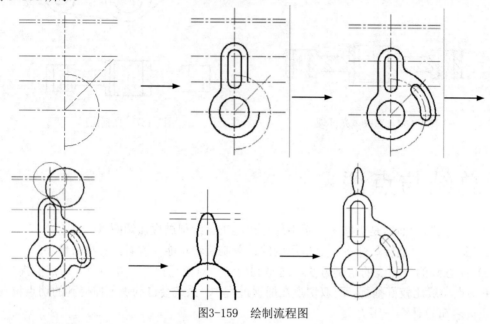

图3-159　绘制流程图

 解题步骤

01 设置绘图环境。

❶利用LIMITS命令设置图幅：297×210。

❷单击"默认"选项卡"图层"面板中的"图层特性"按钮📚，创建图层"CSX"及"XDHX"。其中 "CSX"线型为实线，线宽为0.30mm，其他默认；"XDHX"线型为CENTER，线宽为0.09mm，其他默认。

02 将"XDHX"图层设置为当前图层，绘制对称中心线。

命令：LINE✓　（绘制最下面的水平对称中心线）
指定第一个点：80,70✓
指定下一点或［放弃(U)］：210,70✓
指定下一点或［放弃(U)］：✓

❶同样，利用LINE命令绘制另两条线段，端点分别为｛（140,210）、（140,12）｝｛（中心线的交点）、（@70<45）｝。

❷单击"默认"选项卡"修改"面板中的"偏移"按钮📚，将水平中心线向上偏移40、35、50、4，依次以偏移形成的水平对称中心线为偏移对象。

❸单击"默认"选项卡"绘图"面板中的"圆"按钮⊙，以下部中心线的交点为圆心绘制半径为50的中心线圆。

❹单击"默认"选项卡"修改"面板中的"修剪"按钮✂，修剪中心线圆。结果如图

3-160所示。

03 将"CSX"图层设置为当前图层，绘制挂轮架中部。

❶单击"默认"选项卡"绘图"面板中的"圆"按钮⊙，以下部中心线的交点为圆心，绘制半径为20和34的同心圆。

❷单击"默认"选项卡"修改"面板中的"偏移"按钮▣，将竖直中心线分别向两侧偏移9、18。

❸单击"默认"选项卡"绘图"面板中的"直线"按钮∕，分别捕捉竖直中心线与水平中心线的交点绘制4条竖直线。

❹单击"默认"选项卡"修改"面板中的"删除"按钮✎，删除偏移的竖直对称中心线。结果如图3-161所示。

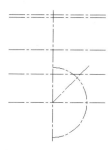
图3-160　修剪后的图形

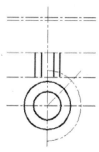
图3-161　绘制中间的竖直线

```
命令:ARC↙　（绘制 R18 圆弧）
指定圆弧的起点或 [圆心(C)]: C↙
指定圆弧的圆心: _int 于　（捕捉中心线的交点）
指定圆弧的起点: _int 于　（捕捉左侧中心线的交点）
指定圆弧的端点(按住 Ctrl 键以切换方向)或 [角度(A)/弦长(L)]: A↙
指定夹角(按住 Ctrl 键以切换方向): -180↙
命令:FILLET↙　（圆角命令，绘制上部 R9 圆弧）
当前设置: 模式 = 修剪，半径 = 4.0000
选择第一个对象或 [放弃(U)/多段线(P)/半径(R)/修剪(T)/多个(M)]:(选择中间左侧的竖直线的上部)
选择第二个对象，或按住 Shift 键选择对象以应用角点或 [半径(R)]:（选择中间右侧的竖直线的上部）
```

同理，绘制下部R9圆弧和左端R10圆角。

单击"默认"选项卡"修改"面板中的"修剪"按钮⊬，修剪R34圆。结果如图3-162所示。

04 绘制挂轮架右部。

```
命令:CIRCLE↙　（绘制 R7 圆弧）
指定圆的圆心或 [三点(3P)/两点(2P)/切点、切点、半径(T)]: _int 于（捕捉中心线圆弧 R50 与水平中心线的交点）
指定圆的半径或 [直径(D)]: 7↙
```

❶同样，捕捉中心线圆弧R50与倾斜中心线的交点为圆心，以7为半径绘制圆。

```
命令:ARC↙　（绘制 R43 圆弧）
指定圆弧的起点或 [圆心(C)]: C↙
指定圆弧的圆心: _cen 于　（捕捉 R34 圆弧的圆心）
指定圆弧的起点: _int 于　（捕捉下部 R7 圆与水平对称中心线的左交点）
```

  指定圆弧的端点(按住 Ctrl 键以切换方向)或 [角度(A)/弦长(L)]: _int 于 (捕捉上部 R7 圆与倾斜对称中心线的左交点)

  命令: ARC✓ (绘制 R57 圆弧)

  指定圆弧的起点或 [圆心(C)]: C✓

  指定圆弧的圆心: _cen 于 (捕捉 R34 圆弧的圆心)

  指定圆弧的起点: _int 于 (捕捉下部 R7 圆与水平对称中心线的右交点)

  指定圆弧的端点(按住 Ctrl 键以切换方向)或 [角度(A)/弦长(L)]: _int 于 (捕捉上部 R7 圆与倾斜对称中心线的右交点)

❷利用TRIM命令修剪R7圆。

❸单击"默认"选项卡"绘图"面板中的"圆"按钮⊘，以R34圆弧的圆心为圆心，绘制半径为64的圆。

❹单击"默认"选项卡"修改"面板中的"圆角"按钮◻，绘制上部R10圆角。

❺单击"默认"选项卡"修改"面板中的"修剪"按钮✄，修剪R64圆。

  命令:ARC✓（绘制下部 R14 圆弧）

  指定圆弧的起点或 [圆心(C)]: C✓

  指定圆弧的圆心: _cen 于 (捕捉下部 R7 圆的圆心)

  指定圆弧的起点: _int 于 (捕捉 R64 圆与水平对称中心线的交点)

  指定圆弧的端点(按住 Ctrl 键以切换方向)或 [角度(A)/弦长(L)]: A✓

  指定夹角(按住 Ctrl 键以切换方向): -180

  单击"默认"选项卡"修改"面板中的"圆角"按钮◻，绘制下部R8圆角。结果如图3-163所示。

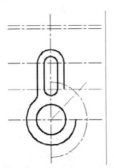
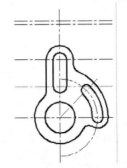

   图3-162 挂轮架中部图形   图3-163 绘制完成挂轮架右部图形

05 绘制挂轮架上部。

❶单击"默认"选项卡"修改"面板中的"偏移"按钮⬤，将竖直对称中心线向右偏移23。

❷将"0"层设置为当前图层，单击"默认"选项卡"绘图"面板中的"圆"按钮⊘，第二条水平中心线与竖直中心线的交点为圆心，绘制R26辅助圆。

❸将"CSX"层设置为当前图层，单击"默认"选项卡"绘图"面板中的"圆"按钮⊘，以R26圆与偏移的竖直中心线的交点为圆心，绘制R30圆。结果如图3-164所示。

❹单击"默认"选项卡"修改"面板中的"删除"按钮✎，分别选择偏移形成的竖直中心线及R26圆。

❺单击"默认"选项卡"修改"面板中的"修剪"按钮✄，修剪R30圆。

❻单击"默认"选项卡"修改"面板中的"镜像"按钮⚠，以竖直中心线为镜像轴，

镜像所绘制的R30圆弧。结果如图3-165所示。

命令:FILLET✓　（绘制最上部 R4 圆弧）
当前设置：模式 = 修剪，半径 = 8.0000
选择第一个对象或[放弃(U)/多段线(P)/半径(R)/修剪(T)/多个(M)]：R✓
指定圆角半径 ⟨8.0000⟩: 4✓
选择第一个对象或[放弃(U)/多段线(P)/半径(R)/修剪(T)/多个(M)]：（选择左侧 R30 圆弧的上部）
选择第二个对象，或按住 Shift 键选择对象以应用角点或 [半径(R)]：（选择右侧 R30 圆弧的上部）
命令：FILLET✓（绘制左边 R4 圆角）
当前设置：模式 = 修剪，半径 = 4.0000
选择第一个对象或[放弃(U)/多段线(P)/半径(R)/修剪(T)/多个(M)]：T✓　（更改修剪模式）
输入修剪模式选项 [修剪(T)/不修剪(N)]⟨修剪⟩: N✓　（选择修剪模式为不修剪）
选择第一个对象或[放弃(U)/多段线(P)/半径(R)/修剪(T)/多个(M)]：（选择左侧 R30 圆弧的下端）
选择第二个对象，或按住 Shift 键选择对象以应用角点或 [半径(R)]：（选择 R18 圆弧的左侧）
命令：FILLET✓（绘制右边 R4 圆角）
当前设置：模式 = 不修剪，半径 = 4.0000
选择第一个对象或[放弃(U)/多段线(P)/半径(R)/修剪(T)/多个(M)]：（选择右侧 R30 圆弧的下端）
选择第二个对象，或按住 Shift 键选择对象以应用角点或 [半径(R)]：（选择 R18 圆弧的右侧）

单击"默认"选项卡"修改"面板中的"修剪"按钮，修剪R30圆。结果如图3-166
所示。

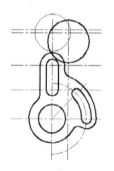
图3-164　绘制R30圆

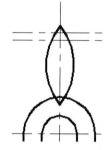
图3-165　镜像R30圆

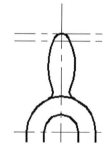
图3-166　挂轮架的上部

06 整理并保存图形。

命令：LENGTHEN✓　（拉长命令。对图中的中心线进行调整）
选择对象或 [增量(DE)/百分数(P)/全部(T)/动态(DY)]：DY✓　（选择动态调整）
选择要修改的对象或 [放弃(U)]：（分别选择欲调整的中心线）
指定新端点：（将选择的中心线调整到新的长度）
命令：EARSE✓（删除多余的中心线）
选择对象：（选择最上边的两条水平中心线）
……　找到 1 个，总计 2 个
命令：SAVEAS✓　（将绘制完成的图形以"挂轮架. dwg"为文件名保存在指定的路径中）

 总结与点评

本实例绘制的挂轮架从结构上看起来不复杂，但图线的绘制顺序一定要注意，这里也
涉及到曲线的光滑连接问题，和上一章中讲到的吊钩实例一样，读者注意体会。

实例35 齿轮轴套

本实例绘制的齿轮轴套如图3-167所示。

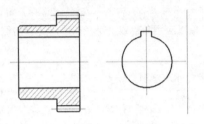

图3-167 齿轮轴套

💡 **实讲实训**
多媒体演示

多媒体演示参见配套光盘中的\\动画演示\第3章\齿轮轴套.avi。

思路提示

本实例绘制的齿轮轴套主要应用了绘图辅助命令中的设置图纸界限命令LIMITS、图形缩放命令ZOOM及设置图层命令LAYER，利用对象捕捉功能，及一些二维绘图及编辑命令绘制齿轮轴套局部视图；借助于对象追踪功能，绘制齿轮轴套主视图。其绘制流程如图3-168所示。

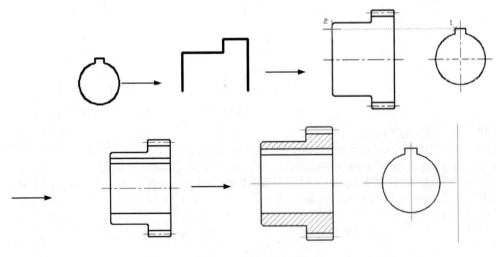

图3-168 绘制流程图

解题步骤

 设置图层。选择菜单栏中的"格式"→"图层"命令，或者单击"图层"工具栏中的"图层特性管理器"按钮 ，或者单击"默认"选项卡"图层"面板中的"图层特性"按钮 ，新建三个图层。

❶第一图层命名为"轮廓线"层，线宽属性为0.3mm，其余属性默认。

❷第二图层命名为"中心线"层，颜色设为红色，线型加载为CENTER，其余属性默认。

❸第三图层命名为"细实线"层，颜色设为蓝色，其余属性默认。

02 设置绘图环境。

命令：LIMITS↙
重新设置模型空间界限：
指定左下角点或［开(ON)/关(OFF)］<0.0000,0.0000>：↙（按Enter键，图纸左下角点坐标取默认值）
指定右上角点 <420.0000,297.0000>：297,210↙（设置图纸右上角点坐标值）
命令：ZOOM↙
指定窗口角点，输入比例因子（nX 或 nXP），或［全部(A)/中心(C)/动态(D)/范围(E)/上一个(P)/比例(S)/窗口(W)/对象(O)］<实时>：A↙（进行全部缩放操作，显示全部图形）
正在重生成模型

03 绘制齿轮轴套局部视图轮廓线。

❶将"轮廓线"层设置为当前图层。

❷单击状态栏中的"线宽"按钮，显示线宽。

❸单击"默认"选项卡"绘图"面板中的"圆"按钮 ⊙，在适当位置指定一点为圆心，绘制半径为14的圆。

命令：XLINE↙
指定点或［水平(H)/垂直(V)/角度(A)/二等分(B)/偏移(O)］：H↙
指定通过点：（单击"对象捕捉"工具栏中的"捕捉自"按钮 ）
_from 基点：<对象捕捉 开>（打开对象捕捉功能，捕捉∅28圆下象限点）
<偏移>：@0,30.6↙
指定通过点：↙
命令：XLINE↙ （绘制竖直辅助线）
指定点或［水平(H)/垂直(V)/角度(A)/二等分(B)/偏移(O)］：V↙
指定通过点：（单击"对象捕捉"工具栏中的"捕捉自"按钮 ）
_from 基点：（捕捉∅28圆心）
<偏移>：@3,0↙
指定通过点：↙

❹单击"默认"选项卡"修改"面板中的"偏移"按钮 ，竖直辅助线向左偏移6，结果如图3-169所示。

❺单击"默认"选项卡"修改"面板中的"修剪"按钮 ，以两条竖直辅助线为剪切边，修剪水平辅助线两端和圆夹在两条线之间部分，使用同样方法修剪两条竖直辅助线，结果如图3-170所示。

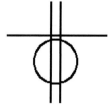

图3-169 绘制辅助线

图3-170 修剪辅助线及圆

04 绘制中心线。将"中心线"层设置为当前图层。

命令：LINE↙

指定第一个点:(单击"对象捕捉"工具栏中的"捕捉自"按钮⌐）
_from 基点:(捕捉∅28圆心)
〈偏移〉: @-18,0↙
指定下一点或 [放弃(U)]:@36,0↙
指定下一点或 [放弃(U)]:

相同方法绘制竖直中心线。结果如图3-171所示。

05 绘制齿轮轴套主视图轮廓线。

❶将"轮廓线"层设置为当前图层。

命令:LINE↙
指定第一个点:(捕捉圆心,同时打开状态栏上的"对象追踪"开关,向左拖动鼠标,确定直线起始点1,如图3-172所示)
指定下一点或 [放弃(U)]:@ 0,20↙
指定下一点或 [放弃(U)]:@ 22,0↙
指定下一点或 [放弃(U)]:@ 0,7↙
指定下一点或 [放弃(U)]:@ 13,0↙
指定下一点或 [放弃(U)]:@ 0,-27↙
指定下一点或 [放弃(U)]:↙

结果如图3-173所示。

❷单击"默认"选项卡"修改"面板中的"偏移"按钮⌐,将最上端水平线向下偏移3.375,结果如图3-174所示。

图3-171 齿轮轴套局部视图

图3-172 利用对象追踪功能确定点1

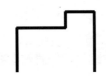

图3-173 绘制直线

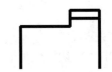

图3-174 偏移直线

06 绘制齿轮轴套主视图中心线。

❶将"中心线"层设置为当前图层。

命令: LINE↙
指定第一个点:(单击"对象捕捉"工具栏中的"捕捉自"按钮⌐）
_from 基点:(捕捉主视图左边线端点)
〈偏移〉: @-5,0↙
指定下一点或 [放弃(U)]:@45,0↙
指定下一点或 [闭合(C)/放弃(U)]:↙

❷单击"视图"选项卡"导航"面板中的"窗口"按钮⌐,按住鼠标左键,向上拖动,进行适当放大。

命令:LINE↙ (绘制齿轮分度线)
指定第一个点:(单击"对象捕捉"工具栏中的"捕捉自"按钮⌐）

_from 基点：(如图 3-175 所示，捕捉主视图齿顶线端点 1)

〈偏移〉：@-3,-1.5✓

指定下一点或 [放弃(U)]：@19,0✓

指定下一点或 [闭合(C)/放弃(U)]：✓

07 对齿轮轴套主视图进行倒角及倒圆角操作。

❶单击"默认"选项卡"修改"面板中的"倒角"按钮⬚，倒角距离为1，对左上角进行倒角处理。

❷单击"默认"选项卡"修改"面板中的"圆角"按钮⬚，圆角半径为1，对齿轮轴套主视图右上两角进行倒圆角处理。结果如图3-176所示。

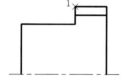 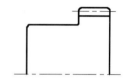

图3-175　捕捉齿顶线端点　　　　　　　图3-176　倒角及倒圆角操作

08 镜像对象。单击"默认"选项卡"修改"面板中的"镜像"按钮⚖，以水平中心线为镜像轴，镜像上面绘制的对象。

09 绘制键槽线与回转线。

❶将"轮廓线"层设置为当前图层。打开正交功能。

命令:LINE✓

指定第一个点：(捕捉局部视图端点 1，向左拖动鼠标，捕捉主视图左边线最近点 2，如图 3-177 所示)

指定下一点或 [放弃(U)]：(捕捉主视图右边线垂足)

指定下一点或 [闭合(C)/放弃(U)]：✓

❷方法同前，如图3-178所示，捕捉局部视图端点3，向左拖动鼠标，捕捉主视图左边线最近点4，从该点到主视图右边线垂足点之间绘制直线。

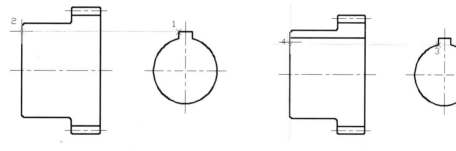

图3-177　确定点2　　　　　　　　　图3-178　确定点4

❸方法同前，捕捉局部视图 ∅28圆下象限点，向左拖动鼠标，捕捉主视图左边线最近点，从该点到主视图右边线垂足点之间绘制直线。结果如图3-179所示。

10 图案填充。

❶将"细实线"层设置为当前图层。

❷单击"默认"选项卡"绘图"面板中的"图案填充"按钮▨，如图3-180所示，选取填充区域，方法同前，绘制剖面线。结果如图3-181所示。

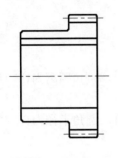

图3-179　绘制直线

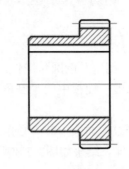
图3-180　选取填充区域

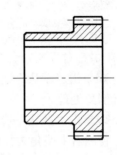
图3-181　齿轮轴套主视图

 总结与点评

　　本实例绘制的齿轮轴套是属于典型的齿轮类零件。这里强调一下剖面线的绘制，同一个零件中，在隔开的几个区域填充剖面线时，要注意采用同一种剖面线，这一点初学者往往容易忽视，在不同区域填充不同剖面线。解决这个问题的一个比较好的方法是一次性把有个零件的所有填充区域都选上，统一填充。

实例36　深沟球轴承

　　本实例绘制的深沟球轴承如图3-182所示。

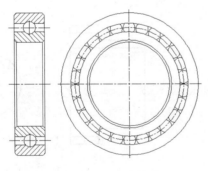
图3-182　深沟球轴承

实讲实训
多媒体演示

多媒体演示参见配套光盘中的\\动画演示\第3章\深沟球轴承.avi。

 思路提示

　　本实例绘制的是深沟球轴承，根据其图形的特点，采用阵列命令绘制滚珠、利用镜像命令绘制主视图，利用图案填充命令填充主视图剖面。其绘制流程如图 3-183 所示。

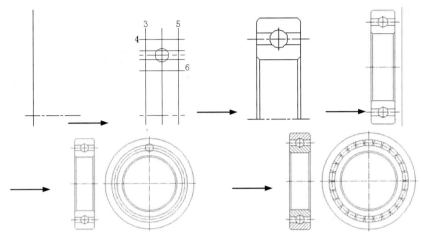

图3-183 绘制流程图

解题步骤

01 设置图层。选择菜单栏中的"格式"→"图层"命令，或者单击"图层"工具栏中的"图层特性管理器"按钮，或者单击"默认"选项卡"图层"面板中的"图层特性"按钮，新建三个图层。

❶第一图层命名为"轮廓线"，线宽属性为 0.3mm，其余属性默认。

❷第二图层命名为"中心线"，颜色设为红色，线型加载为 CENTER，其余属性默认。

❸第三图层命名为"细实线"，颜色设为蓝色，其余属性默认。

02 绘制中心线。将"中心线"层设置为当前图层。单击"默认"选项卡"绘图"面板中的"直线"按钮，在水平方向上取两点。

将"轮廓线"层设置为当前图层。重复上述命令绘制竖直直线，结果如图 3-184 所示。

03 偏移处理。单击"默认"选项卡"修改"面板中的"偏移"按钮，水平直线分别向上偏移 20、25、27、29 和 34，将竖直直线分别向右偏移 7.5 和 15。

选取偏移后的直线，将其所在层修改为"轮廓线"层（偏移距离为 27 的水平点画线除外），结果如图 3-185 所示。

04 绘制圆。单击"默认"选项卡"绘图"面板中的"圆"按钮，以线段 1 和线段 2 的交点为圆心，绘制半径为 3 的圆，结果如图 3-186 所示。

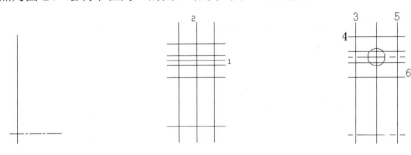

图3-184 绘制直线　　　　图3-185 偏移处理　　　　图3-186 绘制圆

05 倒圆角。单击"默认"选项卡"修改"面板中的"圆角"按钮◻，采用修剪模式，对线段 3、4 和线段 4、5 进行倒圆角，半径为 1.5，结果如图 3-187 所示。

06 倒角处理。单击"默认"选项卡"修改"面板中的"倒角"按钮◻，采用不修剪模式，对线段 3、6 和线段 5、6 进行倒角处理。倒角距离为 1，结果如图 3-188 所示。

07 修剪处理。单击"默认"选项卡"修改"面板中的"修剪"按钮 ✄，修剪相关图线，结果如图 3-189 所示。

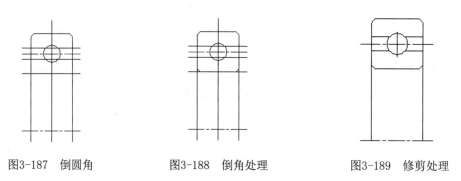

图3-187　倒圆角　　　　　　图3-188　倒角处理　　　　　　图3-189　修剪处理

08 绘制直线。单击"默认"选项卡"绘图"面板中的"直线"按钮 ╱，绘制倒角线，结果如图 3-190 所示。

09 镜像处理。单击"默认"选项卡"修改"面板中的"镜像"按钮 ⚏，在最下端的直线上选择两点为镜像线，镜像全部图形，结果如图 3-191 所示。

10 绘制中心线。将"中心线"层设置为当前图层。单击"默认"选项卡"绘图"面板中的"直线"按钮 ╱，绘制左视图的中心线，结果如图 3-192 所示。

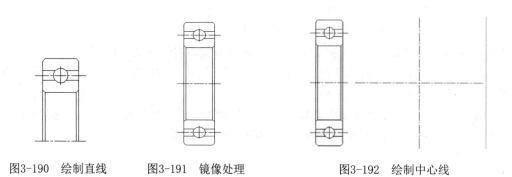

图3-190　绘制直线　　　　　图3-191　镜像处理　　　　　图3-192　绘制中心线

11 绘制圆。转换图层，单击"默认"选项卡"绘图"面板中的"圆"按钮 ⊙，以中心线的交点为圆心，分别绘制半径为 34、29、27、25、21 和 20 的圆，再以半径为 27 的圆和竖直中心线的交点为圆心，绘制半径为 3 的圆。其中，半径为 27 的圆为点画线，其他为粗实线，结果如图 3-193 所示。

12 修剪处理。单击"默认"选项卡"修改"面板中的"修剪"按钮 ✄，将半径为 3 的圆进行修剪，结果如图 3-194 所示。

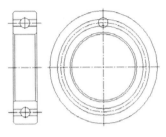
图3-193 绘制圆

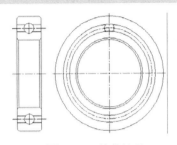
图3-194 修剪处理

13 阵列处理。选择菜单栏中的"修改"→"阵列"→"环形阵列"命令，或者单击"修改"工具栏中的"环形阵列"按钮，或者单击"默认"选项卡"修改"面板中的"环形阵列"按钮，命令行提示与操作如下：

```
命令：_arraypolar
选择对象：（选择修剪后的圆弧）
选择对象：↙
类型 = 极轴   关联 = 是
指定阵列的中心点或 ［基点(B)/旋转轴(A)］：（选择两中心线的交点）
选择夹点以编辑阵列或 ［关联(AS)/基点(B)/项目(I)/项目间角度(A)/填充角度(F)/行(ROW)/层(L)/旋转项目(ROT)/退出(X)］〈退出〉：I
输入阵列中的项目数或 ［表达式(E)］〈6〉：26
选择夹点以编辑阵列或 ［关联(AS)/基点(B)/项目(I)/项目间角度(A)/填充角度(F)/行(ROW)/层(L)/旋转项目(ROT)/退出(X)］〈退出〉：F
指定填充角度(+=逆时针、-=顺时针)或 ［表达式(EX)］〈360〉：
选择夹点以编辑阵列或 ［关联(AS)/基点(B)/项目(I)/项目间角度(A)/填充角度(F)/行(ROW)/层(L)/旋转项目(ROT)/退出(X)］〈退出〉：↙
```

结果如图 3-195 所示。

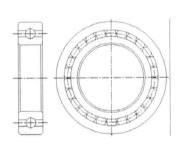
图3-195 阵列处理

14 图案填充。将"细实线"层设置为当前图层。单击"默认"选项卡"绘图"面板中的"图案填充"按钮，系统打开 "图案填充创建"选项卡，选择"ANSI31"类型，比例为0.5；选择相应的填充区域。单击"确定"按钮后进行填充，结果如图 3-182 所示。

 # 总结与点评

本实例绘制的深沟球轴承是典型的标准件，所以在绘制时，各部分的结构以及尺寸一定要遵守相关国家标准，不能随意绘制，这一点初学者往往容易忽视。

实例37　法兰盘

本实例绘制的法兰盘如图3-196所示。

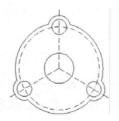

<table>
<tr><td rowspan="3"></td><td>实讲实训
多媒体演示</td></tr>
<tr><td>多媒体演示
参见配套光盘中
的\\动画演示\第
3章\法兰盘.avi。</td></tr>
</table>

图3-196　法兰盘零件图

 思路提示 ■

本实例绘制的法兰盘需要两个基本图层，一个为粗实线图层，另一个为中心线图层。本实例如果只需要单独绘制零件图形，则可以利用一些基本的绘图命令和编辑命令来完成。现需要计算质量特性数据，所以，可以考虑采用面域的布尔运算的方法来绘制图形并计算质量特性数据。其绘制流程如图 3-197 所示。

 解题步骤 ■

01 设置图层。选择菜单栏中的"格式"→"图层"命令，或者单击"图层"工具栏中的"图层特性管理器"按钮▣，或者单击"默认"选项卡"图层"面板中的"图层特性"按钮▣，新建两个图层。

❶第一图层命名为"粗实线"，线宽属性为 0.3mm，其余属性默认。

❷第二图层命名为"中心线"，颜色设为红色，线型加载为 CENTER，其余属性默认。

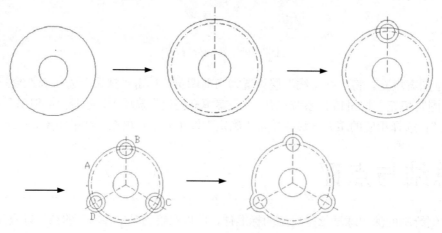

图3-197　绘制流程图

02 将"粗实线"图层设置为当前图层，绘制圆。

```
命令:_CIRCLE✓
指定圆的圆心或 [三点(3P)/两点(2P)/切点、切点、半径(T)]:(指定圆心)
指定圆的半径或 [直径(D)]:60✓
```

使用同样方法，捕捉上一圆的圆心为圆心，指定半径为20绘制圆。结果如图3-198所示。

03 将"中心线"图层设置为当前图层，绘制圆。单击"默认"选项卡"绘图"面板中的"圆"按钮⊘，捕捉上一圆的圆心为圆心，指定半径为55绘制圆。

04 绘制中心线。单击"默认"选项卡"绘图"面板中的"直线"按钮╱，以大圆的圆心为起点，终点坐标为（@0,75）结果如图3-199所示。

05 将"粗实线"图层设置为当前图层，绘制圆。单击"默认"选项卡"绘图"面板中的"圆"按钮⊘，以定位圆和中心线的交点为圆心，分别绘制半径为15和10的圆，结果如图3-200所示。

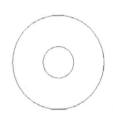 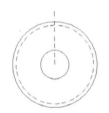 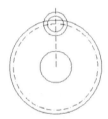

图3-198　绘制圆后的图形　　图3-199　绘制中心线后的图形　　图3-200　绘制圆后的图形

06 阵列对象。选择菜单栏中的"修改"→"阵列"→"环形阵列"命令，或者单击"修改"工具栏中的"环形阵列"按钮🔅，或者单击"默认"选项卡"修改"面板中的"环形阵列"按钮🔅，命令行提示与操作如下：

```
命令:_arraypolar
选择对象:(选择图中边缘的两个圆和中心线)
选择对象: ✓
类型 = 极轴  关联 = 是
指定阵列的中心点或 [基点(B)/旋转轴(A)]:(用鼠标拾取图中大圆的中心点)
选择夹点以编辑阵列或 [关联(AS)/基点(B)/项目(I)/项目间角度(A)/填充角度(F)/行(ROW)/层
(L)/旋转项目(ROT)/退出(X)]<退出>: I
输入阵列中的项目数或 [表达式(E)]<6>: 3
选择夹点以编辑阵列或 [关联(AS)/基点(B)/项目(I)/项目间角度(A)/填充角度(F)/行(ROW)/层
(L)/旋转项目(ROT)/退出(X)]<退出>: F
指定填充角度(+=逆时针、-=顺时针)或 [表达式(EX)]<360>:
选择夹点以编辑阵列或 [关联(AS)/基点(B)/项目(I)/项目间角度(A)/填充角度(F)/行(ROW)/层
(L)/旋转项目(ROT)/退出(X)]<退出>: ✓
```

结果如图3-201所示。

07 分解处理。

单击"默认"选项卡"修改"面板中的"分解"按钮🗗，将阵列后的图形分解。

08 面域处理。

```
命令:REGION✓（或选择菜单栏中的"绘图"→"面域"命令，或者单击"绘图"工具栏中的"面
域"按钮◎，或者单击"默认"选项卡"绘图"面板中的"面域"按钮◎，下同）
选择对象:(依次选择图 3-201 中的圆 A、B、C 和 D)
选择对象: ✓
```

已提取 4 个环。

已创建 4 个面域。

09 并集处理。

命令: UNION✓（或者选择菜单栏中的"修改"→"实体编辑"→"并集"命令，或者单击"实体编辑"工具栏中的"并集"按钮⑩，或者单击"三维工具"选项卡"实体编辑"面板中的"并集"按钮⑩，下同）

选择对象:（依次选择图 3-201 中的圆 A、B、C 和 D）

选择对象: ✓

结果如图3-202所示。

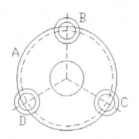

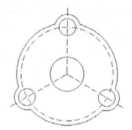

图3-201 阵列后的图形   图3-202 并集后的图形

10 提取数据。

命令: MASSPROP✓（或者选择菜单栏中的"工具"→"查询"→"面域/质量特性"命令，如图3-203 所示，下同）

选择对象:（框选对象）

指定对角点:（指定对角点）

找到 9 个

选择对象: ✓

系统自动切换到文本显示框，如图3-204所示。

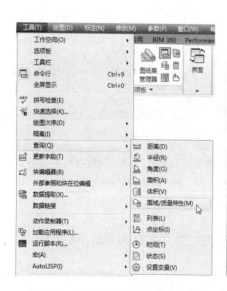

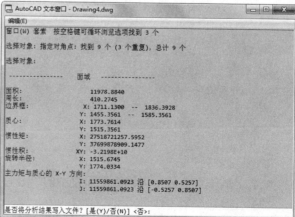

图3-203 "面域/质量特性"菜单   图3-204 文本窗口

选择"是"或"否"，完成数据提取。

总结与点评

本实例绘制的法兰盘学习了一个新命令："面域/质量特性"命令,这个命令只有在"面域"和"布尔运算"命令的基础上才能使用,这一点读者需要注意。

实例38 蜗轮

本实例绘制的蜗轮如图3-205所示。

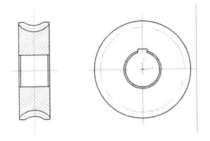

<table>
<tr><td>实讲实训
多媒体演示</td></tr>
<tr><td>多媒体演示
参见配套光盘中
的\\动画演示\第
3章\蜗轮.avi。</td></tr>
</table>

图3-205 蜗轮

 思路提示

本实例绘制的蜗轮将运用到绘制直线命令 LINE、偏移命令 OFFSET 和图案填充命令 BHATCH,通过绘制进一步掌握绘制复杂图形的方法和技巧。其绘制流程如图 3-206 所示。

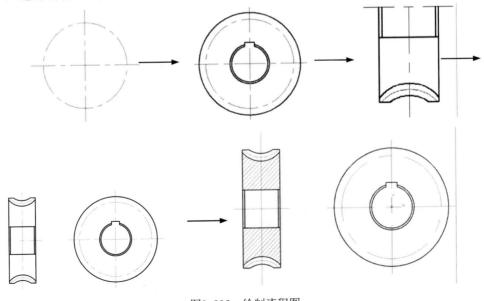

图3-206 绘制流程图

解题步骤

01 图层设置。选择菜单栏中的"格式"→"图层"命令，或者单击"图层"工具栏中的"图层特性管理器"按钮，或者单击"默认"选项卡"图层"面板中的"图层特性"按钮，将图形设为三个图层，名称及属性如下。

❶第一图层命名为"粗实线"图层，线宽为0.3mm，其余属性默认。

❷第二图层命名为"细实线"图层，其余属性默认。

❸第三图层命名为"中心线"图层，线型为"CENTER"，颜色设为红色，其余属性默认。打开线宽显示。

02 绘制中心线。

❶将"中心线"图层设置为当前图层，单击"默认"选项卡"绘图"面板中的"圆"按钮，以坐标原点为圆心，绘制半径为27的圆。

❷单击"默认"选项卡"绘图"面板中的"直线"按钮，端点分别为{（-35,0）、（@70,0）}和{（0,-35）、（@0,70）}，如图3-207所示。

03 绘制圆。将"粗实线"图层设置为当前图层，单击"默认"选项卡"绘图"面板中的"圆"按钮，以坐标原点为圆心，绘制半径为11的圆，结果如图3-208所示。

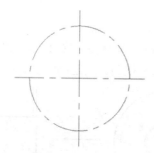
图3-207 绘制中心线

图3-208 绘制圆

04 偏移操作。单击"默认"选项卡"修改"面板中的"偏移"按钮，将半径为11的圆向外偏移1和20，结果如图3-209所示。

 注意

偏移命令"修改"→"偏移"创建同心圆、平行线和平行曲线，该命令在距现有对象指定的距离处或通过指定点创建新对象。

05 绘制键槽直线。单击"默认"选项卡"绘图"面板中的"直线"按钮，端点坐标为（-3,0）、（@0,13）、（@6,0）、（@0,-13），绘制如图3-210所示。

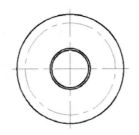
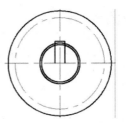

图3-209 偏移后的图形   图3-210 绘制键槽直线

06 修剪图形。单击"默认"选项卡"修改"面板中的"修剪"按钮 ✂，将图形修改成为3-211所示。

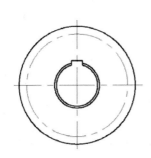
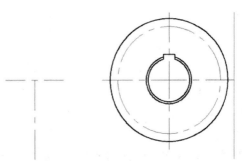

图3-211 修剪图形   图3-212 绘制主视图中心线

 注意

上面通过蜗轮左视图的绘制，应用了圆的命令"绘图" → "圆"和直线命令"绘图" → "直线"，并且讲习了偏移命令的使用"修改" → "偏移"，偏移命令创建同心圆、平行线和平行曲线，在距现有对象指定的距离处或通过指定点创建新对象。下面将绘制蜗轮的正视图。

07 绘制主视图中心线。将"中心线"图层设置为当前图层。单击"默认"选项卡"绘图"面板中的"直线"按钮 ✎，绘制端点分别为{（-70，-40）、（@0，40）}和{（-85，0）、（@30，0）}的直线，结果如图3-212所示。

08 绘制主视图直线。将"粗实线"图层设置为当前图层。单击"默认"选项卡"绘图"面板中的"直线"按钮 ✎，绘制端点分别为{（-80，0）、（@0，-31）、（@10，0）}和{（-79，0）、（@0，-10）}的直线，结果如图3-213所示。

09 镜像主视图直线。单击"默认"选项卡"修改"面板中的"镜像"按钮 ◮，以竖直中心线为镜像轴，对上步绘制的对象进行镜像处理，镜像完成后用一条直线连接短竖直线两个端点，绘制如图3-214所示。

10 延伸连接线。

```
命令：EXTEND↙
当前设置：投影=UCS，边=无
选择边界的边...
选择对象或〈全部选择〉：（选择图 3-214 左右两条长竖线）
找到 2 个
```

选择对象：✓
　　选择要延伸的对象，或按住 Shift 键选择要修剪的对象，或[栏选(F)/窗交(C)/投影(P)/边(E)/删除(R)/放弃(U)]：（选择图 3-214 刚绘制的水平线）
　　选择要延伸的对象，或按住 Shift 键选择要修剪的对象，或[栏选(F)/窗交(C)/投影(P)/边(E)/删除(R)/放弃(U)]：✓

绘制如图3-215所示。

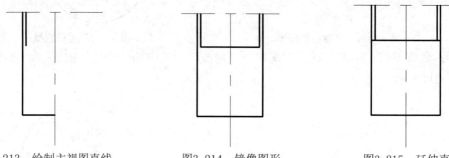

图3-213　绘制主视图直线　　　　图3-214　镜像图形　　　　图3-215　延伸直线

11 绘制蜗轮轮廓圆。单击"默认"选项卡"绘图"面板中的"圆"按钮⊙，分别以（-70，-40）为圆心，11为半径绘制圆，以（-70，-38）为圆心，13为半径绘制圆，结果如图3-216所示。

12 修剪图形。单击"默认"选项卡"修改"面板中的"修剪"按钮⊬，修剪成如图3-217所示。

13 绘制分度线圆。

❶将"中心线"图层设置为当前图层。单击"默认"选项卡"绘图"面板中的"圆"按钮⊙，以（-70，-40）为圆心，13为半径绘制圆。

❷单击"默认"选项卡"修改"面板中的"修剪"按钮⊬，将超出最下水平线修剪掉后，绘制如图3-218所示。

14 镜像处理。

命令：MIRROR✓
选择对象：（选择左视图的所有图形）
选择对象：✓
指定镜像线的第一点：-60,0 ✓
指定镜像线的第二点：-80,0 ✓
要删除源对象吗？[是(Y)/否(N)] <N>：✓

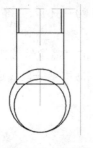 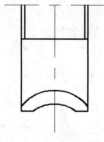 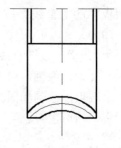

图3-216　绘制圆　　　　图3-217　修剪的图形　　　　图3-218　绘制圆与直线

绘制如图3-219所示。

15 图案填充。将当前图层设置为"细实线"图层，单击"默认"选项卡"绘图"

面板中的"图案填充"按钮，选择合适的材料，填充成如图3-220所示。

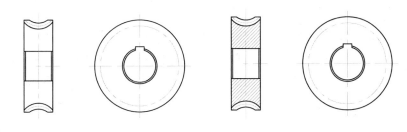

图3-219　镜像处理　　　　　　　图3-220　填充图形

总结与点评

　　本实例绘制的蜗轮也是属于齿轮类零件。在这里再强调一下剖面线的绘制方法：在对称图形绘制的过程中，我们一般采用"镜像"命令来绘制，但读者有时将剖面线一起镜像，这样就会导致两部分剖面线反向。这不符合"同一个零件同一种剖面线"的原则，从而出现错误。

实例39　圆柱直齿轮

　　本实例绘制的圆柱直齿轮如图3-221所示。

实讲实训
多媒体演示

多媒体演示参见配套光盘中的\\动画演示\第3章\圆柱直齿轮.avi。

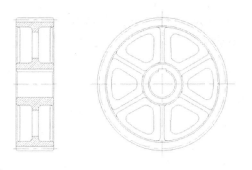

图3-221　圆柱直齿轮

 思路提示

　　圆柱直齿轮零件是机械产品中经常使用的一种典型零件，它的主视剖面图呈对称形状，其绘制流程如图3-222所示。

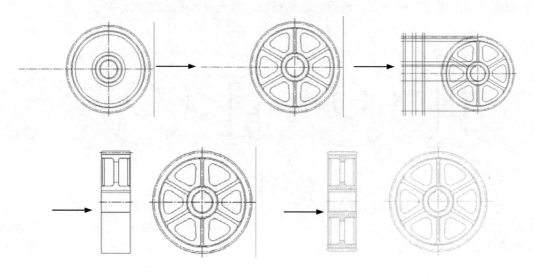

图 3-222　绘制流程图

 解题步骤

01 配置绘图环境。

建立新文件：启动AutoCAD 2016应用程序，以"A3.dwt"样板文件为模板，建立新文件；将新文件命名为"圆柱直齿轮.dwg"并保存。

02 图层设置。选择菜单栏中的"格式"→"图层"命令，或者单击"图层"工具栏中的"图层特性管理器"按钮，或者单击"默认"选项卡"图层"面板中的"图层特性"按钮，将图形设为三个图层，名称及属性如下。

❶第一图层命名为"轮廓线"图层，线宽为0.5mm，其余属性默认。

❷第二图层命名为"细实线"图层，线宽为0.3mm，其余属性默认。

❸第三图层命名为"中心线"图层，线型为"CENTER"，颜色设为红色，线宽为0.3mm其余属性默认。

03 绘制齿轮轮齿部分。

❶绘制中心线：将"中心线"层设置为当前图层。单击"默认"选项卡"绘图"面板中的"直线"按钮，用鼠标在水平方向取两点，绘制水平中心线，重复上述命令绘制竖直中心线。

❷单击"默认"选项卡"绘图"面板中的"圆"按钮，以两条中心线的交点为圆心，绘制半径为99的圆。结果如图3-223所示。

❸绘制圆：将"轮廓线"层设置为当前图层。重复"圆"命令分别绘制半径为102、89.5、87.5、80、40、32.5、30.5、22、20的同心圆，结果如图3-224所示。

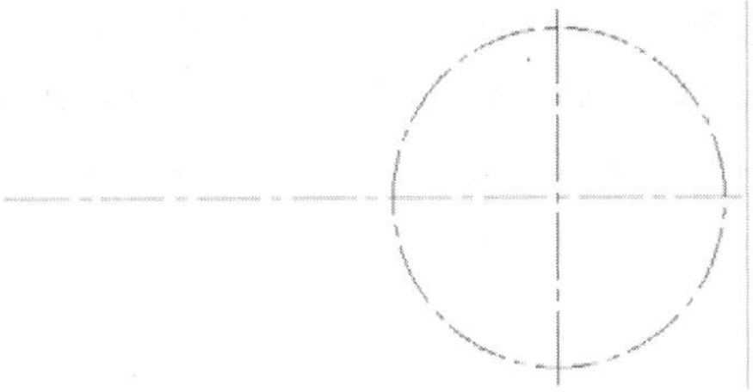

图3-223　绘制中心线

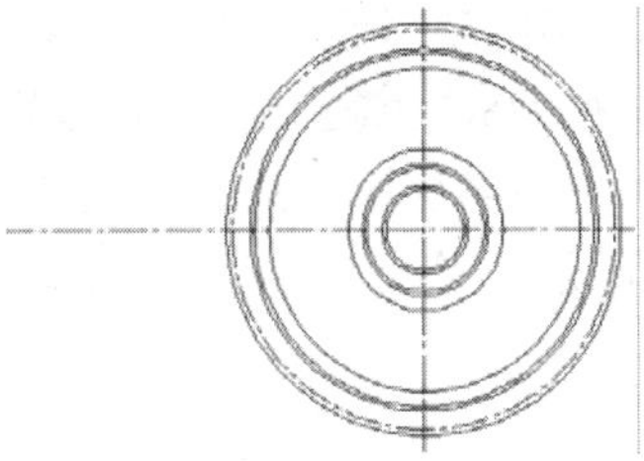

图3-224　绘制圆

❹偏移处理：单击“默认”选项卡“修改”面板中的“偏移”按钮，将水平中心线向上偏移23.3。重复上述命令将竖直中心线分别向两侧偏移3,6，再向左偏移12.5、15。选取偏移后的直线，将其所在层修改为“轮廓线”层，结果如图3-225所示。

❺修剪处理，单击“默认”选项卡“修改”面板中的“修剪”按钮，对多余的线段进行修剪处理。结果如图3-226所示。

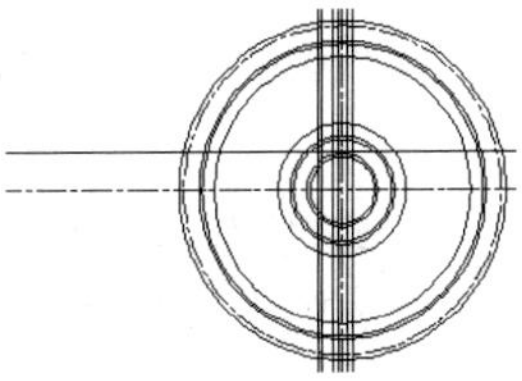

图3-225　偏移处理

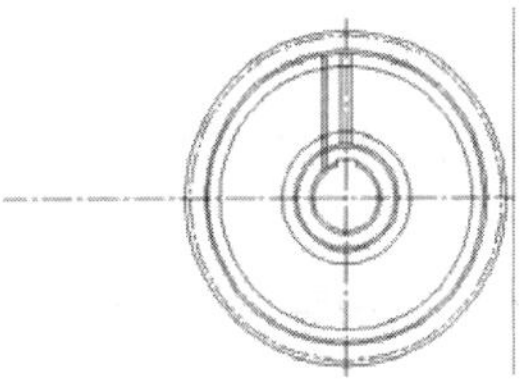

图3-226　修剪处理

04 绘制齿轮轮毂部分。

❶绘制线段。单击“默认”选项卡“绘图”面板中的“直线”按钮，绘制线段12，结果如图3-227所示。

❷删除多余线段，结果如图3-228所示。

❸镜像处理，单击“默认”选项卡“修改”面板中的“镜像”按钮，对线段1、2进行镜像处理。

```
命令: mirror↙
选择对象:（选择线段 12）
找到 1 个
选择对象:↙
指定镜像线的第一点:（选择中心线的交点）
指定镜像线的第二点: @20<120↙
要删除源对象吗？[是(Y)/否(N)] <N>:↙
```

结果如图3-229所示。

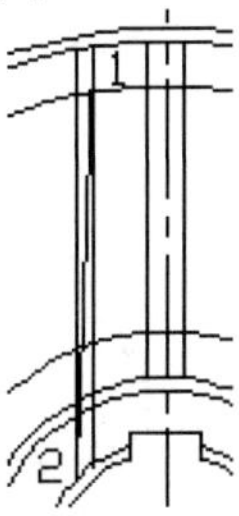

图3-227　绘制直线

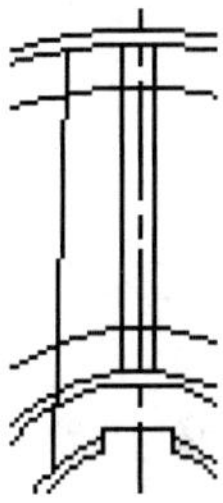

图3-228　删除结果

❹单击"默认"选项卡"修改"面板中的"圆角"按钮🔲，对线段3和圆4进行倒圆角，倒角半径为8。重复上述命令分别选择圆4和线段5、选择线段5和圆6、选择圆6和线段3进行倒圆角，半径均为8，再分别选择线段7和圆8、圆8和线段9、线段9和圆10、圆10和线段7行倒圆角，半径均为5。结果如图3-230所示。

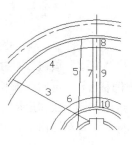 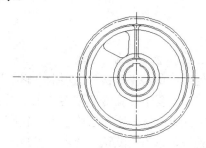

图3-229　镜像处理 　　　　　　　　　　　图3-230　倒圆角

❺修剪处理，单击"默认"选项卡"修改"面板中的"修剪"按钮✂，将多余的线段进行修剪，结果如图3-231所示。

❻阵列处理，选择菜单栏中的"修改"→"阵列"→"环形阵列"命令，或者单击"修改"工具栏中的"环形阵列"按钮🔲，或者单击"默认"选项卡"修改"面板中的"环形阵列"按钮🔲，命令行提示与操作如下：

命令：_arraypolar
选择对象：（选择上步得到的轮辐）
选择对象：↙
类型 = 极轴　关联 = 是
指定阵列的中心点或［基点(B)/旋转轴(A)］：（选择中心线的交点）
选择夹点以编辑阵列或［关联(AS)/基点(B)/项目(I)/项目间角度(A)/填充角度(F)/行(ROW)/层(L)/旋转项目(ROT)/退出(X)］〈退出〉：I
输入阵列中的项目数或［表达式(E)］〈6〉：
选择夹点以编辑阵列或［关联(AS)/基点(B)/项目(I)/项目间角度(A)/填充角度(F)/行(ROW)/层(L)/旋转项目(ROT)/退出(X)］〈退出〉：F
指定填充角度(+=逆时针、-=顺时针)或［表达式(EX)］〈360〉：
选择夹点以编辑阵列或［关联(AS)/基点(B)/项目(I)/项目间角度(A)/填充角度(F)/行(ROW)/层(L)/旋转项目(ROT)/退出(X)］〈退出〉：↙

结果如图3-232所示。

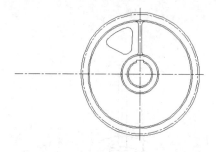 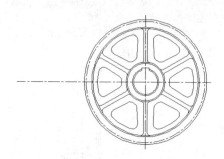

图3-231　修剪处理 　　　　　　　　　　　图3-232　阵列处理

05 绘制侧视图。

❶绘制直线。单击"默认"选项卡"绘图"面板中的"直线"按钮，绘制直线，转换图层，将第二条水平直线转换成点划线，结果如图3-233所示。

❷偏移处理。单击"默认"选项卡"修改"面板中的"偏移"按钮，将线段11向下偏移6.75，将线段12分别向左偏移6、25、35、54、60，结果如图3-234所示。

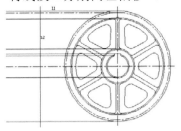
图3-233　绘制直线

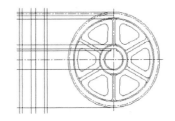
图3-234　偏移处理

❸倒角处理，单击"默认"选项卡"修改"面板中的"倒角"按钮，对侧视图进行倒角处理，倒角距离为2，结果如图3-235所示。

❹修剪处理，单击"默认"选项卡"修改"面板中的"修剪"按钮，将多余的线段进行修剪，然后在倒角处绘制直线，结果如图3-236所示。

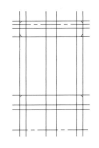
图3-235　倒角处理

图3-236　修剪处理

❺倒圆角，单击"默认"选项卡"修改"面板中的"圆角"按钮，对线段A和线段B进行圆角处理，圆角半径为5，采用不修剪模式。

重复上述命令选择线段B和线段D进行倒圆角，半径为5，选择线段A和线段C、选择线段C和线段D进行倒圆角，半径为3。图形的右侧与之对称处理。结果如图3-237所示。

❻绘制辅助圆和辅助直线。单击"默认"选项卡"绘图"面板中的"直线"按钮和"圆"按钮，绘制辅助圆和辅助直线，结果如图3-238所示。

图3-237　倒圆角

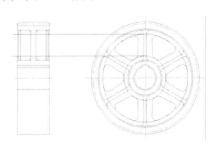
图3-238　绘制辅助圆和辅助直线

❼修剪并删除，单击"默认"选项卡"修改"面板中的"修剪"按钮 ↙，将多余的线段进行修剪，并删除辅助圆，结果如图3-239所示。

❽镜像处理，单击"默认"选项卡"修改"面板中的"镜像"按钮 ⚏，进行镜像处理，结果如图3-240所示。

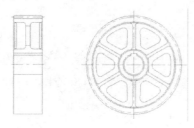
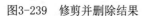
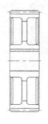
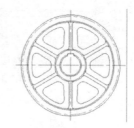

图3-239　修剪并删除结果　　　　　　　　　　　　　图3-240　镜像处理

❾绘制倒角直线段，单击"默认"选项卡"绘图"面板中的"直线"按钮 ⟋，绘制直线，结果如图3-241所示。

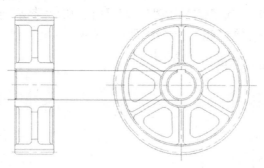

图 3-241　绘制直线

❿修剪倒角，单击"默认"选项卡"修改"面板中的"修剪"按钮 ↙，修剪图形，结果如图3-242所示。

⓫图案填充。将"细实线"层设置为当前图层。单击"默认"选项卡"绘图"面板中的"图案填充"按钮 ▨，系统打开"图案填充创建"选项卡，选择"ANSI31"类型，比例为0.8；选择相应的填充区域。确认后进行填充，结果如图3-243所示。

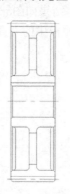
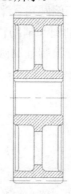

图 3-242　修剪图形　　　　　　　　　　　　　图 3-243　图案填充

总结与点评

本实例绘制的圆柱直齿轮综合应用了各种绘图和编辑命令。在这里要强调的一点就是本实例绘制的圆柱直齿轮属于典型的齿轮类零件，在国家标准的相关规定中，齿轮的轮齿部分采用示意画法，而不用绘制出轮齿的具体轮廓线，这样给绘图带来了方便。

实例40 拨叉

本实例绘制的拨叉如图3-244所示。

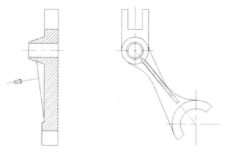

图3-244 拨叉零件图

实讲实训
多媒体演示

多媒体演示参见配套光盘中的\\动画演示\第3章\拨叉.avi。

 ## 思路提示

本实例绘制的拨叉主要用到了图层命令LAYER、直线命令LINE、圆命令CIRCLE、偏移命令OFFSET、修剪命令TRIM和删除命令ERASE、移动命令MOVE、延伸命令EXTEND，以及旋转命令ROTATE和图案填充命令BHATCH。其绘制流程如图3-245所示。

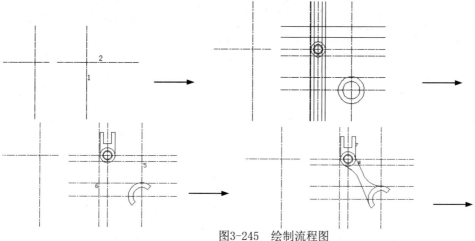

图3-245 绘制流程图

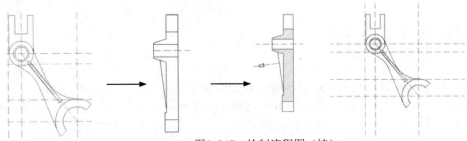

图3-245　绘制流程图（续）

 解题步骤

01 配置绘图环境。选择菜单栏中的"文件"→"新建"命令，弹出"选择样板"对话框，用户在该对话框中选择需要的样板图。

02 图层设置。选择菜单栏中的"格式"→"图层"命令，或者单击"图层"工具栏中的"图层特性管理器"按钮 绝，或者单击"默认"选项卡"图层"面板中的"图层特性"按钮 绝，将图形设为三个图层，名称及属性如下。

❶第一图层命名为"轮廓线"图层，线宽为0.3mm，其余属性默认。

❷第二图层命名为"细实线"图层，其余属性默认。

❸第三图层命名为"中心线"图层，线型为CENTER，颜色设为红色，其余属性默认。

03 绘制中心线。

❶初步绘制。将"中心线"层设置为当前图层。单击"默认"选项卡"绘图"面板中的"直线"按钮 ，绘制4条水平中心线和竖直中心线，坐标分别为｛（120，280）、（215，280）｝、｛（195，360）、（195，100）｝、｛（270，280）、（540，280）｝和｛（360，360）、（360，100）｝。结果如图3-246所示。

❷偏移处理。

```
命令：OFFSET✓
当前设置：删除源=否　图层=源　OFFSETGAPTYPE=0
指定偏移距离或［通过(T)/删除(E)/图层(L)］〈通过〉：87✓
选择要偏移的对象，或［退出(E)/放弃(U)］〈退出〉：（选择线段1）
指定要偏移的那一侧上的点，或［退出(E)/多个(M)/放弃(U)］〈退出〉：（选择线段1的右侧）
选择要偏移的对象，或［退出(E)/放弃(U)］〈退出〉
```

重复上述命令将线段1向左偏移20.5，将线段2分别向下偏移16、70、103，如图3-247所示。

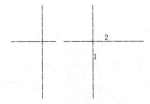

图3-246　绘制辅助直线

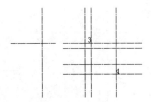

图3-247　偏移处理

04 绘制左视图。

❶绘制圆。将"轮廓线"设置为当前图层。

命令：CIRCLE↙
指定圆的圆心或 [三点(3P)/两点(2P)/切点、切点、半径(T)]：（选取点3）
指定圆的半径或 [直径(D)]:10↙

重复上述命令以点3为圆心分别绘制半径为12、19的圆，再以点4为圆心分别绘制半径为22、34的圆。如图3-248所示。

❷偏移处理。单击"默认"选项卡"修改"面板中的"偏移"按钮 ，将线段1向两侧分别偏移19、10，将线段2分别向上偏移30、58。选取偏移后的直线，将其所在层修改为"轮廓线"层，如图3-249所示。

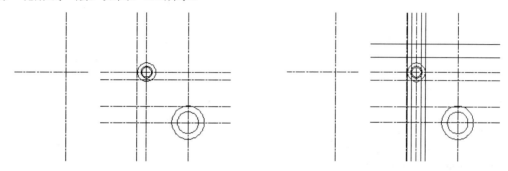

图3-248　绘制圆　　　　　　　　　　　　图3-249　偏移处理

❸修剪处理。单击"默认"选项卡"修改"面板中的"修剪"按钮 ，对图形进行修剪处理。如图3-250所示。

❹绘制辅助直线并偏移。

命令：XLINE↙
指定点或 [水平(H)/垂直(V)/角度(A)/二等分(B)/偏移(O)]：a↙
输入构造线的角度 (0) 或 [参照(R)]： 45↙
指定通过点：（指定右下同心圆圆心点4）
指定通过点：↙

单击"默认"选项卡"修改"面板中的"偏移"按钮 ，将绘制的构造线向上偏移2，如图3-251所示。

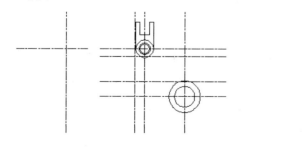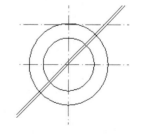

图3-250　修剪处理　　　　　　　　　　图3-251　绘制辅助直线并偏移

❺修剪处理。单击"默认"选项卡"修改"面板中的"修剪"按钮 ，将多余的线段进行修剪。如图3-252所示。

❻绘制圆。单击"默认"选项卡"绘图"面板中的"圆"按钮 ，以点5为圆心绘制

半径为53的圆，以点6为圆心绘制半径为52的圆，如图3-253所示。

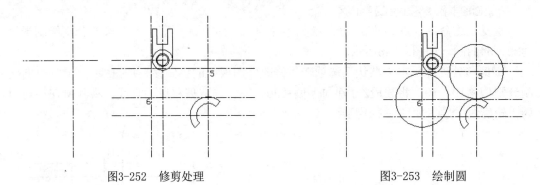

图3-252　修剪处理　　　　　　　　　　图3-253　绘制圆

❼绘制直线。

命令：LINE↙
指定第一个点：TAN↙
到（选择半径为19的圆）
指定下一点或［放弃(U)］：TAN↙
到（选择半径为52的圆）
指定下一点或［放弃(U)］：↙

重复上述命令绘制另外两条与相关圆相切的直线，如图3-254所示。

❽修剪处理。单击"默认"选项卡"修改"面板中的"修剪"按钮⊬，将多余的线段进行修剪，如图3-255所示。

❾绘制圆。

命令：CIRCLE↙
指定圆的圆心或［三点(3P)/两点(2P)/切点、切点、半径(T)］：t↙
指定对象与圆的第一个切点：（选取线段7）
指定对象与圆的第二个切点：（选取线段8）
指定圆的半径〈52.0000〉：20↙

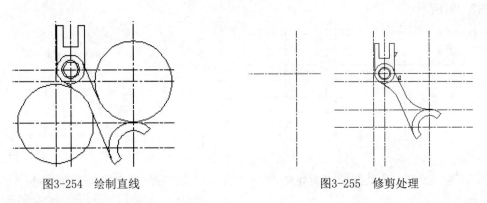

图3-254　绘制直线　　　　　　　　　　图3-255　修剪处理

如图3-256所示。

❿修剪处理。单击"默认"选项卡"修改"面板中的"修剪"按钮⊬，将多余的线段进行修剪，如图3-257所示。

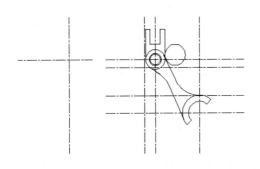 

图3-256　绘制圆　　　　　　　　　　　　图3-257　修剪处理

⓫绘制斜轴线。将"中心线"层设置为当前图层。单击"默认"选项卡"绘图"面板中的"直线"按钮，捕捉左上角同心圆圆心和右下角同心圆弧圆心，绘制连线，如图3-258所示。

⓬偏移斜轴线。单击"默认"选项卡"修改"面板中的"偏移"按钮，将绘制的斜轴线向上偏移2。选取偏移后的斜线，将其所在层修改为"轮廓线"层。

⓭绘制辅助线圆。单击"默认"选项卡"绘图"面板中的"圆"按钮，以左上同心圆圆心为圆心，15.5为半径绘制一个辅助线圆，如图3-259所示。

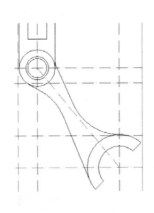 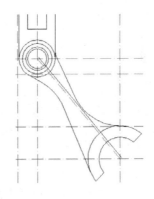

图3-258　绘制斜轴线　　　　　　　　　　图3-259　偏移斜轴线

⓮绘制垂线。单击"默认"选项卡"绘图"面板中的"直线"按钮，捕捉刚绘制的辅助线圆与斜轴线交点为起点，捕捉偏移后的斜线上的垂足为终点绘制垂线，如图3-260所示。

⓯修剪斜线。删除刚绘制的辅助线圆，单击"默认"选项卡"修改"面板中的"修剪"按钮，以绘制的垂线为界，修剪偏移的斜线，如图3-261所示。

⓰绘制另一端垂线并修剪。单击"默认"选项卡"绘图"面板中的"圆"按钮，以左上同心圆圆心为圆心，95为半径绘制一个辅助线圆，参照步骤14～16绘制另一端垂线并

修剪，如图3-262所示。

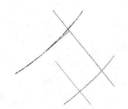

图3-260　绘制垂线

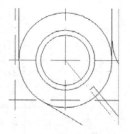

图3-261　修剪斜线

⓱拉长垂线。

命令：SCALE↙（单击"默认"选项卡"修改"面板中的"缩放"按钮◻）
选择对象或〈全部选择〉：（选择上一步绘制的垂线）
选择对象：↙
指定基点：（捕捉垂线与斜轴交点）
指定比例因子或［复制(C)/参照(R)〕〈1.0000〉：3↙

结果如图3-263所示。

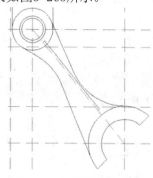

图3-262　绘制另一端垂线

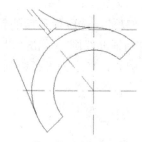

图3-263　拉长垂线

⓲圆角处理。

命令：FILLET↙
当前设置：模式 = 修剪，半径 = 0.8000
选择第一个对象或［放弃(U)/多段线(P)/半径(R)/修剪(T)/多个(M)］：T↙
输入修剪模式选项［修剪(T)/不修剪(N)〕〈修剪〉：N↙
选择第一个对象或［放弃(U)/多段线(P)/半径(R)/修剪(T)/多个(M)］：R↙
指定圆角半径〈0.8000〉：
选择第一个对象或［放弃(U)/多段线(P)/半径(R)/修剪(T)/多个(M)］：（用鼠标选取刚拉长的垂线右上部）
选择第二个对象，或按住 Shift 键选择对象以应用角点或［半径(R)〕：（用鼠标选取偏移的斜线）

结果如图3-264所示。

⓳修剪处理。单击"默认"选项卡"修改"面板中的"修剪"按钮▸，以圆角形成的圆弧为界，修剪相关图线，结果如图3-265所示。

⓴打断垂线

命令：BREAK↙
选择对象：（选取垂线上靠近圆弧适当位置一点）
指定第二个打断点 或［第一点(F)〕：（顺垂线延伸方向向右上选取垂线外一点）

结果如图3-266所示。

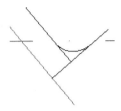

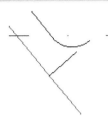

图3-264　圆角处理　　　　　　图3-265　修剪处理　　　　　　图3-266　打断垂线

㉑拉长另一端垂线。单击"默认"选项卡"修改"面板中的"缩放"按钮，捕捉垂线与斜轴交点为基点，将左上边垂线拉长1.25倍，结果如图3-267所示。

㉒绘制斜线。单击"默认"选项卡"绘图"面板中的"直线"按钮，捕捉刚拉长的垂线右上端点为起点，捕捉偏移斜线上圆角起点为终点绘制斜线。结果如图3-268所示。

㉓圆角处理。单击"默认"选项卡"修改"面板中的"圆角"按钮，采用修剪模式，以2为半径，将刚绘制的斜线与同心圆最外层圆进行圆角处理，结果如图3-269所示。

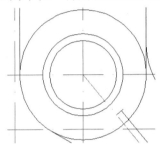
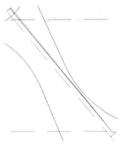

图3-267　拉长另一端垂线　　　　图3-268　绘制斜线　　　　　　图3-269　圆角处理

㉔镜像处理。单击"默认"选项卡"修改"面板中的"镜像"按钮，选择图3-270所示亮显图形对象，以斜轴为轴线进行镜像处理，结果如图3-271所示。

㉕修剪处理。单击"默认"选项卡"修改"面板中的"修剪"按钮，以镜像后两圆角形成的圆弧为界，修剪同心圆最外层圆，结果如图3-272所示。

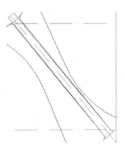

图3-270　选择对象　　　　　　图3-271　镜像结果　　　　　　图3-272　修剪处理

完成后的左视图如图3-273所示。

05 绘制主视图。

❶偏移直线。单击"默认"选项卡"修改"面板中的"偏移"按钮，将左侧主视图的竖直中心线向左偏移42和20。选取偏移后的直线以及竖直中心线本身，将其所在层修改为"轮廓线"层，结果如图3-274所示。

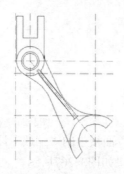

图3-273　完成的左视图　　　　　　　　　　　　　　图3-274　偏移直线

❷绘制辅助直线。单击"默认"选项卡"绘图"面板中的"直线"按钮 ，将左视图上右下角圆弧端点连接起来，结果如图3-275所示。

❸绘制辅助线。单击"默认"选项卡"绘图"面板中的"圆"按钮 ，以左视图上同心圆圆心为圆心，捕捉9、10、11点以及右下角两圆弧与斜轴交点为圆弧上一点绘制5个辅助线圆，然后单击"默认"选项卡"绘图"面板中的"直线"按钮 ，捕捉这一系列同心圆与其竖直中心线交点以及左视图图上拨叉缺口处两角点为起点，向左绘制水平辅助线，结果如图3-276所示。

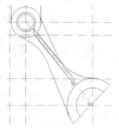

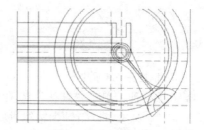

图3-275　绘制辅助直线　　　　　　　　　　　　　图3-276　绘制辅助线

❹修剪图线。单击"默认"选项卡"修改"面板中的"修剪"按钮 ，修剪相关图线，结果如图3-277所示。

❺绘制斜线。单击"默认"选项卡"绘图"面板中的"直线"按钮 ，分别捕捉12、13点以及14、15点绘制两条斜线，结果如图3-278所示。

❻修剪图线。单击"默认"选项卡"修改"面板中的"修剪"按钮 ，修剪相关图线，并删除多余的辅助水平线，结果如图3-279所示。

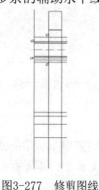

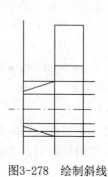

图3-277　修剪图线　　　　　　　图3-278　绘制斜线　　　　　　图3-279　修剪图线

❼绘制肋板线。单击"默认"选项卡"绘图"面板中的"直线"按钮，捕捉16、17点绘制肋板线，结果如图3-280所示。

❽偏移直线。单击"默认"选项卡"修改"面板中的"偏移"按钮，将主视图的左下边竖直线向左偏移3，结果如图3-281所示。

❾修剪图线。单击"默认"选项卡"修改"面板中的"修剪"按钮，修剪相关图线，如图3-282所示。

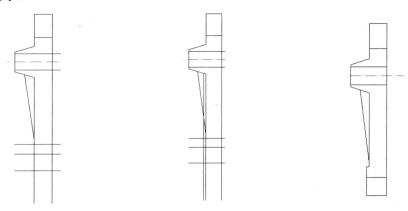

图3-280　绘制肋板线　　　　图3-281　偏移直线　　　　图3-282　修剪图线

❿图案填充。首先将"细实线"设置为当前图层。单击"默认"选项卡"绘图"面板中的"图案填充"按钮，系统打开"图案填充创建"选项卡，选择"ANSI31"图案，设置"角度"为0°，"比例"为1，如图3-283所示，选择主视图上相关区域，完成剖面线的绘制，如图3-284所示。

完成主视图绘制后的图形如图3-285所示。

图3-283　"图案填充创建"选项卡

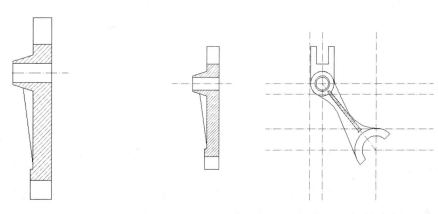

图3-284　图案填充结果　　　　图3-285　主视图绘制结果

06 绘制剖面图。

❶转换图层。将"中心线"层设置为当前图层。

❷绘制剖面图轴线。单击"默认"选项卡"绘图"面板中的"直线"按钮✐，在主视图肋板图线左边适当位置指定一点为直线起点，捕捉肋板斜线上的垂足为终点绘制剖面图轴线，结果如图3-286所示。

❸偏移轴线。单击"默认"选项卡"修改"面板中的"偏移"按钮⚏，将剖面图轴线向上、向下偏移2，选择偏移后的图线，将其图层更改为"轮廓线"层，结果如图3-287所示。

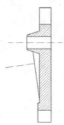

图3-286　绘制剖面图轴线

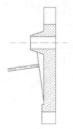

图3-287　偏移轴线

❹绘制垂线。单击"默认"选项卡"绘图"面板中的"直线"按钮✐，在偏移后的斜线上适当位置指定一点，捕捉对应的偏移后的另一条斜线上的垂足，绘制垂线，结果如图3-288所示。

❺拉长垂线。单击"默认"选项卡"修改"面板中的"缩放"按钮🗗，捕捉垂线与下边斜线交点为基点，将垂线拉长1.25倍，结果如图3-289所示。

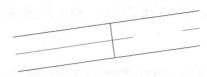

图3-288　绘制垂线

图3-289　拉长垂线

❻偏移垂线。单击"默认"选项卡"修改"面板中的"偏移"按钮⚏，将拉长后的垂线向右偏移10，结果如图3-290所示。

❼绘制斜线。单击"默认"选项卡"绘图"面板中的"直线"按钮✐，捕捉18、19点为端点绘制斜线，结果如图3-291所示。

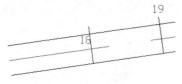

图3-290　偏移垂线

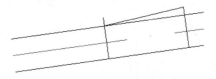

图3-291　绘制斜线

❽修剪图线。单击"默认"选项卡"修改"面板中的"修剪"按钮⊹，修剪相关图线，结果如图3-292所示。

❾镜像处理。单击"默认"选项卡"修改"面板中的"镜像"按钮⚎，选择图3-295所示斜实线，以剖面轴为轴线进行镜像处理，结果如图3-293所示。

❿绘制断面线。

命令：SPLINE↙

当前设置：方式=拟合　节点=弦
指定第一个点或 [方式(M)/节点(K)/对象(O)]：〈对象捕捉 开〉(捕捉斜实线端点)
输入下一个点或 [起点切向(T)/公差(L)]：(适当指定一点)
输入下一个点或 [端点相切(T)/公差(L)/放弃(U)]：(适当指定一点)
输入下一个点或 [端点相切(T)/公差(L)/放弃(U)/闭合(C)]：(适当指定一点)
输入下一个点或 [端点相切(T)/公差(L)/放弃(U)/闭合(C)]：(捕捉对称斜实线端点)
输入下一个点或 [端点相切(T)/公差(L)/放弃(U)/闭合(C)]：↙

结果如图3-294所示。

图3-292　修剪图线

图3-293　镜像处理

⓫图案填充。将"细实线"设置为当前图层。单击"默认"选项卡"绘图"面板中的"图案填充"按钮，设置图案样式，选择所绘制的剖面区域进行填充，结果如图3-295所示。

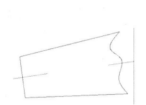

图3-294　绘制断面线

图3-295　图案填充

最后单击"默认"选项卡"修改"面板中的"打断"按钮，将过长的中心线剪掉，绘制完毕的整个图形如图3-244所示。

 # 总结与点评

本实例绘制的拨叉是典型的叉架类零件，这类零件由于结构不太规则，所以在表达时要相对麻烦一些。本实例就采用了旋转剖视图结合移出断面图才将本零件表达清楚。

采用旋转剖视图主要是为了同时表达清楚互成倾斜角度的两个开口之间的内部结构，在这其中又有两点需要注意：

1）本旋转剖视图从表面看不符合"主左高平齐"的视图原则，因为旋转剖视图的绘制规则是将某一个视图的部分轮廓假想旋转到某个位置后再投影，而不是直接投影。

2）在剖视图中肋板结构如果按其纵切面剖切时，按不剖切处理。本实例的肋板结构刚好符合这种情况。

对于某些局部结构，可以采用断面图来表达。断面图分为移出断面图和重合断面图，这里采用的是移出断面图。移出断面图可以只绘制出部分结构，用波浪线表示断裂分界线。

实例41 连接端盖

本实例绘制的连接端盖如图3-296所示。

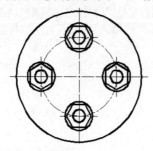

图3-296 连接端盖

💡 实讲实训
多媒体演示

多媒体演示
参见配套光盘中
的\\动画演示\第
3 章 \ 连 接 端
盖.avi。

 思路提示 ∎

本实例制作的连接端盖将使用两种方法,即插入块及外部参照,绘制连接端盖图形。

本实例首先应用二维绘图及编辑命令绘制螺栓视图,并将其定义为带有属性的图块,然后分别利用插入块命令 INSERT,及附着外部参照命令 XATTACH,完成该图形的绘制。其绘制流程如图 3-297 所示。

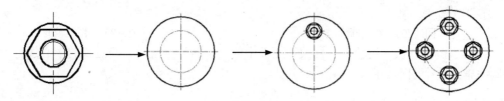

图3-297 绘制流程图

 解题步骤 ∎

01 设置图层。选择菜单栏中的"格式"→"图层"命令,或者单击"图层"工具栏中的"图层特性管理器"按钮 📖,或者单击"默认"选项卡"图层"面板中的"图层特性"按钮 📖,新建三个图层。

❶第一图层命名为"轮廓线",线宽属性为0.3mm,其余属性默认。

❷第二图层命令为"中心线",颜色设为红色,线型加载为CENTER,其余属性默认。

❸第三图层命令为"细实线",颜色设为蓝色,其余属性默认。

02 设置绘图环境。

❶在命令行输入LIMITS,设置图纸幅面为 200×200。

❷单击"视图"选项卡"导航"面板中的"全部"按钮 🔍,显示全部图形。

03 绘制螺栓连接主视图。

❶将"轮廓线"层设置为当前图层。

❷单击状态栏中的"线宽"按钮，显示线宽。

❸单击"默认"选项卡"绘图"面板中的"圆"按钮⊙，绘制 Φ22圆（垫圈）；捕捉 Φ22圆心，绘制 Φ10圆（螺栓大径）

❹单击"默认"选项卡"绘图"面板中的"多边形"按钮⬠，绘制正六边形（螺母），内接圆的圆心为 Φ22圆心，直径为 Φ20。

❺将"细实线"层设置为当前图层。

❻单击"默认"选项卡"绘图"面板中的"圆"按钮⊙，绘制 Φ8.5圆（螺栓小径）。

❼将"中心线"层设置为当前图层。

❽单击"默认"选项卡"绘图"面板中的"直线"按钮╱，方法同前，绘制图中的对称中心线。

❾单击"默认"选项卡"修改"面板中的"修剪"按钮⊬，对细实线 Φ8.5圆进行修剪。

结果如图3-298所示。

04 将螺栓连接端视图创建为图块。

命令：BLOCK↙（或者单击"默认"选项卡"绘图"面板中的"创建块"按钮🖫）

弹出"块定义"对话框，如图3-299所示，在"名称"编辑框中输入图块名称"螺栓连接"，单击"选择对象"按钮，选择绘制的螺栓连接端视图，单击"拾取点"按钮，捕捉圆心，设置完成后单击"确定"按钮，则创建了一个不带属性的螺栓连接图块，该块只能在当前图形中通过块插入命令被引用。

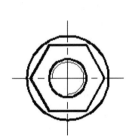

图3-298　螺栓连接端视图　　　　　　　　　　图3-299　"块定义"对话框

05 保存图形。单击"自定义快速访问工具栏"中的"保存"按钮🖬，将图形以"螺栓连接"为文件名，保存在指定路径中。

06 绘制法兰盘基本图形。将"轮廓线"层设置为当前图层。

单击"默认"选项卡"绘图"面板中的"圆"按钮⊙，绘制 Φ100圆。

将"中心线"层设置为当前图层。

单击"默认"选项卡"绘图"面板中的"圆"按钮⊙，捕捉 Φ100圆心，绘制 Φ60圆。

单击"默认"选项卡"绘图"面板中的"直线"按钮╱，方法同前，绘制图中的对称中心线。

结果如图3-300所示。

07 插入"螺栓连接"图块。

命令:INSERT↙（或者单击"默认"选项卡"绘图"面板中的"插入块"按钮，弹出"插入"对话框，如图 3-301 所示，在"名称"下拉列表框中选择定义的块"螺栓连接"，单击"确定"按钮）

指定插入点或 [基点(B)/比例(S)/X/Y/Z/旋转(R)]：（捕捉 Φ60 圆与竖直中心线的上端交点，作为插入点，结果如图 3-302 所示）

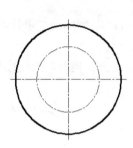

图3-300 法兰盘基本图形　　　　图3-301 "插入"对话框

单击"默认"选项卡"修改"面板中的"环形阵列"按钮，选取插入的图块，将其进行环形阵列，填充角度为360°，数目为4，捕捉 Φ60圆心为阵列中心。

结果如图3-303所示。

08 另存图形。单击"自定义快速访问工具栏"中的"另存为"按钮，弹出"图形另存为"对话框，将图形以"带有螺栓连接的法兰盘"为文件名，保存在指定路径中。

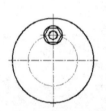

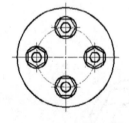

图3-302 插入"螺纹连接"图块　　　　图3-303 阵列图块

09 复制法兰盘基本图形。选择菜单栏中的"编辑"→"复制"命令，或者单击"标准"工具栏中的"复制"按钮，选取法兰盘基本图形。

10 新建一个文件，插入外部参照，绘制图形。在命令行输入"NEW"，或者单击"自定义快速访问工具栏"中的"新建"按钮，创建一个新文件。

选择菜单栏中的"编辑"→"粘贴"命令，或者单击"标准"工具栏中的"粘贴"按钮，将复制的图形粘贴到当前文件中。

单击状态栏中的"线宽"按钮，显示线宽。

命令：XATTACH↙

从弹出的"选择参照文件"对话框中选择前面存储的"螺栓连接"图形，单击"打开"按钮。在弹出的"外部参照"对话框中，如图3-304所示，单击"确定"按钮，捕捉法兰盘基本图形中细点画线圆与竖直对称中心线的交点作为插入点，即将"螺栓连接"图形作为外部参照插入到当前图形中，结果如图3-305所示。

选择菜单栏中的"修改"→"阵列"→"环形阵列"命令，或者单击"修改"工具栏中的"环形阵列"按钮 ，或者单击"默认"选项卡"修改"面板中的"环形阵列"按钮 ，选取插入的外部参照，将其进行环形阵列，填充角度为360°，数目为4，捕捉圆心为阵列中心，结果如图3-296所示。

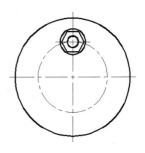

图3-304　"外部参照"对话框　　　　　　图3-305　插入外部参照文件

✋ 总结与点评

本实例绘制的连接端盖主要对比学习两个新命令："插入块"命令与"附着外部参照"命令。这两个命令具有类似的功能，都可以实现集成化绘图，这一点读者在以后的绘图中可以灵活应用。需要注意的是"插入块"命令与"附着外部参照"命令也有所区别：插入"外部块"是将块的图形数据全部插入到当前图形中；而外部参照只记录参照图形位置等链接信息，并不插入该参照图形的图形数据。

实例42　轴承支座等轴测图

本实例绘制的轴承支座等轴测图如图3-306所示。

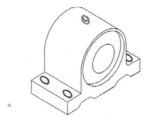

图3-306　轴承支座等轴测图

💡 实讲实训
多媒体演示
多媒体演示参见配套光盘中的\\动画演示\第3章\轴承支座.avi。

思路提示

本实例绘制的是轴承支座等轴测图。轴测图是一种在平面上有效表达三维结构的方法，它富有立体感，能够快速、直观、清楚地让人们了解产品零件的结构。本实例首先绘制轴承支座的粗外表面轮廓，然后绘制轴承内孔以及注油孔与安装孔。其绘制流程如图3-307所示。

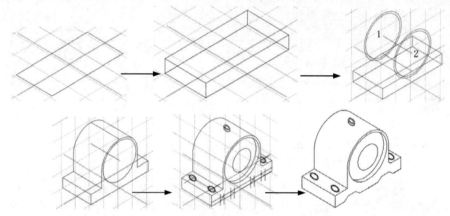

图3-307 轴承支座等轴测图流程图

解题步骤

01 配置绘图环境。

❶建立新文件。单击"标准"工具栏中的 "新建"按钮▢，打开"选择样板"对话框，单击"打开"按钮右侧的下拉按钮▾，以"无样板打开－公制"(M)方式建立新文件，并将新文件命名为"轴承支座.dwg"并保存。

❷设置图幅。在命令行中输入"LIMITS"命令后按Enter键，输入左下角点(0，0)，右上角点(594，420)(即A2图纸)。

❸开启栅格。单击状态栏中的"栅格"按钮，或者使用快捷键F7开启栅格。若想关闭栅格，可以再次单击状态栏中的"栅格"按钮或按F7键。

❹调整显示比例。单击"视图"选项卡"导航"面板中的"全部"按钮🔍，或者在命令行中输入"ZOOM"命令后按Enter键后选择"(全部)a"选项。

❺创建新图层。单击"默认"选项卡"图层"面板中的"图层特性"按钮🔳，打开"图层特性管理器"对话框，创建两个新图层："实体层"，颜色为"白色"、线型为Continuous、线宽为0.3mm；"中心线层"，颜色为"红色"，线型为"CENTER"，线宽为"默认"。如图3-308所示。

❻设置等轴测捕捉。在命令行中输入"SNAP"命令后按Enter键，命令行提示与操作如下：

命令：SNAP ↙
指定捕捉间距或 [打开(ON)/关闭(OFF)/纵横向间距(A)/传统(L)/样式(S)/类型(T)] <10.0000>：
s↙

输入捕捉栅格类型 [标准(S)/等轴测(I)] <S>: i✓
指定垂直间距 <10.0000>: 10 ✓

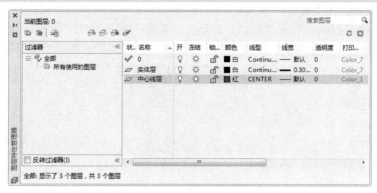

图3-308　新建图层

❼设置轴侧面绘图模式。在命令行中输入isoplane命令后按Enter键，命令行提示与操作如下：

命令：ISOPLANE ✓
当前等轴测平面：左视
输入等轴测平面设置 [左视(L)/俯视(T)/右视(R)] <俯视>: t✓
当前等轴测面:俯视

02 绘制轴承支座。

❶绘制中心线。将"中心线层"设定为当前图层，单击"默认"选项卡"绘图"面板中的"直线"按钮，以(268.5，155)为一点，绘制两条交叉的中心线，结果如图3-309所示。

❷绘制底边轮廓线，结果如图3-310所示。

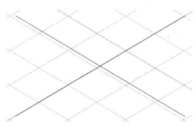

图3-309　绘制中心线

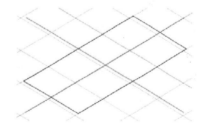

图3-310　绘制底边轮廓线

切换图层：将"实体层"设置为当前图层。单击"默认"选项卡"绘图"面板中的"直线"按钮，利用FROM选项和"极轴"模式顺时针方向绘制轴承支座外轮廓，命令行提示与操作如下：

命令：LINE ✓
指定第一个点：FROM ✓
基点：(利用对象捕捉选择中心线的交点)
<偏移>：@50<330 ✓
指定下一点或 [放弃(u)]：100✓（将光标向左下角移动，输入 100，按 Enter 键）
指定下一点或 [放弃(u)]：100 ✓（将光标向左上角移动，输入 100，按 Enter 键）
指定下一点或 [闭合(c)/放弃(u)]：200 ✓（将光标向右上角移动，输入 200，按 Enter 键）

指定下一点或 [闭合(c)/放弃(u)]: 100 ✓（将光标向右下角移动，输入100，按Enter键）
指定下一点或 [闭合(c)/放弃(u)]: 100✓（将光标向右下角移动，输入100，按Enter键）
指定下一点或 [闭合(c)/放弃(u)]: ✓

❸绘制顶边轮廓线。单击"默认"选项卡"修改"面板中的"复制"按钮⌗，选择刚绘制的底边轮廓线，向上复制，距离为30，然后单击"默认"选项卡"绘图"面板中的"直线"按钮✎，形成长方体的4个侧面，如图3-311所示。

图3-311　绘制顶边轮廓线

❹设置轴侧面绘图模式。在命令行中输入"ISOPLANE"命令后按Enter键，设置为"右视(R)"。

❺绘制支座轴孔。单击"默认"选项卡"绘图"面板中的"直线"按钮✎，在顶面上绘制一条辅助直线，如图3-312所示。单击"默认"选项卡"修改"面板中的"复制"按钮⌗，将辅助直线复制到上方距离为50，如图3-313所示。单击"默认"选项卡"绘图"面板中的"椭圆"按钮⬭，在等轴测模式绘制轴侧圆，分别以点1和点2为圆心绘制直径为115和125的两个同心圆，如图3-313所示，命令行提示与操作如下：

命令: ELLIPSE ✓
指定椭圆轴的端点或 [圆弧(A)/中心点(C)/等轴测圆(I)]: i ✓
指定等轴测圆的圆心: (选择点1)
指定等轴测圆的半径或 [直径(D)]: d ✓
指定等轴测圆的直径: 115 ✓

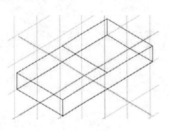

图3-312　轴承底座轮廓线

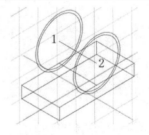

图3-313　绘制支座轴孔

重复命令，继续在点1处绘制直径为125的圆，在点2处绘制直径为115和125的圆。

❻绘制轴孔轮廓线。单击"默认"选项卡"绘图"面板中的"直线"按钮✎，通过圆心点1和点2绘制十字交叉直线；开启"正交"模式，绘制4条竖直向下的轮廓线；绘制顶圆连线。绘制结果如图3-314所示。

❼绘制两圆的公切线。打开"对象捕捉"工具栏。单击"默认"选项卡"绘图"面板中的"直线"按钮✎，在选择直线两个端点时都使用"捕捉到切点"⭘功能，分别捕捉点1和点2处的两个大圆的切点，绘制结果如图3-315所示。

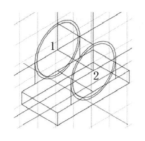

图3-314 绘制轴孔轮廓线

图3-315 绘制两圆公切线

❽修剪图形。单击"默认"选项卡"修改"面板中的"修剪"按钮⼌和"删除"按钮⼌，对图形进行修剪，结果如图3-316所示。

❾绘制轴孔内凹。单击"默认"选项卡"修改"面板中的"复制"按钮⼌，选择直线12和点2处小圆，以点2作为基点，"指定第二个点或［阵列(A)］＜使用第一个点作为位移＞：@10＜150"，删除原来的直线12，如图3-317所示。

图3-316 图形修剪

图3-317 绘制轴孔内凹

❿修剪图形。单击"默认"选项卡"修改"面板中的"修剪"按钮⼌，再次修剪图形，结果如图3-318所示。

⓫绘制轴承支座内孔。单击"默认"选项卡"绘图"面板中的"椭圆"按钮⭕，以点2为圆心，绘制直径为60的圆。至此，轴承支座绘制完成，如图3-319所示。

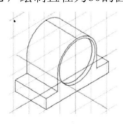

图3-318 修剪图形

图3-319 绘制轴承支座内孔

⓬绘制注油孔。设置轴侧面绘图模式：在命令行中输入"ISOPLANE"命令后按Enter键，设置为"俯视(t)"。

1）绘制等轴测圆：单击"默认"选项卡"绘图"面板中的"椭圆"按钮⭕，以轴承支座顶部线中点为圆心，绘制直径分别为10和16的同心圆，并结合"旋转"命令调整图形，结果如图3-320所示。

2）绘制注油孔轮廓线：单击"默认"选项卡"修改"面板中的"复制"按钮⼌，将绘制的两个同心圆向上复制距离为5，并补充上下两圆公切线，单击"默认"选项卡"修改"面板中的"修剪"按钮✂️，编辑图形，完成注油孔的绘制，如图3-321所示。

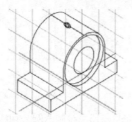

图3-320　绘制等轴测圆

图3-321　绘制注油孔

⓭绘制安装孔。

绘制安装孔定位中心线：单击"默认"选项卡"修改"面板中的"偏移"按钮⬡，在30°方向上偏移量为16，捕捉两条斜线的中点绘制直线34，完成安装孔定位中心线的绘制。

绘制安装孔：单击"默认"选项卡"绘图"面板中的"椭圆"按钮◯，以定位中心为圆心，绘制直径分别为16和20的同心圆，并结合"旋转"命令，调整图形，结果如图3-322所示。

⓮绘制倒圆角。圆柱侧面与底座顶面倒圆角，单击"默认"选项卡"修改"面板中的"圆角"按钮⬜，圆角半径为5。并对右上方安装孔进行修剪。结果如图3-323所示。

⓯绘制底板开口槽：单击"默认"选项卡"修改"面板中的"复制"按钮🗐，将底线向上复制，距离为10。根据开口槽形状绘制轮廓线，如图3-324所示。

图3-322　绘制安装孔

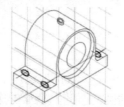

图3-323　图形修剪与倒圆角

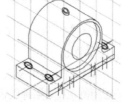

图3-324　绘制底板开口槽

⓰修剪图形。对开口槽轮廓线进行修剪，最终得到轴承支座等轴测图。如图3-309所示。

 # 总结与点评

> 　　轴测图是一种在平面上有效表达三维结构的方法。本实例绘制轴承支座等轴测图，通过本实例让读者掌握了轴测图的绘图环境设置，即栅格与轴测平面的设置方法，并熟悉在等轴测绘图模式下各种绘图命令和编辑命令的综合应用方法。

实例43　轴承座三视图及轴测图

本实例是将如图3-325所示轴承座创建成如图3-326所示的三视图和轴测图。

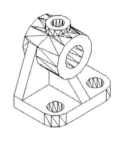

实讲实训
多媒体演示

多媒体演示
参见配套光盘中
的\\动画演示\第
3章\轴承座三视
图及轴测图.avi。

图3-325 轴承座实体模型

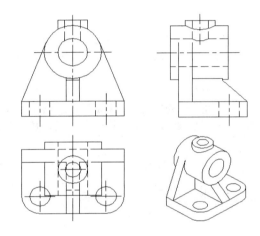

图 3-326 轴承座三视图及轴测图

 思路提示

创建布局和视口，然后创建各个视图，最后转换图层。其绘制流程如图 3-327 所示。

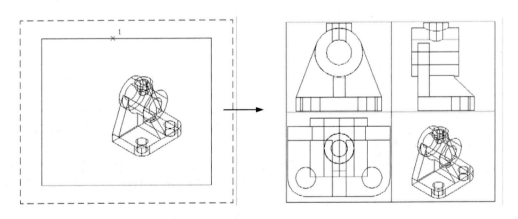

图3-327 绘制流程图

167

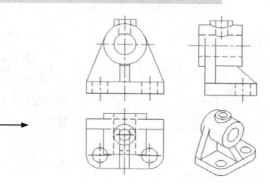

图3-327　绘制流程图（续）

 解题步骤

01 打开并另存图形文件。打开图形文件"轴承座实体.dwg"，并将其另存为"轴承座三视图.dwg"。

命令:OPEN↙（🗁，打开已有图形文件命令。按Enter键后，弹出"选择文件"对话框，从中选择保存的"轴承座实体.dwg"文件，单击"打开"按钮，或双击该文件名，即可将该文件打开）

命令：SAVEAS↙（或单击"自定义快速访问工具栏"中的"另存为"按钮 🖫，将图形以"轴承座三视图.dwg"为文件名保存在指定路径中）

02 进入图纸空间，删除视口。单击"布局1"选项卡，进入图纸空间，如图3-328所示。单击"默认"选项卡"修改"面板中的"删除"按钮 ✐，命令行提示与操作如下：

_erase 选择对象:（单击视口边框上任一点，如图 3-328 所示"1"点）
找到 1 个
选择对象:↙

03 创建多个视口。选择菜单栏中的"视图"→"视口"→"新建视口"命令，弹出"视口"对话框，如图3-329所示设置4个视口，设置完成后，单击"确定"按钮，然后命令行提示与操作如下：

指定第一个角点或［布满(F)］〈布满〉:↙
正在重生成模型。
……（结果如图 3-330 所示）

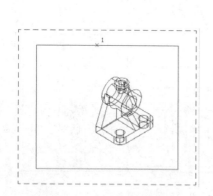

图3-328　图纸空间中的视口

图3-329　"视口"对话框

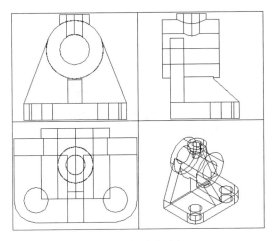

图3-330　创建多个视口

04 创建实体轮廓线。

命令：MSPACE✓（在图纸布局中切换到模型空间）

命令：SOLPROF✓（创建实体模型的轮廓线）

选择对象：（在左上角的主视图视口中单击鼠标左键，激活该视口，激活后视口边框显示为黑色粗实线。在视口中选择实体对象）

找到 1 个

选择对象：✓

是否在单独的图层中显示隐藏的轮廓线？[是(Y)/否(N)]〈是〉：✓

是否将轮廓线投影到平面？[是(Y)/否(N)]〈是〉：✓

是否删除相切的边？[是(Y)/否(N)]〈是〉：✓

已选定一个实体。

命令：✓（继续创建其他视口实体模型的轮廓线）

选择对象：（激活左下角的俯视图视口。在视口中选择实体对象）

找到 1 个

选择对象：✓

是否在单独的图层中显示隐藏的轮廓线？[是(Y)/否(N)]〈是〉：✓

是否将轮廓线投影到平面？[是(Y)/否(N)]〈是〉：✓

是否删除相切的边？[是(Y)/否(N)]〈是〉：✓

已选定一个实体。

……（方法同前，分别创建剩余左视图及轴测图中实体模型的轮廓线）

激活主视图视口，在"视口"工具栏中的"视口缩放控制"下拉列表中选择"1:1"，方法同前，分别设置俯视图、左视图视口缩放比例均为"1:1"，轴测图视口不变。

命令：PSPACE✓（在图纸布局中切换到图纸空间）

❶ 单击"默认"选项卡"图层"面板中的"图层特性"按钮，关闭"0"层（该层中为实体模型）和"PH-F6"层（该层中为轴测图不可见轮廓线），并将其余以"PH-"开头的图层的线型设置为"ACAD_ISO02W100"。

❷ 单击"默认"选项卡"图层"面板中的"图层特性"按钮，新建一个图层"DHX"，用于绘制三视图中的轴线及对称中心线，设置线型为"ACAD_ISO004W100"，其余不变，并将其设置为当前图层。

❸ 单击"默认"选项卡"绘图"面板中的"直线"按钮，画出三视图中的轴线及对称中心线。

结果如图 3-326 所示。

 # 总结与点评

本实例讲述了怎样通过三维实体图创建成三视图和轴测图，其中也讲述了"视口"和"图纸空间""模型空间"等相关命令，读者注意体会。

第 **4** 章

建筑图形单元绘制

本章学习各种建筑图形单元的绘制方法,包括各种室内图形单元和室外图形单元。

通过本章学习,帮助读者掌握各种典型建筑图形单元绘制方法和设计思路。

学 习 要 点

◎ 二维绘图和编辑命令

◎ 不同建筑图形单元绘制方法

实例 44　餐厅桌椅

本实例绘制的餐厅桌椅如图 4-1 所示。

实讲实训
多媒体演示

多媒体演示参见配套光盘中的\\动画演示\第 4 章 \ 餐 厅 桌椅.avi。

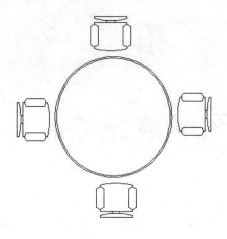

图 4-1　餐厅桌椅

 思路提示

本实例绘制的是餐厅桌椅，可以先绘制椅子，再绘制桌子，然后调整桌椅相互位置，最后摆放椅子。在绘制与布置桌椅的时候，要用到复制、旋转、移动、偏移和阵列等各种编辑命令，在绘制过程中，注意灵活运用这些命令，以最快速方便的方法达到目的。其绘制流程如图 4-2 所示。

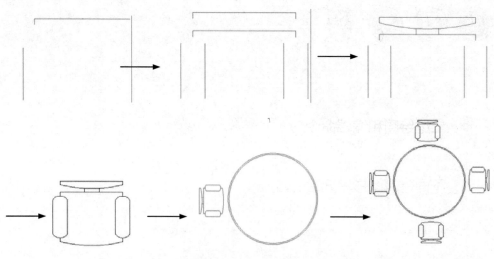

图 4-2　绘制流程图

解题步骤

01 绘制椅子。

❶绘制初步轮廓。单击"默认"选项卡"绘图"面板中的"直线"按钮，绘制三条线段，过程从略，如图 4-3 所示。

❷复制线段。

命令：COPY✓（或选择菜单栏中的"修改"→"复制"命令，或者单击"修改"工具栏中的"复制"按钮，或者单击"默认"选项卡"修改"面板中的"复制"按钮，下同）

选择对象：（选择左边短竖线）

找到 1 个

选择对象：✓

当前设置：复制模式 = 多个

指定基点或 [位移(D)/模式(O)] <位移>：（捕捉横线段左端点）

指定第二个点或 [阵列(A)] <使用第一个点作为位移>：（捕捉横线段右端点）

指定第二个点或 [阵列(A)/退出(E)/放弃(U)] <退出>：

结果如图 4-4 所示。使用同样方法依次按图 4-5～图 4-7 的顺序复制椅子轮廓线。

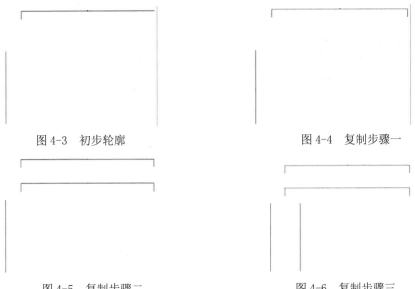

图 4-3 初步轮廓   图 4-4 复制步骤一

图 4-5 复制步骤二   图 4-6 复制步骤三

❸完成椅子轮廓绘制。

命令：ARC✓

指定圆弧的起点或 [圆心(C)]：（用鼠标指定左上方竖线段端点）

指定圆弧的第二点或 [圆心(C)/端点(E)]：（用鼠标在上方两竖线段正中间指定一点）

指定圆弧的端点：（用鼠标指定右上方竖线段端点）

命令：LINE✓

指定第一个点：（用鼠标在刚才绘制圆弧上指定一点）

指定下一点或 [放弃(U)]：（在垂直方向上用鼠标在中间水平线段上指定一点）

指定下一点或 [放弃(U)]：✓

复制另一条竖线段，如图 4-8 所示。

命令：ARC✓

指定圆弧的起点或 [圆心(C)]：(用鼠标指定左下方第一条竖线段上端点)
指定圆弧的第二点或 [圆心(C)/端点(E)]：E↙
指定圆弧的端点：(用鼠标指定左下方第二条竖线段上端点)
指定圆弧的中心点(按住 Ctrl 键以切换方向)或 [角度(A)/方向(D)/半径(R)]：D↙
指定圆弧起点的相切方向(按住 Ctrl 键以切换方向)：↙

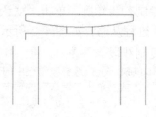

图 4-7　复制步骤四　　　　　　　　　　　　图 4-8　绘制连接板

使用同样方法或者采用复制的方法绘制另外三段圆弧，如图 4-9 所示。

命令：LINE↙
指定第一个点：(用鼠标在刚才绘制圆弧正中间指定一点)
指定下一点或 [放弃(U)]：(在垂直方向上用鼠标指定一点)
指定下一点或 [放弃(U)]：↙

单击"默认"选项卡"修改"面板中的"复制"按钮📄，绘制下面两条短竖线段。

命令：ARC↙
指定圆弧的起点或 [圆心(C)]：(用鼠标指定刚才绘制线段的下端点)
指定圆弧的第二个点或 [圆心(C)/端点(E)]：E↙
指定圆弧的端点：(用鼠标指定刚才绘制另一线段的下端点)
指定圆弧的中心点(按住 Ctrl 键以切换方向)或 [角度(A)/方向(D)/半径(R)]：D↙
指定圆弧起点的相切方向(按住 Ctrl 键以切换方向)：(用鼠标指定圆弧起点切向)

完成图形如图 4-10 所示。

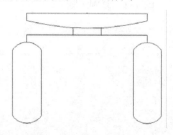
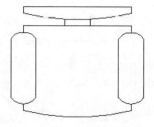

图 4-9　绘制扶手圆弧　　　　　　　　　　　图 4-10　椅子图形

 思考

复制命令的应用是不是简捷快速而且准确？是否可以用偏移命令取代复制命令？

02 绘制桌子。利用 ZOOM 命令将图形缩放到适当大小。

命令：CIRCLE↙
指定圆的圆心或 [三点(3P)/两点(2P)/切点、切点、半径(T)]：(指定圆心)
指定圆的半径或 [直径(D)]：(指定半径)
命令：OFFSET↙
当前设置：删除源=否　图层=源　OFFSETGAPTYPE=0
指定偏移距离或 [通过(T)/删除(E)/图层(L)] 〈通过〉：↙
选择要偏移的对象，或 [退出(E)/放弃(U)] 〈退出〉：(选择刚绘制的圆)

指定通过点或 [退出(E)/多个(M)/放弃(U)] 〈退出〉:（指定一点）
选择要偏移的对象，或 [退出(E)/放弃(U)] 〈退出〉:✓

绘制的图形如图 4-11 所示。

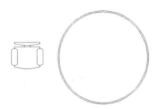

图 4-11　绘制桌子

03 布置桌椅。

命令: ROTATE✓
UCS 当前的正角方向: ANGDIR=逆时针　ANGBASE=0
选择对象:（框选椅子）
指定对角点:
找到 21 个
选择对象:✓
指定基点:（指定椅背中心点）
指定旋转角度，或 [复制(C)/参照(R)] 〈0〉: 90✓

结果如图 4-12 所示。

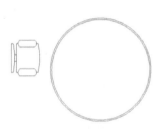

图 4-12　旋转椅子

命令:MOVE✓
选择对象:（框选椅子）
指定对角点:　找到 21 个　　选择对象:✓
指定基点或 [位移(D)] 〈位移〉:（指定椅背中心点）
指定第二个点或〈使用第一个点作为位移〉:（移到水平直径位置）

绘制结果如图 4-13 所示。

命令: _arraypolar
选择对象:（框选椅子图形）
选择对象:✓
类型 = 极轴　关联 = 是
指定阵列的中心点或 [基点(B)/旋转轴(A)]:（选择桌面圆心）
选择夹点以编辑阵列或 [关联(AS)/基点(B)/项目(I)/项目间角度(A)/填充角度(F)/行(ROW)/层
(L)/旋转项目(ROT)/退出(X)] 〈退出〉: I
　输入阵列中的项目数或 [表达式(E)] 〈6〉: 4
　选择夹点以编辑阵列或 [关联(AS)/基点(B)/项目(I)/项目间角度(A)/填充角度(F)/行(ROW)/层
(L)/旋转项目(ROT)/退出(X)] 〈退出〉: F
　指定填充角度(+=逆时针、-=顺时针)或 [表达式(EX)] 〈360〉:
　选择夹点以编辑阵列或 [关联(AS)/基点(B)/项目(I)/项目间角度(A)/填充角度(F)/行(ROW)/层
(L)/旋转项目(ROT)/退出(X)] 〈退出〉:✓

绘制的最终图形如图 4-1 所示。

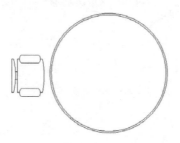

图 4-13　移动椅子

 总结与点评

　　本实例绘制的餐厅桌椅综合利用了"直线"命令、"矩形"命令、"复制"命令、"旋转"命令、"移动"命令、"偏移"命令以及"阵列"命令等命令，在绘制过程中要注意灵活运用这些命令，以最快速方便的方法达到目的。

实例 45　洗手盆

　　本实例绘制的洗手盆如图 4-14 所示。

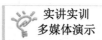
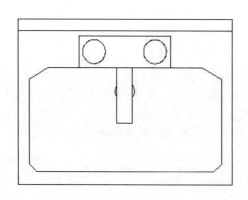

实讲实训 多媒体演示
多媒体演示参见配套光盘中的\\动画演示\第 4 章 \ 洗手盆.avi。

图 4-14　洗手盆

 思路提示 ▬

　　本实例绘制的洗手盆，除了一些基本绘图命令，除了绘制线段、圆外，要完成本实例的绘制，还需要用到复制命令，以复制水龙头旋钮，剪切命令以绘制出水口，以及倒角命令以绘制水盆的四角。其绘制流程如图 4-15 所示。

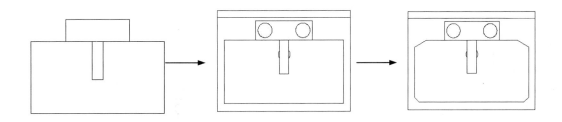

图 4-15　绘制流程图

 解题步骤

01 绘制初步轮廓。单击"默认"选项卡"绘图"面板中的"直线"按钮，可以绘制出初步轮廓，大约尺寸如图 4-16 所示，这里从略。

02 绘制旋钮与出水口。

命令：CIRCLE↙
指定圆的圆心或 [三点(3P)/两点(2P)/切点、切点、半径(T)]：（指定圆心）
指定圆的半径或 [直径(D)]：（指定半径）
命令：COPY↙
选择对象：（选择刚绘制的圆）
找到 1 个　选择对象：↙
当前设置：　复制模式 = 多个
指定基点或 [位移(D)/模式(O)] 〈位移〉：（指定任意基点）
指定第二个点或 [阵列(A)] 〈使用第一个点作为位移〉：（指定位移的第二点，完成旋钮绘制）
指定第二个点或 [阵列(A)/退出(E)/放弃(U)] 〈退出〉：↙
命令：CIRCLE↙
指定圆的圆心或 [三点(3P)/两点(2P)/切点、切点、半径(T)]：（指定圆心）
指定圆的半径或 [直径(D)]：（指定半径，绘制出水口）
命令：TRIM↙
当前设置：投影=UCS，边=无
选择剪切边...
选择对象或 〈全部选择〉：（选择水龙头的两条竖线）
找到 1 个
选择对象：
找到 1 个，总计 2 个
选择对象：↙
选择要修剪的对象，或按住 Shift 键选择要延伸的对象，或[栏选(F)/窗交(C)/投影(P)/边(E)/删除(R)/放弃(U)]：（选择两竖线之间的圆弧）
选择要修剪的对象，或按住 Shift 键选择要延伸的对象，或[栏选(F)/窗交(C)/投影(P)/边(E)/删除(R)/放弃(U)]：（选择两竖线之间的另一圆弧）
选择要修剪的对象，或按住 Shift 键选择要延伸的对象，或[栏选(F)/窗交(C)/投影(P)/边(E)/删除(R)/放弃(U)]：↙

绘制结果如图 4-17 所示。

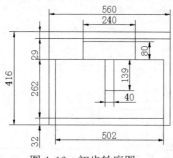

图 4-16 初步轮廓图

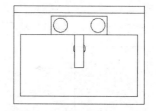

图 4-17 绘制水龙头和出水口

03 绘制水盆四角。

命令：CHAMFER↙
（"修剪"模式）当前倒角距离 1 = 0.0000，距离 2 = 0.0000
选择第一条直线或［放弃(U)/多段线(P)/距离(D)/角度(A)/修剪(T)/方式(E)/多个(M)］：D↙
指定第一个倒角距离〈0.0000〉：50↙
指定第二个倒角距离〈50.0000〉：30↙
选择第一条直线或［放弃(U)/多段线(P)/距离(D)/角度(A)/修剪(T)/方式(E)/多个(M)］：M↙
选择第一条直线或［放弃(U)/多段线(P)/距离(D)/角度(A)/修剪(T)/方式(E)/多个(M)］：（选择左上角横线段）
选择第二条直线，或按住 Shift 键选择直线以应用角点或［距离(D)/角度(A)/方法(M)］：（选择左上角竖线段）
选择第一条直线或［放弃(U)/多段线(P)/距离(D)/角度(A)/修剪(T)/方式(E)/多个(M)］：（选择右上角横线段）
选择第二条直线，或按住 Shift 键选择直线以应用角点或［距离(D)/角度(A)/方法(M)］：（选择右上角竖线段）
命令：CHAMFER↙
（"修剪"模式）当前倒角距离 1 = 50.0000，距离 2 = 30.0000
选择第一条直线或［放弃(U)/多段线(P)/距离(D)/角度(A)/修剪(T)/方式(E)/多个(M)］：A↙
指定第一条直线的倒角长度〈20.0000〉：↙
指定第一条直线的倒角角度〈0〉：45↙
选择第一条直线或［放弃(U)/多段线(P)/距离(D)/角度(A)/修剪(T)/方式(E)/多个(M)］：M↙
选择第一条直线或［放弃(U)/多段线(P)/距离(D)/角度(A)/修剪(T)/方式(E)/多个(M)］：（选择左下角横线段）
选择第二条直线，或按住 Shift 键选择直线以应用角点或［距离(D)/角度(A)/方法(M)］：（选择左下角竖线段）
选择第一条直线或［放弃(U)/多段线(P)/距离(D)/角度(A)/修剪(T)/方式(E)/多个(M)］：（选择右下角横线段）
选择第二条直线，或按住 Shift 键选择直线以应用角点或［距离(D)/角度(A)/方法(M)］：（选择右下角竖线段）

结果如图 4-14 所示。

 总结与点评

本实例绘制的洗手盆，主要强调了"倒角"命令的用法，分别讲述了"距离"和"角度"两种设置倒角大小的方法。

实例 46　沙发

本实例绘制的沙发如图 4-18 所示。

实讲实训
多媒体演示

多媒体演示参见配套光盘中的\\动画演示\第4章\沙发.avi。

图 4-18　沙发

 思路提示

本实例绘制的沙发除了要用到一些基本绘图命令，如直线、矩形、圆弧命令外，还要用到"圆角"命令以及"延伸"命令，在倒圆角之前，必须对矩形进行分解，所以也要用到"分解"命令。其绘制流程如图 4-19 所示。

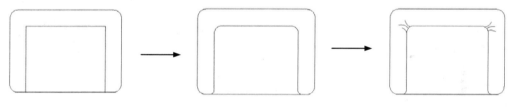

图 4-19　绘制流程图

 解题步骤

01 绘制外框。

命令:RECTANG↙
指定第一个角点或 [倒角(C)/标高(E)/圆角(F)/厚度(T)/宽度(W)]: F↙
指定矩形的圆角半径 <5.0000>: 10↙
指定第一个角点或 [倒角(C)/标高(E)/圆角(F)/厚度(T)/宽度(W)]: 20,20↙
指定另一个角点或 [面积(A)/尺寸(D)/旋转(R)]: D↙
指定矩形的长度 <0.0000>: 140↙
指定矩形的宽度 <0.0000>: 100↙
指定另一个角点或 [面积(A)/尺寸(D)/旋转(R)]: (指定另一角点)

02 绘制内框。

命令: LINE↙
指定第一个点: 40,20 ↙
指定下一点或 [放弃(U)]: @0,80↙

指定下一点或［放弃(U)］: @100,0↙
指定下一点或［闭合(C)/放弃(U)］: @0,-80↙
指定下一点或［闭合(C)/放弃(U)］: ↙

绘制结果如图 4-20 所示。

03 对象倒圆。

命令: EXPLODE↙
选择对象:（选择外面倒圆矩形）
找到 1 个
选择对象:↙
命令: FILLET↙
当前设置: 模式 = 修剪，半径 = 8.0000
选择第一个对象或［放弃(U)/多段线(P)/半径(R)/修剪(T)/多个(M)］: M↙
选择第一个对象或［放弃(U)/多段线(P)/半径(R)/修剪(T)/多个(M)］:（选择内部四边形左边）
选择第二个对象，或按住 Shift 键选择对象以应用角点或［半径(R)］:（选择内部四边形上边）
选择第一个对象或［放弃(U)/多段线(P)/半径(R)/修剪(T)/多个(M)］:（选择内部四边形右边）
选择第二个对象，或按住 Shift 键选择对象以应用角点或［半径(R)］:（选择内部四边形上边）
选择第一个对象或［放弃(U)/多段线(P)/半径(R)/修剪(T)/多个(M)］: ↙
命令: FILLET↙
当前设置: 模式 = 修剪，半径 = 8.0000
选择第一个对象或［放弃(U)/多段线(P)/半径(R)/修剪(T)/多个(M)］: R↙
指定圆角半径〈8.0000〉: 5↙
选择第一个对象或［放弃(U)/多段线(P)/半径(R)/修剪(T)/多个(M)］:（选择内部四边形左边）
选择第二个对象，或按住 Shift 键选择对象以应用角点或［半径(R)］:（选择外部矩形下边左端，
如图 4-21 所示。）
命令: EXTEND↙
当前设置: 投影=UCS，边=无
选择边界的边...
选择对象或〈全部选择〉:（选择图 4-22 右下角圆弧）
找到 1 个
选择对象: ↙
选择要延伸的对象，或按住 Shift 键选择要修剪的对象，或[栏选(F)/窗交(C)/投影(P)/边(E)/
放弃(U)]:（选择图 4-21 左端短水平线）
选择要延伸的对象，或按住 Shift 键选择要修剪的对象，或[栏选(F)/窗交(C)/投影(P)/边(E)/
放弃(U)]: ↙
命令: FILLET↙
当前设置: 模式 = 修剪，半径 = 5.0000
选择第一个对象或［放弃(U)/多段线(P)/半径(R)/修剪(T)/多个(M)］: T↙
输入修剪模式选项［修剪(T)/不修剪(N)］〈修剪〉: N↙
选择第一个对象或［放弃(U)/多段线(P)/半径(R)/修剪(T)/多个(M)］:（选择内部四边形右边）
选择第二个对象，或按住 Shift 键选择对象以应用角点或［半径(R)］:（选择外部矩形下边右端）
命令: TRIM↙
当前设置: 投影=UCS，边=无
选择剪切边...
选择对象或〈全部选择〉:（选择刚倒出的圆角圆弧）
找到 1 个
选择对象: ↙
选择要修剪的对象，或按住 Shift 键选择要延伸的对象，或[栏选(F)/窗交(C)/投影(P)/边(E)/
删除(R)/放弃(U)]:（选择内部四边形右边下端）
选择要修剪的对象，或按住 Shift 键选择要延伸的对象，或[栏选(F)/窗交(C)/投影(P)/边(E)/
删除(R)/放弃(U)]: ↙

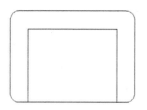

图 4-20　绘制初步轮廓

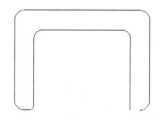

图 4-21　绘制倒圆

绘制结果如图 4-22 所示。

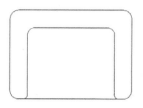

图 4-22　完成倒圆角

04 绘制沙发皱纹。

命令：ARC↙
指定圆弧的起点或 ［圆心(C)］：（指定起点）
指定圆弧的第二个点或 ［圆心(C)/端点(E)］：（指定第二点）
指定圆弧的端点：（指定端点）

重复绘制圆弧，最终结果如图 4-18 所示。

 ## 总结与点评

　　本实例绘制的沙发相对比较简单，主要运用了"延伸"命令、"圆角"命令、"修剪"命令、"分解"命令等。

　　在这里我们需要说明的一点是，建筑图形单元往往对尺寸要求并不严格，在绘制时尺寸的随意性较强，这一点与机械图形单元有很大的区别。

实例 47　石栏杆

本实例绘制的石栏杆如图 4-23 所示。

图 4-23　石栏杆

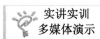
**实讲实训
多媒体演示**

　　多媒体演示参见配套光盘中的\\动画演示\第 4 章 \ 石栏杆.avi。

思路提示

本实例绘制的是石栏杆,由图4-23可知,石栏杆是一个对称图形,可以先通过矩形、直线、复制、修剪、偏移,以及图案填充命令来绘制左边,然后通过镜像命令完成此图。其绘制流程如图4-24所示。

 解题步骤

01 绘制矩形。单击"默认"选项卡"绘图"面板中的"矩形"按钮□,绘制适当尺寸的 5 个矩形,注意上下两个嵌套的矩形的宽度大约相等,如图 4-25 所示。

02 偏移处理。单击"默认"选项卡"修改"面板中的"偏移"按钮凸,选择嵌套在内的两个矩形,适当设置偏移距离,偏移方向为矩形内侧。绘制结果如图 4-26 所示。

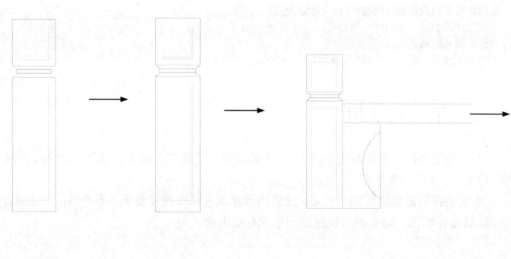

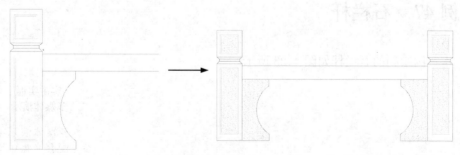

图4-24 绘制流程图

图 4-25　绘制矩形　　　　　图 4-26　偏移处理

03 绘制直线。单击"默认"选项卡"绘图"面板中的"直线"按钮，连接中间小矩形 4 个角点与上下两个矩形的对应角点，绘制结果如图 4-27 所示。

04 绘制直线。单击"默认"选项卡"绘图"面板中的"直线"按钮，绘制三条直线，如图 4-28 所示。

05 绘制圆弧。单击"默认"选项卡"绘图"面板中的"圆弧"按钮，绘制适当大、小圆弧，绘制结果如图 4-29 所示。

06 复制直线。单击"默认"选项卡"修改"面板中的"复制"按钮，将右上水平直线向上适当距离复制，结果如图 4-30 所示。

07 修剪直线。单击"默认"选项卡"修改"面板中的"修剪"按钮，将圆弧右边直线段修剪掉，结果如图 4-31 所示。

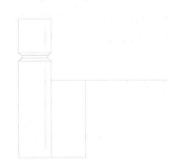

图 4-27　绘制直线　　　　　图 4-28　绘制直线

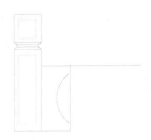
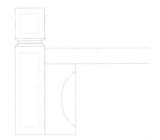

图 4-29　绘制圆弧　　　　　图 4-30　复制直线

08 图案填充。单击"默认"选项卡"绘图"面板中的"图案填充"按钮，选择填充材料为AR-SAND。填充比例为0.5，将图4-32所示区域填充。

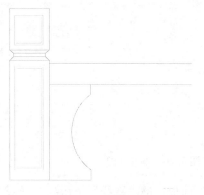

图 4-31　修剪直线　　　　　　　　　图 4-32　填充图形

09 镜像处理。单击"默认"选项卡"修改"面板中的"镜像"按钮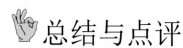，以最右端两直线的端点连线的直线为轴，对所有图形进行镜像处理，绘制结果如图4-23所示。

总结与点评

和前面几个实例都是室内建筑单元不同的是，本例绘制的是一个室外建筑单元，这里要强调的是，建筑单元的材料特性与机械单元的材料特性不同，机械单元的材料一般都是金属材料，而建筑单元的材料则有各种各样的。在建筑图形单元中，要注意准确地选择填充图案的样式来表达不同的建筑材料。

实例 48　煤气灶

本实例绘制的煤气灶如图 4-33 所示。

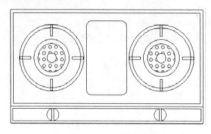

图 4-33　煤气灶

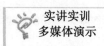

实讲实训
多媒体演示

多媒体演示参见配套光盘中的\\动画演示\第4章\煤气灶.avi。

 思路提示

本实例绘制的煤气灶是一种常见的厨房用具。先利用矩形、圆、阵列等命令绘制左边部分，然后利用镜像命令得到整个煤气灶。其绘制流程如图4-34所示。

 解题步骤

01 绘制轮廓线。

命令：_RECTANG↙
指定第一个角点或 [倒角(C)/标高(E)/圆角(F)/厚度(T)/宽度(W)]：0,0↙
指定另一个角点或 [面积(A)/尺寸(D)/旋转(R)]：700,400↙

同样的方法，用矩形 RECTANG 命令绘制另外 3 个矩形，端点坐标分别为：{（8,8）、
（692,52）}{（9.6,70）、（689.8,388.5）}{（276.4,99）、（424.6,360）}。

02 绘制直线。

命令：LINE 指定第一个点：0,60↙
指定下一点或 [放弃(U)]：@700,0↙
指定下一点或 [放弃(U)]：↙

绘制结果如图 4-35 所示。

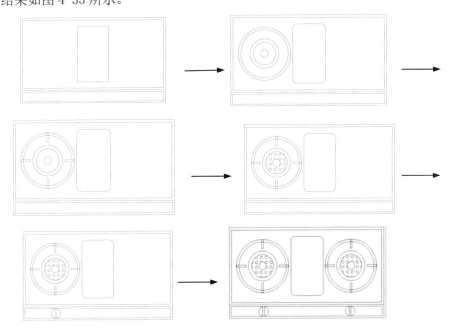

图 4-34　绘制流程图

03 圆角处理。单击"默认"选项卡"修改"面板中的"圆角"按钮，将上述
绘制的最后一个矩形进行圆角处理，圆角半径为20，结果如图4-36所示。

04 绘制灶头。

命令：CIRCLE 指定圆的圆心或 [三点(3P)/两点(2P)/切点、切点、半径(T)]：150,230↙
指定圆的半径或 [直径(D)]：17↙

同样的方法，利用圆 CIRCLE 命令绘制另外 4 个同心圆，圆心坐标为（150,230），圆
的半径分别为 50、65、106、117。绘制结果如图 4-37 所示。

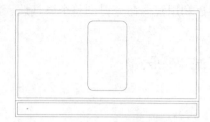

图 4-35　绘制轮廓线　　　　　　　　图 4-36　圆角处理

05 绘制矩形。

命令：RECTANG✓
指定第一个角点或 [倒角(C)/标高(E)/圆角(F)/厚度(T)/宽度(W)]：146,346✓
指定另一个角点或 [面积(A)/尺寸(D)/旋转(R)]：@8,-40✓

绘制结果如图 4-38 所示。

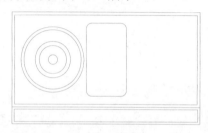

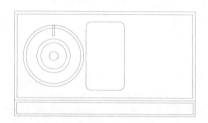

图 4-37　绘制圆　　　　　　　　　图 4-38　绘制矩形

06 阵列处理。选择菜单栏中的"修改"→"阵列"→"环形阵列"命令，或者单击"修改"工具栏中的"环形阵列"按钮🔘，或者单击"默认"选项卡"修改"面板中的"环形阵列"按钮🔘，阵列对象为上述绘制的矩形，阵列中心为（150，230），项目总数为4，填充角度为360°，阵列处理之后结果如图 4-39 所示。

07 绘制正六边形。

命令：POLYGON
输入侧面数 <4>：6✓
指定正多边形的中心点或 [边(E)]：100,180✓
输入选项 [内接于圆(I)/外切于圆(C)] <I>：I✓
指定圆的半径：6✓

绘制结果如图 4-40 所示。

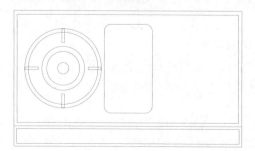

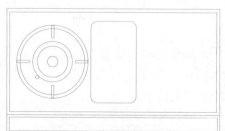

图 4-39　阵列处理　　　　　　　　图 4-40　绘制正多边形

08 阵列处理。选择菜单栏中的"修改"→"阵列"→"矩形阵列"命令，或者单击"修改"工具栏中的"矩形阵列"按钮 ，或者单击"默认"选项卡"修改"面板中的"矩形阵列"按钮 ，阵列对象为上述绘制的正多边形，行数为6，列数为6，行间距为22，列间距为22，绘制结果如图 4-41 所示。

09 分解处理。单击"默认"选项卡"修改"面板中的"分解"按钮 ，将阵列的图形分解。

10 删除与修剪。单击"默认"选项卡"修改"面板中的"修剪"按钮 ，修剪命令，将图 4-41 修改成为如图 4-42 所示。

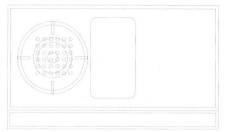

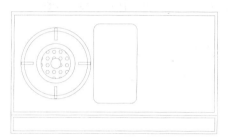

图 4-41 阵列处理   图 4-42 删除与修剪

11 绘制旋钮。

命令：CIRCLE
指定圆的圆心或 [三点(3P)/两点(2P)/切点、切点、半径(T)]：154,30✓
指定圆的半径或 [直径(D)] <117.0000>：22✓
命令：RECTANG✓
指定第一个角点或 [倒角(C)/标高(E)/圆角(F)/厚度(T)/宽度(W)]：150,8✓
指定另一个角点或 [面积(A)/尺寸(D)/旋转(R)]：158,52✓

绘制结果如图 4-43 所示。

12 镜像处理。

命令：MIRROR✓
选择对象：（选择灶头与旋钮）✓
选择对象：✓
指定镜像线的第一点：350,0✓
指定镜像线的第二点：350,10✓
要删除源对象吗？[是(Y)/否(N)] <N>：✓

绘制结果如图 4-33 所示。

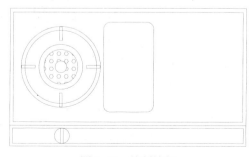

图 4-43 绘制旋钮

总结与点评

本实例绘制的煤气灶是一种常见的厨房用具。其看起来比较复杂，但可以巧妙地利用"矩形""圆""阵列"及"镜像"等命令来完成。希望读者能从中体会各种绘图命令的灵活使用方法。

实例 49　住房布局截面图

本实例绘制的住房布局截面图如图 4-44 所示。

思路提示

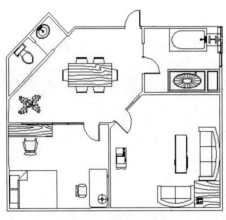

图 4-44　住房布局截面图

<table>
<tr><td>实讲实训
多媒体演示</td></tr>
<tr><td>多媒体演示参见配套光盘中的\\动画演示\第4 章\住房布局截面图.avi。</td></tr>
</table>

本实例绘制的住房布局截面图主要介绍了住房布局截面图的布置方式，各个房间的家具布置可以通过设计中心里的现有图块来插入组织。在组织家具布置时，为了方便可以将设计中心中的图块复制到工具选项板。其绘制流程如图 4-45 所示。

图 4-45　绘制流程图

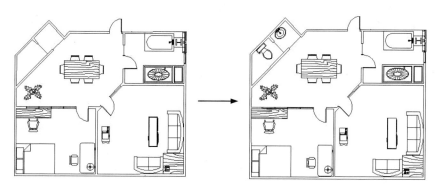

图 4-45　绘制流程图（续）

 解题步骤

01 打开工具选项板。在命令行输入命令"TOOLPALETTES"，或选择菜单栏中的"工具"→"选项板"→"工具选项板"命令，或者单击"视图"选项卡"选项板"面板中的"工具选项板"按钮，此时 AutoCAD 弹出工具选项板窗口，如图 4-46 所示。

02 新建工具选项板。右键单击工具选项板，弹出快捷菜单，选择"新建选项板"命令，如图 4-47 所示，建立新的工具选项板选项卡。在新建工具栏名称栏中输入"住房"，确认。新建的"住房"工具选项板，如图 4-48 所示。

图 4-46　工具选项板　　　　图 4-47　快捷菜单　　　　图 4-48　"住房"选项卡

03 向工具选项板插入设计中心图块。单击"视图"选项卡"选项板"面板中的"设计中心"按钮，打开设计中心，将设计中心中的 kitchens、house designer、home space planner 图块拖动到工具选项板的"住房"选项卡，如图 4-49 所示。

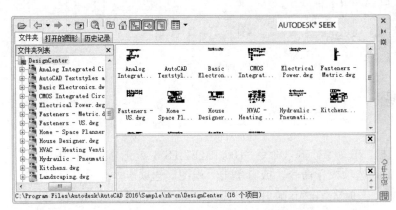

图 4-49　向工具选项板插入设计中心图块

04 绘制住房结构截面图。参照前面介绍的命令绘制住房结构截面图，如图 4-50 所示。其中进门为餐厅，左手为厨房，右手为卫生间，正对为客厅，客厅左边为寝室。

05 布置餐厅。

❶将工具选项板中的 home space planner 图块拖动到当前图形中，利用缩放命令调整所插入的图块与当前图形的相对大小，如图 4-51 所示。

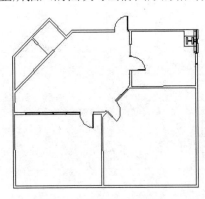

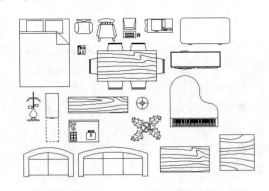

图 4-50　住房结构截面图　　　　图 4-51　将 home space planner 图块拖动到当前图形中

❷对该图块进行分解操作，将 home space planner 图块分解成单独的小图块集：

命令：EXPLODE↙
选择对象：(框选整个图块)
指定对角点：找到 1 个
选择对象：↙

❸将图块集中"饭桌"图块和"植物"图块拖动到餐厅适当位置，如图 4-52 所示。

06 布置寝室。

❶将"双人床"图块移动到当前图形的寝室中,移动过程中,需要利用钳夹功能进行旋转和移动操作,具体方法是选中"双人床"图形,图形单元上显示编辑夹点,然后按命令行提示操作:

```
** 移动 **
指定移动点或 [基点(B)/复制(C)/放弃(U)/退出(X)]:(指定移动点)
** 旋转 **
指定旋转角度或 [基点(B)/复制(C)/放弃(U)/参照(R)/退出(X)]:90✓
** 移动 **
指定移动点或 [基点(B)/复制(C)/放弃(U)/退出(X)]:(指定移动点)
```

❷用使用同样方法将"琴桌""书桌""台灯"和两个"椅子"图块移动并旋转到当前图形的寝室中,如图4-53所示。

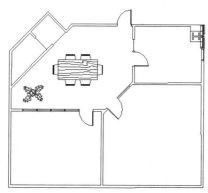

图4-52　布置饭厅

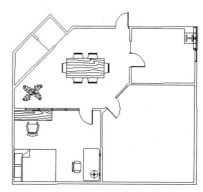

图4-53　布置寝室

07 布置客厅。用使用同样方法将"转角桌""电视机""茶几"和两个"沙发"图块移动并旋转到当前图形的客厅中,如图4-54所示。

08 布置厨房。

❶将工具选项板中的 house designer 图块拖动到当前图形中,利用缩放命令调整所插入的图块与当前图形的相对大小,如图4-55所示。

图4-54　布置客厅

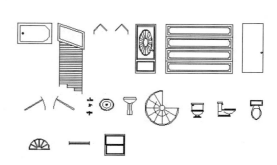

图4-55　插入 house designer 图块

❷对该图块进行分解操作,将 house designer 图块分解成单独的小图块集。

❸用使用同样方法将"灶台""洗菜盆"和"水龙头"图块移动并旋转到当前图形的厨房中,如图4-56所示。

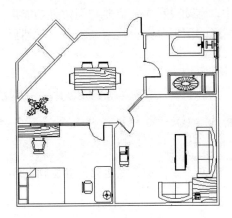

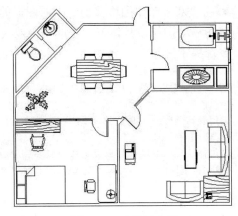

图 4-56　布置厨房　　　　　　　　　　　　图 4-57　布置卫生间

09· 布置卫生间。用使用同样方法将"马桶"和"洗脸盆"移动并旋转到当前图形的卫生间中，复制"水龙头"图块并旋转移动到洗脸盆上。删除当前图形其他没有用处的图块，最终绘制出的图形如图 4-57 所示。

总结与点评

　　本实例绘制的住房布局截面图，综合运用了设计中心和工具选项板的各项功能。在本实例中读者可以体会到，利用设计中心和工具选项板，可以快捷方便地完成图形的绘制，尤其是对那些常用的图形的绘制。这一点尤其适用于建筑图形的绘制，因为建筑图形尤其是室内单元的绘制过程中，有大量的常用图形单元需要绘制。

第 **5** 章

电气图形单元绘制

本章学习各种电气图形单元的绘制方法,包括各种电源图形单元和电气转换图形单元。

通过本章的学习,帮助读者掌握各种典型电气图形单元绘制方法和设计思路。

◎ 二维绘图和编辑命令

◎ 不同电气图形单元绘制方法

实例 50 力矩式自整角发送机

本实例绘制的力矩式自整角发送机如图 5-1 所示。

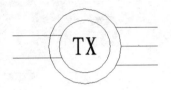

图 5-1 力矩式自整角发送机

实讲实训
多媒体演示

多媒体演示
参见配套光盘中
的\\动画演示\第
5 章\力矩式自整
角发送机.avi。

 思路提示

本实例绘制的是力矩式自整角发送机,将重点学习偏移命令的使用。在本实例中绘制完直线和圆后都会使用到偏移的命令,最后添加注释完成绘图。其绘制流程如图 5-2 所示。

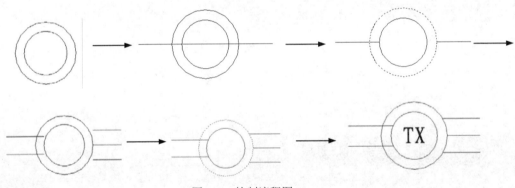

图 5-2 绘制流程图

 解题步骤

01 单击"默认"选项卡"绘图"面板中的"圆"按钮⊙,在(100,100)处绘制半径 10 的外圆。

02 单击"默认"选项卡"修改"面板中的"偏移"按钮⊆,绘制内圆。命令行提示与操作如下:

```
命令:_OFFSET    (执行偏移命令)
当前设置:删除源=否  图层=源  OFFSETGAPTYPE=0
指定偏移距离或 [通过(T)/删除(E)/图层(L)] <通过>: 3  (偏移距离为3)
选择要偏移的对象,或 [退出(E)/放弃(U)] <退出>: (选择外圆为偏移对象)
指定要偏移的那一侧上的点,或 [退出(E)/多个(M)/放弃(U)] <退出>: (选择圆内侧,按 Enter
```

键确认）

偏移后的效果如图 5-3 所示。

03 绘制两端引线，左边 2 条，右边 3 条。

❶单击"默认"选项卡"绘图"面板中的"直线"按钮 ✏，从（80，100）到（120，100）绘制直线，如图 5-4 所示。

❷单击"默认"选项卡"修改"面板中的"修剪"按钮 ✂，以内圆为修剪参考，修剪直线，效果如图 5-5 所示。

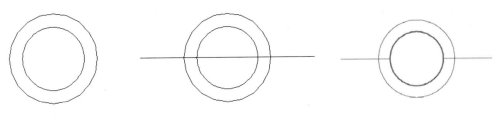

图 5-3　偏移效果　　　　　图 5-4　绘制直线　　　　　图 5-5　内圆修剪

❸单击"默认"选项卡"修改"面板中的"修剪"按钮 ✂，以外圆为修剪参考，修剪直线，效果如图 5-6 所示。

❹单击"默认"选项卡"修改"面板中的"复制"按钮 ⚙，分别向上向下复制移动右边引线，移动距离 5，如图 5-7 所示。

❺单击"默认"选项卡"修改"面板中的"移动"按钮 ✛，向上移动左边引线，移动距离 3；单击"默认"选项卡"修改"面板中的"复制"按钮 ⚙，向下复制移动左引线，移动距离 6，如图 5-8 所示。

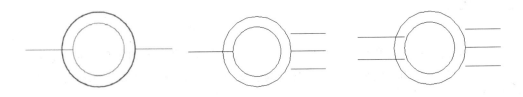

图 5-6　外圆修剪图　　　　图 5-7　右引线复制移动图　　　图 5-8　左引线移动和复制

❻单击"默认"选项卡"修改"面板中的"延伸"按钮 ⟍，以内圆为延伸边界，延伸左边两条引线。效果如图 5-9 所示。

❼单击"默认"选项卡"修改"面板中的"延伸"按钮 ⟍，以外圆为延伸参考，延伸右边三条引线。效果如图 5-10 所示。

❽单击"默认"选项卡"注释"面板中的"多行文字"按钮 A，在内圆中心输入"TX"。力矩式自整角发送机符号如图 5-1 所示。

❾单击"默认"选项卡"绘图"面板中的"创建块"按钮 ⊡，把绘制的力矩式自整

角发送机符号生成块，并保存。

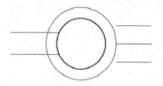

图 5-9　左引线延伸

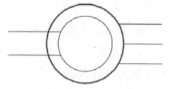

图 5-10　右引线延伸

 总结与点评

从本实例可以看出电气单元一般是示意的图形，其图线一般比较简单，绘制起来也不麻烦，但绘制一定要遵守国家标准的相关规定。

实例 51　MOS 管

本实例绘制的 MOS 管如图 5-11 所示。

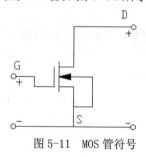

图 5-11　MOS 管符号

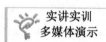
实讲实训
多媒体演示

多媒体演示参见配套光盘中的\\动画演示\第5章\MOS 管.avi。

 思路提示

本实例图形的绘制主要是利用"直线""偏移"和"修剪"命令绘制 MOS 管的大概轮廓，再利用多段线命令和填充来绘制 MOS 管的其余图形，最后使用多行文字来标注注释部分。其绘制流程如图 5-12 所示。

 解题步骤

01 绘制 MOS 管轮廓图。

❶单击"默认"选项卡"绘图"面板中的"直线"按钮 ，开启"正交模式"，绘制长 24 的直线。图 5-13 所示。

❷单击"默认"选项卡"修改"面板中的"偏移"按钮 ，将直线分别向上偏移 2、3、10。

命令：_OFFSET　　（执行偏移命令）

当前设置：删除源=否 图层=源 OFFSETGAPTYPE=0
指定偏移距离或 [通过(T)/删除(E)/图层(L)]〈通过〉： 2 （偏移距离为2）
选择要偏移的对象，或 [退出(E)/放弃(U)]〈退出〉：（选择直线为偏移对象）
指定要偏移的那一侧上的点,或 [退出(E)/多个(M)/放弃(U)]〈退出〉：（选择直线上侧,按Enter
键确认）
......

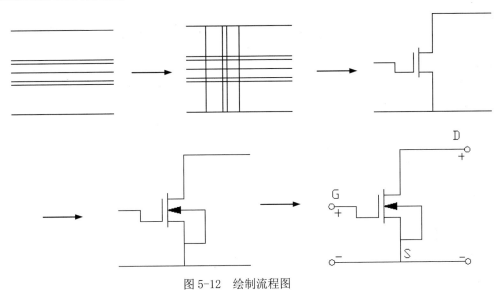

图 5-12　绘制流程图

重复"偏移"命令，将直线向上偏移 3、10，偏移后的效果得图如 5-14 所示。

图 5-13　绘制直线　　　　　图 5-14　偏移直线

📖 说 明

AutoCAD 2016 中，可以使用"偏移"命令，对指定的直线、圆弧、圆等对象作定距离偏移复制。在实际应用中，常利用"偏移"命令的特性创建平行线或等距离分布图形，效果同"阵列"。默认情况下，需要指定偏移距离，再选择要偏移复制的对象，然后指定偏移方向，以复制出对象。

❸单击"默认"选项卡"修改"面板中的"镜像"按钮 ⏛，将❷中上面三条线镜像到下方，如图 5-15 所示。

❹单击"默认"选项卡"绘图"面板中的"直线"按钮 ✎，开启"极轴追踪"方式，捕捉直线中点绘制长 20 的竖直线，如图 5-16 所示。

图 5-15　镜像效果　　　　　　　　　　　　图 5-16　绘制直线

❺单击"默认"选项卡"修改"面板中的"偏移"按钮🔲，将竖直线向左边偏移 3、4、8 个单位，如图 5-17 所示。

❻单击"默认"选项卡"修改"面板中的"修剪"按钮，修剪❺中所得到的图，如图 5-18 所示。

02 绘制引出端及箭头。

❶单击"默认"选项卡"绘图"面板中的"多段线"按钮，开启"极轴追踪"方式，并捕捉直线中点，得图如 5-19 所示。

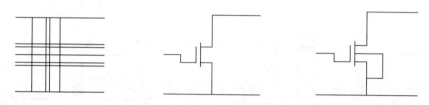

图 5-17　偏移竖直线　　　　图 5-18　修剪效果　　　　图 5-19　多线段画直线

❷单击状态栏上的"极轴追踪"右侧的小三角按钮，弹出快捷菜单，如图 5-20 所示，选择"正在追踪设置"命令，弹出"草图设置"对话框，将增量角设为 15，并"启用极轴追踪"方式，如图 5-21 所示。

❸单击"默认"选项卡"绘图"面板中的"直线"按钮，捕捉交点，绘制箭头，如图 5-22 所示。

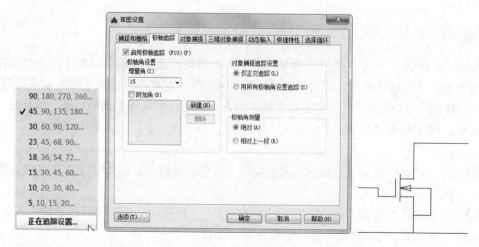

图 5-20　快捷菜单　　　　图 5-21　"草图设置"对话框　　　　图 5-22　绘制箭头

❹单击"默认"选项卡"绘图"面板中的"图案填充"按钮，用"SOLID"填充箭头，如图 5-23 所示。

❺单击"默认"选项卡"绘图"面板中的"圆"按钮，绘制输入输出端子，并剪切掉多余的线段。然后单击"默认"选项卡"绘图"面板中的"直线"按钮和"多行文字"按钮，在输入输出端子处标上正负号，并标上符号，如图如 5-24 所示。

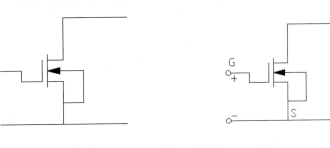

图 5-23　填充箭头　　　　　　图 5-24　注释文字

❻单击"默认"选项卡"绘图"面板中的"创建块"按钮，将 MOS 符号生成图块，并保存，以方便后面绘制数字电路系统时调用。

总结与点评

本实例绘制的 MOS 管有很多种，有 N 沟道耗尽型 MOS 管，N 沟道增强型 MOS 管，P 沟道增强型 MOS 管等，这里给出的是 N 沟道耗尽型 MOS 管的画法，其他类型的 MOS 管的绘制方法类似，读者可以自行练习体会。

实例 52　芯片

本实例绘制的芯片符号如图 5-25 所示。

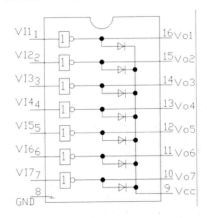

实讲实训多媒体演示

多媒体演示参见配套光盘中的\\动画演示\第5章\芯片.avi。

图 5-25　MC1413 芯片符号

思路提示

下面以芯片 MC1413 引脚排列和电路结构图为例来介绍一般的芯片画法。绘制的重点是将图块的插入和编辑方法。其绘制流程如图 5-26 所示。

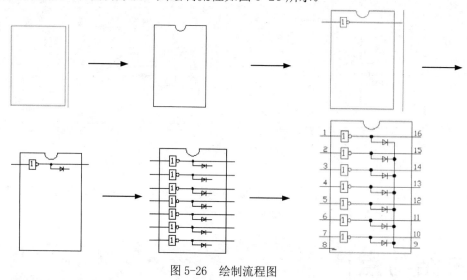

图 5-26　绘制流程图

解题步骤

01 绘制芯片外轮廓。

❶单击"默认"选项卡"绘图"面板中的"矩形"按钮□，绘制一个长 35 宽 55 矩形，如图 5-27 所示。

❷单击"默认"选项卡"绘图"面板中的"圆"按钮⊘，捕捉上边框的中点，以之为圆心画一个半径 3.5 的圆，如图 5-28 所示。

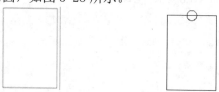

图 5-27　绘制矩形　　　　图 5-28　绘制圆

❸单击"默认"选项卡"修改"面板中的"修剪"按钮－，分别以矩形上边和圆为剪切线，裁去上半圆和矩形上边在圆内的部分，如图 5-29 所示。

02 插入块并复制。

❶单击"默认"选项卡"绘图"面板中的"插入块"按钮▣，弹出块插入对话框，单击"浏览"按钮，打开源文件/图库/非门图块，其他设置选择默认，如图 5-30 所示。在当前绘图窗口中插入非门。

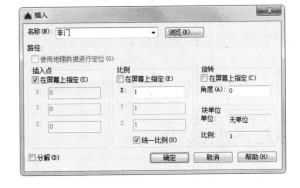

图 5-29　修剪效果　　　　　　　　图 5-30　"插入"对话框

❷单击"默认"选项卡"修改"面板中的"分解"按钮 ，分解非门图块，选中右边直线，左键按住其端点，向右拖拽鼠标，拉伸直线，效果如图 5-31 所示。

❸单击"默认"选项卡"绘图"面板中的"插入块"按钮 ，在当前绘图窗口中插入二极管图块，效果如图 5-32 所示。

❹单击"默认"选项卡"修改"面板中的"复制"按钮 ，将绘制的图形向 y 轴负方向复制 6 份，复制距离为 7，效果如图 5-33 所示。

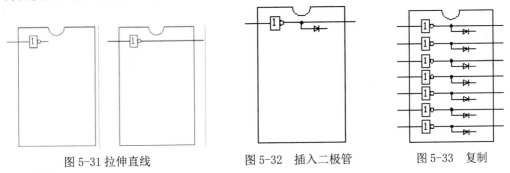

图 5-31　拉伸直线　　　　　　图 5-32　插入二极管　　　　　图 5-33　复制

03 连接块。

❶单击"默认"选项卡"绘图"面板中的"直线"按钮 ，连接所有二极管的出头线。效果如图 5-34 所示。

❷单击"默认"选项卡"绘图"面板中的"直线"按钮 ，绘制芯片的数字地引脚。效果如图 5-35 所示。

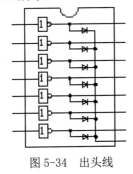

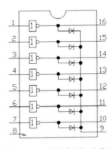

图 5-34　出头线　　　　　　　　图 5-35　数字地引脚

04 单击"默认"选项卡"注释"面板中的"多行文字"按钮 **A**，为各引脚添加数字标号和文字注释。如图 5-35 所示。完成以上步骤后芯片 MC1413 绘制完毕。

05 单击"默认"选项卡"绘图"面板中的"创建块"按钮 🖼，将以上绘制的芯片 MC1413 符号生成图块，并保存，以方便后面绘制数字电路系统时调用。

 # 总结与点评

> 本实例绘制芯片符号，芯片的种类很多，封装形式也各不相同。此类图形的一个特点是重复或相似的结构很多，所以可以采用"复制""阵列"和"镜像"等命令绘制，这样可以大大地提高绘图的速度。

实例 53 绝缘子

本实例绘制绝缘子如图 5-36 所示。

图 5-36 绝缘子

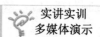

实讲实训 多媒体演示
多媒体演示参见配套光盘中的\\动画演示\第5 章 \ 绝 缘子.avi。

 ### 思路提示

本实例绘制绝缘子主要是以直线和圆弧的命令绘制图形的一边，然后利用镜像命令绘制另外一半，对细节进行修改后即可得所绘图形。其绘制流程如图 5-37 所示。

 ### 解题步骤

01 设置图层。

❶第一图层命名为"实体符号"图层，线宽为 0.09mm，其余属性默认。

❷第二图层命名为"中心线"图层，线型为 CENTER，颜色设为红色，其余属性默认。

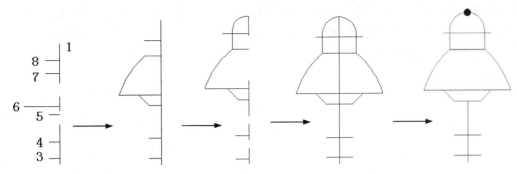

图 5-37　绘制流程图

02 绘制直线。

❶ 将"实体符号"设置为当前图层。

❷ 绘制中心线：单击"默认"选项卡"绘图"面板中的"直线"按钮 ✏，绘制竖直直线 1{(10, 0)、(10, 11)}。用鼠标选中直线 1，单击"默认"选项卡"图层"面板中的图层右侧的下拉按钮 ▾，弹出下拉菜单，单击鼠标左键选择"中心线"层，将其图层属性设置为"中心线"图层，如图 5-38a 所示。

❸ 绘制水平直线：单击"默认"选项卡"绘图"面板中的"直线"按钮 ✏，在"对象捕捉"绘图方式下，用鼠标捕捉直线 1 的下端点，并以其为起点，向左绘制长度为 1 的直线 2，如图 5-38b 所示。

❹ 偏移水平直线：单击"默认"选项卡"修改"面板中的"偏移"按钮 ⊜，以直线 2 为起始，依次向上分别绘制直线 3、4、5、6、7 和 8，偏移量依次为 0.5、1.5、2.5、0.8、3 和 1.2，并删除直线 2，如图 5-38c 所示。

❺ 拉长水平直线：单击"默认"选项卡"修改"面板中的"拉长"按钮 ✏，将直线 6 向左拉长 2.3，将直线 7 和直线 8 分别向左拉长 0.3，结果如图 5-38d 所示。

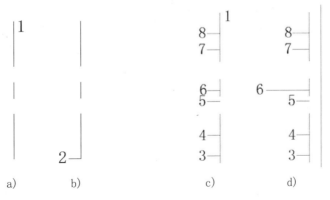

图 5-38　绘制直线

❻ 绘制倾斜直线：单击状态栏上的"动态输入"按钮 ⁺□，打开动态输入功能，并单击"默认"选项卡"绘图"面板中的"直线"按钮 ✏，在"对象捕捉"和"极轴"绘图方式下绘制倾斜线段，方法如下：先用鼠标捕捉直线 5 的左端点作为起点，单击鼠标左键，同时将鼠标向直线 6 的左端点附近、直线 6 以上区域移动，这时屏幕上会

出现如图 5-39a 所示的角度和长度的提示，移动鼠标直到角度提示为 135º 时，停止移动鼠标，单击鼠标左键，此时绘制了一条和直线 5 成 135º 角，并和直线 6 有交点的直线。单击"默认"选项卡"修改"面板中的"修剪"按钮，修剪掉多余部分，结果如图 5-39b 所示。

03 绘制圆弧：单击"默认"选项卡"绘图"面板中的"圆弧"按钮，以直线 7 的左端点为起点，、以直线 6 的左端点为终点，6.5 为半径绘制圆弧，结果如图 5-39c 所示。

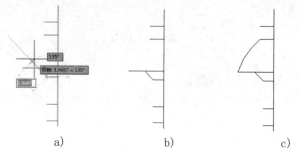

a)   b)   c)

图 5-39 添加圆弧

04 整理图形。

❶绘制竖直直线：单击"默认"选项卡"绘图"面板中的"直线"按钮，在"对象捕捉"方式下，用鼠标分别捕捉直线 7 和直线 8 的左端点作为起点和终点绘制直线 9。并调用"拉长"命令，将直线 9 向上拉长 0.1，如图 5-40a 所示。

❷绘制圆弧：单击"默认"选项卡"绘图"面板中的"圆弧"按钮，以直线 9 的上端点为起点，以中心线的上端点为终点，1.3 为半径绘制圆弧。

❸拉长直线：单击"默认"选项卡"修改"面板中的"拉长"按钮，将直线 8 向左拉长 0.5，结果如图 5-40b 所示。。

❹镜像图形：单击"默认"选项卡"修改"面板中的"镜像"按钮，选取除中心线以外的图形为镜像对象，以中心线为镜像线，做镜像操作，结果如图 5-40c 所示。

❺修剪图形：单击"默认"选项卡"修改"面板中的"修剪"按钮，修剪掉多余的直线，得到如图 5-40d 所示的结果。

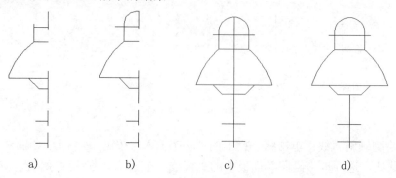

a)   b)   c)   d)

图 5-40 镜像图形

❻绘制圆：单击"默认"选项卡"绘图"面板中的"圆"按钮⊘，以圆弧顶点为圆心，绘制半径为 0.25 的圆。

05 填充圆：单击"默认"选项卡"绘图"面板中的"图案填充"按钮☒，打开"图案填充创建"面板，选择"SOLID" 图案，设置"比例"为 1，如图 5-41 所示，选择上步中绘制的圆为填充边界，按 Enter 键完成图形的填充，结果如图 5-36 所示。至此，绝缘子的绘制工作完成。

图 5-41 "图案填充创建"面板

06 存为图块：在命令行输入"WBLOCK"命令，弹出"写块"对话框，在"源"下面选择"对象"，用鼠标捕捉被填充圆的圆心作为基点，单击"选择对象"前面的按钮⊞，暂时回到绘图窗口中进行选择。选择前面绘制的绝缘子，按 Enter 键，回到"写块"对话框。输入文件名和路径，也可以单击"文件名和路径"下面空白格后面的按钮⋯，选择路径，在路径后面输入文件名。在"插入单位"后面的下拉列表中选择"毫米"，单击"确定"按钮，将绝缘子存储为图块。如图 5-42 所示。

图 5-42 "写块"对话框

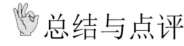 总结与点评

绝缘子是一种典型的电力电气图形单元，其绘制方法也比较简单。这里强调一下"动态输入"功能的使用，使用该功能有时可以给绘图带来方便，读者注意学习体会。

第 2 篇
工程设计篇

本篇分别介绍在具体工程设计实践过程中工程图的绘制思路和方法，包括机械工程图、建筑工程图和电气工程图等知识。

第 **6** 章

机械工程图的绘制

本章学习机械工程图的绘制。从本章开始，我们进入严格意义上的工程图绘制，包括图框与标题栏绘制、图层管理、视图选择、尺寸标注、表面粗糙度与技术要求等的具体绘图环节。

本章的知识，具有实际的工程意义，希望读者注意体会。

◎ 图框与样板图

◎ 图形表达方法

◎ 尺寸标注

◎ 表面粗糙度与技术要求

实例 54　样板图

本实例绘制的样板图如图 6-1 所示。

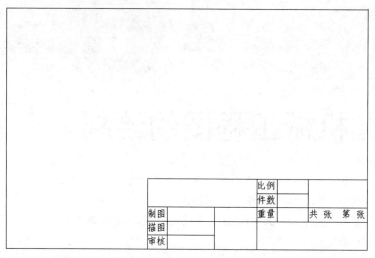

💡 实讲实训
多媒体演示

多媒体演示
参见配套光盘中
的\\动画演示\第
6 章 \ 样 板
图.avi。

图 6-1　绘制的样板图

 思路提示

本实例绘制的样板图包括边框绘制、图形外围设置、标题栏绘制、图层设置、文本样式设置、标注样式设置等，可以逐步进行设置。其绘制流程如图 6-2 所示。

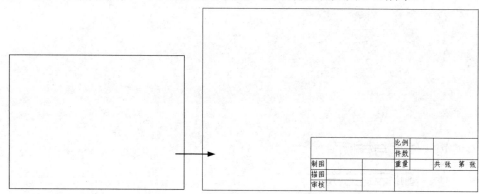

图 6-2　绘制流程图

 解题步骤

01 设置单位。选择菜单栏中的"格式"→"单位"命令，用 AutoCAD 打开"图形单位"对话框。设置"长度"的类型为"小数"，"精度"为 0；"角度"的类型为"十进制度数"，"精度"为 0，系统默认逆时针方向为正，插入时的缩放单位设置为"无单位"。

02 设置图形边界。国标对图纸的幅面大小作了严格规定，在这里，不妨按国标 A3 图纸幅面设置图形边界。A3 图纸的幅面为 420×297，故设置图形边界如下：

命令：LIMITS↙
重新设置模型空间界限：
指定左下角点或 [开(ON)/关(OFF)] <0.0000, 0.0000>：↙
指定右上角点 <12.0000, 9.0000>：420, 297↙

03 设置图层。图层约定如表 6-1 所示。

表 6-1 图层设置

图层名	颜色	线型	线宽	用途
0	7（黑色）	CONTINUOUS	b	图框线
CEN	2（黄色）	CENTER	1/3b	中心线
HIDDEN	1（红色）	HIDDEN	1/3b	隐藏线
BORDER	5（蓝色）	CONTINUOUS	b	可见轮廓线
TITLE	6（洋红）	CONTINUOUS	b	标题栏零件名
T－NOTES	4（青色）	CONTINUOUS	1/3b	标题栏注释
NOTES	7（黑色）	CONTINUOUS	1/3b	一般注释
LW	5（蓝色）	CONTINUOUS	1/3b	细实线
HATCH	5（蓝色）	CONTINUOUS	1/3b	填充剖面线
DIMENSION	3（绿色）	CONTINUOUS	1/3b	尺寸标注

❶设置层名。单击"默认"选项卡"图层"面板中的"图层特性"按钮，打开"图层特性管理器"对话框，在该对话框中单击"新建"按钮，建立不同层名的新图层，如图 6-3 所示, 这些不同的图层分别存放不同的图线或图形的不同部分。

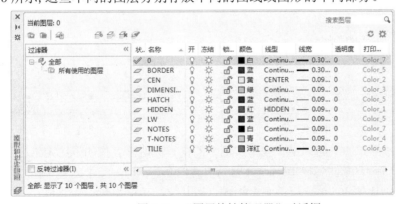

图 6-3 "图层特性管理器"对话框

❷设置图层颜色。为了区分不同的图层上的图线，增加图形不同部分的对比性，可以在上述"图层特性管理器"对话框中对应图层"颜色"标签下的颜色色块，用 AutoCAD 打开"选择颜色"对话框，如图 6-4 所示。在该对话框中选择需要的颜色。

❸设置线型。在常用的工程图纸中，通常要用到不同的线型，这是因为不同的线型表示不同的含义。在上述"图层特性管理器"中单击"线型"标签下的线型选项，AutoCAD 打开"选择线型"对话框，如图 6-5 所示，在该对话框中选择对应的线型，如果在"已加载的线型"列表框中没有需要的线型，可以单击"加载"按钮，打开"加载或重载线

型"对话框加载线型，如图 6-6 所示。

图 6-4　"选择颜色"对话框　　　　　图 6-5　"选择线型"对话框

❹设置线宽。在工程图中，不同的线宽表示不同的含义，因此也要对不同图层的线宽界线进行设置，单击上述"图层特性管理器"中"线宽"标签下的选项，AutoCAD 打开"线宽"对话框，如图 6-7 所示。在该对话框中选择适当的线宽。需要注意的是，应尽量保持细线与粗线之间的比例大约为 1∶3。

图 6-6　"加载或重载线型"对话框　　　　图 6-7　"线宽"对话框

04 设置文本样式。下面列出一些本实例中的格式，请读者按如下约定进行设置：文本高度一般注释 7mm，零件名称 10mm，标题栏中其他文字 5mm，尺寸文字 5mm，线型比例 1，图纸空间线型比例 1，单位十进制，小数点后 0 位，角度小数点后 0 位。

可以生成 4 种文字样式，分别用于一般注释、标题块中的零件名、标题块注释及尺寸标注。

单击"默认"选项卡"注释"面板中的"文字样式"按钮，打开"文字样式"对话框，如图 6-8 所示。按上面要求进行设置，完成后确认并退出。

05 绘制图框线。将"0"层设置为当前图层。在该层绘制图框线。命令行提示与操作如下：

命令：LINE↙
指定第一个点：25,5↙

指定下一点或 [放弃(U)]: 415,5✓
指定下一点或 [放弃(U)]: 415,292✓
指定下一点或 [闭合(C)/放弃(U)]: 25,292✓
指定下一点或 [闭合(C)/放弃(U)]: C✓

图框线如图 6-9 所示。

图 6-8　"文字样式"对话框

06 绘制标题栏。单击"默认"选项卡"绘图"面板中的"直线"按钮 和"多行文字"按钮 **A**，绘制标题栏，绘制后的样板图如图 6-10 所示。

		比例		
		件数		
制图		重量		共 张 第 张
描图				
审核				

图 6-9　绘制矩形　　　　　图 6-10　绘制标题栏后的样板图

07 设置尺寸标注样式。

❶单击"默认"选项卡"注释"面板中的"标注样式"按钮 ，打开"标注样式管理器"对话框，如图 6-11 所示。在"预览"显示框中显示出标注样式的预览图形。

❷单击"修改"按钮，打开"修改标注样式：ISO-25"对话框，在该对话框中对标注样式的选项按照需要进行修改，如图 6-12 所示。

其中，在"线"选项卡中，设置"基线间距"为6，其他不变。

在"符号和箭头"选项卡中，设置"箭头大小"为1，其他不变。

在"文字"选项卡中，设置"颜色"为"ByLayer"，"文字高度"为5。其他不变。

在"主单位"选项卡中，设置"精度"为0，其他不变。其他选项卡不变。

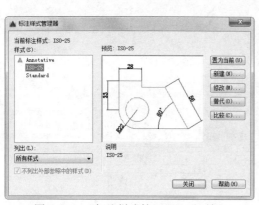

图 6-11　"标注样式管理器"对话框

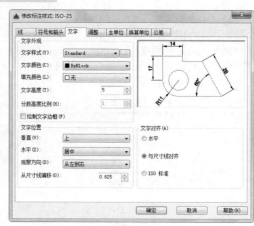

图 6-12　"修改标注样式:ISO-25"对话框

08 保存成样板图文件。现在，样板图及其环境设置已经完成，最后可以将其保存成样板图文件：单击"自定义快速访问工具栏"中的"保存"按钮，打开"图形另存为"对话框，如图 6-13 所示。在"文件类型"下拉列表框中选择"AutoCAD 图形样板（*.dwt）"选项，输入文件名"NEW A3"，单击"保存"按钮保存文件。

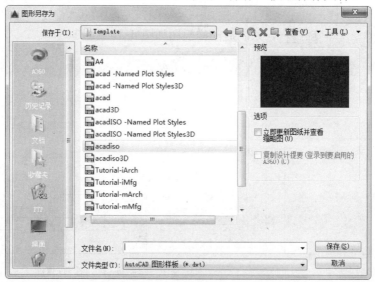

图 6-13　"图形另存为"对话框

总结与点评

样板图是一种快捷和标准的绘图工具，国家标准中不管是机械制图、建筑制图还是电气制图，都对图幅、标题栏等做了详细的规定，规范的图形须符合标准。可以按这些规范事先绘制好包含标准图幅和标题栏等的图形并保存成样板图，以后绘图时调用就行。

实例 55 标注曲柄尺寸

本实例标注曲柄尺寸如图 6-14 所示。

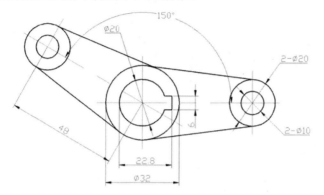

实讲实训 多媒体演示

多媒体演示参见配套光盘中的\\动画演示\第 6 章\标注曲柄尺寸.avi。

图 6-14 标注曲柄尺寸

 思路提示

曲柄图形中共有 4 种尺寸标注类型：线性尺寸、对齐尺寸、直径尺寸和角度尺寸，我们可以逐步标注。其绘制流程如图 6-15 所示。

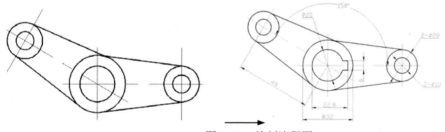

图 6-15 绘制流程图

 解题步骤

01 打开图形文件"曲柄.dwg"。单击"自定义快速访问工具栏"中的"打开"按钮，弹出"选择文件"对话框，从中选择保存的"曲柄.dwg"文件，单击"打开"按钮，或双击该文件名，即可将该文件打开。

02 设置绘图环境

❶单击"默认"选项卡"图层"面板中的"图层特性"按钮，创建一个新图层"BZ"，并将其设置为当前图层。

❷单击"默认"选项卡"注释"面板中的"标注样式"按钮，弹出"标注样式管理器"对话框，分别进行线性、角度、直径标注样式的设置。单击"新建"按钮，在弹

出的"创建新标注样式"对话框中的"新样式名"中输入"机械制图",单击"继续"按钮,弹出"新建标注样式"对话框,分别按图 6-16～图 6-18 所示进行设置,设置完成后,单击"置为当前"按钮,将"机械制图"标注样式设置为当前标注样式。

图 6-16 "直线和箭头"选项卡   图 6-17 "文字"选项卡

图 6-18 "调整"选项卡

03 标注曲柄中的线性尺寸及对齐尺寸。单击"默认"选项卡"注释"面板中的"线性"按钮⊢,命令行提示与操作如下:

命令: DIMLINEAR↙   (标注图中的线性尺寸 22.8)
指定第一个尺寸界线原点或〈选择对象〉:
_int 于(捕捉中间Φ20 圆与水平中心线的交点,作为第一条尺寸界线的起点)
指定第二条尺寸界线原点:
_int 于(捕捉键槽右边与水平中心线的交点,作为第二条尺寸界线的起点)
指定尺寸线位置或[多行文字(M)/文字(T)/角度(A)/水平(H)/垂直(V)/旋转(R)]:(指定尺寸线位置。拖动鼠标,将出现动态的尺寸标注,在适当的位置处按下鼠标左键,确定尺寸线的位置)
标注文字 =22.8

按 Enter 键继续进行线性标注，标注图中的尺寸 Φ32 和 6。

单击"默认"选项卡"注释"面板中的"对齐"按钮 ↖，命令行提示与操作如下：

命令：DIMALIGNED✓　　（标注图中的对齐尺寸"48"）
指定第一个尺寸界线原点或〈选择对象〉：
_int 于（捕捉倾斜部分中心线的交点，作为第二条尺寸界线的起点）
指定第二条尺寸界线原点：
_int 于（捕捉中间中心线的交点，作为第二条尺寸界线的起点）
指定尺寸线位置或[多行文字(M)/文字(T)/角度(A)]：（指定尺寸线位置）
标注文字 =48

04 标注曲柄中的直径尺寸及角度尺寸。在"标注样式管理器"对话框中，单击"新建"按钮，弹出的"创建新标注样式"对话框，在"用于"下拉列表中选择"直径标注"，单击"继续"按钮，弹出"新建标注样式"对话框，按图 6-19、图 6-20 所示进行设置，其他选项卡的设置保持不变。方法同前，设置"角度"标注样式，用于角度标注，如图 6-21 所示。

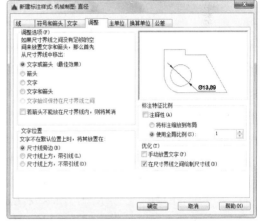

图 6-19　"文字"选项卡　　　　　　　图 6-20　"调整"选项卡

单击"默认"选项卡"注释"面板中的"直径"按钮 ◯，命令行提示与操作如下：

命令：DIMDIAMETER✓　　（标注图中的直径尺寸 2− Φ10）
选择圆弧或圆：（选择右边 Φ10 小圆）
标注文字 =10
指定尺寸线位置或 [多行文字(M)/文字(T)/角度(A)]:M✓　　（按 Enter 键后弹出"多行文字"
编辑器，其中"<>"表示测量值，即 Φ10，在前面输入 2−，即为"2−<>"）
指定尺寸线位置或 [多行文字(M)/文字(T)/角度(A)]：（指定尺寸线位置）

按 Enter 键继续进行直径标注。标注图中的直径尺寸 2− Φ20 和 Φ20。

单击"默认"选项卡"注释"面板中的"角度"按钮 △，命令行提示与操作如下。

命令：DIMANGULAR✓　　（标注图中的角度尺寸 150°）
选择圆弧、圆、直线或〈指定顶点〉：（选择标注为 150°角的一条边）
选择第二条直线：（选择标注为 150°角的另一条边）
指定标注弧线位置或 [多行文字(M)/文字(T)/角度(A)/象限点(Q)]：（指定尺寸线位置）
标注文字 =150

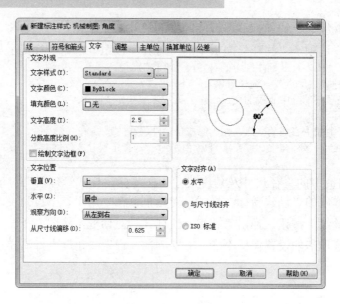

图 6-21　"文字"选项卡

结果如图 6-14 所示。

✋ 总结与点评

尺寸标准是绘制工程图必不可少的一个环节。本实例讲述了几种基本尺寸的标注方法。尺寸标注必须遵守国家标准相关规范，这里强调两点：

1) 角度尺寸的数字必须水平，所以要注意设置相应的标注样式。

2) 一个零件上相同的直径尺寸，只标注一次，但要在尺寸数值前标上"X-"。

实例 56　标注挂轮架尺寸

本实例标注的挂轮架如图 6-22 所示。

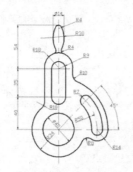

图 6-22　挂轮架

实讲实训
多媒体演示

多媒体演示
参见配套光盘中
的\\动画演示\第
6 章\标注挂轮架
尺寸.avi。

思路提示

挂轮架图形中共有5种尺寸标注类型：线性尺寸、连续尺寸、直径尺寸、角度尺寸和半径尺寸，其绘制流程如图6-23所示。

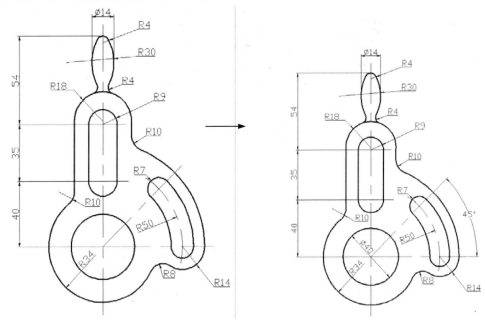

图6-23 绘制流程图

 解题步骤

01 打开图形文件"挂轮架.dwg"。

命令：OPEN↙ （打开已有图形文件命令。按Enter键后，弹出"选择文件"对话框，从中选择保存的"挂轮架.dwg"文件，单击"打开"按钮，或双击该文件名，即可将该文件打开）

02 创建尺寸标注图层。

命令：LAYER↙ （创建一个新图层"BZ"，并将其设置为当前图层）

03 设置尺寸标注样式。

❶单击"默认"选项卡"注释"面板中的"标注样式"按钮，设置标注样式。在弹出的"标注样式管理器"对话框中，单击"新建"按钮，创建新的标注样式"机械制图"，用于标注机械制图中的线性尺寸。

❷单击"继续"按钮，对弹出的"新建标注样式：机械制图"对话框中的各个选项卡，进行设置，设置均同前例。

❸方法同前，选取"机械制图"样式，单击"新建"按钮，基于"机械制图"，创建分别用于"半径标注""直径标注"和"角度标注"的标注样式。其中，"直径"标注样式的"调整"选项卡如图6-24所示，"半径"标注样式的"文字"选项卡如图6-25

217

所示，"角度"标注样式的"文字"选项卡如图 6-26 所示。其他选项卡均不变。

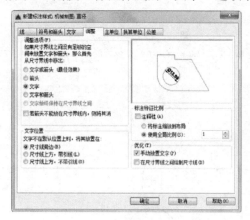

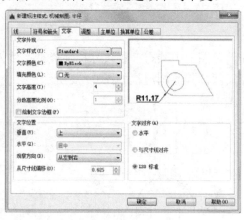

图 6-24 "调整"选项卡   图 6-25 "文字"选项卡

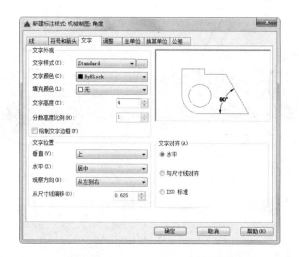

图 6-26 "文字"选项卡

❹在"标注样式管理器"对话框中，选取"机械制图"标注样式，单击"置为当前"按钮，将其设置为当前标注样式。

04 标注挂轮架中的半径尺寸、连续尺寸及线性尺寸。

命令：DIMRADIUS↙　（半径标注命令。标注图中的半径尺寸"R8"）
选择圆弧或圆：（选择挂轮架下部的"R8"圆弧）
标注文字 =8
指定尺寸线位置或［多行文字(M)/文字(T)/角度(A)］：（指定尺寸线位置）
按 Enter 键继续进行半径标注，标注图中的半径尺寸。
命令：DIMLINEAR↙　（标注图中的线性尺寸"Φ14"）
指定第一个尺寸界线原点或〈选择对象〉：

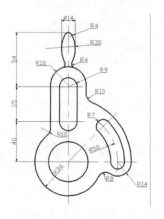

图 6-27 标注半径、连续尺寸

_qua 于（捕捉左边 R30 圆弧的象限点）
指定第二条延伸线原点：
_qua 于（捕捉右边 R30 圆弧的象限点）
指定尺寸线位置或[多行文字(M)/文字(T)/角度(A)/水平(H)/垂直(V)/旋转(R)]:T↙
输入标注文字〈14〉: %%c14↙
指定尺寸线位置或[多行文字(M)/文字(T)/角度(A)/水平(H)/垂直(V)/旋转(R)]:（指定尺寸线位置）
标注文字 =14
方法同前，分别标注图中的线性尺寸。
指定第二条尺寸界线原点或［放弃(U)/选择(S)]〈选择〉:（按 Enter 键，选择作为基准的尺寸标注）
选择连续标注:（选择线性尺寸"40"作为基准标注）
指定第二条尺寸界线原点或［放弃(U)/选择(S)]〈选择〉:_endp 于（捕捉上边的水平中心线端点，标注尺寸"35"）
标注文字 =35
指定第二条尺寸界线原点或［放弃(U)/选择(S)]〈选择〉:
_endp 于（捕捉最上边的 R4 圆弧的端点，标注尺寸"50"）
标注文字 =50
指定第二条尺寸界线原点或［放弃(U)/选择(S)]〈选择〉:↙
选择连续标注:↙（按 Enter 键结束命令）
如图 6-27 所示。

05 标注直径尺寸及角度尺寸。
命令:DIMDIAMETER↙ （标注图中的直径尺寸Φ40）
选择圆弧或圆:（选择中间Φ40圆）
标注文字 =40
指定尺寸线位置或［多行文字(M)/文字(T)/角度(A)]:（指定尺寸线位置）
命令: DIMANGULAR↙ （标注图中的角度尺寸"45°"）
选择圆弧、圆、直线或〈指定顶点〉:（选择标注为"45°"角的一条边）
选择第二条直线:（选择标注为"45°"角的另一条边）
指定标注弧线位置或［多行文字(M)/文字(T)/角度(A)/象限点(Q)]:（指定尺寸线位置）
标注文字 =45
结果如图 6-22 所示。
最终完成尺寸标注与文字标注。

总结与点评

本实例讲述了几种基本尺寸的标注方法。其中新学了连续标注和半径标注两种尺寸标注的方法，这里强调两点：
1）一个零件上相同的半径尺寸，只标注一次，与直径尺寸标注不同的是，不需要标注"X-"。
2）注意竖直方向的尺寸数字一定布置在尺寸线的左边从下到上方向书写。

实例 57 标注齿轮轴套尺寸

本实例标注的齿轮轴套尺寸如图 6-28 所示。

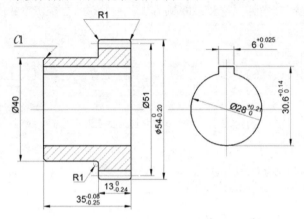

实讲实训
多媒体演示

多媒体演示
参见配套光盘中
的\\动画演示\第
6 章\标注齿轮轴
套尺寸.avi。

图 6-28 齿轮轴套尺寸

思路提示

本实例标注的是齿轮轴套尺寸，除了前面介绍过的线性尺寸、直径尺寸以及半径尺寸外，还有引线标注 C1、R1，以及带有尺寸偏差的尺寸。本实例主要介绍"引线标注"命令 LEADER 与 QLEADER。此外，还将介绍尺寸偏差的标注方法。其绘制流程如图 6-29 所示。

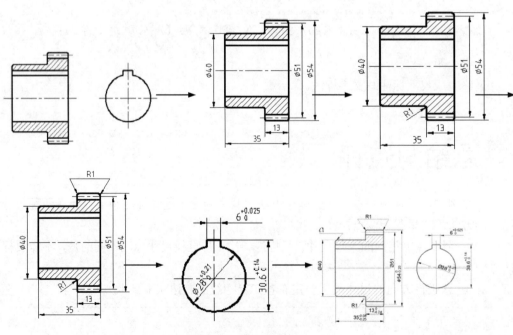

图 6-29 绘制流程图

解题步骤

01 打开保存的图形文件"齿轮轴套.dwg"。单击"自定义快速访问工具栏"中的"打开"按钮 ，在弹出的"选择文件"对话框中，选取前面保存的图形文件"齿轮轴套.dwg"，单击"确定"按钮，显示图形如图 6-30 所示。

02 设置图层。单击"默认"选项卡"图层"面板中的"图层特性"按钮 ，打开"图层特性管理器"对话框。方法同前，创建一个新层"bz"，线宽为 0.09mm，其他设置不变，用于标注尺寸。并将其设置为当前图层。

03 设置文字样式。单击"默认"选项卡"注释"面板中的"文字样式"按钮 。弹出"文字样式"对话框，方法同前，创建一个新的文字样式"SZ"。

04 设置尺寸标注样式。

命令：DIMSTYLE↙ （方法同前，分别设置"机械图样"标注样式，并在此基础上设置"直径"标注样式、"半径"标注样式及"线性"标注样式，其中"半径"标注样式与"直径"标注样式设置一样，将其用于半径标注）

在"标注样式管理器"对话框中，选取"机械图样"标注样式，单击"置为当前"按钮，将其设置为当前标注样式。

05 标注齿轮轴套主视图中的线性及基线尺寸。

❶单击"默认"选项卡"注释"面板中的"线性"按钮 ，标注齿轮轴套主视图中的线性尺寸 $\Phi40$、$\Phi51$ 及 $\Phi54$。

❷单击"默认"选项卡"注释"面板中的"线性"按钮 ，标注齿轮轴套主视图中的线性尺寸 13；单击"注释"选项卡"标注"面板中的"基线"按钮 ，标注基线尺寸 35，结果如图 6-31 所示。

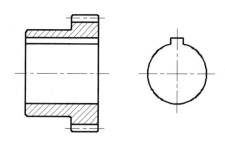

图 6-30 齿轮轴套

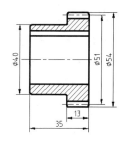

图 6-31 标注线性及基线尺寸

06 标注齿轮轴套主视图中的半径尺寸。

命令：DIMRADIUS↙（或者单击"默认"选项卡"注释"面板中的"半径"按钮 ，进行半径标注）
选择圆弧或圆：（选取齿轮轴套主视图中的圆角）
标注文字 =1
指定尺寸线位置或 [多行文字(M)/文字(T)/角度(A)]：（拖动鼠标，在适当位置处单击，确定尺寸线位置）

结果如图 6-32 所示。

07 用引线标注齿轮轴套主视图上部的圆角半径。

命令:LEADER✓（引线标注）
指定引线起点:_nea 到（捕捉齿轮轴套主视图上部圆角上一点）
指定下一点:（拖动鼠标，在适当位置处单击）
指定下一点或 [注释(A)/格式(F)/放弃(U)] <注释>:<正交 开>（打开正交功能，向右拖动鼠标，在适当位置处单击）
指定下一点或 [注释(A)/格式(F)/放弃(U)] <注释>:✓
输入注释文字的第一行或 <选项>:r1✓
输入注释文字的下一行:✓（结果如图 6-33 所示）
命令:✓（继续引线标注）
指定引线起点:_nea 到（捕捉齿轮轴套主视图上部右端圆角上一点）
指定下一点:（利用对象追踪功能，捕捉上一个引线标注的端点，拖动鼠标，在适当位置处单击鼠标）
指定下一点或 [注释(A)/格式(F)/放弃(U)] <注释>:（捕捉上一个引线标注的端点）
指定下一点或 [注释(A)/格式(F)/放弃(U)] <注释>:✓
输入注释文字的第一行或 <选项>:✓
输入注释选项 [公差(T)/副本(C)/块(B)/无(N)/多行文字(M)] <多行文字>:N✓（无注释的引线标注）

结果如图 6-34 所示。

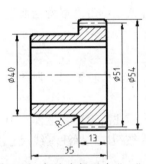

图 6-32　标注半径尺寸"r1"

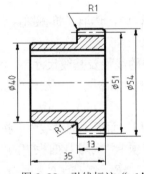

图 6-33　引线标注"r1"

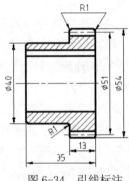

图 6-34　引线标注

08 用引线标注齿轮轴套主视图的倒角。

命令: QLEADER✓
指定第一个引线点或 [设置(S)] <设置>:✓（按 Enter 键，弹出如图 6-35 所示的"引线设置"对话框，如图 6-35 及图 6-36 所示，分别设置其选项卡，设置完成后，单击"确定"按钮）

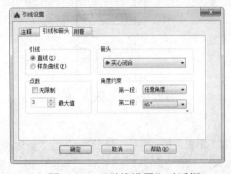

图 6-35　"引线设置"对话框

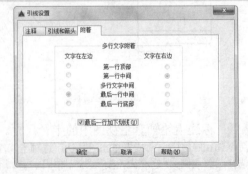

图 6-36　"附着"选项卡

指定第一个引线点或 [设置(S)] <设置>:（捕捉齿轮轴套主视图中上端倒角的端点）
指定下一点:（拖动鼠标，在适当位置处单击）
指定下一点:（拖动鼠标，在适当位置处单击）

指定文字宽度 〈0〉：↙

输入注释文字的第一行 〈多行文字(M)〉：1x45%%d↙

输入注释文字的下一行：↙

结果如图 6-37 所示。

09 标注齿轮轴套局部视图中的尺寸。

命令：DIMLINEAR↙（或者单击"默认"选项卡"注释"面板中的"线性"按钮□）（标注线性尺寸"6"）

指定第一个延伸线原点或 〈选择对象〉：↙（选取标注对象）

选择标注对象：（选取齿轮轴套局部视图上端水平线）%%c14\H0.7X;\S 0^-0.011↙

指定尺寸线位置或[多行文字(M)/文字(T)/角度(A)/水平(H)/垂直(V)/旋转(R)]：t↙

输入标注文字〈6〉：6\H0.7X;\S+0.025^0↙（其中"H0.7X"表示公差字高比例系数为 0.7，需要注意的是："X"为大写）

指定尺寸线位置或[多行文字(M)/文字(T)/角度(A)/水平(H)/垂直(V)/旋转(R)]：（拖动鼠标，在适当位置处单击，结果如图 6-38 所示）

标注文字 =6

方法同前，标注线性尺寸 30.6，上偏差为+0.14，下偏差为 0。

方法同前，单击"默认"选项卡"注释"面板中的"直径"按钮⊘，输入标注文字为"%%c28\H0.7X;\S+0.21^0"，结果如图 6-39 所示。

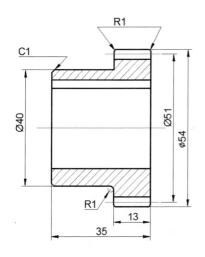

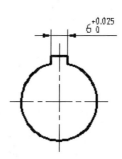

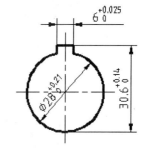

图 6-37　引线标注倒角尺寸　　　图 6-38　标注尺寸偏差　　　图 6-39　局部视图中的尺寸

10 修改齿轮轴套主视图中的线性尺寸，为其添加尺寸偏差。

命令：DDIM↙（修改标注样式命令。也可以使用设置标注样式命令 dimstyle，或单击"默认"选项卡"注释"面板中的"标注样式"按钮，用于修改线性尺寸 13 及 35）

在弹出的"标注样式管理器"的样式列表中选择"机械图样"样式，如图 6-40 所示，单击"替代"按钮。系统弹出"替代当前样式"对话框，单击"主单位"选项卡，如图 6-41 所示，将"线性标注"选项区中的"精度"值设置为 0.00；单击"公差"选项卡，如图 6-42 所示，在"公差格式"选项区中，将"方式"设置为"极限偏差"，设置"上偏差"为 0，下偏差为 0.24，"高度比例"为 0.7，设置完成后单击"确定"按钮。

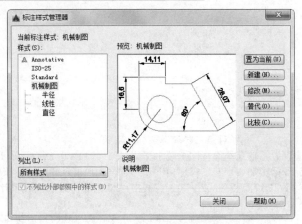

图 6-40 "标注样式管理器"对话框

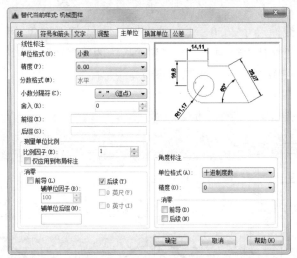

图 6-41 "主单位"选项卡

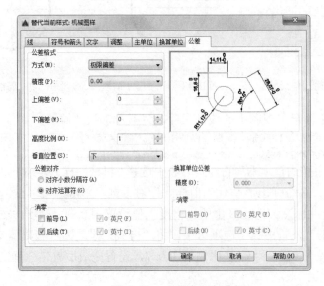

图 6-42 "公差"选项卡

命令：DIMSTYLE（或单击"注释"选项卡"标注"面板中的"更新"按钮□）
选择对象：（选取线性尺寸 13，即可为该尺寸添加尺寸偏差）

方法同前，继续设置替代样式。设置"公差"选项卡中的"上偏差"为-0.08，下偏差为 0.25。单击"注释"选项卡"标注"面板中的"更新"按钮□，选取线性尺寸 35，即可为该尺寸添加尺寸偏差，结果如图 6-43 所示。

11 修改齿轮轴套主视图中的线性尺寸 $\Phi54$ 并为其添加尺寸偏差。单击"标注"工具栏中的"编辑标注"按钮□。

命令：DIMEDIT↙
输入标注编辑类型 ［默认(H)/新建(N)/旋转(R)/倾斜(O)］〈默认〉：N
选择对象：找到 1 个（选取要修改的标注——$\Phi54$，如图 6-44 所示）
选择对象：↙

标注的最终结果如图 6-28 所示。

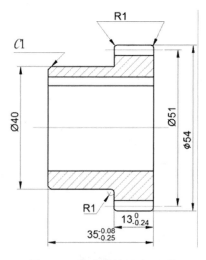

图 6-43　修改线性尺寸 13 及 35

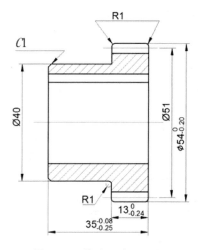

图 6-44　修改尺寸 $\Phi54$

 # 总结与点评

本实例重点讲述了带公差的尺寸和带引线的尺寸标注方法。关于带公差的尺寸标注，这里强调几点：

1）尺寸公差不能随便取值，要查阅相关国家标准，按标准取值。

2）尺寸公差有两种标注方法，在本实例中都给出了操作方法，请读者注意体会。

3）尺寸公差数字的高度为基本尺寸的 0.7 倍。

实例 58　标注泵轴尺寸

本实例标注的泵轴尺寸如图 6-45 所示。

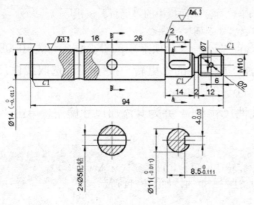

**实讲实训
多媒体演示**

多媒体演示
参见配套光盘中
的\\动画演示\第
6 章\标注泵轴尺
寸.avi。

图 6-45　泵轴尺寸

 思路提示

本实例标注泵轴尺寸,主要介绍编辑标注文字位置命令 DIMTEDIT 的使用以及表面粗糙度的标注方法,同时,对尺寸偏差的标注进行进一步的巩固练习。其绘制流程如图 6-46所示。

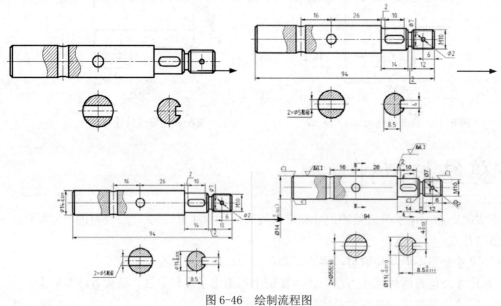

图 6-46　绘制流程图

 解题步骤

01 打开保存的图形文件"泵轴.dwg"。单击"自定义快速访问工具栏"中的"打

226

开"按钮 ⬚，在弹出的"选择文件"对话框中，选取前面保存的图形文件"泵轴.dwg"，单击"确定"按钮，则该图形显示在绘图窗口中，如图 6-47 所示。

02 创建一个新层"BZ"用于尺寸标注。单击"默认"选项卡"图层"面板中的"图层特性"按钮⬚，打开"图层特性管理器"对话框。方法同前，创建一个新层"BZ"，线宽为 0.09mm，其他设置不变，用于标注尺寸，并将其设置为当前图层。

03 设置文字样式"SZ"。单击"默认"选项卡"注释"面板中的"文字样式"按钮⬚。弹出"文字样式"对话框，方法同前，创建一个新的文字样式"SZ"。

04 设置尺寸标注样式。

❶单击"默认"选项卡"注释"面板中的"标注样式"按钮⬚，设置标注样式。方法同前，在弹出的"标注样式管理器"对话框中，单击"新建"按钮，创建新的标注样式"机械制图"，用于标注图样中的尺寸。

❷单击"继续"按钮，对弹出的"新建标注样式：机械制图"对话框中的各个选项卡，进行设置，如图 6-48～图 6-51 所示。不再设置其他标注样式。

❸在"标注样式管理器"对话框中，选取"机械制图"标注样式，单击"置为当前"按钮，将其设置为当前标注样式。

05 标注泵轴视图中的基本尺寸。

❶单击"默认"选项卡"注释"面板中的"线性"按钮⬚，标注泵轴主视图中的线性尺寸 m10、ϕ7 及 6。

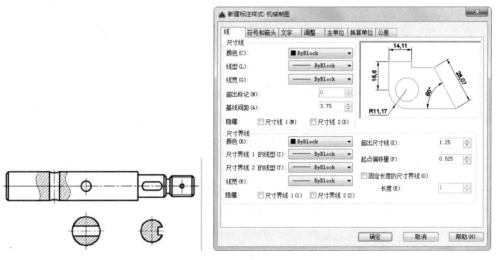

图 6-47　泵轴　　　　　　　　　　图 6-48　"线"选项卡

❷单击"注释"选项卡"标注"面板中的"基线"按钮⬚，以尺寸 6 的右端尺寸线为基线，进行基线标注，标注尺寸 12 及 94。

❸单击"注释"选项卡"标注"面板中的"连续"按钮⬚，选取尺寸 12 的左端尺寸线，标注连续尺寸 2 及 14。

❹单击"默认"选项卡"注释"面板中的"线性"按钮⬚，标注泵轴主视图中的线性尺寸 16。

❺单击"注释"选项卡"标注"面板中的"连续"按钮 ，标注连续尺寸26、2及10。

❻单击"默认"选项卡"注释"面板中的"直径"按钮 ，标注泵轴主视图中的直径尺寸 Φ2。

❼单击"默认"选项卡"注释"面板中的"线性"按钮 ，标注泵轴剖面图中的线性尺寸"2-Φ5配钻"，此时应输入标注文字"2-%%c5配钻"。

图 6-49 "文字"选项卡

图 6-50 "调整"选项卡

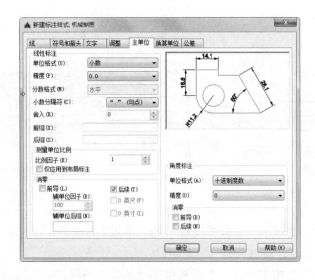

图 6-51 "主单位"选项卡

❽单击"默认"选项卡"注释"面板中的"线性"按钮 ，标注泵轴剖面图中的线性尺寸8.5和4，结果如图6-52所示。

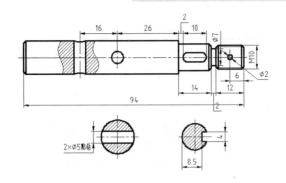

图 6-52　基本尺寸

06 修改泵轴视图中的基本尺寸。

命令: DIMTEDIT↙（输入"编辑标注文字"命令，或者单击"标注"工具栏中的"编辑标注文字"按钮 ^A，编辑图中的尺寸）

选择标注：（选择主视图中的尺寸 2）

为标注文字指定新位置或 ［左对齐(L)/右对齐(R)/居中(C)/默认(H)/角度(A)］:（拖动鼠标，在适当位置处单击鼠标，确定新的标注文字位置）

方法同前，单击"标注"工具栏中的"编辑标注文字"按钮 ^A，分别修改泵轴视图中的尺寸 2-Φ5 配钻"及 2。

结果如图 6-53 所示。

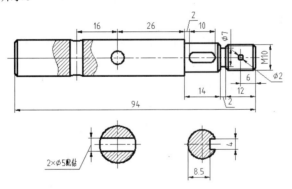

图 6-53　修改视图中的标注文字位置

07 用重新输入标注文字的方法，标注泵轴视图中带尺寸偏差的线性尺寸。

命令: DIMLINEAR↙（或者单击"默认"选项卡"注释"面板中的"线性"按钮 ⊢⊣）

指定第一个尺寸界线原点或 ＜选择对象＞:（捕捉泵轴主视图左轴段的左上角点）

指定第二条尺寸界线原点：（捕捉泵轴主视图左轴段的左下角点）

指定尺寸线位置或[多行文字(M)/文字(T)/角度(A)/水平(H)/垂直(V)/旋转(R)]: t↙

输入标注文字<14>: %%c14\H0.7X;\S 0^-0.011↙

指定尺寸线位置或[多行文字(M)/文字(T)/角度(A)/水平(H)/垂直(V)/旋转(R)]:（拖动鼠标，在适当位置处单击）

标注文字 =14

方法同前，标注泵轴剖面图中的尺寸 "Φ11"，输入标注文字 " %%c11\H0.7X;\S 0^-0.011"，结果如图 6-54 所示。

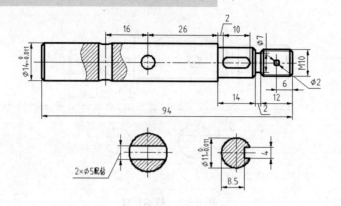

图 6-54　标注尺寸 Φ14 及 Φ11

08 用标注替代的方法，为泵轴剖面图中的线性尺寸添加尺寸偏差。

❶单击"标注"工具栏中"标注样式"按钮，或者选择菜单栏中的"格式"→"标注样式"命令，或者单击"默认"选项卡"注释"面板中的"标注样式"按钮。在弹出的"标注样式管理器"的样式列表中选择"机械图样"，单击"替代"按钮。系统弹出"替代当前样式"对话框，方法同前，单击"主单位"选项卡，将"线性标注"选项区中的"精度"值设置为0.000；单击"公差"选项卡，在"公差格式"选项区中，将"方式"设置为"极限偏差"，设置"上偏差"为0，下偏差为0.111，"高度比例"为0.7，设置完成后单击"确定"按钮。

❷单击"注释"选项卡"标注"面板中的"更新"按钮，选取剖面图中的线性尺寸8.5，即可为该尺寸添加尺寸偏差。

❸方法同前，继续设置替代样式。设置"公差"选项卡中的"上偏差"为0，下偏差为0.030。单击"注释"选项卡"标注"面板中的"更新"按钮，选取线性尺寸4，即可为该尺寸添加尺寸偏差，结果如图6-55所示。

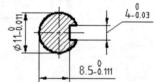

图 6-55　替代剖面图中的线性尺寸

09 标注倒角。

用 QLEADER 命令标注主视图中右端的倒角尺寸C1。继续用快速引线标注泵轴主视图左端的倒角，如图6-56所示。

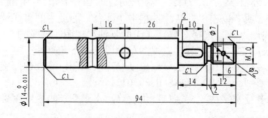

图 6-56　标注倒角

10 标注泵轴主视图中的表面粗糙度。

❶单击"默认"选项卡"绘图"面板中的"直线"按钮 ✎，绘制如图 6-57 所示的表面粗糙度符号，然后将其创建成名为"去除材料"并且带有属性的图块。

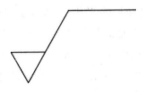

图 6-57　表面粗糙度符号

❷单击"默认"选项卡"绘图"面板中的"插入块"按钮 。弹出"插入"对话框，如图 6-58 所示，单击"浏览"按钮，选取前面保存的块图形文件"去除材料"；单击"确定"按钮。

图 6-58　"插入"对话框

❸单击"默认"选项卡"绘图"面板中的"直线"按钮 ✎，捕捉尺寸 26 右端尺寸界线的上端点，绘制竖直线。

❹方法同前，单击"默认"选项卡"绘图"面板中的"插入块"按钮 ，插入"去除材料"图块，设置均同前。此时，输入属性值为 6.3。

❺单击"默认"选项卡"修改"面板中的"旋转"按钮 ，选取图块，将其旋转 90°。结果如图 6-59 所示。

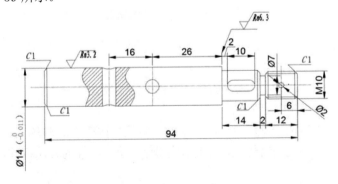

图 6-59　标注表面粗糙度

231

11 标注泵轴剖面图的剖切符号及名称。

❶单击"默认"选项卡"注释"面板中的"多重引线样式"按钮，打开"多重引线样式管理器"对话框，单击"修改"按钮，打开"修改多重引线样式"对话框，分别把其中"箭头大小"和"文字高度"改为2.5，如图6-60所示。

选择菜单栏中的"标注"→"多重引线"命令，用多重引线标注命令，从右向左绘制剖切符号中的箭头。命令行提示与操作如下：

指定引线箭头的位置或［引线基线优先(L)/内容优先(C)/选项(O)］〈选项〉:（指定一点）
指定引线基线的位置:（向左指定一点）

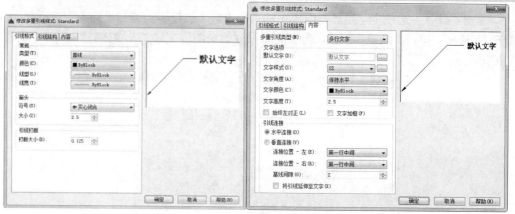

图 6-60　设置多重引线样式

系统打开多行文字编辑器，如图6-61所示，不输入文字，直接按"Esc"键。使用同样方法绘制下面的剖切指引线。

图 6-61　多行文字编辑器

❷单击"默认"选项卡"绘图"面板中的"直线"按钮，捕捉带箭头引线的左端点，向下绘制一小段竖直线。

❸在命令行输入"TEXT"，或者选择菜单栏中的"绘图"→"文字"→"单行文字"命令，在适当位置处单击一点，输入文字"A"。

❹单击"默认"选项卡"修改"面板中的"镜像"按钮，将输入的文字及绘制的剖切符号，以水平中心线为镜像线，进行镜像操作,使用同样的方法标注剖面 B-B,结果如图6-45所示。

总结与点评

　　本实例重点讲述了表面粗糙度的标注方法，读者注意体会。关于基本尺寸标注，这里有两点需要强调一下：

　　1）有时读者会发现，尺寸数字的小数点是逗号，这时需要在"标注样式"对话框中把"主单位"选项卡中的"小数分隔符"设置为"句点"。

　　2）有时标注的空间太小，尺寸数字无法正常地放置在尺寸线上方时，应该适当调整。

实例 59　止动垫圈零件图

　　本实例绘制的止动垫圈零件图如图 6-62 所示。

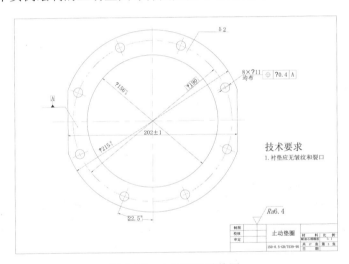

実讲实训
多媒体演示

　　多媒体演示参见配套光盘中的\\动画演示\第6章\止动垫圈零件图.avi。

图 6-62　止动垫圈零件图

 思路提示

　　垫圈按其用途可分为衬垫、防松和特殊三种类型。一般垫圈用于增加支撑面，能遮盖较大孔眼及防止损伤零件表面。圆形小垫圈一般用于金属零件；圆形大垫圈一般用于非金属零件，本节以绘制非标准件止动垫圈为例，说明垫圈系列零件的设计方法和步骤。在绘制垫圈之前，首先应该对垫圈进行系统的分析。根据国家标准需要确定零件图的图幅、零件图中要表示的内容、零件各部分的线型、线宽、公差及公差标注样式及表面粗糙度等，另外还需要确定用几个视图才能清楚地表达该零件。

　　根据国家标准和工程分析，一个主视图就可以将该零件表达清楚完整。为了将图形表达的更加清楚，选择绘图比例为 1:1，图幅为 A3。图 6-62 所示为将要绘制的止动垫圈零件图，其绘制流程如图 6-63 所示。

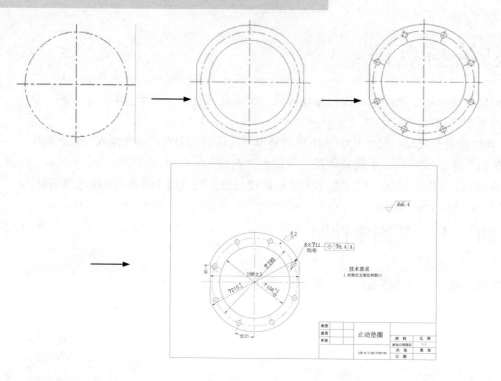

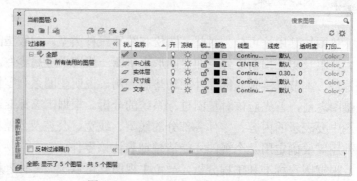

图 6-63　绘制流程图

解题步骤

01 调入样板图。单击"自定义快速访问工具栏"中的"新建"按钮，弹出"选择样板"对话框，用户在该对话框中选择需要的样板图。本实例选择 A3 样板图，然后单击"打开"按钮，则会返回绘图区域，同时选择的样板图也会出现在绘图区域内，其中样板图左下端点坐标为（0,0）。

02 设置图层。在命令行输入命令"LAYER"或单击"默认"选项卡"图层"面板中的"图层特性"按钮，弹出"图层特性管理器"对话框，用户可以参照前面介绍的命令在其中创建需要的图层，图 6-64 所示为创建好的图层。

03 设置标注样式。在命令行输入命令"DDIM"或单击"默认"选项卡"注释"面板中的"标注样式"按钮，弹出"标注样式管理器"对话框，根据需要设置包括半径、角度、线性和引线

图 6-64　"图层特性管理器"对话框

234

的标注样式，本实例使用标准的标注样式。

❶绘制中心线。将"中心线"图层设置为当前图层。根据止动垫圈的尺寸，绘制连接盘中心线的长度约为230。单击"默认"选项卡"绘图"面板中的"直线"按钮 ，绘制中心线 {（70,165）、（@230,0）}、{（190,45）、（@0,230）}，结果如图6-65所示。

❷绘制止动垫圈零件图的轮廓线。根据分析可以知道，该零件图的轮廓线主要由圆组成。在绘制主视图轮廓线的过程中需要用到圆、直线、修剪及镜像等命令。

1）绘制孔定位圆。单击"默认"选项卡"绘图"面板中的"圆"按钮 ，以两条中心线的交点为圆心，绘制半径为95的圆，结果如图6-66所示。

图6-65　绘制的中心线

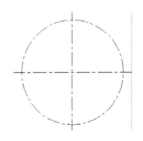

图6-66　绘制定位圆后的图形

2）绘制内外圆。将"实体层"设置为当前图层。单击"默认"选项卡"绘图"面板中的"圆"按钮 ，以图6-66中两条中心线的交点为圆心，分别以78、107.5为半径绘制圆，结果如图6-67所示。

3）绘制竖直直线。单击"默认"选项卡"绘图"面板中的"直线"按钮 ，直线端点分别为（91,165）及与圆的交点，结果如图6-68所示。

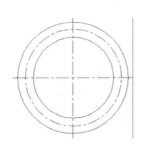

图6-67　绘制圆后的图形

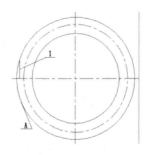

图6-68　绘制直线后的图形

4）延伸直线。单击"默认"选项卡"修改"面板中的"延伸"按钮 ，将直线 1 延伸到图6-64中的圆A处，结果如图6-69所示。

5）镜像直线。单击"默认"选项卡"修改"面板中的"镜像"按钮 ，以竖直中心线为镜像轴，将图6-69中的直线1镜像，结果如图6-70所示。

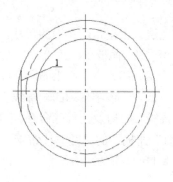

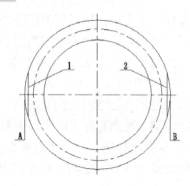

图 6-69　延伸直线后的图形　　　　　　　图 6-70　镜像直线后的图形

6）修剪圆弧。单击"默认"选项卡"修改"面板中的"修剪"按钮 ⨍，修剪图形，结果如图 6-71 所示。

7）绘制中心线。将"中心线"层设置为当前图层。单击"默认"选项卡"绘图"面板中的"直线"按钮 ✏，绘制中心线 {（160,230）、（@25<112.5）}。

8）绘制圆。将"实体层"设置为当前图层。单击"默认"选项卡"绘图"面板中的"圆"按钮 ⊘，以中心线和定位圆线的交点为圆心，半径为 5.5，绘制圆，结果如图 6-72 所示。

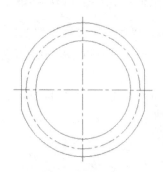

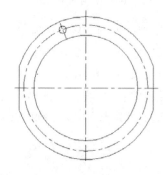

图 6-71　修剪圆弧后的图形　　　　　　　图 6-72　绘制圆孔后的图形

9）阵列圆孔。使用阵列命令绘制止动垫圈上的其他圆孔。

命令：ARRAYPOLAR✓（或者选择菜单栏中的"修改"→"阵列"→"环形阵列"命令，或者单击"修改"工具栏中的"环形阵列"按钮 ⬡，或者单击"默认"选项卡"修改"面板中的"环形阵列"按钮 ⬡，下同）

选择对象：（选择图 6-72 所示的中心线和圆孔）

选择对象：✓

类型 = 极轴　关联 = 是

指定阵列的中心点或［基点(B)/旋转轴(A)］：（选择两条中心线的交点）

选择夹点以编辑阵列或［关联(AS)/基点(B)/项目(I)/项目间角度(A)/填充角度(F)/行(ROW)/层(L)/旋转项目(ROT)/退出(X)］〈退出〉：AS

创建关联阵列［是(Y)/否(N)］〈是〉：n

选择夹点以编辑阵列或［关联(AS)/基点(B)/项目(I)/项目间角度(A)/填充角度(F)/行(ROW)/层(L)/旋转项目(ROT)/退出(X)］〈退出〉：I

输入阵列中的项目数或［表达式(E)］〈6〉：8

选择夹点以编辑阵列或［关联(AS)/基点(B)/项目(I)/项目间角度(A)/填充角度(F)/行(ROW)/层(L)/旋转项目(ROT)/退出(X)]〈退出〉: F
　　指定填充角度(+=逆时针、-=顺时针)或［表达式(EX)]〈360〉:
　　选择夹点以编辑阵列或［关联(AS)/基点(B)/项目(I)/项目间角度(A)/填充角度(F)/行(ROW)/层(L)/旋转项目(ROT)/退出(X)]〈退出〉:✓

结果如图 6-73 所示。

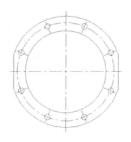

图 6-73　阵列后的图形

04 标注引线。将"尺寸线"图层设置为当前图层，然后在命令行输入"QLEADER"命令，标注引线，命令行提示与操作如下:

指定第一个引线点或［设置(S)]〈设置〉:
此时输入 S，按 Enter 键，AutoCAD 弹出如图 6-74 所示的"引线设置"对话框，在其中的"引线和箭头"一栏中的"箭头"一项中选择"点"，然后再单击"确定"按钮，AutoCAD 会继续提示:
指定第一个引线点或［设置(S)]〈设置〉:(用鼠标在标注的位置指定一点)
指定下一点:(用鼠标在标注的位置指定第二点)
指定下一点:(用鼠标在标注的位置指定第三点)
指定文字宽度〈5〉:✓
输入注释文字的第一行〈多行文字(M)〉: δ2✓
输入注释文字的下一行:✓

图 6-75 为使用该标注方式标注的结果。

图 6-74　"引线设置"对话框

图 6-75　引线标注的结果

05 标注角度。以标注 22.5°为例说明角度的标注方式，由于本实例中的角度为参考尺寸，需要加注方框，所以在标注前需要设置标注样式。

❶单击"默认"选项卡"注释"面板中的"标注样式"按钮，弹出"标注样式管理器"对话框，如图 6-76 所示，单击"新建"按钮，弹出"创建新标注样式"对话框如图 6-77 所示，在"用于"下拉列表框中选择"角度标注"，单击"继续"按钮，弹出"新建标注样式"对话框，在"文字"选项卡"文字外观"选项组中选中"绘制文字边框"

237

复选框，在"文字对齐"选项组中选中"水平"单选按钮，如图 6-78 所示。

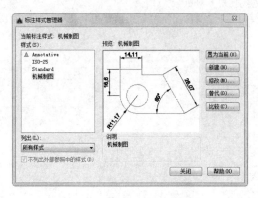

图 6-76 "标注样式"对话框　　　　　图 6-77 "创建新标注样式"对话框

图 6-78 "文字"选项卡

❷设置好以后，使用命令 DIMANGULAR 或单击"默认"选项卡"注释"面板中的"角度"按钮△，进行尺寸标注，以下为标注该角度的命令序列。

```
命令:DIMANGULAR↙
选择圆弧、圆、直线或 <指定顶点>:(选择要标注角度的第一条边)
选择第二条直线:(选择要标注角度的另一条边)
指定标注弧线位置或 [多行文字(M)/文字(T)/角度(A)/象限点(Q)]:(用鼠标指定标注的位置)
标注文字 =22.5
```

结果如图 6-79 所示。

06 其他标注。除了上面介绍的标注外，本实例还需要标注直径和标注表面及形位公差。在 AutoCAD 中通过修改标注样式而方便地标注多种类型的尺寸，标注的外观由当前尺寸标注样式控制，如果尺寸外观看起来不符合用户的要求，则可以通过调整标注样式进行修改，最后标注技术要求，这里不再详细介绍，结果如图 6-62 所示。

图 6-79   标注的角度

 总结与点评

本实例第一次讲述一个完整的零件图的绘制过程，包括视图、尺寸标题栏、图幅图框和技术要求等，希望读者通过本实例体会一下完整的零件图的绘制过程。

实例 60   连接盘零件图

本实例绘制的连接盘零件图如图 6-80 所示。

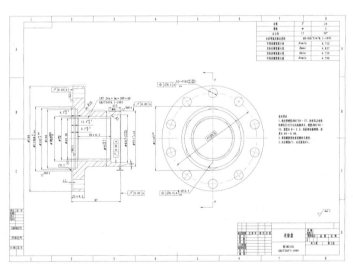

实讲实训 多媒体演示

多媒体演示参见配套光盘中的\\动画演示\第6章\连接盘零件图.avi。

图 6-80   连接盘零件图

 思路提示

在绘制连接盘之前，首先应该对连接盘进行系统的分析。根据国家标准，需要确定零件图的图幅，零件图中要表示的内容，零件各部分的线型、线宽、公差及公差标注样式，以及表面粗糙度等，另外还需要确定需要用几个视图才能清楚地表达该零件。

根据国家标准和工程分析，要将齿轮表达清楚完整，需要一个主视剖视图以及一个左视图。为了将图形表达得更加清楚，选择绘图比例为 1:1，图幅为 A2，另外还需要在图形中绘制连接盘内部齿轮的齿轮参数表及技术要求等。图 6-77 所示为要绘制的连接盘零件图，其绘制流程如图 6-81 所示。

 解题步骤

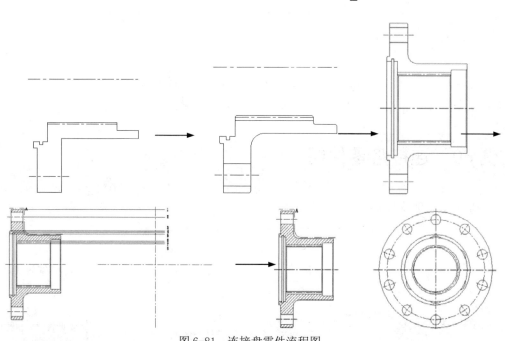

图 6-81　连接盘零件流程图

01 配制绘图环境。

❶调入样板图。新建一个文件，选择 A2 样板，其中样板图左下端点坐标为（0，0）。

❷新建图层。在样板图中已经设置了一系列的图层，但为了说明高频淬火的位置，需要用到双点画线，所以，在此需要设置一个新图层。

❸新建图层。单击"默认"选项卡"图层"面板中的"图层特性"按钮，新建一个图层，将图层名设置为"双点画线层"，并将其颜色设置为蓝色，将双点画线层的线型设置为 DIVIDE 线型。

02 绘制主视图。主视图为全剖视图，由于其关于中心线对称分布，所以只需绘制中心线的一边的图形，另一边的图形使用镜像命令镜像即可。以下为绘制主视图的方法和步骤。

❶绘制中心线和齿部分度圆线。将"中心线"图层设置为当前图层。

根据连接盘的尺寸，绘制连接盘中心线的长度为 100，连接盘端部孔的中心线的长度为 30，两线的间距为 41.75，齿部分度线的长度为 58。

单击"默认"选项卡"绘图"面板中的"直线"按钮，绘制直线{(160,160)、(@100,0)}、{(160,82.25)、(@30,0)}、{(176.5,124)、(@58,0)}。结果如图 6-82 所示。

❷绘制主视图的轮廓线。根据分析可以知道，该主视图的轮廓线主要由直线组成，另外还有齿部的轮廓线，由于连接盘零件具有对称性，所以先绘制主视图轮廓线的一半，然后再使用镜像命令绘制完整的的轮廓线。在绘制主视图的轮廓线的过程中需要用到直线、倒角、圆角等命令。以下为绘制锥齿轮轴轮廓线的命令序列。

1）绘制外轮廓线。将"实体层"设置为当前图层。单击"默认"选项卡"绘图"面板中的"直线"按钮，其端点坐标依次是：(252，119)、(@0，-6.5)、(@-64，0)、(@0,-42.5)、(@-20,0)、(@0,35)、(@-3,0)、(@0,5)、(@5,0)、(@0,-2.5)、(@2.7,0)、(@0,2.5)、(@3.8,0)、(@0,15.36)、(@58,0)、(@0,-6.36)、(@17.5,0)。结果如图 6-83 所示。

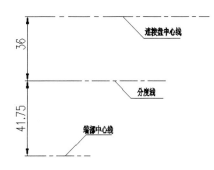

图 6-82　绘制的中心线和分度线

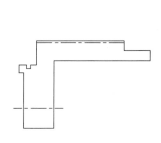

图 6-83　绘制的初步轮廓图

2）绘制齿部齿根线。单击"默认"选项卡"绘图"面板中的"直线"按钮，绘制直线{(176.5，121.75)、(@58，0)}。结果如图 6-84 所示。

3）绘制连接盘端部孔。单击"默认"选项卡"绘图"面板中的"直线"按钮，绘制直线{(168，90.25)、(@20，0)}，结果如图 6-85 所示。

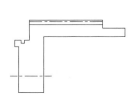

图 6-84　绘制齿根线后的轮廓图

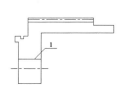

图 6-85　绘制端部孔一直线后轮廓线

4）镜像上一步绘制的直线。单击"默认"选项卡"修改"面板中的"镜像"按钮，将图 6-85 中的直线 1 以中心线为镜像线进行镜像，结果如图 6-86 所示。

5）绘制倒角。单击"默认"选项卡"修改"面板中的"倒角"按钮◻，选用距离和修剪模式依次给图6-86中的直线1和直线2之间以及A、B、C、D处倒角，其中直线1和直线2，A、B、D处的第一个倒角距离和第二个倒角距离都为1，C处第一个倒角距离和第二个倒角距离都为0.5，结果如图6-87所示。

6）圆角处理。单击"默认"选项卡"修改"面板中的"圆角"按钮◻，采用修剪方式，对图6-86中的直线3和直线4进行圆角操作，圆角半径为10；直线1和直线6进行圆角操作。圆角半径为1，结果如图6-88所示。

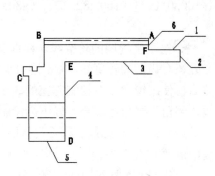

图6-86　绘制端部孔后的轮廓线

7）绘制左端倒角线。单击"默认"选项卡"绘图"面板中的"直线"按钮／，绘制直线{（252, 118）、（252, 160）}、{（251, 119）、（@41<90）}，结果如图6-89所示。

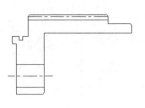

图6-87　倒角后的轮廓线

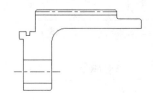

图6-88　圆角后的轮廓线

重复"直线"命令，以图6-89中的点A为起点，以与中心线的交点为端点绘制直线。结果如图6-90所示。

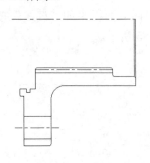

图6-89　绘制左端倒角线后的轮廓线

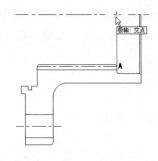

图6-90　使用对象捕捉模式绘制的倒角线

以下为使用对象捕捉模式来绘制的倒角线及其他直线段，结果如图6-91所示。

8）镜像图形。单击"默认"选项卡"修改"面板中的"镜像"按钮△，以水平中心线为镜像轴进行镜像操作，对图6-88中的全部图形镜像，结果如图6-92所示。

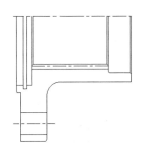
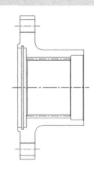

图 6-91　绘制的中心线一边的轮廓线　　　　图 6-92　镜像后的连接盘轮廓线

❸填充剖面线。由于主视图为全剖视图，因此需要在该视图上绘制剖面线。将"剖面线"图层设置为当前图层，以下为绘制剖面线的过程。

单击"默认"选项卡"绘图"面板中的"图案填充"按钮，弹出"图案填充创建"选项卡，在该选项卡中选择所需要的剖面线样式，并设置剖面线的旋转角度和显示比例，如图 6-93 所示，选择填充区域填充图形，结果如图 6-94 所示。

图 6-93　"图案填充创建"选项卡

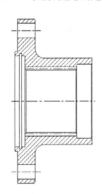

图 6-94　绘制剖面线的主视图

❹绘制高频淬火位置线。在本实例中，高频淬火位置线用双点画线来绘制，将"双点画线层"设置为当前图层。以下为绘制高频淬火位置线的命令序列。

1）绘制直线。单击"默认"选项卡"绘图"面板中的"直线"按钮，绘制直线。其端点坐标依次是：（165，252.5）、（@25，0）、（@0，-43）、（@65，0），结果如图 6-95 所示。

2）倒角处理。单击"默认"选项卡"修改"面板中的"倒角"按钮，采用修剪、距离模式，对图 6-95 中直线 1、2 进行倒角操作，其倒角距离均是 1。

3）圆角处理。单击"默认"选项卡"修改"面板中的"圆角"按钮，对图 6-95 直线 2、3 进行圆角操作，其圆角半径为 10，结果如图 6-96 所示。

243

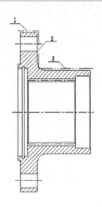

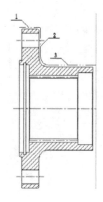

图 6-95　倒角后的轮廓线　　　　　　　　　　　图 6-96　圆角后的轮廓线

03 绘制左视图。在绘制左视图前，首先分析一下该部分的结构，该部分主要由圆组成，可以通过作辅助线方便地绘制。本部分用到的命令有圆、圆弧、直线等。以下为绘制左视图的方法和步骤。

❶绘制中心线和辅助线。

1）绘制中心线。将"中心线"图层设置为当前图层。单击"默认"选项卡"绘图"面板中的"直线"按钮，绘制中心线｛（315，160）、（512，160）｝、｛（415，55）、（415，255）｝。

2）绘制辅助线。将"实体层"设置为当前图层。单击"默认"选项卡"绘图"面板中的"直线"按钮，以图 6-97 中的点 A 为起点绘制长度为 245（X 轴方向）的直线。使用该命令依次绘制其他辅助线，结果如图 6-97 所示。

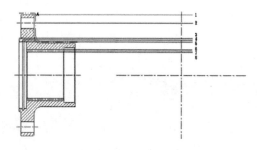

图 6-97　绘制中心线和辅助线后的图形

❷绘制左视图的轮廓线

1）绘制齿顶圆和齿根圆。单击"默认"选项卡"绘图"面板中的"圆"按钮，以图 6-97 中右边两条中心线交点为圆心，以图 6-97 中辅助线 8 与竖直中心线的距离和图 6-97 中辅助线 6 与竖直中心线的距离为半径绘制圆。

2）绘制分度圆和端部孔定位圆。将"中心线"图层设置为当前图层。

与上面相同方法以图 6-97 中右边两条中心线交点为圆心，以图 6-97 中辅助线 7 与竖直中心线的交点距离为半径绘制圆。使用该命令依次绘制其他圆，结果如图 6-98 所示。

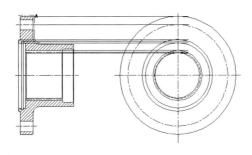

图 6-98　绘制圆后的图形

3）绘制连接盘端部孔。将"实体层"设置为当前图层。单击"默认"选项卡"绘图"面板中的"圆"按钮 ⊘，以图 6-97 中辅助线 2 与竖直中心线的交点为圆心，绘制半径为 8 圆。

4）绘制连接盘端部孔中心线。将"中心线"图层设置为当前图层。单击"默认"选项卡"绘图"面板中的"直线"按钮，绘制直径{（415，228）、（@0，20）}。结果如图 6-99 所示。

5）阵列连接盘端部孔和中心线。

命令：ARRAYPOLAR↙（或者选择菜单栏中的"修改"→"阵列"→"环形阵列"命令，或者单击"修改"工具栏中的"环形阵列"按钮 ⬚，或者单击"默认"选项卡"修改"面板中的"环形阵列"按钮 ⬚，下同）

选择对象：（使用窗口选择方式选择图 6-99 窗口内的图形）

选择对象：↙

类型 = 极轴　关联 = 是

指定阵列的中心点或［基点(B)/旋转轴(A)］：（用鼠标点取图 6-99 中的中心点）

选择夹点以编辑阵列或［关联(AS)/基点(B)/项目(I)/项目间角度(A)/填充角度(F)/行(ROW)/层(L)/旋转项目(ROT)/退出(X)］〈退出〉：AS

创建关联阵列［是(Y)/否(N)］〈是〉：N

选择夹点以编辑阵列或［关联(AS)/基点(B)/项目(I)/项目间角度(A)/填充角度(F)/行(ROW)/层(L)/旋转项目(ROT)/退出(X)］〈退出〉：I

输入阵列中的项目数或［表达式(E)］〈6〉：10

选择夹点以编辑阵列或［关联(AS)/基点(B)/项目(I)/项目间角度(A)/填充角度(F)/行(ROW)/层(L)/旋转项目(ROT)/退出(X)］〈退出〉：F

指定填充角度(+=逆时针、-=顺时针)或［表达式(EX)］〈360〉：

选择夹点以编辑阵列或［关联(AS)/基点(B)/项目(I)/项目间角度(A)/填充角度(F)/行(ROW)/层(L)/旋转项目(ROT)/退出(X)］〈退出〉：↙

结果如图 6-100 所示。

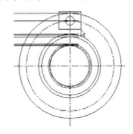

图 6-99　绘制端部孔后的图形

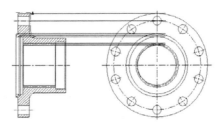

图 6-100　阵列后的图形

6）绘制劣弧线。将"双点画线层"设置为当前图层。单击"默认"选项卡"绘图"面板中的"圆"按钮⊘，以（415，200）为圆心，12.5为半径绘制圆，结果如图6-101所示。

7）修剪圆弧。单击"默认"选项卡"修改"面板中的"修剪"按钮，以图6-101中的圆A为剪切边，对图6-101中圆1进行修剪，结果如图6-102所示。

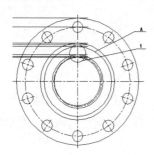

图6-101　绘制圆后的图形

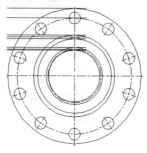

图6-102　修剪后的图形

8）阵列修剪后的劣弧。

命令：ARRAYPOLAR✓（或者选择菜单栏中的"修改"→"阵列"→"环形阵列"命令，或者单击"修改"工具栏中的"环形阵列"按钮，或者单击"默认"选项卡"修改"面板中的"环形阵列"按钮，下同）

选择对象：（使用窗口选择方式选择修剪后的劣弧）

选择对象：✓

类型 = 极轴　关联 = 是

指定阵列的中心点或［基点(B)/旋转轴(A)］：（用鼠标点取图6-102中的中心点）

选择夹点以编辑阵列或［关联(AS)/基点(B)/项目(I)/项目间角度(A)/填充角度(F)/行(ROW)/层(L)/旋转项目(ROT)/退出(X)］〈退出〉：AS

创建关联阵列［是(Y)/否(N)］〈是〉:N

选择夹点以编辑阵列或［关联(AS)/基点(B)/项目(I)/项目间角度(A)/填充角度(F)/行(ROW)/层(L)/旋转项目(ROT)/退出(X)］〈退出〉：I

输入阵列中的项目数或［表达式(E)］〈6〉：

选择夹点以编辑阵列或［关联(AS)/基点(B)/项目(I)/项目间角度(A)/填充角度(F)/行(ROW)/层(L)/旋转项目(ROT)/退出(X)］〈退出〉:F

指定填充角度(+=逆时针、-=顺时针)或［表达式(EX)］〈360〉：

选择夹点以编辑阵列或［关联(AS)/基点(B)/项目(I)/项目间角度(A)/填充角度(F)/行(ROW)/层(L)/旋转项目(ROT)/退出(X)］〈退出〉：✓

结果如图6-103所示。

9）删除所用的辅助线。单击"默认"选项卡"修改"面板中的"删除"按钮，依次删除如图6-103的辅助线，结果如图6-104所示。

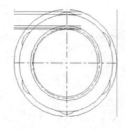

图6-103　阵列后的图形

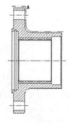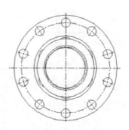

图6-104　删除辅助线后的图形

04 标注连接盘。在图形绘制完成后，还要对图形进行标注，该零件图的标注包括齿轮参数表格的创建与填写、长度标注、角度标注、形位公差标注、参考尺寸标注、齿轮参数表格的创建与填写和填写技术要求等。下面将讲解直线处标注直径及参考尺寸的标注方法。

❶标注直径。线性的带直径符号的标注主要有两种，一种为带有公差的标注，另一种为不含有公差的标注。下面将分别介绍。

以标注 "$\phi 76.5_0^{+0.3}$" 为例说明线性处带有公差的直径标注方法。

1）将"尺寸线"图层设置为当前图层，单击"默认"选项卡"注释"面板中的"标注样式"按钮，弹出"标注样式管理器"对话框，单击"新建"按钮，创建新的标注样式"机械制图"，用于标注机械制图中的线性尺寸。单击"新建"按钮，基于"机械制图"，创建分别用于"半径标注""直径标注""角度标注"和"线性标注"的标注样式。其中，在"线性"标注样式中的"主单位"选项卡中设置"前缀"一栏输入%%C，该符号表示直径，如图6-105所示；在"公差"选项卡的"方式"一栏选择"极限偏差"，在"上偏差"一栏输入0.3，在"下偏差"一栏输入0，如图6-106所示。

2）按照上述设置好以后，单击"默认"选项卡"注释"面板中的"线性"按钮，标注图中$\phi 76.5_0^{+0.3}$的尺寸。结果如图6-107所示。

❷其他标注。除了上面介绍的标注外，本实例还需要标注线性、半径、直径、角度，以及创建与填写齿轮参数表格和标注表面及形位公差。这里不再详细的介绍，可以参照其他实例中相应的介绍。

图6-105 "主单位"选项卡

05 填写标题栏。标题栏是反应图形属性的一个重要信息来源，用户可以在其中查找零部件的材料、设计者及修改等信息。其填写与标注文字的过程相似，这里不再赘述，可以参照其他实例中相应的介绍。图6-80所示为绘制完整的连接盘零件设计图。

图 6-106 "公差"选项卡

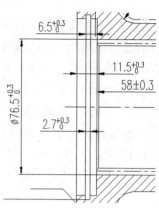

图 6-107 标注的尺寸

总结与点评

本实例讲述连接盘零件图，其图线相对复杂，尤其是尺寸标注很复杂，比如带直径符号的公差尺寸，读者要注意体会。另外本实例还学习到双点画线的应用，表面处理位置线一般用双点画线来绘制，这一点读者要注意体会。

实例 61 标注圆柱齿轮

本实例标注的圆柱齿轮零件图如图 6-108 所示。

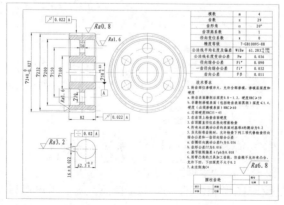

图 6-108 标注圆柱齿轮

实讲实训
多媒体演示

多媒体演示参见配套光盘中的\\动画演示\第6 章\标注圆柱齿轮.avi。

思路提示

图 6-108 中除了前面介绍过的尺寸标注外，又增加了参数表标注和技术要求的标注。通过本实例的学习，不但可以进一步巩固在前面使用过的标注命令及表面粗糙度、形位公差的标注方法，同时还将掌握参数表标注和技术要求标注。其绘制流程如图 6-109 所示。

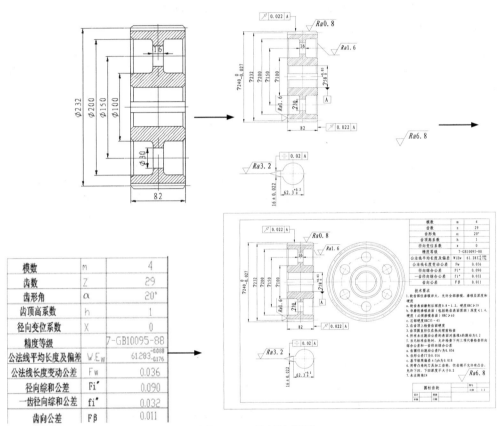

图 6-109　绘制流程图

解题步骤

01 配制绘图环境。

❶调入样板图。新建一个文件，选择 A3 样板，其中样板图左下端点坐标为（0，0）。

❷新建图层。单击"默认"选项卡"图层"面板中的"图层特性"按钮，新建一个图层，将图层名设置为"尺寸标注层"，并将其颜色设置为蓝色，其他选项按默认设置。

02 插入圆柱齿轮视图。将已经绘制好的圆柱齿轮视图复制到当前图形中。

标注圆柱齿轮。

❶无公差尺寸标注。

1）将"尺寸标注层"设置为当前图层。单击"默认"选项卡"注释"面板中的"标注样式"按钮，弹出"标注样式管理器"对话框，将"机械制图"样式设置为当前使用的标注样式。

> **说 明**
>
> 《机械制图》国家标准中规定，标注的尺寸值必须是零件的实际值，而不是在图形上的值。这里之所以修改标注样式，是因为在绘制图形时将图形整个缩小了一半。在此将比例因子设置为 2，标注出的尺寸数值刚好恢复为原来绘制时的数值。

2）线性标注：单击"默认"选项卡"注释"面板中的"线性"按钮，标注同心圆使用特殊符号表示法"%%C"表示"Φ"，如"％％C100"表示"Φ100"；标注其他无公差尺寸，如图 6-110 所示。

❷带公差尺寸标注。

1）设置带公差标注样式：单击"默认"选项卡"注释"面板中的"标注样式"按钮，弹出"创建新标准样式"对话框，建立一个名为"副本机械制图（带公差）"的样式，"基础样式"为"机械制图标注"，如图 6-111 所示。在"新建标注样式"对话框中，设置"公差"选项卡，设置如图 6-112 所示。并把"副本机械制图（带公差）"的样式设置为当前使用的标注样式。

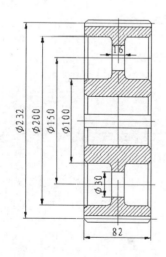

图 6-110 无公差尺寸标注

图 6-111 "创建新标注样式"对话框

2）线性标注：单击"默认"选项卡"注释"面板中的"线性"按钮，标注带公差的尺寸。

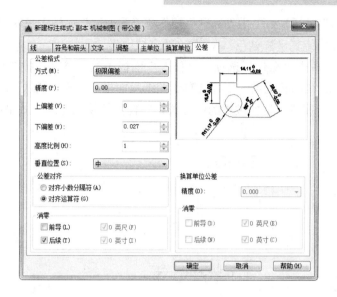

图 6-112　"公差"选项卡

3）分解公差尺寸系：单击"默认"选项卡"修改"面板中的"分解"按钮，分解所有的带公差尺寸标注系。

4）编辑上下极限偏差：在命令行中输入"DDEDIT"命令后按 Enter 键，选择需要修改的极限偏差文字，编辑上下极限偏差，$\Phi58$：+0.030 和 0；$\Phi240$：0 和-0.027；16：+0.022 和-0.022；62.1：+0.20 和 0，如图 6-113 所示。

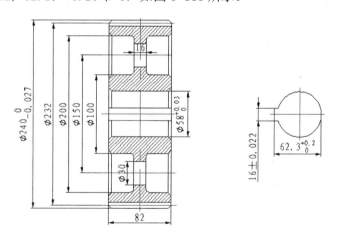

图 6-113　标注公差尺寸

❸形位公差标注。

1）绘制基准符号：利用"多行文字"命令、"矩形"命令、"图案填充"命令和"直线"命令绘制基准符号，如图 6-114 所示。

2）标注形位公差。利用 QLEADER 命令标注形位公差，如图 6-115 所示。

3）打开图层：单击"默认"选项卡"图层"面板中的"图层特性"按钮，弹出

"图层特性管理器"对话框,单击"标题栏层"和"图框层"属性中呈灰暗色的"打开/关闭图层" 💡图标,使其呈鲜亮色 💡,在绘图窗口中显示图幅边框和标题栏。

4)图形移动:单击"默认"选项卡"修改"面板中的"移动"按钮💠,分别移动圆柱齿轮主视图、左视图和键槽,使其均布于图纸版面里。单击"默认"选项卡"修改"面板中的"打断"按钮🖭,删掉过长的中心线,圆柱齿轮绘制完毕,效果如图 6-115 和图 6-116 所示。

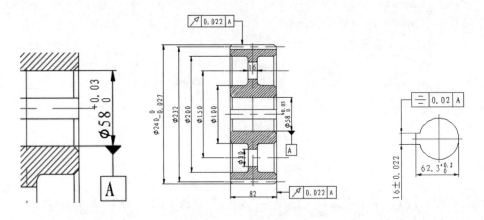

图 6-114 基准符号   图 6-115 形位公差   图 6-116 标注圆柱齿轮的形位公差

04 标注表面粗糙度、参数表与技术要求。

❶表面粗糙度标注。

1)将"尺寸标注层"设置为当前图层。

2)制作表面粗糙度图块,结合"多行文字"命令标注表面粗糙度,得到的效果如图 6-117 所示。

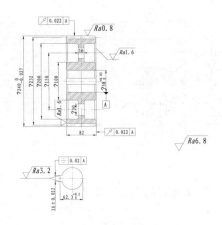

图 6-117 表面粗糙度标注

❷参数表标注。

1)将"注释层"设置为当前图层。

2）单击"默认"选项卡"注释"面板中的"表格样式"按钮，弹出"表格样式"对话框，如图 6-118 所示。

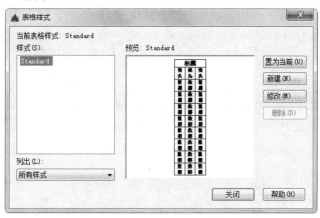

图 6-118　"表格样式"对话框

3）单击"修改"按钮，弹出"修改表格样式"对话框，如图 6-119 所示。在该对话框中进行如下设置：数据文字样式为"Standard"，文字高度为 4.5，文字颜色为"ByBlock"，填充颜色为"无"，对齐方式为"正中"；在"边框特性"选项组中单击下第一个按钮，栅格颜色为"洋红"；没有标题行和列标题，表格方向向下，水平单元边距和垂直单元边距都为1.5。

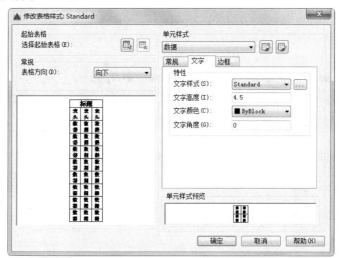

图 6-119　"修改表格样式"对话框

4）设置好文字样式后，确定退出。

5）创建表格。单击"默认"选项卡"注释"面板中的"表格"按钮，弹出"插入表格"对话框，如图 6-120 所示。设置插入方式为"指定插入点"，行和列设置为 9 行 3 列，列宽为 8，行高为 1 行。

确定后，在绘图平面指定插入点，则插入如图 6-121 所示的空表格，并显示多行文字编辑器，不输入文字，直接在多行文字编辑器中单击"确定"按钮退出。

6）单击第 1 列某一个单元格，出现钳夹点后，将右边钳夹点向右拉，使列宽大约变成 60，用同样方法，将第 2 列和第 3 列的列宽拉成约 15 和 30，结果如图 6-122 所示。

7）双击单元格，打开"文字编辑器"选项卡，在各单元格中输入相应的文字或数据，结果如图 6-123 所示。

图 6-120 "插入表格"对话框

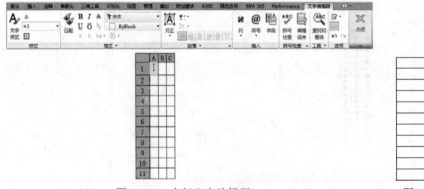

图 6-121 多行文字编辑器

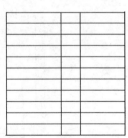

图 6-122 改变列宽

❸技术要求标注。

1）将"注释层"设置为当前图层。

2）单击"默认"选项卡"注释"面板中的"多行文字"按钮**A**，标注技术要求，如图 6-124 所示。

模数	m	4
齿数	Z	29
齿形角	α	20°
齿顶高系数	h	1
径向变位系数	X	0
精度等级		7-GB10095-88
公法线平均长度及偏差	W.E$_W$	61.283$^{-0.088}_{-0.176}$
公法线长度变动公差	Fw	0.036
径向综合公差	Fi''	0.090
一齿径向综和公差	fi''	0.032
齿向公差	Fβ	0.011

图 6-123 参数表

技术要求

1. 轮齿部位渗碳淬火,允许全部渗碳,渗碳层深度和硬度

  a. 轮齿表面磨削后深度0.8~1.2,硬度HRC≥59

  b. 非磨削渗碳表面(包括轮齿表面黑斑)深度≤1.4,硬度(必须渗碳表面)HRC≥60

  c. 芯部硬度HRC35~45

2. 在齿顶上检查齿面硬度

3. 齿顶圆直径仅在热处理前检查

4. 所有未注跳动公差的表面对基准A的跳动为0.2

5. 当无标准齿轮时,允许检查下列三项代替检查径向综合公差和一齿径向综合公差

  a. 齿圈径向跳动公差Fr为0.056

  b. 齿形公差ff为0.016

  c. 基节极限偏差±f$_{pb}$为0.018

6. 用带凸角的刀具加工齿轮,但齿根不允许有凸台,允许下凹,下凹深度不大于0.2

7. 未注倒角2x45°

图 6-124 技术要求

05 填写标题栏。

❶ 将"标题栏层"设置为当前图层。

❷ 在标题栏中输入相应文本。圆柱齿轮设计最终效果如图 6-108 所示。

 ## 总结与点评

    本实例讲述圆柱齿轮零件图,除了前面讲述的零件图的一般绘制过程外,这里还应用到了表格的相关功能,包括几何公差标注的方法,读者要注意体会。

实例 62 阀盖零件图

本实例绘制的阀盖零件图如图 6-125 所示。

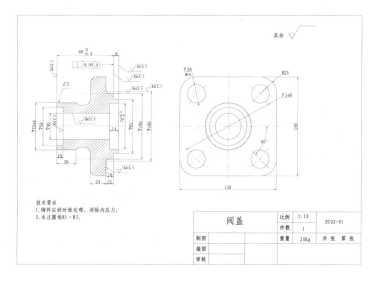

图 6-125 阀盖零件图

实讲实训 多媒体演示

多媒体演示参见配套光盘中的\\动画演示\第6章\阀盖零件图.avi。

思路提示

本实例绘制的是阀盖零件图，这是一张完整的零件图，首先要绘制样板图，包括边框绘制，图形外围设置，标题栏绘制，图层设置，文本样式设置，标注样式设置等。在绘制图形的过程中，要按通常的顺序进行逐步绘制，注意保持各个视图的对应尺寸关系。其绘制流程如图 6-126 所示。

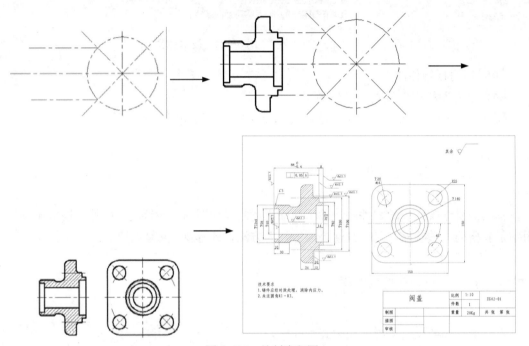

图 6-126　绘制流程图

解题步骤

01 配置绘图环境。

❶新建文件。单击"自定义快速访问工具栏"中的"新建"按钮，弹出"选择样板"对话框，选择随书光盘中的"源文件\A3 横向样板图.dwt"文件，单击"打开"按钮，将新文件命名为"阀盖零件图.dwg"并保存。

❷显示线宽。单击状态栏中的"显示/隐藏线宽"按钮，在绘制图形时显示线宽。

❸调整绘图比例。单击"视图"选项卡"导航"面板中的"全部"按钮，调整绘图区的显示比例。

❹新建图层。单击"默认"选项卡"图层"面板中的"图层特性"按钮，弹出"图层特性管理器"对话框，新建并设置图层，如图 6-127 所示。

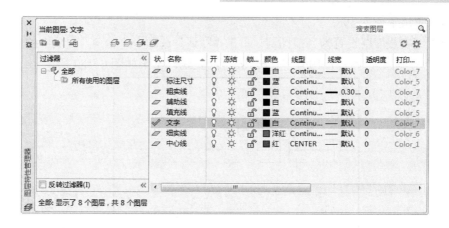

图 6-127　"图层特性管理器"对话框

02 绘制视图。

❶将"中心线"设置为当前图层。单击"默认"选项卡"绘图"面板中的"直线"按钮 ，绘制水平和竖直对称中心线，坐标点为{(50,160)、(350,160)}、{(270,80)、(270,240)}、{(190,240)、(350,80)}和{(350,240)、(190,80)}。

❷单击"默认"选项卡"绘图"面板中的"圆"按钮 ，以坐标点（270,160）为圆心，绘制 Φ140 中心线圆。

❸单击"默认"选项卡"绘图"面板中的"直线"按钮 ，分别以 Φ140 圆与斜线的交点为起点绘制两条水平中心线，结果如图 6-128 所示。

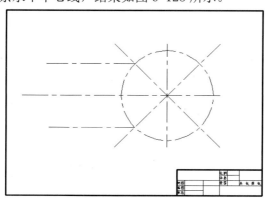

图 6-128　绘制中心线

03 绘制主视图上半部分轮廓线。

❶将"粗实线"层设置为当前图层。单击"默认"选项卡"绘图"面板中的"直线"按钮 ，绘制主视图的轮廓线，坐标点依次为{(55,160)、(55,189)、(65,189)、(65,180)、(137,180)、(137,195)、(151,195)、(151,160)}、{(65,180)、(65,160)}、{(137,180)、(137,160)}、{(55,189)、(55,193)、(58,196)、(85,196)、(89,192)、(107,192)、(107,235)、(131,235)、(131,213)、(133,213)、(133,210)、(143,210)、(143,201)、(151,201)、(151,195)}。

❷单击"默认"选项卡"修改"面板中的"圆角"按钮 ，对图中相应的部位进行

圆角处理，圆角半径为10。

❸将"细实线"层设置为当前图层。单击"默认"选项卡"绘图"面板中的"直线"按钮，绘制坐标点为{(57,195)、(86,195)}的直线，结果如图6-129所示。

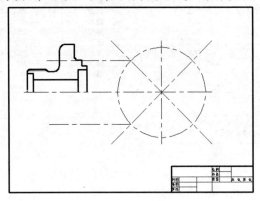

图6-129 绘制主视图上半部分轮廓线

❹单击"默认"选项卡"修改"面板中的"镜像"按钮，镜像主视图上半部分的轮廓线，结果如图6-130所示。

04 将"填充线"层设置为当前图层。单击"默认"选项卡"绘图"面板中的"图案填充"按钮，弹出"图案填充创建"选项卡。在该对话框中进行如图6-131所示的设置，单击"添加：拾取点"按钮，选择要填充的区域，填充结果如图6-132所示。

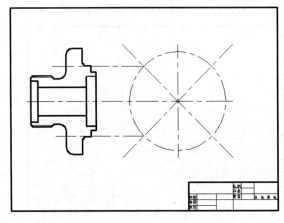

图6-130 镜像处理

图6-131 "图案填充创建"选项卡

05 绘制左视图。

❶将"辅助线"设置为当前图层。单击"默认"选项卡"绘图"面板中的"构造线"

258

按钮 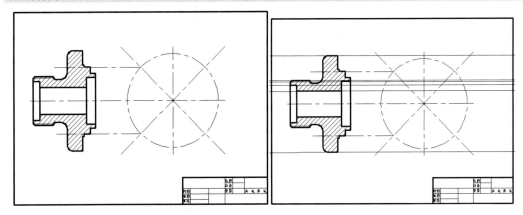，绘制水平构造线，以保证主视图与左视图对应的"高平齐"关系。绘制构造线后的图形如图 6-133 所示。

❷将"粗实线"设置为当前图层。单击"默认"选项卡"绘图"面板中的"圆"按钮 ，绘制左视图中的圆。以（270,160）为中心，拾取水平辅助线与竖直中心线的交点，绘制三个圆；拾取圆弧点画线与斜点画线的一个交点为圆心，绘制半径为 14 的圆。

❸环形阵列操作

命令：ARRAYPOLAR↙（或者选择菜单栏中的"修改"→"阵列"→"环形阵列"命令，或者单击"修改"工具栏中的"环形阵列"按钮 ，或者单击"默认"选项卡"修改"面板中的"环形阵列"按钮 ，下同）

选择对象：（选择上一步绘制的半径为 14 的圆）

选择对象：↙

类型 = 极轴　关联 = 是

指定阵列的中心点或［基点(B)/旋转轴(A)］：（拾取如图 6-133 所示左视图的中心点）

选择夹点以编辑阵列或［关联(AS)/基点(B)/项目(I)/项目间角度(A)/填充角度(F)/行(ROW)/层(L)/旋转项目(ROT)/退出(X)］〈退出〉：AS

创建关联阵列［是(Y)/否(N)］〈是〉:N

选择夹点以编辑阵列或［关联(AS)/基点(B)/项目(I)/项目间角度(A)/填充角度(F)/行(ROW)/层(L)/旋转项目(ROT)/退出(X)］〈退出〉: I

输入阵列中的项目数或［表达式(E)］〈6〉: 4

选择夹点以编辑阵列或［关联(AS)/基点(B)/项目(I)/项目间角度(A)/填充角度(F)/行(ROW)/层(L)/旋转项目(ROT)/退出(X)］〈退出〉: F

指定填充角度(+=逆时针、-=顺时针)或［表达式(EX)］〈360.00〉:

选择夹点以编辑阵列或［关联(AS)/基点(B)/项目(I)/项目间角度(A)/填充角度(F)/行(ROW)/层(L)/旋转项目(ROT)/退出(X)］〈退出〉: ↙

图 6-132　填充主视图　　　　　　　　图 6-133　绘制构造线

❹单击"默认"选项卡"绘图"面板中的"直线"按钮 ，绘制坐标点分别为（345,235）、（345,85）、（195,85）、（195,235）的闭合曲线。

❺单击"默认"选项卡"修改"面板中的"圆角"按钮 ，对左视图中阀盖的 4 个角进行圆角处理，圆角半径为 25。

❻将"细实线"层设置为当前图层。单击"默认"选项卡"绘图"面板中的"圆"按钮 ，以（270,160）为圆心，拾取从主视图螺纹牙底引出的水平辅助线与竖直中心

线的交点为圆上的一点，绘制如图 6-134 所示的圆。

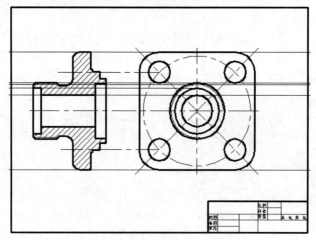

图 6-134 绘制左视图

❼单击"默认"选项卡"修改"面板中的"修剪"按钮 和"删除"按钮 ，删除和修剪视图中多余的辅助线，完成视图的绘制，结果如图 6-135 所示。

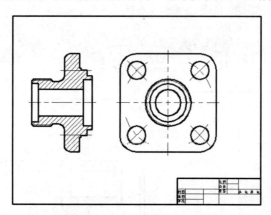

图 6-135 删除辅助线

06 标注阀盖。

❶将"标注尺寸"层设置为当前图层。单击"默认"选项卡"注释"面板中的"线性"按钮 ，标注同心圆，使用特殊符号表示法"％％C"表示"Φ"，如"％％C40"表示"Φ40"；采用同样的方法标注其他无公差尺寸。

❷单击"默认"选项卡"注释"面板中的"标注样式"按钮 ，新建名为"h2"的标注样式，在"新建标注样式"对话框"公差"选项卡的"方式"下拉列表中选择"极限偏差"选项，在"上偏差"和"下偏差"微调框中分别输入上偏差和下偏差数值，参数设置如图 6-136 所示。

❸在"标注样式管理器"对话框中选择"h2"为当前标注样式，标注带公差的尺寸，命令行中的提示与操作如下：

260

图 6-136　"新建标注样式"对话框

命令：DIMLINEAR✓
指定第一个尺寸界线原点或〈选择对象〉：（指定一个尺寸界线起点）
指定第二条尺寸界线原点：（指定另一个尺寸界线起点）
指定尺寸线位置或[多行文字(M)/文字(T)/角度(A)/水平(H)/垂直(V)/旋转(R)]：（指定尺寸线的位置）
标注文字 =70

❹替代 h2 标注样式。单击"默认"选项卡"注释"面板中的"标注样式"按钮，在弹出的"标注样式管理器"中单击"替代"按钮，在弹出的"替代当前样式"对话框中打开"公差"选项卡，将 h2 标注样式的上、下偏差分别改为 0.2 和 0，如图 6-137 所示；在"主单位"选项卡的"前缀"文本框中输入"%%C"，以标注直径公差，完成尺寸及公差标注的图形如图 6-138 所示。

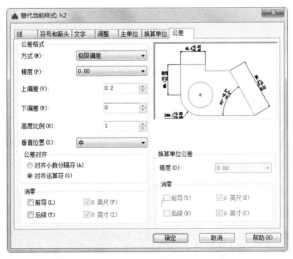

图 6-137　"替代当前样式"对话框

261

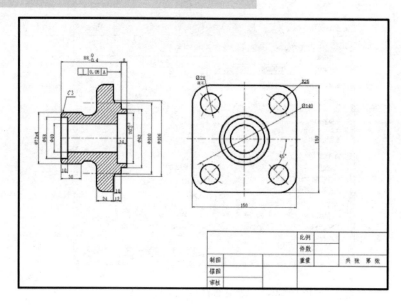

图 6-138　标注尺寸及公差

07 标注表面粗糙度。在这里，需要将表面粗糙度符号创建为块以便以后调用。

❶单击"默认"选项卡"绘图"面板中的"直线"按钮，绘制表面粗糙度符号。

❷在命令行中输入"WBLOCK"命令，弹出"写块"对话框，如图 6-139 所示。单击"拾取点"按钮，拾取表面粗糙度符号最下端点为基点；单击"选择对象"按钮，选择所绘制的表面粗糙度符号，在"文件名"文本框输入图块名为"表面粗糙度"，单击"确定"按钮。

图 6-139　"写块"对话框

❸将"细实线"层设置为当前图层，将制作的"表面粗糙度"图块插入到图形中的适当位置。单击"默认"选项卡"绘图"面板中的"插入块"按钮，弹出"插入"对话框，单击"浏览"按钮，选择刚刚生成的"表面粗糙度"图块，勾选"插入点"选项

组和"比例"选项组中的"在屏幕上指定"复选框，在"旋转"选项组的"角度"文本框输入角度旋转值，如图 6-140 所示，单击"确定"按钮。

图 6-140 "插入"对话框

系统临时切换到绘图区，命令行中的提示与操作如下：

```
命令：_INSERT
指定插入点或 [基点(B)/比例(S)/X/Y/Z/旋转(R)]：（在图形上指定一个点）
输入 X 比例因子，指定对角点，或 [角点(C)/XYZ(XYZ)] <1>：（输入合适的比例）✓
输入 Y 比例因子或 <使用 X 比例因子>：✓
```

❹在图形的右上角，通过绘图命令绘制一个表面粗糙度符号，该符号绘制的图层选择为"细实线"层，完成表面粗糙度标注的图形如图 6-141 所示。

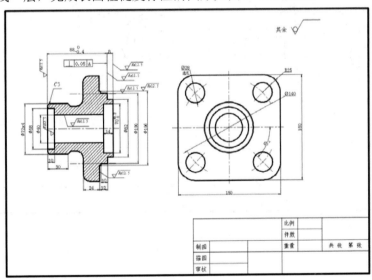

图 6-141 标注表面粗糙度

08 标注文字注释。将"文字"层设置为当前图层，单击"默认"选项卡"注释"面板中的"多行文字"按钮 A，指定插入位置后，系统打开"文字编辑器"选项卡，如图 6-142 所示，在下面的编辑框中输入文字，如技术要求等，插入文字注释后的图形如图 6-143 所示。

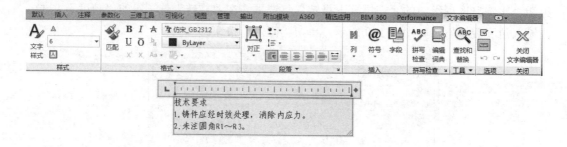

图 6-142　多行文字编辑器

09 填写标题栏。标题栏的填写可以利用单行文字插入的方式来完成。在这里将零件名放在"细实线"图层，文字高度设置为 15；将标题栏注释文字放在"文字图层"，文字高度设置为 6，填写好的标题栏如图 6-144 所示。

这样，通过上述一系列的操作，就完成了整张图形的绘制，最后生成的图形如图 6-125 所示。

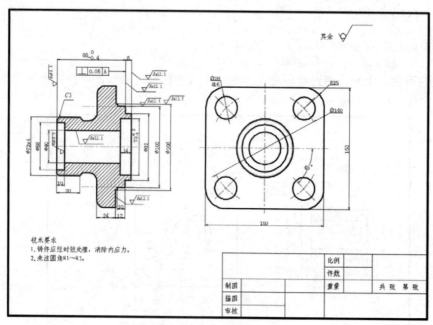

图 6-143　输入文字

		比例	1：10		
阀盖				ZG02-01	
		件数	1		
制图		重量	20Kg	共 张　第 张	
描图					
审核					

图 6-144　标题栏

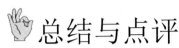
总结与点评

本实例完整地讲述了盘零件图的绘制过程，读者要注意其中图线的绘制以及图层的及时转换。有的读者虽然在开始绘图时对图层进行了设置，在在绘图过程中往往忘记了转换图层，这样图线就没有绘制在事先设想的图层上，一旦要进行统一修改，就容易出问题，这一点读者要注意体会。

实例63 装配图——箱体零件单元图

本实例与下例要绘制的箱体装配图，如图 6-145 所示。

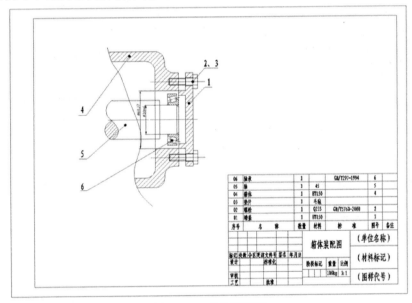

图 6-145 箱体装配图

 思路提示

装配图的绘制思想是首先绘制零件，然后运用复制命令或者块体插入命令来进行组装。

本实例中的箱体装配图一共有 5 个零件，其中的螺钉和轴承都是标准件，一旦确定下来之后，其结构形状都是相同的，只是尺寸、规格不同，因此在绘图时可以先将它们生成图块，在绘制装配图时插入块即可。其他的零件都可以先绘制零件图，用 WBLOCK

命令将其写入文件，如图中的端盖、垫片、轴等都可以这样操作。其绘制流程如图 6-146 所示。

解题步骤

01 绘制螺栓。螺栓是标准件，绘制命令这里不再赘述，可以参考相关的介绍，图 6-147 所示是螺栓的绘制命令及其形状。

关闭标注层，将螺栓制成块体，在命令行输入命令"wblock"，弹出如图 6-148 所示的对话框。"源"选择选择"对象"，在对象中选择"转换为块"，选择对象是选择所有的图形。选择合适的路径，将名称设为"螺栓块体"。

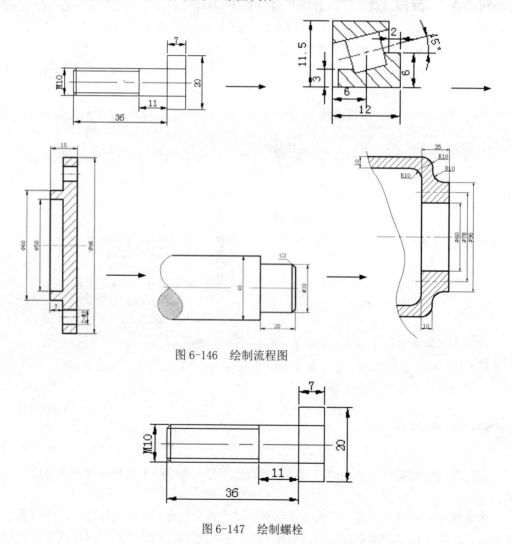

图 6-146　绘制流程图

图 6-147　绘制螺栓

02 绘制轴承。绘制的轴承如图 6-149 所示。将轴承制作成块体，运用 WBLOCK 命令，名称命名为"装配轴承"，注意建立块体的时候将标注图层关闭并冻结。

03 绘制端盖。打开一个新的.dwg 文件，将其命名为"端盖"，建立 4 个图层：

❶ "粗实线"图层，线宽为 0.3mm，其余选项默认。

❷ "细实线"图层，线宽为 0.15mm，所有选项默认。

❸ "中心线"图层，线宽为 0.15mm，线型为 CENTER，颜色设为红色，其余选项默认。

❹ "标注"图层，线宽为 0.15mm，颜色设为绿色，其余选项默认。

```
命令：LINE✓
指定第一个点：0,0✓
指定下一点或 [放弃(U)]：@0,30✓
指定下一点或 [放弃(U)]：@7,0✓
指定下一点或 [闭合(C)/放弃(U)]：@0,18✓
指定下一点或 [闭合(C)/放弃(U)]：@8,0 ✓
指定下一点或 [闭合(C)/放弃(U)]：@0,-48 ✓
指定下一点或 [闭合(C)/放弃(U)]：✓
```

图 6-148　"写块"对话框

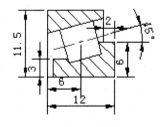

图 6-149　绘制轴承

❺ 使用同样方法，绘制另外五条线段或连续线段，端点坐标分别为{（7,43）、（@8,0）}、{（7,35）、（@8,0）}、{（0,25）、（@7,0）、（@0,-25）}、{（3,39）、（@16,0）}、{（-5,0）、（@25,0）}。结果如图 6-150 所示。

❻ 将端盖做镜像处理，单击"默认"选项卡"修改"面板中的"镜像"按钮△，镜像处理完毕后将侧视图填充，将当前图层设为"细实线"图层，单击"默认"选项卡"绘图"面板中的"图案填充"按钮，效果如图 6-151 所示。

❼ 关闭标注图层，将端盖制成块体，输入命令"WBLOCK"，将名称设为"端盖块体"。

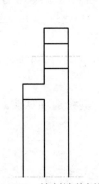

图 6-150　绘制端盖侧视图

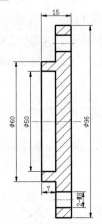

图 6-151　端盖

04 绘制轴。新建一个.dwg 文件,绘制轴,建立如下 4 个图层:

❶ "粗实线"图层,线宽为 0.3mm,其余选项默认。

❷ "细实线"图层,所有选项默认。

❸ "中心线"图层,线型为 CENTER,颜色设为红色,其余选项默认。

❹ "标注"图层,颜色设为绿色。

```
命令: LINE↙
指定第一个点: 0,20↙
指定下一点或 [放弃(U)]: @50,0↙
指定下一点或 [放弃(U)]: @0,-20↙
指定下一点或 [闭合(C)/放弃(U)]: ↙
```

❺ 使用同样方法,绘制另外三条线段或连续线段,端点坐标分别为{(50,15)、(@18,0)、(@2,-2)、(@0,-13)}、{(68,15)、(@0,-15)}、{(-5,0)、(@80,0)}。

❻ 做镜像从处理,单击"默认"选项卡"修改"面板中的"镜像"按钮◭,对轴做镜像处理,然后运用样条曲线和图案填充命令将轴制作成为如图 6-152 所示。

❼ 将轴制成块体,输入命令"WBLOCK",将名称设为"轴块体"。

05 绘制箱体。新建一个.dwg 文件,绘制箱体,建立 4 个图层。

❶ "粗实线"图层,线宽为 0.3mm,其余选项默认。

❷ "细实线"图层,所有选项默认。

❸ "中心线"图层,线型为 CENTER,颜色设为红色,其余选项默认。

❹ "标注"图层,颜色设为绿色。

```
命令: LINE↙
指定第一个点: -50,70↙
指定下一点或 [放弃(U)]: @60,0↙
指定下一点或 [放弃(U)]: @0,-22↙
指定下一点或 [放弃(U)]: @15,0↙
指定下一点或 [放弃(U)]: @0,-48↙
指定下一点或 [放弃(U)]: ↙
```

❺ 使用同样方法,绘制另外 3 条线段或连续线段,端点坐标分别为{(-50,60)、(@50,0)、(@0,-60)}、{(0,30)、(@25,0)}、{(-5,39)、(@35,0)}{(-40,0)、(@75,0)}。

❻ 将图形进行圆角处理,单击"默认"选项卡"修改"面板中的"圆角"按钮▢,

将图 6-153 所示的几条边进行圆角处理。镜像处理，单击"默认"选项卡"修改"面板中的"镜像"按钮，将图做如图 6-153 所示的镜像处理。绘制样条曲线，并且剪切图形。填充图形，单击"默认"选项卡"绘图"面板中的"图案填充"按钮，将图中的部分区域进行填充。箱体的零件图如图 6-153 所示。关闭标注图层，将箱体制成块体，输入命令"WBLOCK"，将名称设为"箱体块体"。

总结与点评

本实例讲述了箱体装配图各个零件单元，其图线相对简单，也不需要进行尺寸标注，这里需要注意的是图块的制作方法，读者可以通过本实例进行体会。

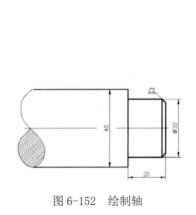

图 6-152 绘制轴

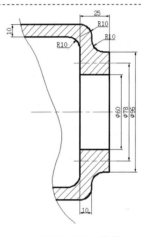

图 6-153 箱体

实例 64 装配图——箱体装配图

思路提示

本实例将接着上一实例的内容介绍，上一实例制作了 5 个箱体装配图的零件，本例将运用块体的插入命令将 5 个零件图装配起来，并绘制明细栏。

此外，本实例还运用到分解命令和尺寸标注的相关命令。上一实例和本实例是 AutoCAD 二维绘图的集成章节。其绘制流程如图 6-154 所示。

解题步骤

01 插入块体。绘制好 5 个零件之后，就可以继续运用图块的插入命令来进行箱

体装配图的绘制了。新建一个.dwg 文件，命名为"箱体装配图"。单击"默认"选项卡
"绘图"面板中的"插入块"按钮🔲，弹出如图 6-155 所示对话框。单击"浏览"按钮。
寻找绘制的"端盖块体"块体的路径，并单击"打开"按钮，回到图 6-155 所示的对话
框，单击"确定"按钮，找到合适的插入点即可。按照上述方法，将实例中的 5 个块体
均插入到图中，如图 6-156 所示。

02 图形缩放。将螺栓进行缩放操作，单击"默认"选项卡"修改"面板中的"缩
放"按钮🔲，缩放比例为 0.7。利用"移动"命令和"镜像"等命令将 5 个零件移动至
合适的位置，组成箱体装配图如图 6-157 所示。

03 标注图形。运用分解命令将 5 个零件图分解删除多余的直线并且进行标注，
则箱体装配图绘制完毕，结果如图 6-158 所示。打开源文件\第 6 章\明细表，将其添加
到图中，最终结果如图 6-151 所示。

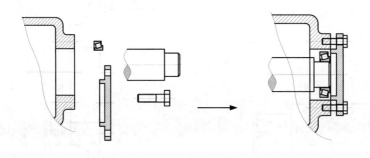

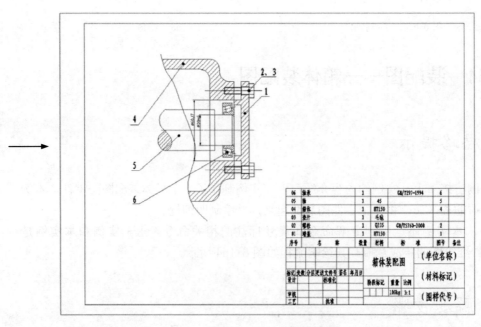

图 6-154　绘制流程图

图 6-155 "插入"对话框

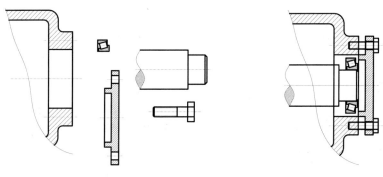

图 6-156 箱体装配图的零件

图 6-157 进行箱体装配

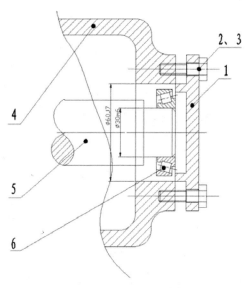

图 6-158 箱体装配图

总结与点评

　　本实例讲述了箱体装配图的绘制方法，由于已经事先把装配图中的各个零件单元绘制完毕。所以这里只要将前面的零件图块插入即可，这里需要注意的是图块插入时的比例选择，一定要对各个零件选择相同的比例，否则会出现错误。就装配图本身，有几点要强调：

　　1）装配图要有明细栏以及相应的指引号，指引号要尽量标注整齐。

　　2）装配图要标准必要的尺寸，一般应包括 4 个方面的尺寸：总体尺寸、定位尺寸、安装尺寸以及配合尺寸，配合尺寸一般要标注公差，其他的尺寸则不需要标注。

第 7 章

建筑工程图绘制

本章学习建筑工程图的绘制。从本章开始,我们进入严格意义上的建筑工程图绘制,包括总平面图、平面图、立面图、剖面图、建筑详图等的具绘制方法。

本章的知识,具有实际的工程意义,希望读者注意体会。

学 习 要 点

- 总平面图
- 平面图
- 立面图
- 剖面图
- 建筑详图

实例 65　某办公楼总平面图设计

本实例绘制的某办公楼总平面图设计如图 7-1 所示。

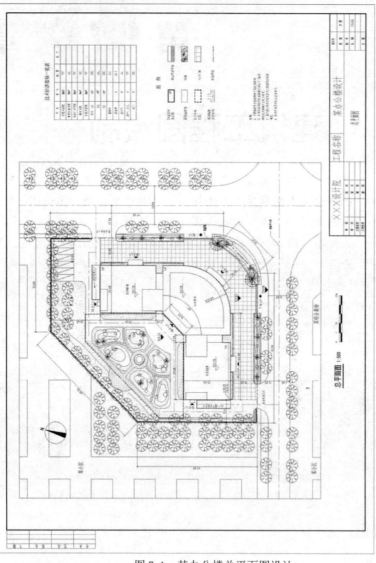

实讲实训
多媒体演示

多媒体演示
参见配套光盘中
的\\动画演示\第
7 章\某办公楼总
平面图设计.avi。

图 7-1　某办公楼总平面图设计

 思路提示

总平面布置包括建筑物、道路、广场、绿地、停车场等内容，着重处理好它们之间
的空间关系，及其与四邻、古树、文物古迹、水体、地形之间的关系。在本实例中，介
绍在 AutoCAD 2016 中布置这些内容的操作方法和注意事项。在讲解中，主要以某综合

办公楼方案设计总平面图为例，其绘制流程如下面的绘制步骤所示。

 解题步骤

01 单位及图层设置说明。鉴于总图中的图样内容与其他建筑图样（平、立、剖）存在一些差异，在此有必要对绘图单位及图层设置作一个简单说明。

❶单位。虽然总图一般以 m 为单位标注尺寸，这里仍然将单位设置为 mm。以 mm 为单位的实际尺寸绘制。

❷图层。总体上按照不同图样对象划分到不同的图层中去的原则，其中酌情考虑线型、颜色的搭配和协调，如图 7-2 所示。

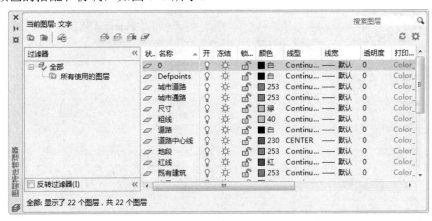

图 7-2　总图图层设置示例

02 建筑物布置。

❶整理建筑物图样。为了便捷绘图，可以将屋顶平面图复制过来，适当增绘一些平面正投影下看得到的建筑附属设施（如地面台阶、雨篷等）后，作为总图建筑图样的底稿。然后，将它做成一个图块，如图 7-3 所示。

❷绘制轮廓线。单击"默认"选项卡"绘图"面板中的"多段线"按钮 ，沿建筑周边将建筑物±0.00 标高处的可见轮廓线描绘出来，如图 7-4 所示。注意最后将多段线闭合，便于用它来查询建筑用地面积。

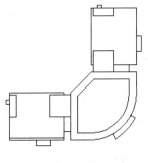

图 7-3　整理建筑图样

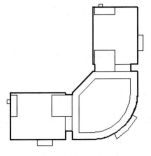

图 7-4　绘制轮廓线

❸多段线加粗。单独把轮廓线加粗，加粗的方法有两个，可以酌情选择：

1）调整全局宽度。选中多段线，按 Ctrl+1 打开特性窗口，调整其全局宽度。如图 7-5 所示。由于其宽度值随出图比例的变化而变化，因此，需要将它放大出图比例所缩小的倍数。例如，出图比例为 1：500，则 1mm 的线宽输入 500。

2）为对象指定线宽。将"特性"窗口中的线宽值设为需要宽度，如图 7-6 所示。该线宽值不会随比例变化。

图 7-5　"多段线"特性 1　　　　　图 7-6　"多段线"特性 2

❹建筑物定位。常用的定位方式有两种：一种相对距离法，另一种是坐标定位法。相对距离法是参照现有建筑物和构筑物、场地边界或围墙、道路中心线或边缘的位置。以纵横相对距离来确定新建筑的设计位置。这种方式比较简便，但精度较坐标定位法低，在方案设计阶段使用较多。坐标定位法是指依据国家大地坐标系或测量坐标系引出定位坐标的方法。对于建筑定位，一般至少应给出三个角点的坐标；当平面形式和位置关系简单、外墙与坐标轴线平行时，也可以标注其对角坐标。为了便于施工测量及放线而设立的相对场地施工坐标系统，必须给出与国家坐标系之间的换算关系。

本节办公楼实例临街外墙面与街道平行，采用相对距离法定位，并以外墙定位轴线为定位的基准。操作步骤是：

1）单击"默认"选项卡"修改"面板中的"偏移"按钮，分别由临街两侧的用地界线向场地内偏移 15000（外墙轴线退红线的距离），得出两条辅助线，如图 7-7 所示。

2）单击"默认"选项卡"修改"面板中的"移动"按钮，移动整理好的建筑图样，使它先与一条辅助线对齐，然后再沿直线平移到另一条直线处，完成定位，如图 7-8 所示。

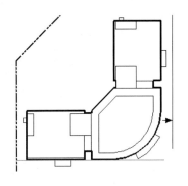

图 7-7　定位辅助线　　　　　　　　　图 7-8　建筑定位

> 　　建筑轮廓线尺寸可以根据外墙轴线绘出，也可以根据外墙外轮廓绘出。在方案阶段，如果尚不能准确确定外墙的大小，可以外墙轴线为准表示轮廓的大小。具体绘图时，以哪个位置（轴线或墙面）来定位建筑物，需在说明中注明。
>
> 　　将"对象捕捉"和"正交绘图模式"打开，便于操作。

03 场地道路、广场、停车场、出入口、绿地等布置。完成建筑布置后，其余的道路、广场、出入口、停车场、绿地等内容都可以在此基础上进行布置。布置时不妨抓住三个要点：一是找准场地布置起控制作用的因素；二是注意布置对象的必要尺寸及其相对距离关系；三是注意布置对象的几何构成特征，充分利用绘图功能。

本实例布置结果如图 7-9 所示，起控制作用的因素是地下车库出入口、道路、广场、和停车场，在此基础上再考虑绿地布置。只要场地设计充分，利用好辅助线，结合"移动""复制""镜像""阵列"等命令来实施，难度是不大的。下面叙述其操作要点。

❶地下停车库出入口布置。本实例地下停车库位置如图 7-9 中粗虚线所示范围，综合考虑机动车流线要求、场地特征及出入口坡道的宽度和长度等因素，将停车库出入口分开设置于办公楼 B、C 座的两端。

❷广场布置。本实例沿街面空地设置为广场，其内外两侧适当设置绿化带，广场上考虑机动车行走。

❸道路布置。本实例打算沿建筑后侧周边布置机动车行道路，在道路与建筑外墙之间考虑设置一定宽度的绿地隔离带。基于此打算，不妨先确定绿地隔离带的宽度，然后确定道路的宽度，完成车道的大致布置。如图 7-10 所示。

❹场地出入口布置。综合考虑人流、车流特点布置场地人流、车流出入口。结合一部分绿地的布置完成道路、广场的边沿的绘制。如图 7-11 所示。

❺停车场布置。在临近机动车上入口右侧布置地面停车场，主要供大车使用。

❻绿地布置。以 45° 倾斜的平面对称轴线为中轴线，布置后院绿地花园。首先确定

花园四周轮廓，再进行内部规划，最后进行倒角处理，完成绿地轮廓，同时也就完成道路边沿的绘制。

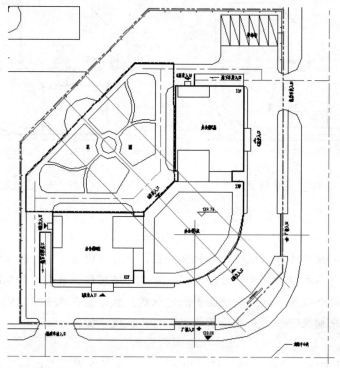

图 7-9　地下车库出入口、道路、广场、绿地、停车场等布置

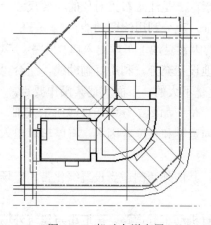

图 7-10　机动车道布置

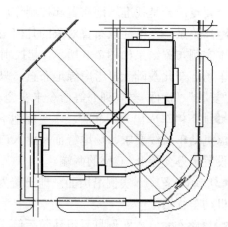

图 7-11　入口及广场

❼围墙布置。沿后侧用地界线后退 0.5m 布置围墙，如图 7-12 所示。围墙图例长线为粗实线，短线为细线。可以由用地界线偏移 500 复制出来后在修改，短线用"矩形阵列"和"偏移"等命令处理，最后建议将它做成图块。

❽绿化。在道路两侧、绿地上面布置各种绿化，注意乔木、灌木、花卉、草坪、小品之间的搭配。

1）乔木和灌木：从设计中心找到"光盘:\图库\建筑图库.dwg"，打开图块内容，里面有一部分绿化图块。找到所需的树种，单击鼠标右键弹出"插入"对话框，给出相应比例，确定完成插入，如图 7-13 所示。同类树种可以通过单击"默认"选项卡"修改"面板中的"复制"按钮和"矩形阵列"按钮等操作来实现。

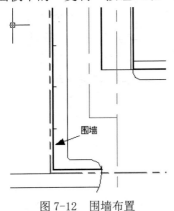

图 7-12　围墙布置

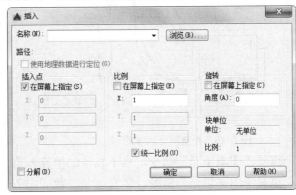

图 7-13　"插入"对话框

说　明

　　需要说明的是，工作中收集到的图块，由于来源不一样，其单位设置有可能不一样。所以，需注意"插入"对话框中显示的图块单位，换算出缩放比例。比如本实例，图块单位为 in，比 mm 大 25 倍，故输入比例 0.04。

　　2) 绿篱：如没有现成的绿篱图块，则可以单击"默认"选项卡"绘图"面板中的"徒手画"按钮或 "样条曲线拟合"按钮来绘制，如图 7-14 所示。

修订云线

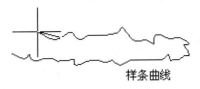
样条曲线

图 7-14　绿篱绘制

　　3) 草坪：草坪可以用单击"默认"选项卡"绘图"面板中的"多点"按钮来表示，也可以填充"GRASS"图案来完成，如图 7-15 所示。

　　❾铺地。铺地一般采用图案填充来实现。本实例铺地包括三个部分：广场花岗岩铺地、人行道水泥砖铺地、人行道卵石铺地。

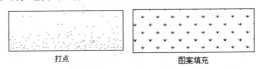
打点　　　　　　　　图案填充

图 7-15　草坪绘制

　　1) 广场花岗岩铺地：单击"默认"选项卡"绘图"面板中的"直线"按钮，将填充区域的边界不全的地方补全，如图 7-16 所示。单击"默认"选项卡"绘图"面板中的"图案填充"按钮。网格纵横线条分两次完成，结果如图 7-17 所示。

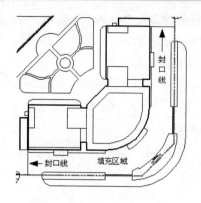

图 7-16　补全填充区域边界

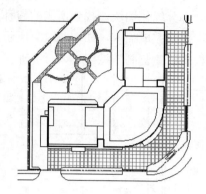

图 7-17　填充结果

重复"图案填充"命令，水平线条的填充参数如图 7-18 所示。

重复"图案填充"命令，竖直线条参数如图 7-19 所示。

图 7-18　水平线条填充参数

图 7-19　竖直线条填充参数

2）人行道水泥砖铺地。重复"图案填充"命令，结果如图 7-20 所示，填充参数如图 7-21 所示。

说　明

在绘制道路、绿地轮廓线时，尽量将线条接头处封闭，这样利于图案填充。虽然 AutoCAD 2016 允许用户设置接头空隙，但是对复杂边界有时会出错，而且会增加分析时间。

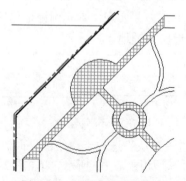

图 7-20　人行道水泥砖铺地

图 7-21　水泥砖铺地填充参数

3）卵石铺地。重复"图案填充"命令，卵石铺地，如图 7-22 所示。填充参数如图 7-23 所示。

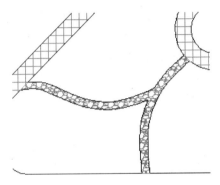

图 7-22　卵石铺地

图 7-23　卵石铺地填充参数

04 尺寸、标高和坐标标注。总平面图上的尺寸应标注新建房屋的总长、总宽及其与周围建筑物、构筑物、道路、红线之间的间距。标高应标注室内地坪标高和室外整平标高，它们均为绝对标高。室内地坪绝对标高即建筑底层相对标高±0.000 位置。此外，初步设计及施工图设计阶段总平面图中还需要准确标注建筑物角点测量坐标或建筑坐标。总平面图上测量坐标代号宜用"X、Y"表示；建筑坐标代号宜用"A、B"表示。坐标值为负数时，应注"-"号，为正数时，"+"号可省略。总图上尺寸、标高、坐标值以米为单位，并应至少取至小数点后两位，不足时以 0 补齐。下面结合实例介绍。

❶尺寸样式设置。对比前面章节用过的尺寸样式，这里为总图设置的样式有几个不同之处：①线性标注精度；②测量单位比例因子；③尺寸数字"消零"设置；④全局比例因子；⑤在同一样式中为尺寸、角度、半径、引线设置不同风格。下面讲解具体设置过程及内容，请特别留心与前面相关内容不同之处。

1）新建总图样式：单击"默认"选项卡"注释"面板中的"标注样式"按钮，弹出"标注样式管理器"对话框，单击"新建"按钮，弹出"创建新标注样式"对话框，如图 7-24 所示，在原有样式基础上建立新样式，注意将"用于"选项框设置为"所有标注"。

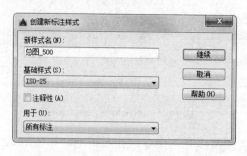

图 7-24　"创建新标注样式"对话框

2）设置"调整"选项卡：如图 7-25 所示将全局比例因子改为 500，以适应 1：500 的出图比例。

3）设置"主单位"选项卡：如图 7-26 所示，线性标注精度调整为 0.00 以满足保留尺寸两位小数的要求；小数分隔符调为句点"."；比例因子调为 0.001，以符合尺寸单位为米的要求，因为绘制尺寸为毫米；消零选项去掉，可以为不足的小数点位数补 0。

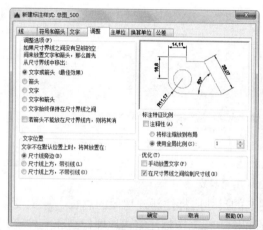

图 7-25　"调整"选项卡

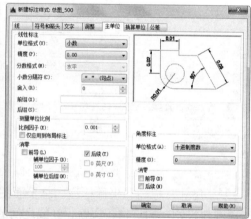

图 7-26　"主单位"选项卡

4）建立半径标注样式：在标注样式管理器中，单击"新建"按钮，弹出"创建新标注样式"对话框，以"总图_500"为基础样式，注意将"用于"选项框设置为"半径标注"，建立"总图_500：半径"样式，然后，单击"继续"，如图 7-27 所示。

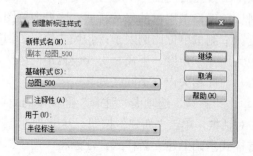

图 7-27　"创建新标注样式"对话框

这两个选项卡修改结束后，确定回到上一级对话框。

5）半径标注样式设置：在"符号和箭头"选项卡中，将"第二个"箭头选为实心闭合箭头（如图 7-28 所示），确定后完成设置。

6）角度样式设置：采用半径样式同样的操作方法，建立角度，其修改内容依次参见图 7-29 所示。

7）引线样式设置：建立引线样式，其修改内容参见图 7-30。

8）完成后的"总图_500"样式如图 7-31 所示。

❷尺寸标注。单击"默认"选项卡"注释"面板中的"线性"按钮┡┙和"对齐"按钮↖，对距离尺寸进行标注，如图 7-32 所示。

图 7-28　半径样式修改内容

图 7-29　角度样式修改内容

图 7-30　引线样式修改内容

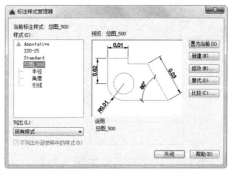

图 7-31　完成后的"总图_500"样式

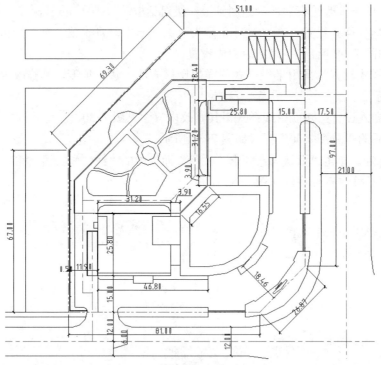

图 7-32　距离尺寸标注

❸角度、半径标注。单击"默认"选项卡"注释"面板中的"角度"按钮△和"半径"按钮◎，对角度、半径进行标注，如图 7-33 所示。

❹标高标注。标高标注利用事先做好的带标高属性的图块来标注。操作步骤是：

1）单击"视图"选项卡"选项板"面板中的"设计中心"按钮▦，打开设计中心，找到"光盘：\图库\建筑图块.DWG"文件，打开图块内容，找到标高符号。

2）双击图块或通过右键菜单插入标高符号，输入缩放比例 500，在命令行输入相应的标高值，完成标高标注，如图 7-34、图 7-35 所示。

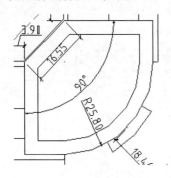

图 7-33　半径和角度标注

图 7-34　室外标高

❺坐标标注。在本实例中属方案图，可以不注坐标。但是，下面仍然简要说明坐标注法。

1）单击"默认"选项卡"绘图"面板中的"直线"按钮╱或"多段线"按钮⤵，由轴线或外墙面交点引出指引线，如图 7-36 所示。

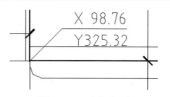

图 7-35 室内标高 　　　　　　　　　　　　　图 7-36 坐标标注

2）单击"默认"选项卡"注释"面板中的"单行文字"按钮A，首先在横线上方输入纵坐标，按 Enter 键后，在下一行输入横坐标。

05 文字标注。总图中的文字标注包括主要建筑物名称、出入口位置、其他场地布置名称、建筑层数、即文字说明等。在 AutoCAD 2016 操作中，对于单行文字用"单行文字"（ DT ,*DTEXT）注写，多行文字用"多行文字"（ MT ,*MTEXT）注写。在初设图和施工图中，字体建议使用".shx"工程字；而在方案图中，为了突出图面艺术效果，可以酌情使用其他的规范字体，如宋体、黑体或楷体等。

06 统计表格制作。总平面图中统计表格主要用于工程规模及各种技术经济指标的统计，例如，某住宅小区修建性规划总平面图中的三个表格："规划用地平衡表""技术经济指示一览表""公建项目一览表"等，如图 7-37～图 7-39 所示。

下面介绍两种表格制作的方法：一是传统方法，二是 AutoCAD 的表格绘制。

❶传统方法。传统方法是指用"直线""偏移""阵列"配合"修剪""延伸"等命令绘制好表格后填写文字的方法。该方法在绘制表格时比较繁琐，但是能够根据需要随意绘制表格形式，图 7-37～图 7-39 中的表格就是采用该方法制作。该方法操作难度不大，请读者自行尝试。

❷表格绘制。

1）单击"默认"选项卡"注释"面板中的"表格"按钮▦，系统打开"插入表格"对话框，如图 7-40 所示。

技术经济指标一览表

项　目		单　位	数　量	备　注
可建设用地面积		万平方米	2.7962	
规划总建筑面积		万平方米	10.612	
其中	规划住宅建筑面积	万平方米	9.683	
	配套公建建筑面积	万平方米	0.929	
容　积　率			3.795	
总建筑密度		%	29.6	
居住人口		人	2800	
居住户数		户	800	
人口毛密度		人/公顷	1001.4	
平均每户建筑面积		平方米/户	121	
绿　地　率		%	45.3	
日照间距			1:1.2	
停　车　率		%	0.8	
停　车　位		个	640	其中地下634个

规划用地平衡表

项　目		面　积 (ha)	百分比 (%)	人均面积 (㎡/人)
规划可用地		2.7962	100	9.99
其中	住宅用地	1.517	54.3	5.42
	公建用地	0.408	14.6	1.46
	道路用地	0.282	10.1	1.01
	公共绿地	0.5892	21.0	2.10

图 7-37 规划用地平衡表 　　　　　　　图 7-38 技术经济指标一览表

公建项目一览表

编号	项　目	数量 (处)	占地面积 (平方米)	建筑面积 (平方米)
1	会所及配套公建	1	1000	3000
2	底层商业	1	2100	6290
3	地下人防蒙停车库	3	21000	21000

图 7-39　公建项目一览表

图 7-40　"插入表格"对话框

2）创建表格样式：单击"启动表格样式对话框"按钮，系统打开"表格样式"对话框，如图 7-41 所示。

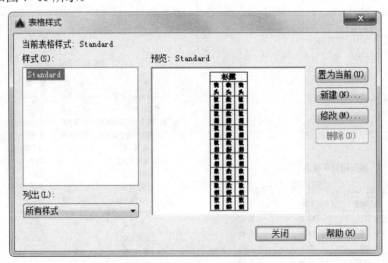

图 7-41　"表格样式"对话框

3）单击"新建"按钮，创建"总图_500"样式，如图 7-42 所示，单击"继续"。

4）数据单元设置："文字"选项卡设置如图 7-43 所示，关键注意"字高""对齐""单元边距"的设置。

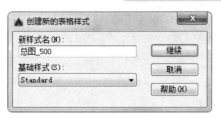

图 7-42　"创建新的表格样式"对话框

图 7-43　"文字"选项卡

5）"常规"选项卡设置如图 7-44 所示。

6）单击"确定"回到"插入表格"对话框，设置如图 7-45 所示。插入方式为"指定窗口"则只需设置"列数"和"数据行数"，至于"列宽"和"行高"在屏幕上拖动鼠标来确定。

图 7-44　"常规"选项卡

7）单击"确定"按钮，在屏幕上指定插入点，拖动鼠标确定表格大小后，单击左键弹出文字输入窗口，依次输入相应文字，如图 7-46 所示。输完一个单元格后，按 Tab 键可以切换到下一个单元格。

图 7-45　"插入表格"对话框

图 7-46　输入数据

07 图名、图例及布图。

❶图名及比例、比例尺、指北针或风向玫瑰图。

1）图名、比例、比例尺及指北针如图 7-47 所示。

2）图名的下划线为粗线，单击"默认"选项卡"绘图"面板中的"多段线"按钮 ⌐⌐ 绘制，然后在其特性中调整全局宽度。

3）一般标注了比例后，比例尺可以不标注。但是考虑到方案图有时不按比例打印，特别是转入到 Photoshop 等图像处理软件中套色时后，出图比例容易改变，所以，同时标上比例尺便于识别图形大小。

4）总平面图一般按上北下南方向绘制。根据场地形状或布局，可向左或右偏转，但不宜超过 45°，用指北针或风向玫瑰图表明具体方位。

❷图例。综合应用绘图、文字等命令如图 7-48 所示将补充图例制作出来。可以借助纵横线条来帮助排布整齐，也可以将图例组织到表格中去。

❸布图及图框。

1）用一个矩形框确定场地中需要保留的范围（如图 7-49 所示），然后将周边没必要的部分修剪或删除掉。

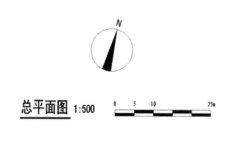

图 7-47　图名及比例、比例尺

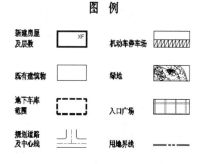

图 7-48　图例

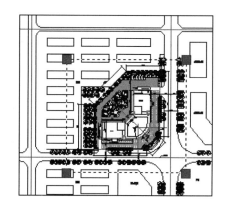

图 7-49　总平面图保留范围

2）选择菜单栏中的"工具"→"查询"→"距离"命令测量出保留下的图面大小，然后除以 500，确定所需图框大小。

3）插入图框，将图面中各项内容编排组织到图框内，结果参见图 7-1 所示。

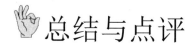 总结与点评

　　本实例完整地讲述了建筑总平面图的绘制过程，总平面图是表明一项建设工程总体布置情况的图样。它是在建设基地的地形图上，把已有的、新建的和拟建的建筑物、构筑物以及道路、绿化等按与地形图相同的比例绘制出来的平面图，主要表明新建平面形状、层数、室内外地面标高，新建道路、绿化、场地排水和管线的布置情况，并表明原有建筑、道路、绿化等和新建筑的相互关系以及环境保护方面的要求等。由于建设工程的性质、规模及所在基地地形、地貌的不同，规划总平面图所包括的内容有的较为简单，有的则比较复杂，必要时还可分项绘出竖向布置图、管线综合布置图、绿化布置图等。

　　读者要通过本实例体会总平面图的绘制思路和方法，并体会建筑设计图样中尺寸标注的独特方法。

实例 66 某宿舍楼平面图绘制

本实例绘制的某宿舍楼平面图如图 7-50 所示。

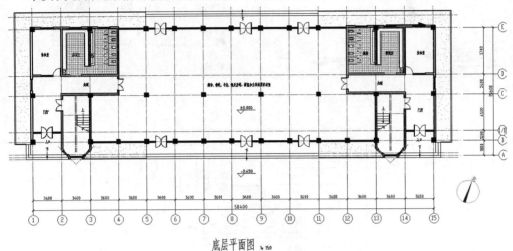

底层平面图 1:150

图 7-50 底层平面图

 思路提示

本实例为南方某高校内的通廊式学生宿舍楼，共七层，底层布置超市、餐饮、书店、

理发店等服务设施，层高 3.6m；二～七层为宿舍，层高 3.2m；屋面上人平屋面。宿舍设两个入口、两组楼梯、两组厕所及盥洗室，如图 7-50 所示。宿舍开间为 3.6m，进深为 5.7m，宿舍外设阳台。由于每间宿舍的结构及布置都是相同的，所以可以利用阵列、镜像等方法来快速绘制。

本实例重点介绍底层平面图。在底层平面图中，重点完成楼梯间、厕所、盥洗室、柱网的排布，然后对周边景观作简单的绘制。其绘制流程如下面的绘制步骤所示。

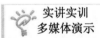

实讲实训
多媒体演示

多媒体演示参见配套光盘中的\\动画演示\第 7 章\某宿舍楼平面图绘制.avi。

 解题步骤

01 绘图准备。可以打开前一节的办公楼平面图文件，将它另存为"宿舍楼.dwg"，这样可以省去图层设置、尺寸样式设置、常用图块插入等步骤，比调用样板文件还显得方便。当然，宿舍图中明显用不着的内容尽量删除，避免占用大量的存储空间。

02 轴线绘制。由于该平面图定位轴线排布规律性很大，所以，对于水平轴线，单击"默认"选项卡"修改"面板中的"偏移"按钮 来完成，而对于竖向轴线，则用阵列命令一次就可以绘制完成，如图7-51所示。

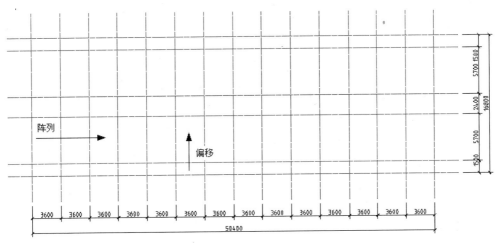

图7-51 轴线绘制

 说 明

> 轴线两端应伸出一定距离，便于进行尺寸标注。本实例中伸出值约为图面尺寸的3cm左右。

03 柱布置。本实例结构形式为现浇钢筋混凝土框架结构，因此，我们布置钢筋混凝土柱后，在布置墙体。操作如下：

❶建立柱图块：将"柱"图层设置为当前图层。由于暂不能明确确定柱截面的大小，故根据经验取500×500。单击"默认"选项卡"绘图"面板中的"矩形"按钮⬜，绘制500×500的矩形，填充涂黑，建立图块，注意借助辅助线以矩形的中心点作为插入基点，如图7-52所示。

❷单击"默认"选项卡"修改"面板中的"复制"按钮，将上步绘制柱图块复制到第一列轴线上，如图7-53所示。

图7-52 柱图块

图7-53 第一列柱

❸选择菜单栏中的"修改"→"阵列"→"矩形阵列"命令，或者单击"修改"工具栏中的"矩形阵列"按钮，或者单击"默认"选项卡"修改"面板中的"矩形阵列"按钮，将这一列柱向右阵列，阵列行数为1，列数为8，列偏移量为7200。结果如图7-54所示。

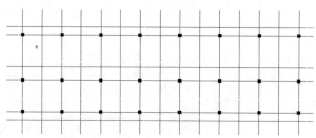

图 7-54　完成柱布置

04 墙布置。在底层平面图中，墙体布置的重点是入口、门厅、管理室、楼梯间、盥洗室、厕所，都集中在两端，只要做好一端，另一端通过单击"默认"选项卡"修改"面板中的"镜像"按钮 来复制。下面叙述绘制要点。

❶轴线补充：单击"默认"选项卡"绘图"面板中的"直线"按钮 ，如图 7-55所示补充细部轴线，以便墙体定位。

❷墙体绘制：选择菜单栏中的"绘图"→"多线"命令，设置比例为 200，如图 7-56所示进行绘制。

❸墙体修整：本办公楼墙体为填充墙，不参与结构承重，而主要起分隔空间的作用，其中心线位置不一定与定位轴线重合，有时出现偏移一定距离的情况。本宿舍楼中外墙和走道两侧的隔墙厚度为 200，均打算向外偏移 150，使得墙外边缘与柱外边缘平齐，以获得较大的室内空间。实现这个效果的方法应该是多样的，比较简单的方法就是直接单击"默认"选项卡"修改"面板中的"移动"按钮 ，移动对图中绘制的墙线。

首先移动外墙和走道两侧的隔墙，然后修整线头，使连通正确。结果如图 7-57 所示。

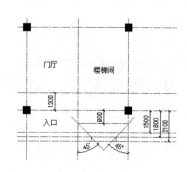

图 7-55　补充细部轴线

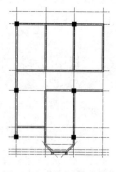

图 7-56　绘制轮廓线

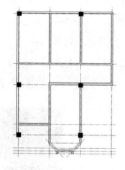

图 7-57　墙线修整

05 门窗布置。

❶如图 7-58 所示借助辅助线确定门窗洞口位置，然后单击"默认"选项卡"修改"面板中的"修剪"按钮 ，将洞口处的墙线修剪掉，并将墙线封口。封口线设置到"墙线"图层。

❷将"门窗"图层设为当前图层，如图 7-59 绘制门窗，基本方法同前面相关内容。

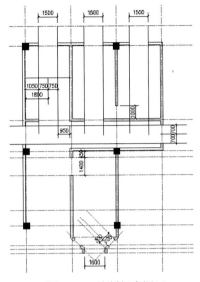

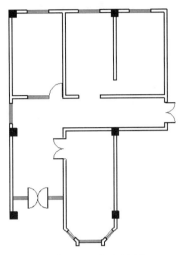

图 7-58　绘制门窗洞口　　　　　　　　　　　图 7-59　门窗绘制

06 楼梯及台阶绘制。底层层高 3.6m，踏步高设计为 150mm，宽为 300mm，因此需要 24 级；此外，该楼梯设计为双跑（等跑）楼梯，因此梯段长度为 11×300 mm =3300mm；再者，楼梯间净宽为 3400mm，因此不妨设计梯段宽度为 1600mm，休息平台宽度需要≥1600mm。

据此楼梯尺寸，首先绘制出楼梯梯段的定位辅助线，如图 7-60 所示。然后，如图 7-61 所示绘制出底层楼梯和入口台阶。

07 盥洗室和厕所布置。

❶盥洗室。

1）单击"默认"选项卡"绘图"面板中的"多段线"按钮[⌐]，沿盥洗室周边绘制一条多段线，单击"默认"选项卡"修改"面板中的"偏移"按钮[⎕]，并向内依次偏移100、400、100 复制出排水槽和盥洗台边缘。如图 7-62 所示。

2）单击"默认"选项卡"绘图"面板中的"矩形"按钮[□]，在盥洗台端部绘制 500×600 的洗涤池，洗涤池边厚 50，并把盥洗台端部封口，如图 7-63 所示。

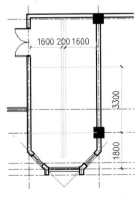

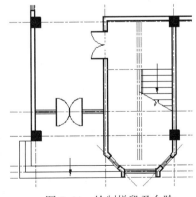

图 7-60　绘制梯段定位线　　　　　　　　　图 7-61　绘制梯段及台阶

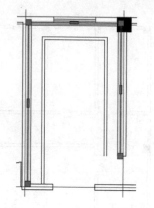

图 7-62   盥洗室绘制步骤一

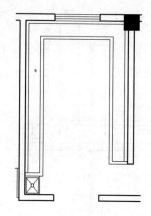

图 7-63   盥洗室绘制步骤二

❷厕所。

1）打开设计中心，找到"建筑图库.dwg"中的"厕所"图块，双击，输入旋转角度-90°，如图 7-64 所示插入蹲位图形。

2）选择菜单栏中的"绘图"→"多线"命令，绘制出小便槽（如图 7-65 所示）。

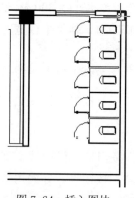

图 7-64   插入图块

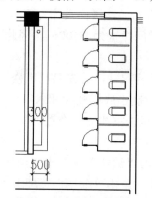

图 7-65   小便槽绘制

3）单击"默认"选项卡"绘图"面板中的"图案填充"按钮，填充地面图案，如图 7-66 所示。

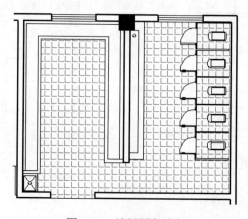

图 7-66   地板图案填充

08 完成底层平面。

❶镜像复制：单击"默认"选项卡"修改"面板中的"镜像"按钮 ⚐，将绘制好的一端镜像复制到另一端，如图 7-67 所示。

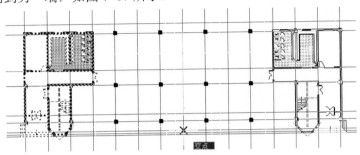

图 7-67　镜像复制

❷补充柱布置：在没有布置边柱的轴线交点上布置边柱。

❸门窗绘制：考虑到底层的商业用途，现在剩余部分前后两侧拉通布置玻璃窗，并在适当的位置上布置上玻璃门。

❹台阶及草地：如图 7-68 所示布置台阶和草地，最终完成底层平面图的基本绘制。

09 文字、尺寸标注。考虑到本平面图的大小，现选取 1 : 150 的出图比例，故需要更改尺寸样式中的"全局比例"为 150。此外，图中文字字高也需要在原有基础（相对于 1 : 100 的比例）上扩大 1.5 倍。结果如图 7-50 所示。

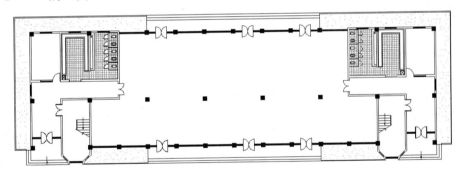

图 7-68　完成底层绘制

👌 总结与点评

　　本实例完整地讲述了建筑平面图的绘制过程，建筑平面图是假想在门窗洞口之间用一水平剖切面将建筑物剖切成两部分，下半部分在水平面（H 面）上的正投影图。

　　平面图中的主要图形包括剖切到的墙、柱、门窗、楼梯，以及看到的地面、台阶、楼梯等剖切面以下的构建轮廓。因此，从平面图中可以看到建筑的平面大小、形状、空间平面布局、内外交通及联系、建筑构配件大小及材料等内容。除了按制图知识和规范绘制建筑构配件平面图形外，还需标注尺寸及文字说明、设置图面比例等。

　　读者要通过本实例体会平面图的绘制思路和方法。

实例 67　某宿舍楼立面图绘制

本实例绘制的某宿舍楼立面图如图 7-69 所示。

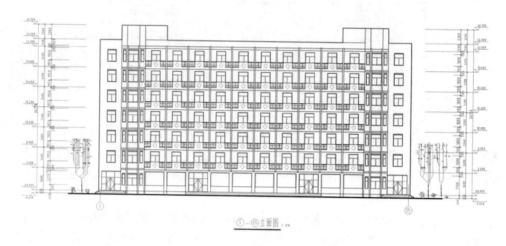

图 7-69　某宿舍楼正立面图

 思路提示

前一例以宿舍设计为例讲解平面图绘制方法，想必读者已有一定的了解。为了更全面地介绍 AutoCAD 中立面图绘制的方法，本实例再以宿舍楼设计为例强调一下立面图块制作及阵列在立面图绘制中的应用。本宿舍楼前后立面相似，均较复杂；左右立面相同，均较简单。因此，我们仅介绍正立面图即可，如图 7-69 所示。

分析发现，该立面左右对称，二～七层基本相同。因此，只要绘制出左边一半，然后镜像复制到右边。在绘制左边一半时，完全可以将重复出现的图形做成块，然后进行阵列复制。下面，我们就沿着这个思路进行绘制。其绘制流程如下面的绘制步骤所示。

实讲实训
多媒体演示

多媒体演示
参见配套光盘中
的\\动画演示\第
7 章\某宿舍楼立
面图绘制.avi。

 解题步骤

01 前期工作。首先，按照上一节讲解的立面图绘制方法绘制出整个立面的雏形。这里边包括地坪线、各楼层层间线、最外轮廓线、横向定位轴线，如图 7-70 所示。不作为立面图内容的定位轴线或辅助线可以放置在"辅助线"图层中。这样做的目的是为了便于下一步工作的开展。

02 底层立面绘制。底层立面图包括三个部分：入口、楼梯间、商店门窗、台阶等内容。

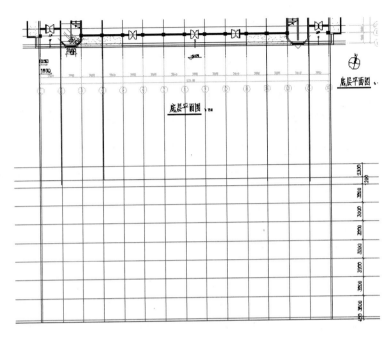

图 7-70 前期线条绘制

❶入口。

1）辅助线绘制：首先，由地坪线向上偏移出台阶踏步定位线；其次，由二层楼面线向下偏移 500（梁高），确定入口大小；第三，由平面图引出门柱、门洞水平尺寸定位线，为绘制入口构件作准备，如图 7-71 所示。

2）入口门窗：为了获得较多的门厅采光，入口设玻璃门窗，如图 7-72 所示，绘制方法同前。基本图线绘制结束后，将其外轮廓线置换到"中粗线"图层中去。这样，在复制该门窗到其他位置时，就不必重复设置线型特性了。

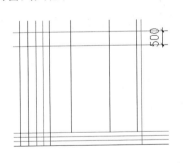

图 7-71 入口定位辅助线

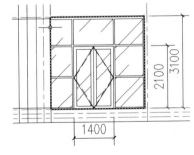

图 7-72 入口门窗

❷楼梯间及台阶。首先绘制出楼梯间室外立面的定位辅助线，然后如图 7-73 所示绘制窗户和台阶。窗户上方为 100 高的雨篷。注意将各建筑构件的轮廓线设置到"中粗线"图层。

由于各层楼梯间的窗户均相同，故可以将它做成块，或者打开源文件/图库/窗户，将其插入到图中。

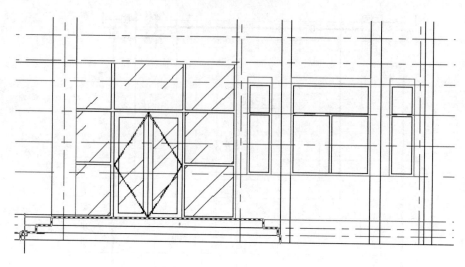

图 7-73　楼梯间及台阶

❸商店门窗。底层中部布置商店、书店、理发店、简单餐饮等服务设施，所以设计全玻璃门窗，既符合建筑个性，也能够获得大面积采光。首先绘制出一个开间的门窗，将轮廓线型设置好，然后单击"默认"选项卡"修改"面板中的"矩形阵列"按钮 ，阵列复制到其余开间去，暂时布满一半立面即可。接着，在开门的位置，将窗更改为门，并绘出入口台阶，最终完成底层的绘制。如图 7-74 所示。

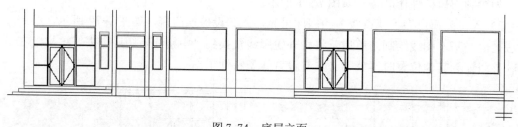

图 7-74　底层立面

03 标准层立面绘制。

❶标准层立面单元制作。

1）标准层立面单元制作包括三项内容：左端房间窗户、楼梯间窗户和宿舍阳台及窗户。参照立面绘制方法绘出左端房间窗户，楼梯间窗户可以单击"默认"选项卡"修改"面板中的"复制"按钮 ，由底层复制得到，如图 7-75 所示。至于宿舍阳台及窗户相对复杂，需要重点处理。

2）如图 7-76 所示，首先绘制好阳台及窗户，设置好线型。注意事先计划好阳台立面单元在阵列复制后上下、左右的接头问题，以便阵列以后一次性达到预想效果。只要紧紧抓住图形相对定位轴线的关系，也不难处理。

3）将阳台立面单元做成块，并先在二层内单击"默认"选项卡"修改"面板中的"矩形阵列"按钮 进行阵列复制，如图 7-77 所示。

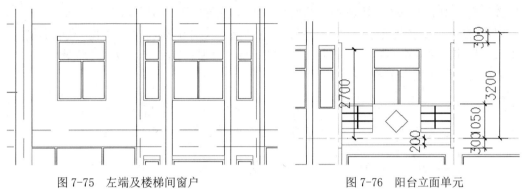

图 7-75　左端及楼梯间窗户　　　　　　图 7-76　阳台立面单元

这样，就制作出标准层的立面单元。

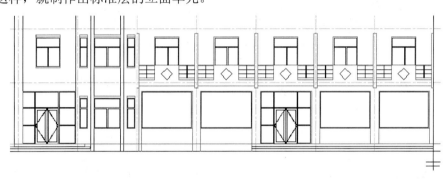

图 7-77　标准层立面单元

❷阵列及镜像复制。

1）阵列复制：阵列复制：选择菜单栏中的"修改"→"阵列"→"矩形阵列"命令，或者单击"修改"工具栏中的"矩形阵列"按钮 🔠 ，或者单击"默认"选项卡"修改"面板中的"矩形阵列"按钮 🔠 ，将标准层立面单元复制到其他楼层，结果如图 7-78 所示。

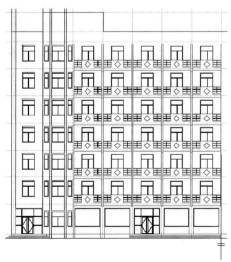

图 7-78　阵列复制

2）镜像复制：首先将左边各楼层图样修改、补充完毕，然后单击"默认"选项卡"修改"面板中的"镜像"按钮△，将它们镜像复制到右侧，结果如图 7-79 所示。

04 配景、文字及尺寸标注。从"源文件/图库"文件中插入配景树木，完成配景。对于尺寸标注，事先将两侧的水平定位辅助线长度适当修剪掉一些，以便"快速标注"命令的使用。结果如图 7-69 所示。

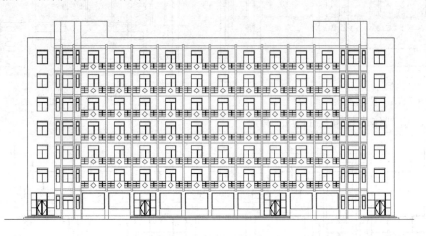

图 7-79　镜像复制

 # 总结与点评

　　本实例完整地讲述了建筑立面图的绘制过程，立面图是用直接正投影法将建筑各个墙面进行投影所得的正投影图。一般地，立面图上的图示内容有墙体外轮廓及内部凹凸轮廓、门窗（幕墙）、入口台阶及坡道、雨篷、窗台、窗楣、壁柱、檐口、栏杆、外露楼梯、各种脚线等。从理论上讲，立面图上所有建筑配件的正投影图均要反映在立面图上。实际上，一些比例较小的细部可以简化或用比例来代替。比如门窗的立面，可以在具有代表性的位置仔细绘制出窗扇、门扇等细节，而同类门窗则用其轮廓表示即可。在施工图中，如果门窗不是引用有关门窗图集，则其细部构造需要绘制大样图来表示，这就弥补了立面图上的不足。读者要通过本实例体会立面图的绘制思路和方法。

实例 68　某宿舍楼剖面图绘制

本实例绘制的某宿舍楼剖面图如图 7-80 所示。

实讲实训
多媒体演示

多媒体演示
参见配套光盘中
的\\动画演示\第
7 章\某宿舍楼剖
面图绘制.avi。

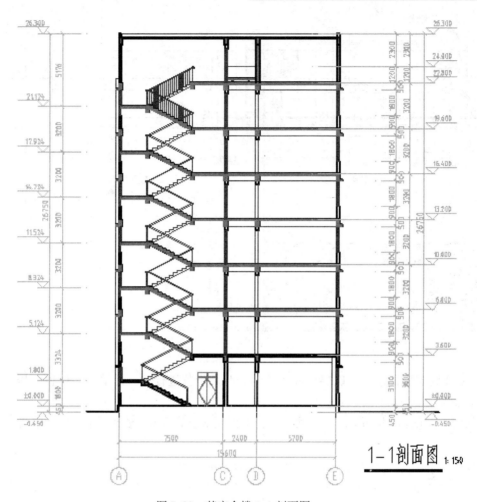

图 7-80　某宿舍楼 1-1 剖面图

　思路提示

　　本节以宿舍楼剖面图为例，进一步讲解剖面图绘制方法，以期为读者强化剖面绘制的技能。其绘制的难点是双跑楼梯剖面，它涉及楼梯构造的相关知识。因此，本节重点讲解的内容是楼梯剖面，其余简单内容将简而述之。进一步分析发现，该剖面底层和顶层存在差异，其余各层均相同。于是，只要分别绘制好底层、标准层、顶层剖面，该剖面图就可顺利完成了。其绘制流程如下面的绘制步骤所示。

　解题步骤

　　01 前期工作。在立面图同一地坪线位置上绘制图 7-80 剖面图，采用前面提到的侧面正投影绘制的方法，引出水平方向的墙、柱定位轴线和竖直方向上的楼层、屋顶定位辅助线，并绘制出剖切线，为下面逐项绘制作准备，如图 7-81 所示。

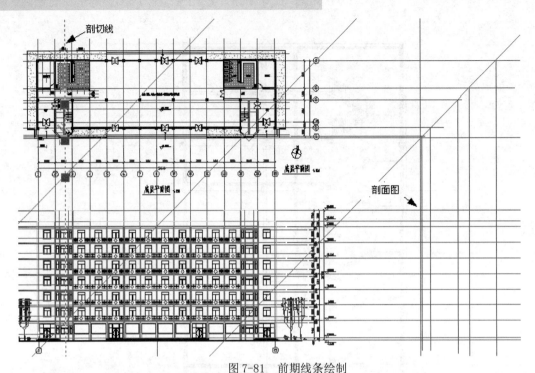

图 7-81   前期线条绘制

02 底层剖面绘制。底层剖面图绘制分两个步骤进行：一是墙柱、门窗、楼板，二是楼梯。

❶墙柱、门窗、楼板。借助辅助线绘制出剖面墙柱、门窗、楼板图形，结果如图 7-82 所示。

❷楼梯间。底层层高 3.6m，设 24 级，踏步高 150mm，宽 300mm，为等跑楼梯。

首先绘制出平台、梯段、踏步的定位辅助线，然后绘制平台、平台梁、梯段、踏步，最后绘制栏杆。

1）单击"默认"选项卡"绘图"面板中的"直线"按钮 ，根据楼梯平台宽度、梯段长度绘制出梯段定位辅助线 1、2，并绘制出平台板竖向定位辅助线 3，如图 7-83 所示。

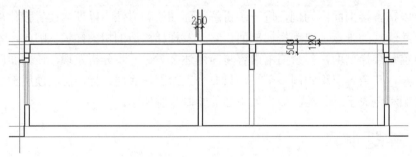

图 7-82   墙柱、门窗、楼板

2）单击"默认"选项卡"绘图"面板中的"直线"按钮 ，在此基础上绘制出踏步定位网格，如图 7-84 所示。

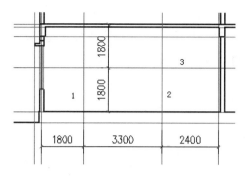

图 7-83　辅助线 1、2、3

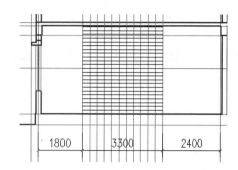

图 7-84　楼梯踏步定位网格

3）单击"默认"选项卡"绘图"面板中的"直线"按钮和单击"默认"选项卡"修改"面板中的"修剪"按钮，如图 7-85 所示绘制出上下两个位置的平台板及平台梁。

4）梯段绘制：单击"默认"选项卡"绘图"面板中的"多段线"按钮，如图 7-86 所示绘制出梯段。注意下面梯段为断面图，上面梯段为投射可见的轮廓。

图 7-85　平台板及平台梁

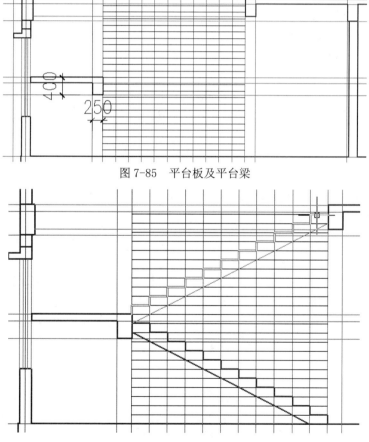

图 7-86　梯段

5）栏杆绘制：栏杆高度为 1050mm，应从踏步中心点量至扶手顶面。首先，可以借助 1050mm 高的短线确定栏杆的高度，然后单击"默认"选项卡"绘图"面板中的"构

303

造线"按钮 ✏️，绘制出栏杆扶手上轮廓，如图7-87所示。

6）单击"默认"选项卡"修改"面板中的"偏移"按钮 ⏚，绘制出栏杆下轮廓，并初步绘制出栏杆立杆和扶手转角轮廓，如图7-88所示。

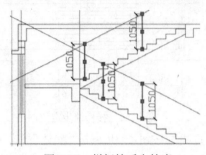

图7-87 栏杆扶手上轮廓

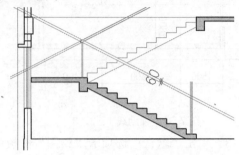

图7-88 扶手及立杆初绘

7）单击"默认"选项卡"修改"面板中的"修剪"按钮 ⏐，进行修剪，完成栏杆绘制，如图7-89所示。这只是栏杆整体轮廓，到顶层时，在详细绘制出栏杆细部。

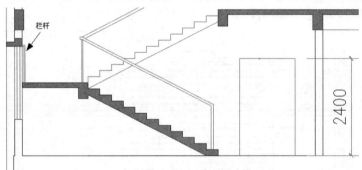

图7-89 完成底层绘制

8）完成底层绘制：由于楼梯平台处为窗户，所以需要在窗内设置防护栏杆。该楼梯间为封闭楼梯间，入口处设乙级防火门。最后，将钢筋混凝土断面填充涂黑，完整底层绘制。如图7-89所示。

03 标准层立面绘制。标准层剖面图绘制分三个步骤进行：一是墙柱、门窗、楼板，二是楼梯，三是楼层组装。

❶墙柱、门窗、楼板。单击"默认"选项卡"修改"面板中的"复制"按钮 🗐，复制底层墙柱、门窗、楼板到二层，并作适当修改，结果如图7-90所示。

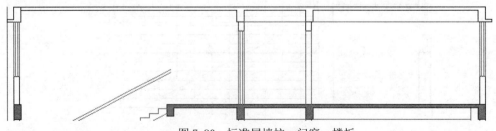

图7-90 标准层墙柱、门窗、楼板

❷楼梯间。标准层层高3.2m，设21级，踏步高152mm，宽300mm，第一跑设10级，第二跑设11级。

1）单击"默认"选项卡"绘图"面板中的"直线"按钮✒️和单击"默认"选项卡"修改"面板中的"偏移"按钮🖳，如图 7-91 所示绘制出梯段定位网格。

2）梯段绘制：首先，从第一级踏步开始绘制第一跑楼梯，到第 10 级时拉平绘制出平台；然后，绘制出第二跑楼梯轮廓，如图 7-92 所示。

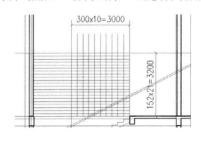

图 7-91　辅助网格绘制

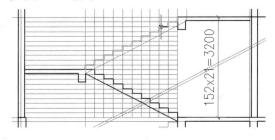

图 7-92　梯段绘制

3）单击"默认"选项卡"绘图"面板中的"图案填充"按钮🟥，绘制出栏杆，涂黑钢筋混凝土断面，结果如图 7-93 所示。

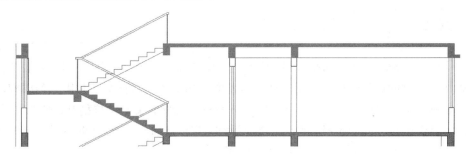

图 7-93　完成底层绘制

❸楼层组装。将标准层剖面做成图块，并单击"默认"选项卡"修改"面板中的"矩形阵列"按钮🔲，向上阵列复制 7 个，结果如图 7-94 所示。

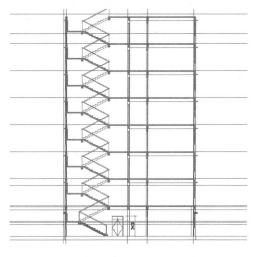

图 7-94　标准层阵列复制

04 顶层剖面绘制。将刚才复制的第七个楼层图块分解开，按出屋面楼梯间、屋面女儿墙、隔热层以及水箱的要求进行修改，并在倒数第二层现有楼梯栏杆的基础上补充绘制出横杆和立杆，以表示所有楼梯栏杆的形式。结果如图 7-95 所示。

05 文字及尺寸标注。完成配景、文字及尺寸标注，结果如图 7-80 所示。

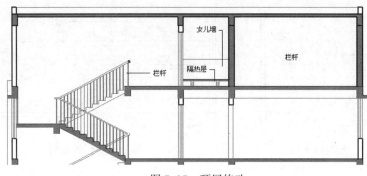

图 7-95 顶层修改

 # 总结与点评

　　本实例完整地讲述了建筑剖面图的绘制过程，建筑剖面图是与平面图和立面图相互配合表达建筑物的重要图样，主要反映建筑物的结构形式、垂直空间利用、各层构造做法和门窗洞口高度等情况。剖面图是指用一剖面将建筑物的某一位置剖开，移去一侧后，剩下的一侧沿剖视方向的正投影图。根据工程的需要，绘制一个剖面图可以选择一个剖切面、两个平行的剖切面或相交的两个剖切面。

　　读者要通过本实例体会剖面图的绘制思路和方法。

实例 69 某宿舍楼卫生间放大图绘制

　　本实例绘制的某宿舍楼卫生间放大图如图 7-96 所示。

实讲实训
多媒体演示

　　多媒体演示参见配套光盘中的\\动画演示\第 7 章\某宿舍楼卫生间放大图绘制.avi。

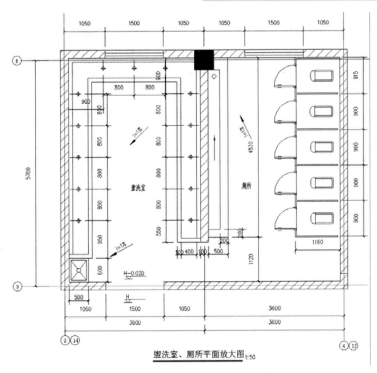

图 7-96　宿舍厕所、盥洗室平面

 思路提示

为了识别、管理平面放大图，建立起放大图与放大位置的对应关系，制作之前应给放大对象编号，比如"x 号卫生间""x 号厨房""x 号楼楼梯"等。其绘制流程如下面的绘制步骤所示。

 解题步骤

01 复制并修整平面。

❶宿舍卫生间：某宿舍主卧室卫生间放大图制作为例，首先将卫生间图样连同轴线复制出来；然后，检查平面墙体、门窗位置及尺寸的正确性，调整内部洗脸盆、坐便器、浴缸等设备，使它们的位置、形状与设计意图和规范要求相符。接着，确定地面排水方向和地漏位置，单击"默认"选项卡"绘图"面板中的"图案填充"按钮，完成墙体材料图案填充，如图 7-97 所示。

❷宿舍厕所、盥洗室：采用同样办法处理宿舍厕所、盥洗室，结果如图 7-98 所示。

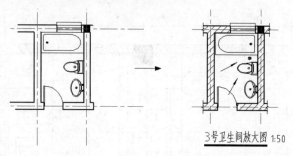

图 7-97　宿舍 3 号卫生间平面修整示意

02 各种标注。

❶宿舍卫生间：标注的尺寸有轴线编号及尺寸、门窗洞口尺寸以及洗脸盆、坐便器、浴缸、地漏定位尺寸，标注符号文字有地坪标高、地面排水方向及排水坡度、图名、比例、详图索引符号等。结果如图 7-99 所示。

❷宿舍厕所、盥洗室：标注的尺寸有轴线编号及尺寸、门窗洞口尺寸以及厕所蹲位定位尺寸、盥洗台、洗涤池、小便槽、水龙头定位尺寸等，其余内容与前一例子相同，结果如图 7-96 所示。

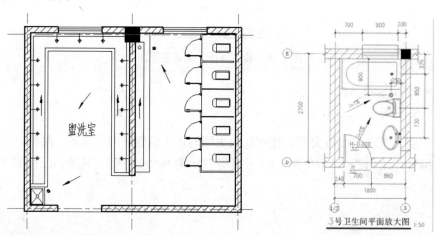

图 7-98　宿舍厕所、盥洗室平面修整结果　　图 7-99　卫生间平面放大图

🖖 总结与点评

　　本实例完整地讲述了建筑详图的绘制过程。建筑平面图、立面图、剖面图均是全局性的图纸，由于比例的限制，不可能将一些复杂的局部或细部的做法表示清楚，因此需要将这些局部细部的构造、材料及相互关系采用较大的比例详图绘制出来，以指导施工。这样的建筑图形称为详图，也称大样图。对于局部平面（如厨房、卫生间）放大绘制的图形，习惯叫作放大图。需要绘制详图的位置一般有室内外墙节点、楼梯、厨房、卫生间、门窗、室内外装饰等。

　　读者要通过本实例体会详图的绘制思路和方法。

第 **8** 章

电气工程图绘制

本章学习电气工程图的绘制。从本章开始，我们进入严格意义上的电气工程图绘制，包括控制电气图、电力电气图、电子电路图等的具绘制方法。

本章的知识，具有实际的工程意义，希望读者注意体会。

◎ 图框的设置

◎ 电气图形布局

◎ 各种电气单元的绘制

实例 70　电动机控制图

本实例绘制的电动机控制图如图 8-1 所示。

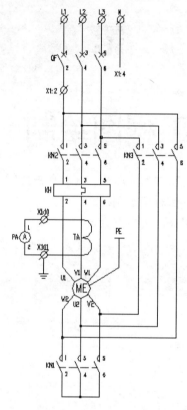

图 8-1　电动机控制图

多媒体演示参见配套光盘中的\\动画演示\第 8 章\电动机控制图.avi。

 思路提示

本实例绘制的是某电动机的电路控制图，它由 L1、L2 和 L3 三个回路组成。其绘制思路如下：先绘制图纸布局，即绘制主要的导线，然后分别绘制各个主要的电气元件，并将各电气元件插入到导线之间，最后添加注释和文字。其绘制流程如下面的绘制步骤所示。

 解题步骤

01 设置绘图环境。

❶建立新文件。打开 AutoCAD 2016 应用程序，在命令行输入命令"NEW"或单击"自定义快速访问工具栏"中的"新建"按钮🗋，AutoCAD 弹出"选择样板"对话框，用户在该对话框中选择需要的样板图。

❷设置图形界限。选择菜单栏中的"格式"→"图形界限"命令，分别设置图形界限的两个角点坐标分别为：左下角点为（0，0），右上角点为（200，280）。

❸设置图层。单击"默认"选项卡"图层"面板中的"图层特性"按钮🔲，设置"连接线层""实体符号层"和"虚线层"三个图层，各图层的颜色，线型即线宽分别如图 8-2 所示。将"连接线层"设置为当前图层。

图 8-2　设置图层

02　图纸布局。为了便于确定各设备在图纸中的位置，需要设置定位线。具体步骤如下：

❶绘制水平直线。单击"默认"选项卡"绘图"面板中的"直线"按钮✏，绘制直线 1{（10，270）、（130,270）}，如图 8-3 所示。

❷偏移直线。单击"默认"选项卡"修改"面板中的"偏移"按钮🗐，分别向下绘制一组水平直线，偏移量分别为 30、35、25、120 和 40，如图 8-4 所示。在绘制本图时，可以大致按照这个结构来安排各个电气元件的位置。

03　绘制各回路。观察图 8-1 可以知道，电动机控制图有三个回路，组成每个回路的电气元件基本是相同的，分别绘制各回路，然后组合起来就构成了整个电动机控制图。下面先介绍各回路中各电气元件的绘制方法。

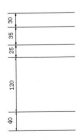

图 8-3　绘制水平直线　　　　　　　　　　图 8-4　偏移直线

❶绘制断路器。

1）绘制竖直直线。单击"默认"选项卡"绘图"面板中的"直线"按钮✎，绘制直线1{(100,10)、(100,50)}，如图8-5所示。

2）绘制倾斜直线。单击"默认"选项卡"绘图"面板中的"直线"按钮✎，在"对象捕捉"和"极轴"绘图方式下，用鼠标捕捉直线1的下端点，以其为起点，绘制一条与竖直方向成30°角，长度为9的倾斜直线2，如图8-6所示。

3）平移直线。单击"默认"选项卡"修改"面板中的"移动"按钮✥，将直线2沿竖直方向向上平移12，如图8-7所示。

4）绘制水平直线。关闭"极轴"功能，打开"正交"绘图方式。单击"默认"选项卡"绘图"面板中的"直线"按钮✎，用鼠标捕捉直线2的上端点，以其为起点，向右绘制一条长度为8的水平直线3，如图8-8所示。

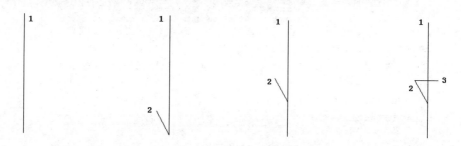

图8-5　绘制竖直直线　　　图8-6　绘制倾斜直线　　图8-7　平移直线　　　　图8-8　绘制水平直线

5）修剪直线。单击"默认"选项卡"修改"面板中的"修剪"按钮✁，以直线2和3为剪切边，对直线1进行修剪，得到如图8-9所示图形。

6）绘制倾斜直线。关闭"正交"功能，打开"极轴"绘图方式。单击"默认"选项卡"绘图"面板中的"直线"按钮✎，用鼠标捕捉0点，以其为起点，绘制一条与竖直方向成45°，长度为2的倾斜直线4，如图8-10所示。

7）阵列直线。单击"默认"选项卡"修改"面板中的"环形阵列"按钮✥，用鼠标捕捉到圆点0为阵列中心点，设置"项目总数"为4，填充角度为360°，选择直线4为阵列对象，竖直直线被复制3份并在点0周围均匀分布，效果如图8-11所示，就是绘制完成的断路器的图形符号。

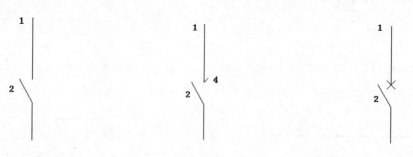

图8-9　修剪直线　　　　　图8-10　绘制倾斜直线　　　　　图8-11　阵列直线

❷绘制接触器。

1）绘制竖直直线。单击"默认"选项卡"绘图"面板中的"直线"按钮✐，绘制直线1{(100,10)、(100,50)}，如图8-12所示。

2）绘制倾斜直线。单击"默认"选项卡"绘图"面板中的"直线"按钮✐，在"对象捕捉"和"极轴"绘图方式下，用鼠标捕捉直线1的下端点，以其为起点，绘制一条与竖直方向成30°，长度为9的倾斜直线2，如图8-13所示。

3）平移直线。单击"默认"选项卡"修改"面板中的"移动"按钮✛，将直线2沿竖直方向向上平移12，如图8-14所示。

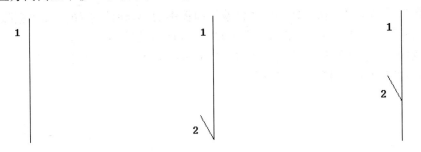

图8-12　绘制竖直直线　　　　图8-13　绘制倾斜直线　　　　图8-14　平移直线

4）绘制圆。单击"默认"选项卡"绘图"面板中的"圆"按钮⊙，用鼠标捕捉直线1的上端点，以其为圆心，绘制一个半径为2的圆，如图8-15所示。

5）平移圆。单击"默认"选项卡"修改"面板中的"移动"按钮✛，将上步绘制的圆沿竖直方向向下平移18，如图8-16所示。

6）修剪图形。单击"默认"选项卡"修改"面板中的"修剪"按钮✄和"删除"按钮✐，分别对直线1和圆进行修剪，并删除掉多余图形，得到如图8-17所示结果，就是绘制完成的接触器的图形符号。

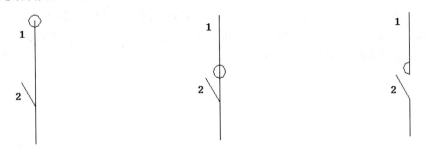

图8-15　绘制圆　　　　　　图8-16　平移圆　　　　　　图8-17　修剪图形

❸绘制热继电器。

1）绘制矩形。单击"默认"选项卡"绘图"面板中的"矩形"按钮▭，绘制一个长为60，宽为7的矩形，如图8-18所示。

2）分解矩形。单击"默认"选项卡"修改"面板中的"分解"按钮▥，将绘制的矩形分解为直线1、2、3、4。

3）偏移直线。单击"默认"选项卡"修改"面板中的"偏移"按钮▣，以直线 1 为起始，绘制两条水平直线，偏移量分别为 1.8 和 3.4；以直线 3 为起始，绘制两条竖直直线，偏移量分别为 27 和 30，如图 8-19 所示。

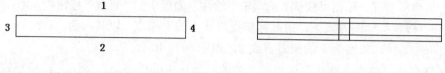

图 8-18　绘制矩形

图 8-19　偏移直线

4）修剪图形。单击"默认"选项卡"修改"面板中的"修剪"按钮⊹和"删除"按钮✎，修剪图形，并删除多余的直线，得到图 8-20 所示结果。

5）拉长直线。单击"默认"选项卡"修改"面板中的"拉长"按钮⤢，将直线 5 分别向上和向下拉长 25，如图 8-21 所示。

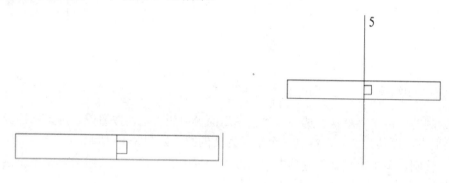

图 8-20　修剪图形

图 8-21　拉长直线

6）偏移直线。单击"默认"选项卡"修改"面板中的"偏移"按钮▣，以直线 1 为起始，分别向左和向右绘制两条竖直直线 6 和 7，偏移量均为 24，如图 8-22 所示。

7）修剪图形。单击"默认"选项卡"修改"面板中的"修剪"按钮⊹和"打断"按钮▢，以各水平直线为剪切边，对直线 5、6 和 7 进行修剪，得到图 8-23 所示结果，就是绘制完成的热继电器的图形符号。

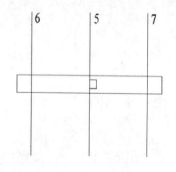

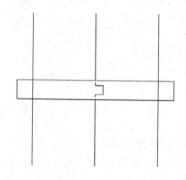

图 8-22　偏移直线

图 8-23　修剪图形

❹绘制电动机。

1）绘制圆。单击"默认"选项卡"绘图"面板中的"圆"按钮 ⊘，以点(50,50)为圆心，绘制一个半径为4的圆，如图8-24所示。

2）绘制竖直直线。单击"默认"选项卡"绘图"面板中的"直线"按钮 ✎，在"对象捕捉"和"正交"绘图方式下，用鼠标捕捉圆的圆心，以其为起点，向下绘制一条长度为10的竖直直线1，如图8-25所示。

图8-24 绘制圆 　　　　　　　　　　　　图8-25 绘制竖直直线

3）绘制倾斜直线。关闭"正交"功能，启动"极轴"绘图方式。单击"默认"选项卡"绘图"面板中的"直线"按钮 ✎，用鼠标捕捉圆的圆心，以其为起点，绘制一条与竖直方向成45°，长度为20的倾斜直线2，如图8-26所示。

4）镜像直线。单击"默认"选项卡"修改"面板中的"镜像"按钮 ⚏，选择直线2为镜像对象，以直线1为镜像线，做镜像操作，得到直线3，如图8-27所示结果。

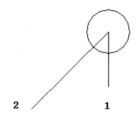

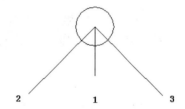

图8-26 绘制倾斜直线 　　　　　　　　　　图8-27 镜像直线

5）绘制水平直线。关闭"极轴"功能，激活"正交"绘图方式。单击"默认"选项卡"绘图"面板中的"直线"按钮 ✎，用鼠标捕捉直线1的下端点，以其为起点，向右绘制一条长度为20的水平直线4，如图8-28所示。

6）拉长直线。单击"默认"选项卡"修改"面板中的"拉长"按钮 ✎，将直线4向左拉长20，如图8-29所示。

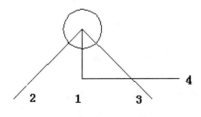

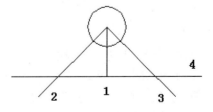

图8-28 绘制水平直线 　　　　　　　　　　图8-29 拉长直线

7）修剪直线。单击"默认"选项卡"修改"面板中的"修剪"按钮 ✄，以直线4

为剪切边，对直线2和3进行修剪，如图8-30所示。

8）绘制竖直直线。单击"默认"选项卡"绘图"面板中的"直线"按钮，在"对象捕捉"和"正交"绘图方式下，用鼠标捕捉直线2的下端点，以其为起点，向下绘制长度为5的竖直直线。用相同的方法分别捕捉直线1和3的下端点作为起点，向下绘制长度同样为5的竖直直线，效果如图8-31所示。

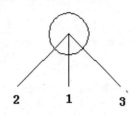

图8-30　修剪直线

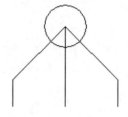

图8-31　绘制竖直直线

9）删除直线。单击"默认"选项卡"修改"面板中的"删除"按钮，删除直线4。

10）旋转直线。单击"默认"选项卡"修改"面板中的"旋转"按钮，用选择图示的所有直线作为旋转对象，捕捉圆的圆心为旋转基点，旋转角度为180°，做旋转复制操作效果如图8-32所示。

11）修剪图形。单击"默认"选项卡"修改"面板中的"修剪"按钮和"删除"按钮，修剪掉圆以内的直线，得到图8-33所示结果，就是绘制完成的电动机的图形符号。

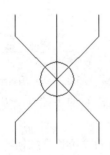

图8-32　旋转直线

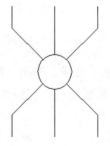

图8-33　修剪图形

❺绘制三相四线图。

1）绘制水平直线。单击"默认"选项卡"绘图"面板中的"直线"按钮，绘制一条长度为15的水平直线1，如图8-34所示。

2）偏移直线。单击"默认"选项卡"修改"面板中的"偏移"按钮，以直线1为起始，向下依次绘制直线2、3和4，偏移量依次为5、18和20，如图8-35所示。

3）插入断路器符号。复制短路器符号：单击"默认"选项卡"修改"面板中的"复制"按钮，将前面绘制的短路器符号复制一份到直线1的附近，如图8-36所示。

1 ————————————————

图 8-34　绘制水平直线

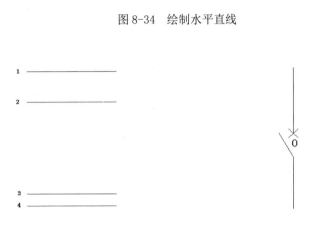

图 8-35　偏移直线　　　　　　　　　　图 8-36　插入断路器符号

4）调整符号大小。单击"默认"选项卡"修改"面板中的"缩放"按钮 ▢ ，选择复制过来的断路器符号，按 Enter 键，用鼠标捕捉下端点作为基点，比例因子为 0.25，将断路器符号缩小到原来的 0.25 倍，如图 8-37 所示。

5）平移短路器符号。单击"默认"选项卡"修改"面板中的"移动"按钮 ✛ ，选择图示中的 0 点作为平移基点，用鼠标捕捉直线 2 的左端点作为目标点，将短路器符号平移到连接导线上，如图 8-38 所示。

6）调整位置。单击"默认"选项卡"修改"面板中的"移动"按钮 ✛ ，选择短路器符号，将其向右平移 3.5，如图 8-39 所示。

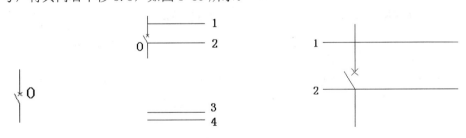

图 8-37　调整符号大小　　　　图 8-38　平移短路器符号　　　　图 8-39　调整位置

7）修剪图形。单击"默认"选项卡"修改"面板中的"修剪"按钮 ⼁⼂ ，以直线 1 为剪切边，对短路器符号的上端的连接线进行修剪。

8）复制图形。将调整好位置的短路器符号复制 2 份，分别向右平移 2 和 4，如图 8-40 所示。

9）插入接触器符号。用和 3）类似的方法向图形中插入接触器符号，结果如图 8-41 所示。

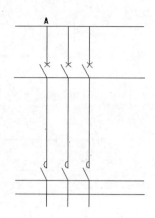

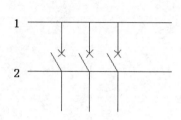

图 8-40 复制图形

图 8-41 插入接触器符号

10）绘制圆。单击"默认"选项卡"绘图"面板中的"圆"按钮◎，用鼠标捕捉点 A，以其为圆心，绘制一个半径为 2 的圆。

11）绘制倾斜直线。单击"默认"选项卡"绘图"面板中的"直线"按钮✎，在"对象捕捉"和"正交"绘图方式下，用鼠标捕捉 A 点，并以其为起点，绘制与水平方向成 45°角，长度为 3.5 的直线。

12）拉长直线。单击"默认"选项卡"修改"面板中的"拉长"按钮✎，将步骤 11）绘制的直线向下拉长 3.5，并将圆和直线缩小 0.25 倍。然后单击"默认"选项卡"修改"面板中的"复制"按钮🗗，将步骤 10）～12）绘制的圆和直线复制 4 份，分别向右平移 2、4 和 6，向下平移 8。

13）绘制竖直连接线。单击"默认"选项卡"绘图"面板中的"直线"按钮✎，在"对象捕捉"和"正交"绘图方式下，用鼠标捕捉 D 点，向下绘制长度为 5 的竖直连接线，连接线的另一端刚好落在直线 2 上。

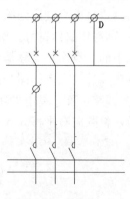

14）修剪图形。单击"默认"选项卡"修改"面板中的"修剪"按钮✄和"删除"按钮✎，修剪掉多余的直线段，得到如图 8-42 所示的结果，即是绘制完成的三相四线图。

图 8-42 修剪图形

❻绘制保护测量部分。

1）绘制圆。单击"默认"选项卡"绘图"面板中的"圆"按钮◎，以（50，50）为圆心，绘制一个半径为 5 的圆，如图 8-43 所示。

2）复制圆。单击"默认"选项卡"修改"面板中的"复制"按钮🗗，将上步绘制的圆复制一份，并向下平移 10。

3）绘制竖直线。单击"默认"选项卡"绘图"面板中的"直线"按钮✎，在"对象捕捉"绘图方式下，用鼠标分别捕捉两个圆的圆心，绘制一条竖直直线。如图 8-44 所示。

4）拉长直线。单击"默认"选项卡"修改"面板中的"拉长"按钮，选择上步绘制的竖直直线，分别向上和向下拉长 5，如图 8-45 所示。

5）修剪图形。单击"默认"选项卡"修改"面板中的"修剪"按钮，以竖直直线为剪切边，对圆进行修剪，并单击"默认"选项卡"修改"面板中的"删除"按钮，删除竖直直线，如图 8-46 所示。

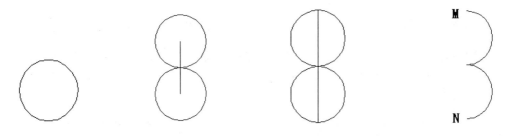

图 8-43　绘制圆　　　　图 8-44　复制圆　　　　图 8-45　拉长直线　　　　图 8-46　修剪图形

6）添加连接线。单击"默认"选项卡"绘图"面板中的"直线"按钮，在"对象捕捉"绘图方式下，用鼠标捕捉点 M，以其为起点，绘制长度为 40 的直线 1。用相同的方法绘制以 N 为起点，长度为 40 的直线 2。分别用鼠标捕捉直线 1 和 2 的左端点，绘制直线 3，如图 8-47 所示。

7）绘制圆。单击"默认"选项卡"绘图"面板中的"圆"按钮，用鼠标捕捉直线 3 的中点，以其为圆心，绘制半径为 3.5 的圆，如图 8-48 所示。

8）绘制圆。单击"默认"选项卡"绘图"面板中的"圆"按钮，用鼠标捕捉直线 3 的上端点，以其为圆心，绘制半径为 2 的圆，如图 8-49 所示。

图 8-47　添加连接线　　　　　　图 8-48　平移圆　　　　　　图 8-49　绘制圆

9）绘制倾斜直线。单击"默认"选项卡"绘图"面板中的"直线"按钮，在"对象捕捉"和"极轴"绘图方式下，用鼠标捕捉直线 3 的上端点，以其为起点，绘制与水平方向成 45°角，长度为 3.5 的直线。

10）拉长直线。单击"默认"选项卡"修改"面板中的"拉长"按钮，选择上步绘制的直线，将其向下拉长 3.5。

11）平移图形。单击"默认"选项卡"修改"面板中的"移动"按钮，将步骤 8）、9）、10）绘制的圆和直线向右平移 10，如图 8-50 所示。

12）绘制圆和斜线。用和前述相同的方法，在直线 2 上绘制与直线 1 上对应的圆和斜线，如图 8-51 所示。

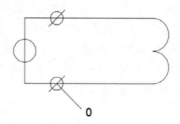

图 8-50　平移图形　　　　　　　　　　　图 8-51　绘制圆和斜线

13）绘制接地线。单击"默认"选项卡"绘图"面板中的"直线"按钮 ，绘制接地线，如图 8-52 所示，其中竖直直线 L1 长度为 10，直线 L2 长度为 5.5，直线 L3 长度为 3.5，直线 L4 长度为 1.5。

14）插入接地线。单击"默认"选项卡"修改"面板中的"移动"按钮 ，选择上步绘制的直线 L1 的上端点为平移的基点，点 0 为目标点，将接地线插入图中。

15）修剪图形。单击"默认"选项卡"修改"面板中的"修剪"按钮 和"删除"按钮 ，对图形进行修剪，并删除多余的直线，得到如图 8-53 所示的结果，就是绘制完成的保护测量部分。

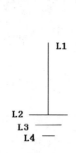

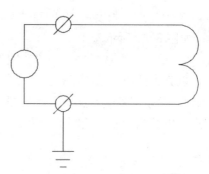

图 8-52　绘制接地线　　　　　　　　　　图 8-53　修剪图形

04 图块插入。将绘制好的各图块移动到合适的位置，并用连线连接起来。由于各图块的尺寸大小不一，在安装图块的时候可能不协调，因此，可利用"缩放"功能随时调整图块的大小。

另外就是位置问题，需要灵活运用"正交""对象捕捉""对象追踪"等功能，将图形符号移动到合适的位置。

05 添加注释文字。

❶创建文字样式。单击"默认"选项卡"注释"面板中的"文字样式"按钮 ，弹出"文字样式"对话框，创建一个样式名为"标注"的文字样式。"字体名"为"仿宋 GB_2312"，"字体样式"为"常规"，"高度"为 50，宽度比例为 0.7 。

❷添加注释文字。单击"默认"选项卡"注释"面板中的"单行文字"按钮 ，一次输入几行文字，然后再调整其位置，以对齐文字。调整位置的时候，结合使用正交命令。最终结果如图 8-1 所示。

总结与点评

> 本实例完整地讲述了控制电气图的绘制过程。电气工程是 AutoCAD 除了机械工程和建筑工程以外的另一个主要应用方向。
>
> 在本实例中读者可以了解到，电气工程图与机械工程图和建筑工程图比较起来，其尺寸要求不太严格，主要是把电路的原理或连接关系表达清楚就可以，这点读者注意体会。

实例 71　变电工程设计

本实例绘制的变电工程设计如图 8-54 所示。

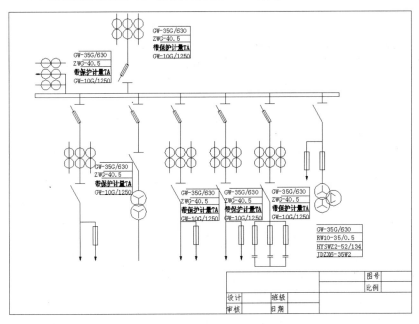

实讲实训 多媒体演示

多媒体演示参见配套光盘中的\\动画演示\第8 章\变电工程设计.avi。

图 8-54　变电工程原理图

思路提示

绘制变电所的电气原理图有两种方法：一是绘制简单的系统图，表明变电所的工作的大致原理；另一种是绘制更详细阐述电气原理的接线图。本实例先绘制系统图，再绘制电器主接线。其绘制流程如下面的绘制步骤所示。

 解题步骤

01 配置绘图环境。

❶建立新文件。打开 AutoCAD 2016 应用程序，调用随书光盘"源文件"文件夹中的"A4 title"样板，建立新文件。将新文件命名为"变电工程设计.dwg"并保存。

❷开启栅格。单击状态栏中的"栅格"命令，或者使用快捷键 F7，在绘图窗口中显示栅格，命令行中会提示"命令：〈栅格 开〉"。若想关闭栅格，可以再次单击状态栏中的"栅格"命令，或者使用快捷键 F7。

02 绘制开关。

❶单击"默认"选项卡"绘图"面板中的"直线"按钮 ∕ ，在"正交"绘图方式下，以坐标{(100,100)、(@0,-50)}绘制一条竖线。

❷选择菜单栏中的"工具"→"绘图设置"命令，在弹出的"草图设置"对话框的"极轴追踪"选项卡中，勾选"启用极轴追踪"复选框，"增量角"设置为"30"，如图 8-55 所示。

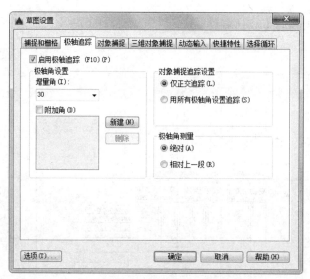

图 8-55 "草图设置"对话框

❸单击"默认"选项卡"绘图"面板中的"直线"按钮 ∕ ，绘制折线，命令行中的提示与操作如下：

```
命令：_LINE
指定第一个点：100,70✓
指定下一点或 [放弃(U)]：〈极轴 开〉 20✓
指定下一点或 [放弃(U)]：per 到   （捕捉竖线上的垂足）
指定下一点或 [闭合(C)/放弃(U)]：✓
```

结果如图 8-56 所示。

❹单击"默认"选项卡"修改"面板中的"移动"按钮 ✛，将水平直线向右移动 5，结果如图 8-57 所示。

❺单击"默认"选项卡"修改"面板中的"修剪"按钮┼，对图形进行修剪，如图 8-58 所示，完成开关的绘制。

03 绘制负荷开关，断路器。

❶单击"默认"选项卡"绘图"面板中的"直线"按钮，在"正交"绘图方式下，以坐标{(100, 100)、(@0, -50)}绘制一条竖线。

❷选择菜单栏中的"工具"→"绘图设置"命令，在弹出的"草图设置"对话框的"极轴追踪"选项卡中，勾选"启用极轴追踪"复选框，"增量角"设置为"30"，如图 8-59 所示。

图 8-56　绘制折线　　　　图 8-57　平移线段　　　　图 8-58　开关

❸单击"默认"选项卡"绘图"面板中的"直线"按钮，绘制折线，命令行中的提示与操作如下：

```
命令：_LINE
指定第一个点：100,70↙
指定下一点或 [放弃(U)]：〈极轴 开〉20↙
指定下一点或 [放弃(U)]：per 到　（捕捉竖线上的垂足）
指定下一点或 [闭合(C)/放弃(U)]：↙
```

结果如图 8-60 所示。

图 8-59　"草图设置"对话框　　　　　图 8-60　绘制折线

❹单击"默认"选项卡"修改"面板中的"移动"按钮，将水平直线向右移动 5，结果如图 8-61 所示。

❺单击"默认"选项卡"修改"面板中的"修剪"按钮，对图形进行修剪，如图8-62所示，完成开关的绘制。

04 绘制断路器符号。

❶在开关符号的基础上，单击"默认"选项卡"修改"面板中的"旋转"按钮，将图8-62中的水平直线以其与竖直直线交点为基点旋转45°，如图8-63所示。

❷单击"默认"选项卡"修改"面板中的"镜像"按钮，将旋转后的直线以竖直直线为轴进行镜像处理，结果如图8-64所示，完成断路器的绘制。

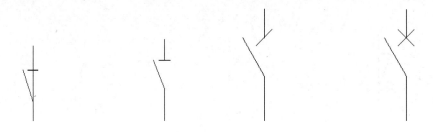

图 8-61　平移线段　　　图 8-62　开关　　图 8-63　旋转直线　　　图 8-64　断路器

05 绘制变压器。

❶单击"默认"选项卡"绘图"面板中的"圆"按钮，以坐标点（100，100）为圆心，绘制半径为10的圆。

❷单击"默认"选项卡"修改"面板中的"复制"按钮，将上步绘制的圆复制到（@0，-18），结果如图8-65所示。

❸单击"默认"选项卡"绘图"面板中的"直线"按钮，以坐标点{（100,100）、（@0,-8）}绘制直线。

❹选择菜单栏中的"修改"→"阵列"→"环形阵列"命令，或者单击"修改"工具栏中的"环形阵列"按钮，或者单击"默认"选项卡"修改"面板中的"环形阵列"按钮，命令行提示与操作如下：

```
命令: _arraypolar
选择对象:（选择上步绘制的直线）
选择对象: ↙
类型 = 极轴  关联 = 是
指定阵列的中心点或［基点(B)/旋转轴(A)］:（100,100）
选择夹点以编辑阵列或［关联(AS)/基点(B)/项目(I)/项目间角度(A)/填充角度(F)/行(ROW)/层(L)/旋转项目(ROT)/退出(X)］〈退出〉: AS
创建关联阵列［是(Y)/否(N)］〈是〉:N
选择夹点以编辑阵列或［关联(AS)/基点(B)/项目(I)/项目间角度(A)/填充角度(F)/行(ROW)/层(L)/旋转项目(ROT)/退出(X)］〈退出〉: I
输入阵列中的项目数或［表达式(E)］〈6〉: 3
选择夹点以编辑阵列或［关联(AS)/基点(B)/项目(I)/项目间角度(A)/填充角度(F)/行(ROW)/层(L)/旋转项目(ROT)/退出(X)］〈退出〉: F
指定填充角度(+=逆时针、-=顺时针)或［表达式(EX)］〈360〉:
选择夹点以编辑阵列或［关联(AS)/基点(B)/项目(I)/项目间角度(A)/填充角度(F)/行(ROW)/层(L)/旋转项目(ROT)/退出(X)］〈退出〉: ↙
```

结果如图8-66所示。

⑤单击"默认"选项卡"修改"面板中的"复制"按钮 🥠，在"正交"绘图方式下，将图 8-66 中"Y"形向下方复制（@0，−18），结果图 8-67 所示。

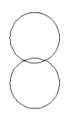 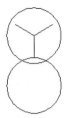 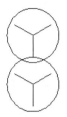

图 8-65　绘制圆　　　　　　图 8-66　绘制 Y 图形　　　　　图 8-67　变压器

⑥单击"默认"选项卡"绘图"面板中的"创建块"按钮 🗗，将图 8-67 所示图形定义为块，完成变压器的绘制。

06 电压互感器。

❶单击"默认"选项卡"绘图"面板中的"圆"按钮 ⊘，在绘图区中绘制一个圆；单击"默认"选项卡"绘图"面板中的"多边形"按钮 ⬠，在所绘的圆中绘制一个正三角形。

❷单击"默认"选项卡"绘图"面板中的"直线"按钮 ╱，在"正交"绘图方式下绘制一条竖直直线，图 8-68 所示。

❸单击"默认"选项卡"修改"面板中的"修剪"按钮 ⊀，修剪图形；单击"默认"选项卡"修改"面板中的"删除"按钮 ✎，删除多余的直线，得图 8-69 所示。

❹单击"默认"选项卡"绘图"面板中的"插入块"按钮 🖫，在绘图区插入图 8-68 所示的变压器图块，结果如图 8-70 所示。

❺单击"默认"选项卡"修改"面板中的"移动"按钮 ✣，选中变压器图块，在"对象捕捉"和"对象追踪"绘图方式下，将图 8-69 与图 8-70 结合起来，得到如图 8-71 所示的电压互感器。

 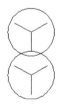 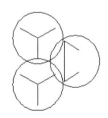

图 8-68　绘制基本图形　　图 8-69　修剪图形　图 8-70　插入变压器图块　图 8-71　电压互感器

07 电容器和电流互感器。

❶单击"默认"选项卡"绘图"面板中的"圆"按钮 ⊘，绘制一个圆，如图 8-72 所示。单击"默认"选项卡"绘图"面板中的"直线"按钮 ╱，在"极轴追踪""对象捕捉"和"正交"绘图方式下，绘制一条过圆心的直线，如图 8-73 所示，完成电流互感器的绘制。

❷绘制图 8-74 所示的无极性电容器的方法与前面绘制极性电容器的方法类似，在这里不再重复说明了。

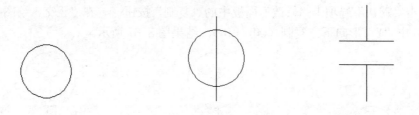

图 8-72　绘制圆　　　　　　图 8-73　电流互感器　　　　图 8-74　无极性电容器

08 电气主接线图。下面绘制某 10kV 变电站的主接线图，如图 8-75 所示。

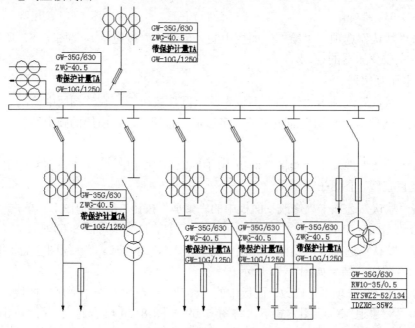

图 8-75　某 10kV 变电站主接线图

❶绘制母线。单击"默认"选项卡"绘图"面板中的"直线"按钮，绘制一条为长 210 的直线；单击"修改"工具栏中的"复制"按钮，在"正交"绘图方式下将刚才画的直线向下平移 1.5；单击"默认"选项卡"绘图"面板中的"直线"按钮，将直线的两头连接，并将线宽设为 0.7，如图 8-76 所示。

图 8-76　绘制母线

❷在母线上画出一主变压器及其两侧的器件设备。

❸单击"默认"选项卡"绘图"面板中的"圆"按钮，绘制一个半径为 10 的圆，如图 8-77 所示。

❹单击"默认"选项卡"绘图"面板中的"直线"按钮，在"极轴追踪""对象捕捉"和"正交"绘图方式下绘制一条直线，如图 8-78 所示。

❺单击"默认"选项卡"修改"面板中的"复制"按钮🔧，在"正交"绘图方式下，在已得到的圆的下方复制一个圆，如图 8-79 所示。重复"复制"命令，在"正交"绘图方式下，将图 8-79 中所有的图形向左复制，如图 8-80 所示。

❻单击"默认"选项卡"修改"面板中的"镜像"按钮⚏，在"极轴追踪"和"对象捕捉"绘图方式下，以原图中的直线为镜像线，将左边的图复制到右边，如图 8-81 所示。

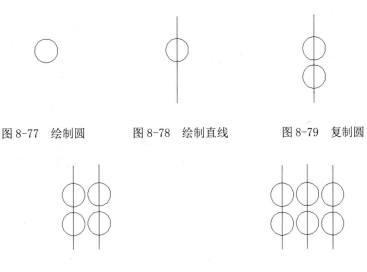

图 8-77 绘制圆　　　图 8-78 绘制直线　　　图 8-79 复制圆

图 8-80 复制图形　　　　　　　图 8-81 镜像图形

❼单击"默认"选项卡"绘图"面板中的"插入块"按钮🔲，在当前绘图空间依次插入已经创建的"跌落式熔断器"和"开关"块，在当前绘图窗口上用鼠标左键点取图块放置点，效果如图 8-82 所示。调用已有的图块，能够大大节省绘图工作量，提高绘图效率。

❽复制出相同的主变压器支路。单击"默认"选项卡"修改"面板中的"复制"按钮🔧，将如图 8-82 所示的图形复制后得如图 8-83 所示图形。

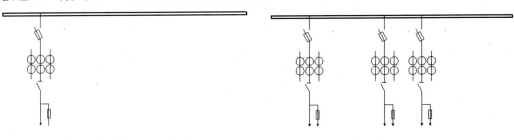

图 8-82 插入图形　　　　　　　图 8-83 复制效果

❾用类似的方法画出 10kV 母线上方的器件。单击"默认"选项卡"修改"面板中的"镜像"按钮⚏，将最左边的部分向上镜像，结果 如图 8-84 所示。

❿单击"默认"选项卡"绘图"面板中的"直线"按钮✏，在镜像到直线上头的图形的适当地方划一直线，结果如图 8-85 所示。

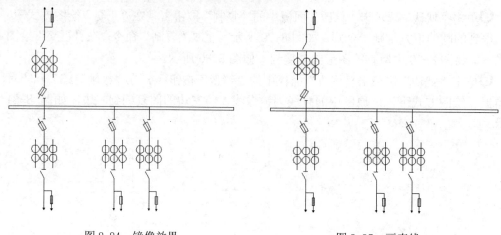

图 8-84 镜像效果   图 8-85 画直线

⓫单击"默认"选项卡"修改"面板中的"修剪"按钮，将直线上方多余的部分去掉，然后再单击"默认"选项卡"修改"面板中的"删除"按钮，将刚才画的直线去掉，则结果如图 8-86 所示。

⓬单击"默认"选项卡"修改"面板中的"偏移"按钮，将图 8-86 所示图形在直线上面的部分向右平移 25 个单位，结果如图 8-87 所示。

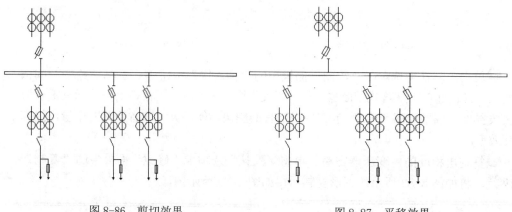

图 8-86 剪切效果   图 8-87 平移效果

⓭单击"默认"选项卡"绘图"面板中的"插入块"按钮，在当前绘图空间插入在前面已经创建的"主变压器"块，用鼠标左键点取图块放置点并改变方向，绘制一矩形并将其放到直线适当位置上，效果如图 8-88 所示。

⓮调用类似的方法绘制图形。

1）单击"默认"选项卡"修改"面板中的"复制"按钮，将直线下方图形复制一个到最右边处，结果如图 8-89 所示。

2）单击"默认"选项卡"修改"面板中的"删除"按钮，将刚才复制所得到的图形的箭头去掉，单击"默认"选项卡"绘图"面板中的"直线"按钮和"修改"面板中的"移动"按钮，选择适当的地方，在电阻器下方绘制一电容器符号，然后再单击"默认"选项卡"修改"面板中的"修剪"按钮，将电容器两极板间的线段修剪掉，结果如图 8-90 所示。

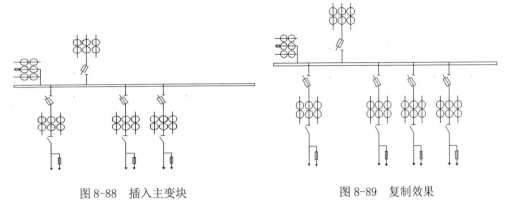

图 8-88　插入主变块　　　　　　　　图 8-89　复制效果

3）单击"默认"选项卡"修改"面板中的"复制"按钮，将电阻符号和电容器符号放置到中间直线上，如图 8-91 所示。

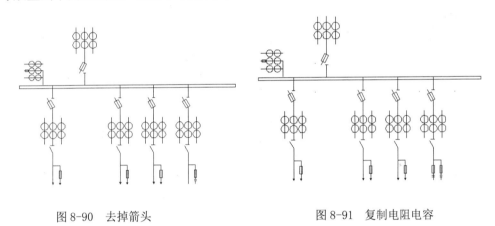

图 8-90　去掉箭头　　　　　　　　图 8-91　复制电阻电容

4）单击"默认"选项卡"修改"面板中的"镜像"按钮，将中线右边部分复制到中线左边，并连线得如图 8-92 所示。

5）单击"默认"选项卡"绘图"面板中的"插入块"按钮，在当前绘图空间插入在前面已经创建的"变压器"和"开关"块，并将其插入图中，结果如图 8-93 所示。

6）单击"默认"选项卡"绘图"面板中的"插入块"按钮，在当前绘图空间插入在前面已经创建的"电压互感器"和"开关"块，并将其插入图中，结果如图 8-94 所示。

7）单击"默认"选项卡"绘图"面板中的"直线"按钮，开启正交模式，在电压互感器所在直线上画一折线，再单击"默认"选项卡"绘图"面板中的"矩形"按钮，绘制一矩形并将其放到直线上，然后单击"默认"选项卡"绘图"面板中的"多段线"按钮，在直线端点绘制一箭头（此时启用极轴追踪，并将追踪角度设为15），结果如图 8-95 所示。

（09）输入注释文字。

❶单击"默认"选项卡"注释"面板中的"多行文字"按钮，在需要注释的地

方画出一个区域，弹出"文字格式"对话框。插入文字。在弹出的文字对话框中标注需
要的信息，单击"确定"按钮即可。

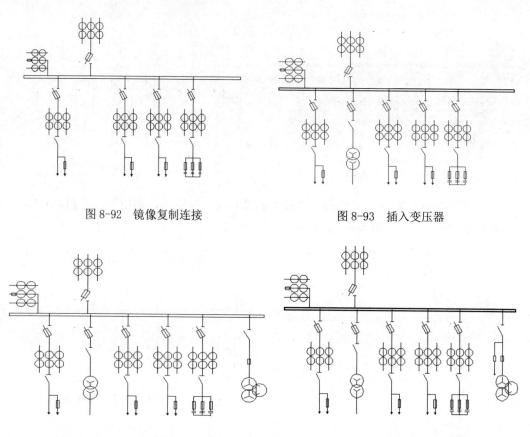

图 8-92　镜像复制连接　　　　　　　　　图 8-93　插入变压器

图 8-94　插入电压互感器和开关　　　　　　图 8-95　绘制矩形箭头

❷单击"默认"选项卡"绘图"面板中的"直线"按钮和单击"默认"选项卡
"修改"面板中的"复制"按钮，绘制文字框线。完成后的线路图如图 8-96、图 8-97
所示。最终结果如图 8-54 所示。

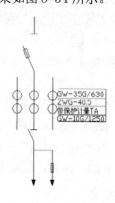

图 8-96　添加注释

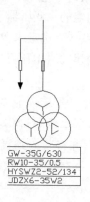

图 8-97　添加注释

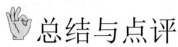总结与点评

> 　　本实例完整地讲述了电力电气图的绘制过程。由各种电压等级的电力线路，将各种类型的发电厂、变电站和电力用户联系起来的一个发电、输电、变电、配电和用电的整体，称为电力系统。
>
> 　　在本实例中读者可以了解到，电力电气工程图一个重要特征是相似的图形环节比较多，这样虽然图形看起来很多很乱，但只要绘制出其中一个代表性的单元，其他单元可以通过复制、阵列等方法很快地绘制出来，这一点读者注意体会。

实例 72　荧光灯的调光器电路

　　本实例绘制荧光灯的调光器电路如图 8-98 所示。

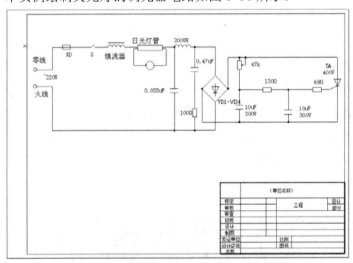

图 8-98　荧光灯的调光器电路

> 实讲实训
> 多媒体演示
>
> 　　多媒体演示参见配套光盘中的\\动画演示\第8 章\荧光灯的调光器电路.avi。

　思路提示

　　首先观察并分析图样的结构，绘制出大体的结构框图，也就是绘制出主要的电路图导线即可，然后绘制出各个电子元件，将各个电子元件"安装"插入到结构图中相应的位置中，最后在电路图的适当的位置添加相应的文字和注释说明，即可完成电路图的绘制。其绘制流程如下面的绘制步骤所示。

　解题步骤

　01 设置绘图环境。

❶建立新文件。打开 AutoCAD 2016 应用程序，在命令行输入命令"NEW"或单击"自定义快速访问工具栏"中的"新建"按钮，AutoCAD 弹出"选择样板"对话框，用户在该对话框中选择需要的样板图。

在"选择样板"对话框中选择已经绘制好的样板图，然后单击"打开"按钮，会返回绘图区域，同时选择的样板图也会出现在绘图区域内，其中样板图左下端点坐标为(0，0)。本实例选用 A3 样板图，如图 8-99 所示。

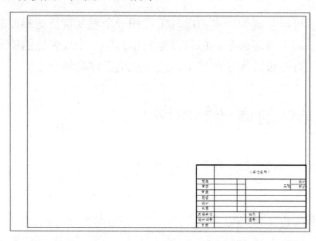

图 8-99　插入的 A3 样板图

❷设置图层。单击"默认"选项卡"图层"面板中的"图层特性"按钮，新建两个图层，分别命名为"连接线层"和"实体符号层"，图层的颜色、线型、线宽等属性状态设置如图 8-100 所示。将"连接线层"设为当前图层。

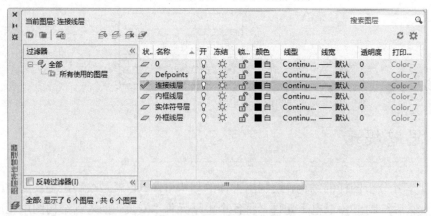

图 8-100　新建图层

02 绘制线路结构图。

❶绘制水平直线。单击"默认"选项卡"绘图"面板中的"直线"按钮，绘制一条长度为 200 的水平直线 AB；单击"默认"选项卡"修改"面板中的"偏移"按钮，输入偏移距离为竖直向下 100，绘制一条长度为 200 的水平实线 CD，如图 8-101 所示。

❷绘制竖直直线。单击"默认"选项卡"绘图"面板中的"直线"按钮 ╱，打开"正交"和"对象捕捉"功能，用鼠标左键捕捉直线 AB 的右端点 B 作为竖直直线的起点，以直线 CD 的右端点 D 作为竖直直线的终点，单击"默认"选项卡"修改"面板中的"偏移"按钮 ⬗，分别输入偏移距离为水平向左 25，依次向左绘制两条长度为 100 的竖直直线，结果如图 8-102 所示。

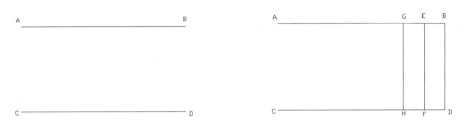

图 8-101　绘制水平直线　　　　　　图 8-102　绘制竖直直线

❸绘制四边形。单击"默认"选项卡"绘图"面板中的"多边形"按钮 ⬠，输入边数为 4，用鼠标捕捉直线 BD 的中点为四边形的中心，输入内接圆的边长为16，结果如图 8-103 所示。

❹旋转四边形。单击"默认"选项卡"修改"面板中的"旋转"按钮 ○，选择已经绘制好的四边形作为旋转对象，逆时针旋转 45º。命令行提示与操作如下。

```
命令：_ROTATE↙
UCS 当前的正角方向：ANGDIR=逆时针　ANGBASE=0
选择对象：找到 1 个（用鼠标左键选择四边形）
选择对象：↙
指定基点：（用鼠标左键捕捉四边形的中心）
指定旋转角度，或［复制(C)/参照(R)］〈0〉：45↙
```

旋转后的结果如图 8-104 所示。

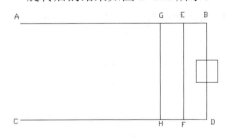
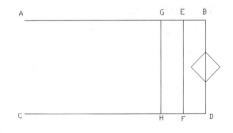

图 8-103　绘制四边形　　　　　　　　　图 8-104　旋转四边形

❺修剪图形。单击"默认"选项卡"修改"面板中的"修剪"按钮 ⊬，选择需要修剪的对象范围，确定后，绘图界面提示选择需要修剪的对象，修剪掉多余的线段，结果如图 8-105 所示。

❻绘制多段线。单击"默认"选项卡"绘图"面板中的"多段线"按钮 ⤵，打开"正交"和"对象捕捉"功能，用鼠标左键捕捉四边形的一个角点 I，以 I 为起点，绘制一条多段线，如图 8-106 所示，其中 IJ = 40，JK = 150，KL = 85。命令行操作如下：

```
命令：_pline↙
```

指定起点：〈正交 开〉〈对象捕捉追踪 关〉〈对象捕捉 开〉
当前线宽为 0.0000
指定下一个点或 [圆弧(A)/半宽(H)/长度(L)/放弃(U)/宽度(W)]: 40
指定下一点或 [圆弧(A)/闭合(C)/半宽(H)/长度(L)/放弃(U)/宽度(W)]: 150
指定下一点或 [圆弧(A)/闭合(C)/半宽(H)/长度(L)/放弃(U)/宽度(W)]:85
指定下一点或 [圆弧(A)/闭合(C)/半宽(H)/长度(L)/放弃(U)/宽度(W)]: ↙

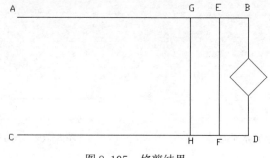

图 8-105 修剪结果

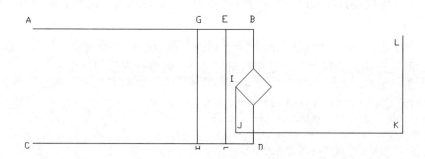

图 8-106 绘制多线段

❼按照如上所述类似方法，可以绘制结构线路图的其他线段，结果如图 8-107 所示。

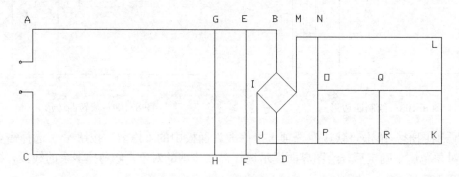

图 8-107 结构线路图

❽在样板图 A3 中的结构线路图表现为如图 8-108 所示。

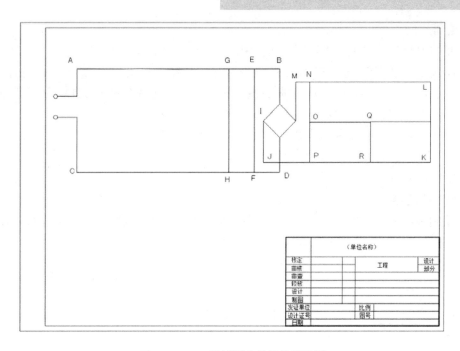

图 8-108　A3 样板图中的结构线路图

03 绘制各实体符号。

❶绘制熔断器。

1）单击"默认"选项卡"绘图"面板中的"矩形"按钮 □，绘制一个长度为 10，宽度为 5 的矩形，如图 8-109 所示。

2）单击"默认"选项卡"修改"面板中的"分解"按钮 ，将矩形分解成为直线 1、2、3 和 4，如图 8-110 所示。

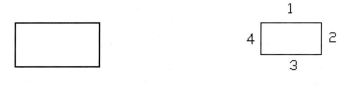

图 8-109　矩形　　　　　　　　　　　图 8-110　分解矩形

3）打开工具栏中的"对象捕捉"功能，单击"默认"选项卡"绘图"面板中的"直线"按钮 ，捕捉直线 2 和 4 的中点作为直线 5 的起点和终点，如图 8-111 所示。

4）单击"默认"选项卡"修改"面板中的"拉长"按钮 ，将直线 5 分别向左和向右拉长 5。得到的熔断器如图 8-112 所示。

图 8-111　绘制直线　　　　　　　　　　图 8-112　绘制成熔断器

❷绘制开关。

1）单击"默认"选项卡"绘图"面板中的"直线"按钮✐，绘制一条长为5的直线1，再次单击"默认"选项卡"绘图"面板中的"直线"按钮✐，打开"对象捕捉"功能，捕捉直线1的右端点作为新绘制直线的左端点，绘制出长为5的直线2，按照同样的方法绘制出长为5的直线3。绘制结果如图8-113所示。

2）单击"默认"选项卡"修改"面板中的"旋转"按钮⟳，打开"对象捕捉"功能，关闭"正交"功能，捕捉直线2的右端点，输入旋转的角度为30°，如图8-114所示，即为绘成开关的符号。

❸绘制镇流器。

1）绘制圆。单击"默认"选项卡"绘图"面板中的"圆"按钮⊙，选定圆的圆心，输入圆的半径，绘制一个半径为2.5的圆。如图8-115所示。

图 8-113　绘制三段线段　　　　图 8-114　绘成开关　　　　图 8-115　圆形

2）绘制阵列圆。选择菜单栏中的"修改"→"阵列"→"矩形阵列"命令，或者单击"修改"工具栏中的"矩形阵列"按钮🔡，或者单击"默认"选项卡"修改"面板中的"矩形阵列"按钮🔡，设置行数为1，列数为4，"列偏移"设置为5，选择上步绘制的圆作为阵列对象，即得到阵列结果如图8-116所示。

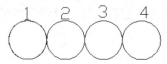

图 8-116　绘制阵列圆

3）绘制水平直线。首先绘制直线1，单击"默认"选项卡"绘图"面板中的"直线"按钮✐，在"对象捕捉"绘图方式下，选择捕捉到圆心命令，分别用鼠标捕捉圆1和圆4的圆心作为直线的起点和终点，绘制出水平直线L，绘制结果如图8-117所示。

4）拉长直线。单击"默认"选项卡"修改"面板中的"拉长"按钮✐，将直线L分别向左和向右拉长2.5，结果如图8-118所示。命令行提示与操作如下：

```
命令：_LENGTHEN↙
选择对象或［增量(DE)/百分数(P)/全部(T)/动态(DY)］：
当前长度：15.0000
选择对象或［增量(DE)/百分数(P)/全部(T)/动态(DY)］：de
输入长度增量或［角度(A)］＜0.0000＞：2.5
选择要修改的对象或［放弃(U)］：（用鼠标左键单击直线L的左端点）
选择要修改的对象或［放弃(U)］：（用鼠标左键单击直线L的右端点）
选择要修改的对象或［放弃(U)］：↙
```

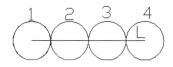

图 8-117　绘制水平直线

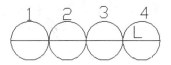

图 8-118　拉长直线

5）修剪图形。单击"默认"选项卡"修改"面板中的"修剪"按钮 ⊁，以直线 L 为修剪边，对圆 1、2、3、4 进行修剪。首先选中剪切边，然后选择需要剪切的对象。修剪后的结果如图 8-119 所示。

6）移动直线。单击"默认"选项卡"修改"面板中的"移动"按钮 ✥，将竖直直线 L 向上平移 5，命令行提示与操作如下：

```
命令：_MOVE ↙
选择对象：
指定基点或 [位移(D)] 〈位移〉：
指定第二个点或 〈使用第一个点作为位移〉：5
```

结果如图 8-120 所示，即为绘制完成的镇流器的图形符号。

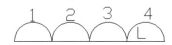

图 8-119　修剪图形

图 8-120　绘成的镇流器符号

❹ 绘制荧光灯管和辉光启动器。

1）绘制矩形。单击"默认"选项卡"绘图"面板中的"矩形"按钮 ▭，绘制一个长为 30，宽为 6 的矩形，命令行提示与操作如下：

```
命令：_RECTANG↙
指定第一个角点或 [倒角(C)/标高(E)/圆角(F)/厚度(T)/宽度(W)]：（用鼠标单击绘图区，选择矩形的一个角点）
指定另一个角点或 [面积(A)/尺寸(D)/旋转(R)]：d
指定矩形的长度 〈10.0000〉：30
指定矩形的宽度 〈10.0000〉：6
指定另一个角点或 [面积(A)/尺寸(D)/旋转(R)]：↙
```

绘制结果如图 8-121 所示。

2）绘制水平直线。单击"默认"选项卡"绘图"面板中的"直线"按钮 ✐，打开"正交"和"对象追踪"功能，在矩形左边的高上捕捉一点作为直线的起点，向右边绘制一条长为 35 的水平直线，如图 8-122 所示。

图 8-121　绘制矩形

图 8-122　绘制水平直线

3）拉长直线。单击"默认"选项卡"修改"面板中的"拉长"按钮 ✐，选择上一步绘制的水平直线作为拉长对象，输入拉长的距离为 5，用鼠标左键单击水平直线的左端点处，将直线向左拉长 5，结果如图 8-123 所示。

4）偏移直线。单击"默认"选项卡"修改"面板中的"偏移"按钮 🗗，将上步绘制的水平直线向下偏移 2，绘制结果如图 8-124 所示。

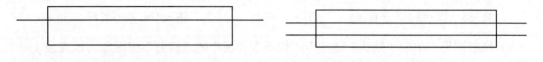

图 8-123　拉长直线　　　　　　　　　　　图 8-124　偏移直线

5）修剪图形。单击"默认"选项卡"修改"面板中的"修剪"按钮 ⊬，选择矩形作为修剪边，对两条水平直线进行修剪，修剪结果如图 8-125 所示。

6）绘制多段线。单击"默认"选项卡"绘图"面板中的"多段线"按钮 ⊃，打开"对象捕捉"功能，用鼠标左键捕捉图 8-125 中的 B1 点作为多段线的起点，捕捉 D1 作为多段线的终点，绘制多段线 B1E1F1D1，使得 B1E1 = 20，E1F1 = 40，F1D1 = 20。绘制结果如图 8-126 所示。

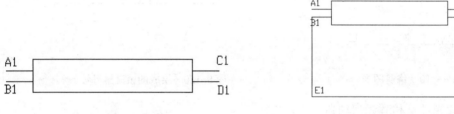

图 8-125　修剪图形　　　　　　　　　　　图 8-126　绘制多段线

7）绘制圆。单击"默认"选项卡"绘图"面板中的"圆"按钮 ⊘，绘制一个半径为 5 的圆，如图 8-127 左图所示。单击"默认"选项卡"注释"面板中的"多行文字"按钮 🄰，在圆中心输入文字 S，结果如图 8-127 右图所示。

8）平移图形。单击"默认"选项卡"修改"面板中的"移动"按钮 ✥，打开"对象捕捉"功能，关闭"正交"功能，选择如图 8-127 右图所示的图形作为移动对象，按 Enter 键确定后，绘图界面提示选择移动基点，用鼠标左键捕捉圆的圆心作为移动基点，并捕捉线段 E1F1 的中点作为移动插入点。平移图形以后的结果如图 8-128 所示。

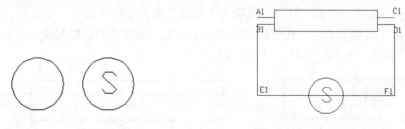

图 8-127　绘制圆形　　　　　　　　　　　图 8-128　移动图形

9）修剪图形。单击"默认"选项卡"修改"面板中的"修剪"按钮 ⊬，选择如图 8-127 所示的图形为剪切边，对直线 E1F1 进行修剪，修剪结果如图 8-129 所示，即为绘制成功的荧光灯管和辉光启动器的组合图形。

❺绘制电感线圈。

1）绘制圆。单击"默认"选项卡"绘图"面板中的"圆"按钮⊘，选定圆的圆心，绘制一个半径为2.5的圆，如图8-130所示。

2）绘制阵列圆。选择菜单栏中的"修改"→"阵列"→"矩形阵列"命令，或者单击"修改"工具栏中的"矩形阵列"按钮🔡，或者单击"默认"选项卡"修改"面板中的"矩形阵列"按钮🔡，设置行数为1，列数为4，"列偏移"设置为5，选择上步绘制的圆作为阵列对象，即得到阵列结果如图8-131所示。

3）绘制水平直线。首先绘制直线1，单击"默认"选项卡"绘图"面板中的"直线"按钮✏，在"对象捕捉"绘图方式下，分别用鼠标捕捉圆1和圆4的圆心作为直线的起点和终点，绘制出水平直线L，绘制结果如图8-132所示。

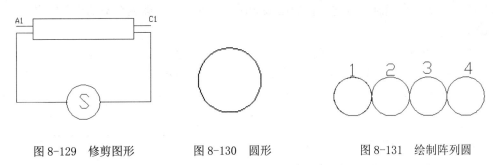

图8-129　修剪图形　　　　图8-130　圆形　　　　图8-131　绘制阵列圆

4）拉长直线。单击"默认"选项卡"修改"面板中的"拉长"按钮✏，将直线L分别向左和向右拉长2.5，结果如图8-133所示。

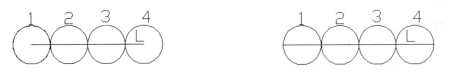

图8-132　绘制水平直线　　　　　　　　图8-133　拉长直线

5）修剪图形。单击"默认"选项卡"修改"面板中的"修剪"按钮✂，以直线L为修剪边，对圆1、2、3、4进行修剪。选中剪切边，然后选择需要剪切的对象，如图8-134所示。

❻绘制电阻。

1）绘制矩形。单击"默认"选项卡"绘图"面板中的"矩形"按钮□，绘制一个长为10，宽为4的矩形，绘制结果如图8-135所示。

图8-134　修剪图形　　　　　　　　图8-135　绘制矩形

2）绘制直线。单击"默认"选项卡"绘图"面板中的"直线"按钮，打开"对象捕捉"功能，分别捕捉矩形两条高的中点作为直线的起点和终点，绘制结果如图8-136所示。

3）拉长直线。单击"默认"选项卡"修改"面板中的"拉长"按钮，将上一步中绘制的直线分别向左和向右拉长2.5，结果如图8-137所示。

图8-136　绘制直线　　　　　　　　　　图8-137　拉长直线

4）修剪图形。单击"默认"选项卡"修改"面板中的"修剪"按钮，选择矩形为修剪边，对水平直线进行修剪，修剪结果如图8-138所示，即为绘成的电阻符号。

❼绘制电容。

1）绘制直线。单击"默认"选项卡"绘图"面板中的"直线"按钮，打开"正交"功能，绘制一条长度为10的水平直线，如图8-139所示。

图8-138　修剪图形　　　　　　　　　　图8-139　绘制直线

2）偏移直线。单击"默认"选项卡"修改"面板中的"偏移"按钮，将上一步绘制的直线向下偏移4，偏移结果如图8-140所示。

3）绘制直线。单击"默认"选项卡"绘图"面板中的"直线"按钮，打开"对象捕捉"功能，用鼠标左键分别捕捉两条水平直线的中点作为要绘制的竖直直线的起点和终点，绘制结果如图8-141所示。

图8-140　偏移直线　　　　　　　　　　图8-141　竖直直线

4）拉长直线。单击"默认"选项卡"修改"面板中的"拉长"按钮，将上一步中绘制的竖直直线分别向上和向下拉长2.5，结果如图8-142所示。

5）修剪图形。单击"默认"选项卡"修改"面板中的"修剪"按钮，选择两条水平直线为修剪边，对竖直直线进行修剪，修剪结果如图8-143所示，即为绘成的电容符号。

❽绘制二极管。

1）绘制等边三角形。单击"默认"选项卡"绘图"面板中的"多边形"按钮，绘制一个等边三角形，它的内接圆的半径设置为5，绘制结果如图8-144所示。

2）旋转三角形。单击"默认"选项卡"修改"面板中的"旋转"按钮◯，以B点为旋转中心点，逆时针旋转30°。旋转结果如图8-145所示。

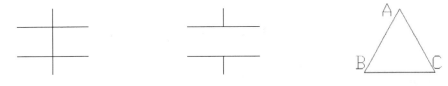

图8-142　拉长直线　　　　　图8-143　修剪图形　　　　　图8-144　等边三角形

3）绘制水平直线。单击"默认"选项卡"绘图"面板中的"直线"按钮✐，打开"对象捕捉"功能，用鼠标左键分别捕捉线段AB的中点和C点作为水平直线的起点和中点，绘制结果如图8-146所示。

4）拉长直线。单击"默认"选项卡"修改"面板中的"拉长"按钮✐，将上一步中绘制的水平直线分别向左和向右拉长5，结果如图8-147所示。

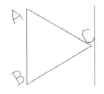　　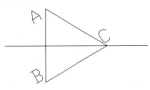

图8-145　旋转等边三角形　　　图8-146　水平直线　　　　　图8-147　拉长直线

5）绘制竖直直线。单击"默认"选项卡"绘图"面板中的"直线"按钮✐，打开"正交"功能，捕捉C点作为直线的起点，向上绘制一条长为4的竖直直线。单击"默认"选项卡"修改"面板中的"镜像"按钮⚎，将水平直线为镜像线，将刚才绘制的竖直直线做镜像，得到的结果如图8-148所示，即为所绘成的二极管。

❾滑动变阻器。

1）复制电阻。单击"默认"选项卡"修改"面板中的"复制"按钮❀，将之前已经绘制好的电阻复制一份，如图8-149所示。

2）绘制多段线。单击"默认"选项卡"绘图"面板中的"多段线"按钮↻，打开"对象捕捉"功能，捕捉矩形上面的长边上的中点作为多线段的起点，绘制图形如图8-150所示。

图8-148　二极管　　　　　图8-149　电阻　　　　　图8-150　多段线

3）插入箭头块。单击"默认"选项卡"绘图"面板中的"插入块"按钮🗔，弹出"插入块"的对话框，如图8-151所示。单击在"名称"后面的"浏览"按钮，选择绘制好的箭头，"插入点"选择在屏幕上指定，"旋转"也选择在屏幕指定，"比例"选择统一比例，"X"值输入1，单击"确定"后回到绘图区域。用鼠标左键捕捉如图8-150所示的A2点作为箭头块的插入点，然后输入箭头旋转的角度为270°。得到的结果如图8-152所示。

图8-151 "插入"对话框

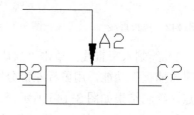

图8-152 滑动变阻器

04 将实体符号插入到结构线路图。根据荧光灯调光器电路的原理图，将前面绘制好的实体符号插入到结构线路图合适的位置上，由于在单独绘制实体符号的时候，大小以方便能看清楚为标准，所以插入到结构线路中时，可能会出现不协调，这个时候，可以根据实际需要调用"缩放"功能来及时调整。在插入实体符号的过程中，结合打开"对象捕捉""对象追踪"或"正交"等功能，选择合适的插入点。下面将选择几个典型的实体符号插入结构线路图，来介绍具体的操作步骤：

❶插入镇流器。将如图8-153所示的镇流器插入到如图8-154所示的导线AG合适的位置上。步骤如下：

1）移动图形。单击"默认"选项卡"修改"面板中的"移动"按钮✣，打开"对象捕捉"功能，关闭"正交"功能，用鼠标捕捉如图8-153所示的A3点为移动基点，拖动图形至导线AG，捕捉直线AG的左端点A作为图形的插入点，插入结果如图8-155所示。

2）移动图形。单击"默认"选项卡"修改"面板中的"移动"按钮✣，打开"正交"命令，用鼠标捕捉镇流器的端点A3作为移动基点，继续向右移动图形到合适的位置，移动结果如图8-156所示。

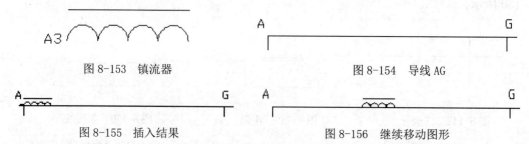

图8-153 镇流器

图8-154 导线AG

图8-155 插入结果

图8-156 继续移动图形

3）修剪图形。单击"默认"选项卡"修改"面板中的"修剪"按钮⚞，将如图8-156所示的图形进行修剪，修剪结果如图8-157所示。

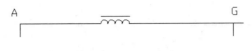

图 8-157　修剪图形

❷插入二极管。将如图 8-158 所示的二极管插入到如图 8-159 所示的四边形中。

移动图形。单击"默认"选项卡"修改"面板中的"移动"按钮✛，打开"对象捕捉"功能，关闭"正交"功能，用鼠标左键捕捉接近二极管的等边三角形中心的位置作为移动基点，将二极管移动到四边形中央，然后单击"默认"选项卡"修改"面板中的"旋转"按钮⟳，将二极管旋转 90°，结果如图 8-160 所示。

图 8-158　二极管　　　　　　图 8-159　四边形　　　　　　图 8-160　插入结果

❸插入滑动变阻器。将如图 8-161 所示的滑动变阻器插入到如图 8-162 所示的两条导线 NL 和 NO 之间。

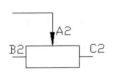
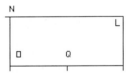

图 8-161　滑动变阻器　　　　　　　　　　图 8-162　导线

1）旋转图形。需要将滑动变阻器顺时针旋转 90°。单击"默认"选项卡"修改"面板中的"旋转"按钮⟳，打开"对象捕捉"功能，首先选择需要旋转的对象，然后用鼠标捕捉端点 B2 作为旋转基点，输入旋转角度为 270°。（也就是−90°）。旋转以后的结果如图 8-163 所示。

2）平移图形。单击"默认"选项卡"修改"面板中的"移动"按钮✛，选择滑动变阻器作为移动对象，如图 8-164 所示。捕捉端点 B2 作为移动基点，用鼠标将图形拖到导线处，捕捉导线端点 N 为图形的插入点。插入以后的结果如图 8-165 所示。

图 8-163　旋转图形　　　　　　　　　　图 8-164　选择图形

3）修剪图形。单击"默认"选项卡"修改"面板中的"修剪"按钮／，将上一步的结果做适当的修剪，修剪结果如图 8-166 所示。

4）其他的符号图形同样可以按照类似上面的方法进行平移、修剪，这里就不再一一列举了。给出将所有电气符号插入到结构线路图中的结果如图 8-167 所示。

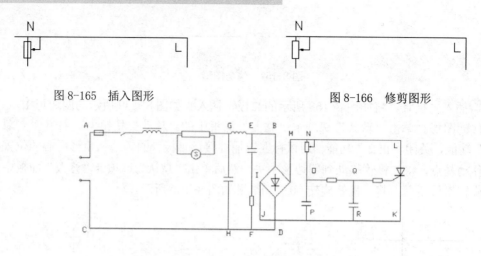

图 8-165　插入图形　　　　　　　　图 8-166　修剪图形

图 8-167　插入各图形符号到线路结构图中

注意到图 8-167 中各导线之间的交叉点处并没有表明是实心还是空心，这对读图也是一项很大的障碍，根据荧光灯的调光器原理，在适当的交叉点处加上实心圆。

说　明

绘制实心交点时，先单击"默认"选项卡"绘图"面板中的"圆"按钮⊙，绘制一个以交点为中心，半径约等于 0.5 的圆，然后单击"默认"选项卡"绘图"面板中的"图案填充"按钮，将圆内填满黑色的图案即可。

5）加上实心交点后的图形如图 8-168 所示。

05 添加文字和注释。

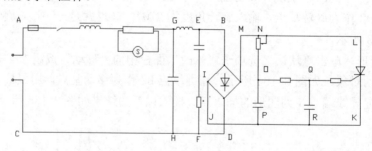

图 8-168　加入实心交点后的图形

❶单击"默认"选项卡"注释"面板中的"文字样式"按钮，弹出"文字样式"对话框，如图 8-169 所示。

❷新建文字样式。单击"新建"按钮，弹出"新建样式"对话框，输入"注释"。确定后回到"文字样式"对话框。在"字体"下拉框中选择"仿宋_GB2312"，"高度"为默认值 0，宽度比列输入为 1，倾斜角度为默认值 0。将"注释"置为当前文字样式，单击"应用"按钮以后回到绘图区。

图 8-169 "文字样式"对话框

❸添加文字和注释到图中。

1）单击"默认"选项卡"注释"面板中的"多行文字"按钮 A，在需要注释的地方划定一个矩形框，弹出"文字格式"的对话框。

2）选择"注释"作为文字样式，根据需要可以调整文字的高度，还可以结合应用"左对齐""居中"和"右对齐"等功能。

3）按照以上的步骤为图 8-168 所示的图添加文字和注释，得到的结果如图 8-170 所示。

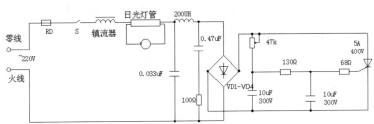

图 8-170 添加文字和注释

 总结与点评

　　本实例完整地讲述了电子电路图的绘制过程。电子电路一般是由电压较低的直流电源供电，通过电路中的电子元件（如电阻、电容、电感等），电子器件（如二极管、晶体管、集成电路等）的工作，实现一定功能的电路。电子电路在各种电气设备和家用电器中得到广泛应用。

　　在本实例中读者可以了解到，电子电路图中大量用到各种电气符号，这些符号的绘制一定要遵守相关国家标准，这一点读者注意体会。

第3篇
三维造型篇

本篇主要介绍 AutoCAD 的三维造型设计功能，通过各种工业、建筑、机械和电子三维造型实例介绍了三维曲面绘制、三维实体绘制、三维编辑等功能。

第 **9** 章

常见三维工程造型绘制

本章学习各种常见的三维造型的绘制方法。包括各种
日常用品、工业产品、电子产品等。

本章属于三维造型绘制的基础知识，希望读者逐步了
解和掌握三维绘图的相关知识。

- 设置绘图环境
- 简单的三维曲面绘制命令
- 简单的三维实体绘制命令
- 简单的三维编辑命令

实例 73　写字台

本实例绘制的写字台如图 9-1 所示。

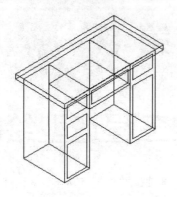

实讲实训
多媒体演示

多媒体演示
参见配套光盘中
的\\动画演示\第
9 章 \ 写 字
台.avi。

图9-1　写字台

 思路提示

本实例绘制的写字台，首先将视区设置为 4 个视口。然后利用长方体 BOX 命令绘制写字台的两条腿、抽屉和桌面，最后利用 3DFACE 命令绘制写字台的抽屉，其绘制流程如图 9-2 所示。

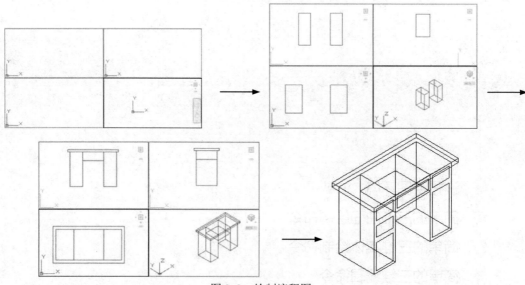

图 9-2　绘制流程图

 解题步骤

01 将视区设置为主视图、俯视图、左视图和西南等轴测图 4 个视图。选择菜单栏中的"视图"→"视口"→"四个视口"命令，将视区设置为 4 个视口。单击左上角视口，将该视图激活，单击"可视化"选项卡"视图"面板中的"前视"按钮 ⬚，将其设置为主视图。利用相同的方法，将右上角的视图设置为左视图，左下角的视图设置为俯视图。右下角设置为西南等轴测视图，设置好的视图如图 9-3 所示。

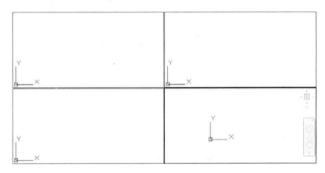

图 9-3　设置好的视图

02 激活俯视图，在俯视图中绘制两个长方体，作为写字台的两条腿。

```
命令：_box
指定第一个角点或 [中心(C)]：100,100,100
指定其他角点或 [立方体(C)/长度(L)]：@30,50,80
```

使用同样方法绘制长方体，角点坐标是（180,100,100）和（@30，50，80），执行上述步骤后的图形如图 9-4 所示。

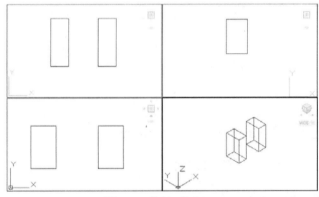

图 9-4　绘制两条腿

03 在写字台的中间部分绘制一个抽屉。使用同样方法绘制长方体，角点坐标是（130,100,160）和（@50，50，20），执行上述操作步骤后的图形如图 9-5 所示。

04 绘制写字台的桌面。使用同样方法绘制长方体，角点坐标是（95,95,180）和（@120，60，5），结果如图 9-6 所示。

05 激活主视图。在命令行中输入"UCS"命令，修改坐标系。命令行提示与操作如下：

```
命令：UCS↙
当前 UCS 名称：*世界*
指定 UCS 的原点或 [面(F)/命名(NA)/对象(OB)/上一个(P)/视图(V)/世界(W)/X/Y/Z/Z 轴(ZA)]
```

<世界>：（捕捉写字台左下角点）
　　指定 X 轴上的点或〈接受〉:↙

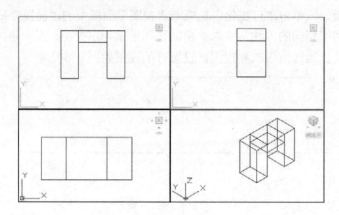

图9-5　添加了抽屉后的图形

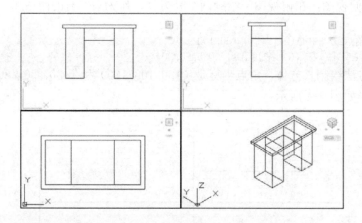

图9-6　绘制了桌面后的图形

06 利用 3DFACE 命令绘制写字台的抽屉。

命令：3DFACE↙
指定第一点或 [不可见(I)]: 3, 3, 0↙
指定第二点或 [不可见(I)]: 27, 3, 0↙
指定第三点或 [不可见(I)] 〈退出〉: 27, 37, 0↙
指定第四点或 [不可见(I)] 〈创建三侧面〉: 3, 37, 0↙
指定第三点或 [不可见(I)] 〈退出〉:↙

　　使用同样方法，执行 3DFACE 命令，给出第一、二、三、四点的坐标分别为{（3,43,0）、（27,43,0）、（27,57,0）、（3,57,0）}、{（3,63,0）、（27,63,0）、（27,77,0）、（3,77,0）}、{（33,63,0）、（77,63,0）、（77,77,0）、（33,77,0）}、{（83,63,0）、（107,63,0）、（107,77,0）、（83,77,0）}、{（83,57,0）、（107,57,0）、（107,3,0）、（83,3,0）}，结果如图9-1所示。

总结与点评

本实例讲解了一个简单的写字台三维造型，用到的三维绘图命令为最简单的"长方体"命令 BOX 和"三维面"命令 3DFACE。从中读者可以感受一下利用 AutoCAD 三维曲面命令绘制三维造型的一般方法。在绘制过程中，注意坐标系命令 UCS 的灵活应用。

实例 74 吸顶灯

本实例绘制的吸顶灯如图 9-7 所示。

图 9-7 吸顶灯

> **实讲实训**
> **多媒体演示**
>
> 多媒体演示
> 参见配套光盘中
> 的\\动画演示\第
> 9 章 \ 吸 顶
> 灯.avi。

 思路提示

本实例绘制的吸顶灯，主要用到圆环命令、三维曲面命令以及渲染命令。其绘制流程如图 9-8 所示。

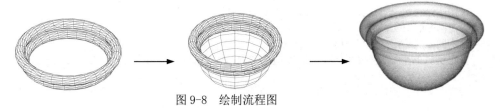

图 9-8 绘制流程图

 解题步骤

01 设置绘图环境。

❶用 LIMITS 命令设置图幅：297×210。

❷设置线框密度。设置对象上每个曲面的轮廓线数目为 10,命令行提示与操作如下：

```
命令：SURFTAB1↙
输入 SURFTAB1 的新值〈6〉：10↙
命令：SURFTAB2↙
输入 SURFTAB2 的新值〈6〉：10↙
```

❸设置视图方向。单击"可视化"选项卡"视图"面板中的"西南等轴测"按钮◈，将当前视图设为"西南等轴测"视图。

02 绘制圆环。选择菜单栏中的"绘图"→"建模"→"圆环体"命令，或者单击"建模"工具栏中的"圆环体"按钮◎，或者单击"三维工具"选项卡"建模"面板中的"圆环体"按钮◎，命令行提示与操作如下。

```
命令: TORUS↙
正在初始化... 已加载三维对象。
指定中心点或 [三点(3P)/两点(2P)/切点、切点、半径(T)]: 0,0,0↙
指定半径或 [直径(D)] <50.0000>: 50↙
指定圆管半径或 [两点(2P)/直径(D)] <5.0000>: 5↙
命令: ↙
TORUS
指定中心点或 [三点(3P)/两点(2P)/切点、切点、半径(T)]: 0,0,-8↙
指定半径或 [直径(D)] <50.0000>: 45↙
指定圆管半径或 [两点(2P)/直径(D)] <5.0000>: 4.5↙
```

结果如图9-9所示。

03 绘制直线和圆弧。

❶设置视图方向。单击"可视化"选项卡"视图"面板中的"前视"按钮▱，将当前视图设为"前视"视图。

❷绘制直线。

```
命令: _line
指定第一个点: 0,-9.5
指定下一点或 [放弃(U)]: @0, -45
指定下一点或 [放弃(U)]: ↙
```

❸绘制圆弧。

```
命令: _arc
指定圆弧的起点或 [圆心(C)]: (选择直线的下端点)
指定圆弧的第二个点或 [圆心(C)/端点(E)]: E
指定圆弧的端点: (45,-8)
指定圆弧的中心点(按住 Ctrl 键以切换方向)或 [角度(A)/方向
(D)/半径(R)]: R
指定圆弧的半径(按住 Ctrl 键以切换方向): 45
```

图9-9　绘制圆环

图9-10　绘制下半球面

结果如图9-10所示。

04 旋转对象。单击"三维工具"选项卡"建模"面板中的"旋转"按钮▱，命令行提示与操作如下:

```
命令: _revolve
当前线框密度: ISOLINES=4,闭合轮廓创建模式 = 实体
选择要旋转的对象或 [模式(MO)]: _MO 闭合轮廓创建模式 [实体(SO)/曲面(SU)] <实体>: _SO
选择要旋转的对象或 [模式(MO)]: (选择圆弧)
选择要旋转的对象或 [模式(MO)]: ↙
指定轴起点或根据以下选项之一定义轴 [对象(O)/X/Y/Z] <对象>: (选择直线的一端点)
指定轴端点: (选择直线的另一端点)
指定旋转角度或 [起点角度(ST)/反转(R)/表达式(EX)] <360>:
```

结果如图9-10所示。

05 设置视图方向。单击"可视化"选项卡"视图"面板中的"西南等轴测"按钮 ，将当前视图设为"西南等轴测"视图。

06 渲染视图。单击"可视化"选项卡"材质"面板中的"材质浏览器"按钮 ，在材质选项板中选择适当的材质。单击"可视化"选项卡"渲染-MentalRay"面板中的"渲染"按钮 ，对实体进行渲染，渲染后的效果如图 9-7 所示。

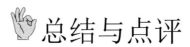 总结与点评

> 本实例讲解了一个简单的吸顶灯三维造型，用到的三维绘图命令为"圆环体表面"命令 ai_torus 和"下半球表面"命令 AI_DISH。本实例继续学习 AutoCAD 三维曲面命令，主要目的是要加强读者对三维表面命令的掌握。在绘制过程中，注意设置线框密度的方法。

实例 75　顶针

本实例绘制的顶针如图 9-11 所示。

图 9-11　顶针

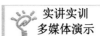
实讲实训
多媒体演示

多媒体演示参见配套光盘中的\\动画演示\第9章\顶针.avi。

 思路提示

本实例绘制的顶针，主要应用了圆柱命令、长方体命令、圆锥命令和剖切命令，以及拉伸面操作、布尔运算等。其绘制流程如图 9-12 所示。

 解题步骤

01 设置绘图环境。

❶用 LIMITS 命令设置图幅：297×210。

❷设置线框密度。利用 ISOLINES 命令设置线框密度为 10。命令行操作如下：

```
命令：ISOLINES✓
输入 ISOLINES 的新值 〈4〉: 10✓
```

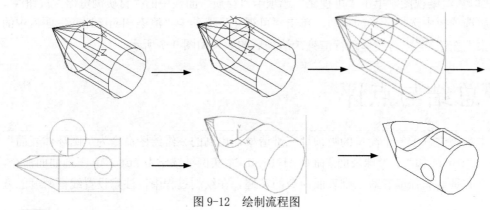

图 9-12　绘制流程图

02 创建圆锥和圆柱。

❶单击"可视化"选项卡"视图"面板中的"西南等轴测"按钮◈，将当前视图设置为西南等轴测方向，然后在命令行输入"UCS"，命令行提示与操作如下：

命令: UCS✓
当前 UCS 名称: *世界*
指定 UCS 的原点或[面(F)/命名(NA)/对象(OB)/上一个(P)/视图(V)/世界(W)/X/Y/Z/Z 轴(ZA)]<世界>:X✓
指定绕 X 轴的旋转角度 <90>: 90✓

❷单击"三维工具"选项卡"建模"面板中的"圆锥体"按钮△，命令行提示与操作如下：

命令: _CONE
指定底面的中心点或 [三点(3P)/两点(2P)/切点、切点、半径(T)/椭圆(E)]: 0,0,0✓
指定底面半径或 [直径(D)]: 30✓
指定高度或 [两点(2P)/轴端点(A)/顶面半径(T)]: -50✓

❸单击"三维工具"选项卡"建模"面板中的"圆柱体"按钮▢，命令行提示与操作如下：

命令: _CYLINDER
指定底面的中心点或 [三点(3P)/两点(2P)/切点、切点、半径(T)/椭圆(E)]: 0,0,0
指定底面半径或 [直径(D)] <30.0000>: 30✓
指定高度或 [两点(2P)/轴端点(A)] <-50.0000>: 70✓

结果如图 9-13 所示。

03 剖切圆锥。单击"三维工具"选项卡"实体编辑"面板中的"剖切"按钮，命令行提示与操作如下：

命令: _SLICE
选择要剖切的对象: (选择圆锥)
选择要剖切的对象: ✓
指定 切面 的起点或 [平面对象(O)/曲面(S)/Z 轴(Z)/视图(V)/XY(XY)/YZ(YZ)/ZX(ZX)/三点(3)]<三点>: zx ✓
指定 ZX 平面上的点 <0,0,0>: 0,10✓
在所需的侧面上指定点或 [保留两个侧面(B)] <保留两个侧面>: (保留圆锥下部)

结果如图 9-14 所示。

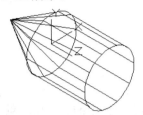
图 9-13　绘制圆锥及圆柱

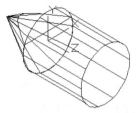
图 9-14　剖切圆锥

04 并集运算。单击"三维工具"选项卡"实体编辑"面板中的"并集"按钮⊚，选择圆锥与圆柱体。

05 拉伸实体表面。单击"三维工具"选项卡"实体编辑"面板中的"拉伸面"按钮⬚，命令行提示与操作如下：

```
命令：_SOLIDEDIT
实体编辑自动检查：　SOLIDCHECK=1
输入实体编辑选项 [面(F)/边(E)/体(B)/放弃(U)/退出(X)]〈退出〉：_face
输入面编辑选项[拉伸(E)/移动(M)/旋转(R)/偏移(O)/倾斜(T)/删除(D)/复制(C)/颜色(L)/材质
(A)/放弃(U)/退出(X)]〈退出〉：_extrude
选择面或 [放弃(U)/删除(R)]：（选取如图 9-15 所示的实体表面）
指定拉伸高度或 [路径(P)]：-10↙
指定拉伸的倾斜角度〈0〉：↙
```

结果如图 9-16 所示。

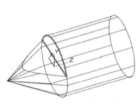
图 9-15　选取拉伸面

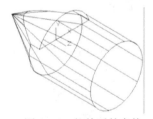
图 9-16　拉伸后的实体

06 创建圆柱。将当前视图设置为左视图方向，单击"三维工具"选项卡"建模"面板中的"圆柱体"按钮⬚，以（10，30，-30）为圆心，创建半径为 20，高 60 的圆柱；以（50，0，-30）为圆心，创建半径为 10，高 60 的圆柱。结果如图 9-17 所示。

07 差集运算。单击"三维工具"选项卡"实体编辑"面板中的"差集"按钮⊚，命令行提示与操作如下：

```
命令：_SUBTRACT
选择要从中减去的实体、曲面和面域...
选择对象：（选择实体）
选择要减去的实体、曲面和面域...
选择对象：（选择两个圆柱体）
选择对象：↙
```

结果如图 9-18 所示。

08 创建长方体。将当前视图设置为西南等轴测试图方向，单击"三维工具"选项卡"建模"面板中的"长方体"按钮⬚，以（-10，-65，-30）为角点，创建长 20、宽 30、高 60 的长方体。然后将实体与长方体进行差集运算。消隐后的结果如图 9-19 所示。

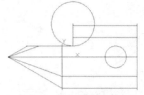  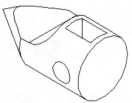

图 9-17　创建圆柱　　　　图 9-18　差集圆柱后的实体　　　图 9-19　消隐后的实体

09 渲染视图。单击"可视化"选项卡"材质"面板中的"材质浏览器"按钮⊗，在材质选项板中选择适当的材质。单击"可视化"选项卡"渲染-MentalRay"面板中的"渲染"按钮🍵，渲染后的效果如图 9-11 所示。

 # 总结与点评

　　本实例讲解了一个简单的顶针三维造型，用到的一系列的三维实体绘制命令（如长方体命令、圆柱体命令、圆锥体命令）和三维编辑命令（如剖切命令、布尔运算命令、拉伸面命令）。本例开始学习三维实体的绘制方法，希望读者在实例绘制过程中掌握各种三维绘制和编辑命令的使用方法。

实例 76　压板

　　本实例绘制的压板如图 9-20 所示。

实讲实训 多媒体演示

多媒体演示参见配套光盘中的\\动画演示\第9章\压板.avi。

图 9-20　压板

 ## 思路提示

　　本实例绘制的压板主要应用绘制长方体命令 BOX、三维旋转命令 ROTATE3D，来绘制压板的外形；用绘制圆柱命令 CYLINDER、拉伸命令 EXTRUDE、三维阵列命令 3DARRAY，来绘制压板内部结构，此外还将使用布尔运算的差集命令 SUBTRACT，以及并集命令 UNION，完成图形的绘制。其绘制流程如图 9-21 所示。

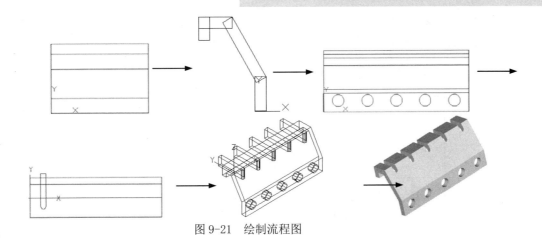

图 9-21　绘制流程图

解题步骤

01 启动系统。启动 AutoCAD 2016，使用默认设置绘图环境。

02 设置线框密度。

命令：ISOLINES↙
输入 ISOLINES 的新值〈4〉：10↙

03 设置视图方向。选择菜单栏中的"视图"→"三维视图"→"前视"命令，或者单击"视图"工具栏中的"前视"按钮⬛，或者单击"可视化"选项卡"视图"面板中的"前视"按钮⬛，将当前视图方向设置为前视图。

04 绘制长方体。

命令：BOX↙　（或者选择菜单栏中的"绘图"→"建模"→"长方体"命令，或者单击"建模"工具栏中的"长方体"按钮⬛，或者单击"三维工具"选项卡"建模"面板中的"长方体"按钮⬛，下同）
　　指定第一个角点或［中心(C)］:0,0,0↙
　　指定其他角点或［立方体(C)/长度(L)］: L↙
　　指定长度:200↙
　　指定宽度:30↙
　　指定高度[两点(2P)]:10↙

继续以该长方体的左上端点为角点，创建长 200、宽 60、高 10 的长方体，依次类推，创建长 200，宽 30、20，高 10 的另两个长方体，结果如图 9-22 所示。

05 设置视图方向。单击"可视化"选项卡"视图"面板中的"左视"按钮⬛，将当前视图方向设置为左视图。

06 旋转长方体。

命令：ROTATE3D↙
当前正向角度：ANGDIR=逆时针 ANGBASE=0
选择对象:（选取上部的 3 个长方体，如图 9-23 所示）
指定轴上的第一个点或定义轴依据［对象(O)/最近的(L)/视图(V)/X 轴(X)/Y 轴(Y)/Z 轴(Z)/两点(2)］: Z↙
指定 Z 轴上的点〈0,0,0〉:_endp 于　（捕捉第 2 个长方体的右下端点，如图 9-24 所示 1 点）

指定旋转角度或 [参照(R)]: 30✓
结果如图 9-25 所示。

图 9-22　创建长方体

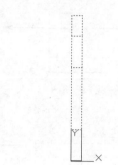

图 9-23　选取旋转的实体

图 9-24　选取旋转轴上的 1 点

图 9-25　旋转上部实体

07 旋转长方体。方法同前,继续旋转上部两个长方体,分别绕 Z 轴旋转 60°及 90°。结果如图 9-26 所示。

08 设置视图方向。选择菜单栏中的"视图"→"三维视图"→"前视"命令,或者单击"视图"工具栏中的"前视"按钮，或者单击"可视化"选项卡"视图"面板中的"前视"按钮，将当前视图方向设置为前视图。

09 激活主视图。在命令行中输入"UCS"命令,修改坐标系。命令行提示与操作如下:

命令: UCS✓
当前 UCS 名称: *前视*
指定 UCS 的原点或 [面(F)/命名(NA)/对象(OB)/上一个(P)/视图(V)/世界(W)/X/Y/Z/Z 轴(ZA)]
<世界>: (捕捉压板的左下角点)
指定 X 轴上的点或 <接受>: ✓

10 绘制圆柱体。

命令: CYLINDER✓ (或者选择菜单栏中的"绘图"→"建模"→"圆柱体"命令,或者单击"建模"工具栏中的"圆柱体"按钮，或者单击"三维工具"选项卡"建模"面板中的"圆柱体"按钮，下同)
指定底面的中心点或 [三点(3P)/两点(2P)/切点、切点、半径(T)/椭圆(E)] <0,0,0>: 20, 15✓
指定底面半径或 [直径(D)]: 8✓
指定高度或 [两点(2P)/轴端点(A)]: 10✓

11 阵列圆柱体。在命令行输入"3DARRAY",或者选择菜单栏中的"修改"→"三维操作"→"三维阵列"命令, 命令行提示与操作如下:

命令: _3DARRAY

正在初始化...　已加载 3DARRAY。
选择对象：（选择圆柱体）
选择对象：✓
输入阵列类型［矩形(R)/环形(P)］〈矩形〉:✓
输入行数（━━）〈1〉: 1✓
输入列数（||||）〈1〉: 5✓
输入层数（...）〈1〉:✓
指定列间距（||||）: 40✓

结果如图 9-27 所示。

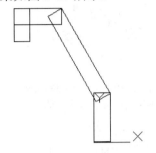

图 9-26　旋转后的实体

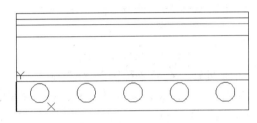

图 9-27　阵列圆柱

12 差集处理。

命令：SUBTRACT✓（或者选择菜单栏中的"修改"→"实体编辑"→"差集"，或者单击"实体编辑"工具栏中的"差集"按钮⑩，或者单击"三维工具"选项卡"实体编辑"面板中的"差集"按钮⑩，下同）
　　选择要从中减去的实体、曲面和面域...
　　选择对象：（用鼠标选取下部长方体）
　　选择对象:✓
　　选择对象：　选择要减去的实体、曲面和面域...
　　选择对象：（用鼠标阵列的圆柱体）
　　选择对象:✓

13 设置视图方向。选择菜单栏中的"视图"→"三维视图"→"俯视"命令，或者单击"视图"工具栏"俯视"按钮🔲，或者单击"可视化"选项卡"视图"面板中的"俯视"按钮🔲，将当前视图方向设置为俯视图。

14 绘制二维图形。绘制如图 9-28 所示的二维图形，图形下部为 R4 的圆弧。

15 创建面域。在命令行输入"REGION"，或者选择菜单栏中的"绘图"→"面域"命令，或者单击"绘图"工具栏中的"面域"按钮◎，或者单击"默认"选项卡"绘图"面板中的"面域"按钮◎，将绘制的二维图形创建为面域。

16 设置视图方向。选择菜单栏中的"视图"→"三维视图"→"西南等轴测"命令，或者单击"视图"工具栏中的"西南等轴测"按钮◈，或者单击"可视化"选项卡"视图"面板中的"西南等轴测"按钮◈，将当前视图方向设置为西南等轴测视图，然后单击"默认"选项卡"修改"面板中的"移动"按钮✛，将其移动到图中合适的位置。

17 拉伸面域。

命令:EXTRUDE✓（或者选择菜单栏中的"修改"→"拉伸"，或者单击"建模"工具栏中的"拉伸"按钮⬆，或者单击"默认"选项卡"修改"面板中的"拉伸"按钮↱，下同）
　　当前线框密度：ISOLINES=10,闭合轮廓创建模式 = 实体

选择要拉伸的对象或 [模式(MO)]：_MO
闭合轮廓创建模式 [实体(SO)/曲面(SU)] <实体>：_SO
选择要拉伸的对象或 [模式(MO)]：(选取创建的面域)
选择要拉伸的对象或 [模式(MO)]：✓
指定拉伸的高度或 [方向(D)/路径(P)/倾斜角(T)/表达式(E)]：20✓

18 阵列拉伸的实体。将拉伸形成的实体，进行 1 行、5 列的矩形阵列，列间距为 40，结果如图 9-29 所示。

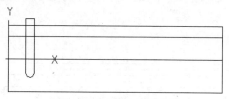 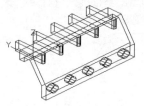

图 9-28　绘制二维图形　　　　图 9-29　阵列拉伸的实体

19 并集处理。在命令行输入"UNION"，或者选择菜单栏中的"修改"→"实体编辑"→"并集"命令，或者单击"实体编辑"工具栏中的"并集"按钮⊚，或者单击"三维工具"选项卡"实体编辑"面板中的"并集"按钮⊚，将创建的长方体进行并集运算。

20 差集处理。单击"三维工具"选项卡"实体编辑"面板中的"差集"按钮⊚，将并集后实体与拉伸实体进行差集运算。

21 渲染处理。单击"可视化"选项卡"材质"面板中的"材质浏览器"按钮⊛，选择适当的材质，然后单击"可视化"选项卡"渲染-MentalRay"面板中的"渲染"按钮🫖，对图形进行渲染。渲染后的效果如图 9-20 所示。

✌ 总结与点评

本实例讲解了一个简单的压板造型，着重讲到了三维旋转命令和三维阵列命令以及拉伸命令。在学习这几个命令时，要注意和二维绘图中的相关命令进行比较，也要注意比较"拉伸"命令与"实体编辑"命令中的"拉伸面"选项的区别。

实例 77　固定板

本实例绘制的固定板如图 9-30 所示。

**实讲实训
多媒体演示**

多媒体演示参见配套光盘中的\\动画演示\第 9 章 \ 固定板.avi。

图 9-30　固定板

思路提示

　　本实例绘制的固定板应用绘制长方体命令 BOX，实体编辑命令 SOLIDEDIT 中的抽壳操作，以及剖切命令 SLICE，绘制固定板外形；用绘制圆柱命令 CYLINDER，三维阵列命令 3DARRAY，以及布尔运算差集命令 SUBTRACT，创建固定板的孔。其绘制流程如图 9-31 所示。

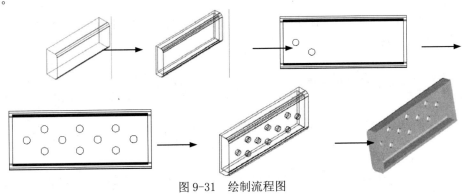

图 9-31　绘制流程图

 解题步骤

　　01 启动系统。启动 AutoCAD 2016，使用默认设置绘图环境。

　　02 设置线框密度。

```
命令：ISOLINES✓
输入 ISOLINES 的新值〈4〉：10✓
```

　　03 设置视图方向。选择菜单栏中的"视图"→"三维视图"→"西南等轴测"命令，或者单击"视图"工具栏中"西南等轴测"按钮 ◈，或者单击"可视化"选项卡"视图"面板中的"西南等轴测"按钮 ◈，将当前视图方向设置为西南等轴测视图。

　　04 绘制长方体。单击"三维工具"选项卡"建模"面板中的"长方体"按钮 ▭，创建长 200、宽 40、高 80 的长方体。

　　05 圆角处理。单击"默认"选项卡"修改"面板中的"圆角"按钮 ▱，对长方体前端面进行倒圆角操作，圆角半径为 8，结果如图 9-32 所示。

　　06 抽壳处理。单击"三维工具"选项卡"实体编辑"面板中的"抽壳"按钮 ▣，命令行提示与操作如下：

```
命令：SOLIDEDIT✓
实体编辑自动检查：SOLIDCHECK=1
输入实体编辑选项 [面(F)/边(E)/体(B)/放弃(U)/退出(X)]〈退出〉：_body
输入体编辑选项[压印(I)/分割实体(P)/抽壳(S)/清除(L)/检查(C)/放弃(U)/退出(X)]〈退出〉：
_shell
选择三维实体：(选取创建的长方体)
```

删除面或 [放弃(U)/添加(A)/全部(ALL)]:↙
输入抽壳偏移距离: 5↙

结果如图 9-33 所示。

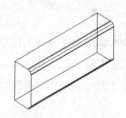

图 9-32　倒圆角后的长方体

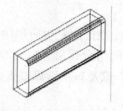

图 9-33　抽壳后的长方体

07 剖切长方体。

命令: SLICE↙
选择要剖切的对象:(选取长方体)
指定切面的起点或 [平面对象(O)/曲面(S)/Z 轴(Z)/视图(V)/XY(XY)/YZ(YZ)/ZX(ZX)/三点(3)]
〈三点〉: ZX↙
指定 ZX 平面上的点 〈0,0,0〉:_mid 于　(捕捉长方体顶面左边的中点)
在所需的侧面上指定点或 [保留两个侧面(B)]〈保留两个侧面〉:(在长方体前侧单击,保留前侧)
结果如图 9-34 所示。

08 设置视图方向。选择菜单栏中的"视图"→"三维视图"→"前视"命令,或者单击"视图"工具栏中的"前视"按钮🔲,或者单击"可视化"选项卡"视图"面板中的"前视"按钮🔲,将当前视图方向设置为前视图。

09 绘制圆柱体。

命令: CYLINDER↙
指定底面的中心点或 [三点(3P)/两点(2P)/切点、切点、半径(T)/椭圆(E)]: 25, 40↙
指定底面半径或 [直径(D)]: 5↙
指定高度或 [两点(2P)/轴端点(A)]: 5↙

使用同样方法,指定底面中心点的坐标为(50,25),底面半径为 5,圆柱体高度为 -5,绘制圆柱体,结果如图 9-35 所示。

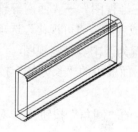

图 9-34　剖切长方体

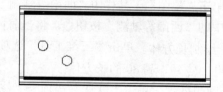

图 9-35　创建圆柱

注意

在输入三维坐标时,如果只给出二维坐标值,就表示 Z 坐标的值为 0。

10 阵列圆柱体。在命令行输入"3DARRAY",或者单击"建模"工具栏中的"三维阵列"按钮🔲,将创建的圆柱分别进行 2 行 3 列及 1 行 4 列的矩形阵列,行间距为 30,列间距为 50，结果如图 9-36 所示。

11 差集处理。单击"三维工具"选项卡"实体编辑"面板中的"差集"按钮 ⊚，将创建的长方体与圆柱进行差集运算。

12 设置视图方向。选择菜单栏中的"视图"→"三维视图"→"西南等轴测"命令，或者单击"视图"工具栏中的"西南等轴测"按钮 ◈，或者单击"可视化"选项卡"视图"面板中的"西南等轴测"按钮 ◈，将当前视图方向设置为西南等轴测视图。消隐处理后的图形，如图 9-37 所示。

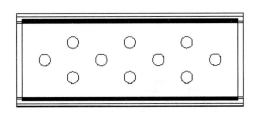 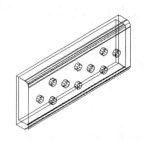

图 9-36　阵列圆柱　　　　　　　图 9-37　差集运算后的实体

13 渲染处理。单击"可视化"选项卡"材质"面板中的"材质浏览器"按钮 ⊗，选择适当的材质，然后单击"可视化"选项卡"渲染-MentalRay"面板中的"渲染"按钮 🫖，对图形进行渲染。渲染后的效果如图 9-30 所示。

 总结与点评

本实例讲解了一个简单的固定板造型，着重讲到了圆角命令和"实体编辑"命令中的"抽壳"选项。在学习圆角命令时，要注意和二维绘图中的圆角命令操作进行比较，体会它们之间的区别。

实例 78　轴支架

本实例绘制的轴支架如图 9-38 所示。

图 9-38　轴支架

实讲实训
多媒体演示

多媒体演示参见配套光盘中的\\动画演示\第9章\轴支架.avi。

思路提示

本实例绘制的轴支架主要应用了绘制长方体命令 BOX、绘制圆柱体命令 CYLINDER、圆角命令 FILLET、复制命令 COPY、三维旋转命令 ROTATE3D、三维镜像命令 MIRROR3D、实体编辑命令 SOLIDEDIT 中的旋转面操作，以及布尔运算的差集命令 SUBTRACT、并集命令 UNION，完成图形的绘制。其绘制流程如图 9-39 所示。

 解题步骤

01 启动系统。启动 AutoCAD 2016，使用默认设置。

02 设置线框密度。在命令行中输入"ISOLINES"，设置线框密度为 10。单击"可视化"选项卡"视图"面板中的"西南等轴测"按钮，切换到西南等轴测图。

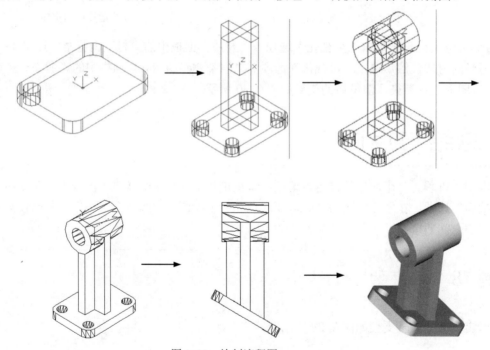

图 9-39　绘制流程图

03 创建长方体。单击"三维工具"选项卡"建模"面板中的"长方体"按钮，以坐标原点为长方体的中心点，创建长 80、宽 60、高 10 的长方体。

04 圆角处理。单击"默认"选项卡"修改"面板中的"圆角"按钮，对长方体进行倒圆角操作，圆角半径为 10。

05 创建圆柱。单击"三维工具"选项卡"建模"面板中的"圆柱体"按钮，捕捉长方体底面圆角的中心为圆心，创建半径为 6，高 10 的圆柱，结果如图 9-40 所示。

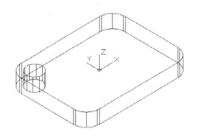

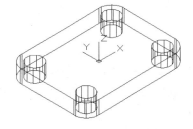

图 9-40　创建圆柱体　　　　　　　　　　　　　图 9-41　复制圆柱

06 复制圆柱。单击"默认"选项卡"修改"面板中的"复制"按钮，如图 9-41 所示，分别复制圆柱到圆角的中心。

07 差集运算。单击"三维工具"选项卡"实体编辑"面板中的"差集"按钮，将长方体与复制的 4 个小圆柱进行差集运算。

08 设置用户坐标系。在命令行输入"UCS"，将坐标原点移动到（0，0，55）。

09 创建长方体。单击"三维工具"选项卡"建模"面板中的"长方体"按钮，以坐标原点为长方体的中心点，分别创建长 40、宽 10、高 100 及长 10、宽 40、高 100 的长方体，结果如图 9-42 所示。

10 移动坐标原点。方法同前，移动坐标原点到（0,0,50）将其绕 Y 轴旋转 90°。

11 创建圆柱。单击"三维工具"选项卡"建模"面板中的"圆柱体"按钮，以坐标原点为圆心，创建半径为 20，高 25 的圆柱。

12 选择菜单栏中的"修改"→"三维操作"→"三维镜像"命令，镜像圆柱。

命令: MIRROR3D✓
选择对象:（选取圆柱，然后按 Enter 键）
指定镜像平面（三点）的第一个点或[对象(O)/最近的(L)/Z 轴(Z)/视图(V)/XY 平面(XY)/YZ 平面(YZ)/ZX 平面(ZX)/三点(3)]〈三点〉: XY✓
指定 XY 平面上的点〈0,0,0〉: ✓
是否删除源对象？[是(Y)/否(N)]〈否〉:✓

结果如图 9-43 所示。

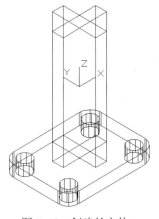

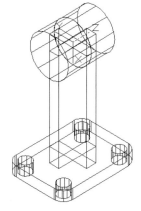

图 9-42　创建长方体　　　　　　　　图 9-43　创建圆柱

13 并集运算。单击"三维工具"选项卡"实体编辑"面板中的"并集"按钮，将创建的两个圆柱与两个长方体进行并集运算。

14 创建圆柱体。方法同前，单击"三维工具"选项卡"建模"面板中的"圆柱体"按钮，捕捉R20圆柱的圆心为圆心，创建半径为10，高50的圆柱。

15 差集运算。单击"三维工具"选项卡"实体编辑"面板中的"差集"按钮，将并集后的实体与圆柱进行差集运算。单击"可视化"选项卡"渲染-MentalRay"面板中的"渲染"按钮，进行消隐处理后的图形，如图9-44所示。

16 单击"三维工具"选项卡"实体编辑"面板中的"旋转面"按钮，旋转支架上部十字形底面。

```
命令: SOLIDEDIT↙
实体编辑自动检查: SOLIDCHECK=1
输入实体编辑选项 [面(F)/边(E)/体(B)/放弃(U)/退出(X)]<退出>: _face
输入面编辑选项[拉伸(E)/移动(M)/旋转(R)/偏移(O)/倾斜(T)/删除(D)/复制(C)/颜色(L)/材质
(A)/放弃(U)/退出(X)]<退出>: _rotate
选择面或 [放弃(U)/删除(R)]: (如图9-45所示，选择支架上部十字形底面)
指定轴点或 [经过对象的轴(A)/视图(V)/X 轴(X)/Y 轴(Y)/Z 轴(Z)]<两点>: Y↙
指定旋转原点 <0,0,0>:_endp 于(捕捉十字形底面的右端点)
指定旋转角度或 [参照(R)]: 30↙
```

结果如图9-45所示。

17 在命令行中输入"ROTATE3D"命令，旋转底板，命令行提示与操作如下：

```
命令:ROTATE3D↙
当前正向角度: ANGDIR=逆时针 ANGBASE=0
选择对象: (选取底板)
指定轴上的第一个点或定义轴依据[对象(O)/最近的(L)/视图(V)/X 轴(X)/Y 轴(Y)/Z 轴(Z)/两
点(2)]: Y↙
指定 Y 轴上的点 <0,0,0>:_endp 于 (捕捉十字形底面的右端点)
指定旋转角度或 [参照(R)]: 30↙
```

18 并集运算。单击"三维工具"选项卡"实体编辑"面板中的"并集"按钮，将图形进行并集运算。

19 消隐处理。单击"可视化"选项卡"视图"面板中的"前视"按钮，切换到前视图。单击"视图"选项卡"视觉样式"面板中的"隐藏"按钮，进行消隐处理后的图形，如图9-46所示。

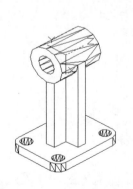

图9-44 消隐后的实体

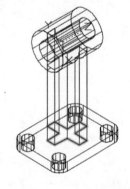

图9-45 选择旋转面

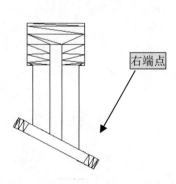

右端点

图9-46 旋转底板

总结与点评

本实例讲解了一个简单的轴支架造型，着重讲到了三维镜像命令和"实体编辑"命令中的"旋转面"选项。在学习三维镜像命令时，要注意和二维绘图中的镜像命令操作进行比较，体会它们之间的区别。

实例 79　石桌

本实例绘制的石桌如图 9-47 所示。

图 9-47　石桌

实讲实训
多媒体演示

多媒体演示参见配套光盘中的\\动画演示\第9章\石桌.avi。

 思路提示

本实例绘制的石桌主要用到圆柱体命令、球体命令、剖切命令、抽壳处理和布尔运算等。其绘制流程如图 9-48 所示。

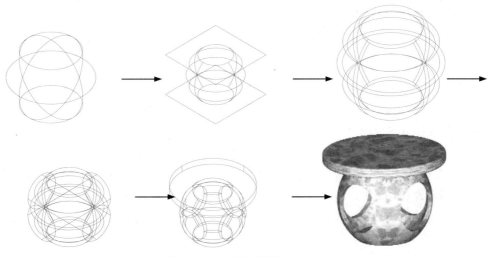

图 9-48　绘制流程图

解题步骤

01 设置绘图环境。

用 LIMITS 命令设置图幅：297×210。

在命令行中输入"ISOLINES"，设置线框密度为10。

02 创建球体。

```
命令：SPHERE✓
指定中心点或 [三点(3P)/两点(2P)/切点、切点、半径(T)]：0, 0, 0✓
指定半径或 [直径(D)]：50✓
```

结果如图 9-49 所示。

03 绘制矩形。单击"默认"选项卡"绘图"面板中的"矩形"按钮▭，以(−60, −60, −40)和(@120, 120)为角点绘制矩形；再以(−60, −60, 40)和(@120, 120)为角点绘制矩形。结果如图 9-50 所示。

04 剖切处理。单击"三维工具"选项卡"实体编辑"面板中的"剖切"按钮🔧，分别选择两个矩形作为剖切面，保留球体中间部分。结果如图 9-51 所示。

05 删除矩形。单击"默认"选项卡"修改"面板中的"删除"按钮✎，将矩形删除。结果如图 9-52 所示。

06 抽壳处理。

```
命令：SOLIDEDIT✓
实体编辑自动检查： SOLIDCHECK=1
输入实体编辑选项 [面(F)/边(E)/体(B)/放弃(U)/退出(X)] <退出>：_body
输入体编辑选项[压印(I)/分割实体(P)/抽壳(S)/清除(L)/检查(C)/放弃(U)/退山(X)] <退山>：
_shell
选择三维实体：(选择剖切后的球体) ✓
删除面或 [放弃(U)/添加(A)/全部(ALL)]： ✓
输入抽壳偏移距离：5✓
已开始实体校验。
已完成实体校验。
输入体编辑选项
[压印(I)/分割实体(P)/抽壳(S)/清除(L)/检查(C)/放弃(U)/退出(X)] <退出>：✓
实体编辑自动检查： SOLIDCHECK=1
输入实体编辑选项 [面(F)/边(E)/体(B)/放弃(U)/退出(X)] <退出>：✓
```

结果如图 9-53 所示。

07 创建圆柱体。单击"三维工具"选项卡"建模"面板中的"圆柱体"按钮⬭，以(0, −50, 0)和轴端点为(@0, 100, 0)，创建半径为 25 的圆柱体；再以(−50, 0, 0)为底面圆心和轴端点为(@100, 0, 0)为底面圆心，创建半径为 25 的圆柱体，结果如图 9-54 所示。

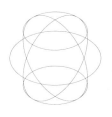
图 9-49　创建球体

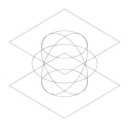
图 9-50　绘制矩形

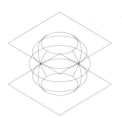
图 9-51　剖切处理

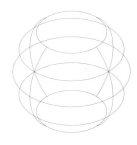
图 9-52　删除矩形

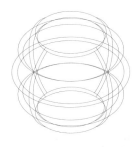
图 9-53　抽壳处理

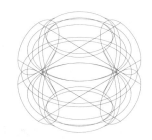
图 9-54　创建圆柱体

08 差集运算。单击"三维工具"选项卡"实体编辑"面板中的"差集"按钮 ⌷，从实体中减去两个圆柱体，结果如图 9-55 所示。

09 创建圆柱体。回到世界坐标系，单击"三维工具"选项卡"建模"面板中的"圆柱体"按钮 ⌷，以 (0, 0, 40) 为底面圆心，创建半径为 65、高为 10 的圆柱体，结果如图 9-56 所示。

10 圆角处理。单击"默认"选项卡"修改"面板中的"圆角"按钮 ⌷，将圆柱体的棱边进行圆角处理，圆角半径为 2，结果如图 9-57 所示。

11 渲染视图。单击"可视化"选项卡"材质"面板中的"材质浏览器"按钮 ⊗，在材质选项板中选择适当的材质。单击"可视化"选项卡"渲染-MentalRay"面板中的"渲染"按钮 ⌷，对实体进行渲染，渲染后的效果如图 9-47 所示。

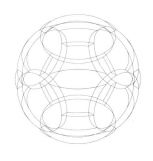
图 9-55　差集运算

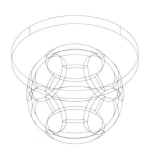
图 9-56　创建圆柱体

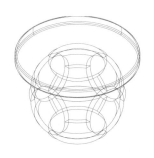
图 9-57　圆角处理

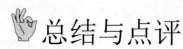
总结与点评

本实例讲解了一个简单的建筑单元造型，着重讲到了球体命令和"实体编辑"命令中的"抽壳"选项。从这个实例可以看出，用 AutoCAD 绘制三维建筑造型也非常得心应手，只是要注意渲染处理时材质的选择，只有选择了合适的材质，才能保证造型的逼真。

实例 80　回形窗

本实例绘制的回形窗如图 9-58 所示。

实讲实训
多媒体演示

多媒体演示参见配套光盘中的\\动画演示\第9章\回形窗.avi。

图 9-58　回形窗

思路提示

本实例绘制的回形窗主要运用到矩形命令、拉伸命令、倾斜面功能和布尔运算。其绘制流程如图 9-59 所示。

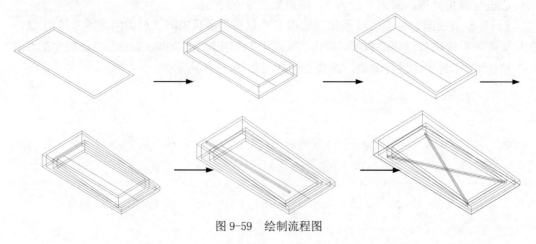

图 9-59　绘制流程图

解题步骤

01 设置绘图环境。

用 LIMITS 命令设置图幅：297×210。

在命令行中输入"ISOLINES"，设置线框密度为10。

02 绘制矩形。单击"默认"选项卡"绘图"面板中的"矩形"按钮□，以(0,0)和(@40,80)为角点绘制矩形，再以(2,2)、(@36,76)为角点绘制矩形。将视图切换到西南等轴测视图，结果如图9-60所示。

03 拉伸处理。单击"三维工具"选项卡"建模"面板中的"拉伸"按钮，拉伸矩形，拉伸高度为10。结果如图9-61所示。

04 绘制辅助直线。单击"三维工具"选项卡"实体编辑"面板中的"差集"按钮◎，将两个拉伸实体进行差集运算；然后过(20,2)和(20,78)绘制直线，结果如图9-62所示。

图9-60　绘制矩形　　　　　图9-61　拉伸处理　　　　　图9-62　绘制直线

05 倾斜面处理。

命令:SOLIDEDIT↙
实体编辑自动检查：SOLIDCHECK=1
输入实体编辑选项 [面(F)/边(E)/体(B)/放弃(U)/退出(X)] 〈退出〉：_face↙
输入面编辑选项 [拉伸(E)/移动(M)/旋转(R)/偏移(O)/倾斜(T)/删除(D)/复制(C)/颜色(L)/材质(A)/放弃(U)/退出(X)] 〈退出〉：_taper↙
选择面或 [放弃(U)/删除(R)]：（选择如图9-63所示的阴影面）
选择面或 [放弃(U)/删除(R)/全部(ALL)]：↙
指定基点：（选择上述绘制直线的左上方的角点）↙
指定沿倾斜轴的另一个点：（选择直线右下方角点）↙
指定倾斜角度：5↙
已开始实体校验。
已完成实体校验。
输入面编辑选项[拉伸(E)/移动(M)/旋转(R)/偏移(O)/倾斜(T)/删除(D)/复制(C)/颜色(L)/材质(A)/放弃(U)/退出(X)] 〈退出〉：↙
实体编辑自动检查：SOLIDCHECK=1
输入实体编辑选项 [面(F)/边(E)/体(B)/放弃(U)/退出(X)] 〈退出〉：↙

结果如图9-64所示。

06 绘制矩形。单击"默认"选项卡"绘图"面板中的"矩形"按钮□，以(4,7)和(@32,66)为角点绘制矩形；以(6,9)和(@28,62)为角点绘制矩形，结果如图9-65所示。

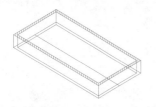
图 9-63　倾斜对象

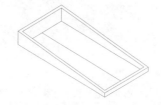
图 9-64　倾斜面处理

图 9-65　绘制矩形

07 拉伸处理。单击"三维工具"选项卡"建模"面板中的"拉伸"按钮 🔳，拉伸高度为 8，结果如图 9-66 所示。

08 差集运算。单击"三维工具"选项卡"实体编辑"面板中的"差集"按钮 ◎，将拉伸后的长方体进行差集运算。

09 倾斜面处理。单击"三维工具"选项卡"实体编辑"面板中的"倾斜面"按钮 🔖，将差集后的实体倾斜 5º，然后删除辅助直线，结果如图 9-67 所示。

图 9-66　拉伸处理

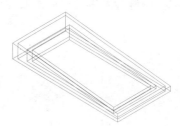
图 9-67　倾斜面处理

10 创建长方体。单击"三维工具"选项卡"建模"面板中的"长方体"按钮 🔲，以 (0, 0, 15) 和 (@1, 72, 1) 为角点创建矩形，结果如图 9-68 所示。

11 复制并旋转长方体。单击"默认"选项卡"修改"面板中的"复制"按钮 🔩，复制长方体；单击"建模"工具栏中的"三维旋转"按钮 ⊕，分别将两个长方体旋转 25º 和 -25º；调用移动命令，将旋转后的长方体移动，结果如图 9-69 所示。

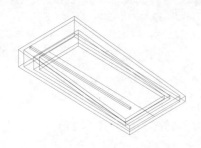
图 9-68　创建长方体

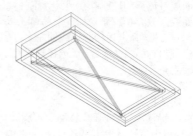
图 9-69　复制并旋转长方体

12 渲染视图。单击"可视化"选项卡"材质"面板中的"材质浏览器"按钮 ⊗，在材质选项板中选择适当的材质。单击"可视化"选项卡"渲染-MentalRay"面板中的"渲染"按钮 🍵，对实体进行渲染，渲染后的效果如图 9-58 所示。

总结与点评

> 本实例讲解了一个简单的建筑单元造型，着重讲到了"实体编辑"命令中的"倾斜面"选项。从本实例我们可以体会灵活应用各种三维造型命令的技巧。

实例 81 六角形拱顶

本实例绘制的六角形拱顶，如图 9-70 所示，

实讲实训 多媒体演示

多媒体演示参见配套光盘中的\\动画演示\第9章\六角形拱顶.avi。

图 9-70 六角形拱顶

 思路提示

本实例绘制的六角形拱顶主要运用到长方体命令、旋转曲面命令、拉伸命令、三维旋转命令和三维复制命令。其绘制流程如图 9-71 所示。

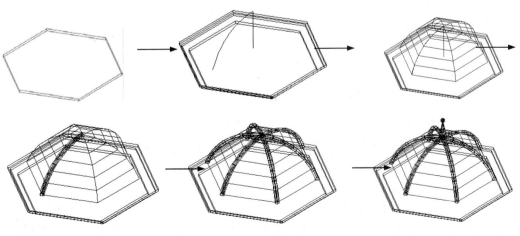

图 9-71 绘制流程图

解题步骤

01 设置绘图环境。

用 LIMITS 命令设置图幅：297×210。

在命令行中输入"ISOLINES"，设置线框密度为 10。

02 绘制正六边形并拉伸。单击"默认"选项卡"绘图"面板中的"多边形"按钮，以(0,0,0)为中心点，绘制内接圆半径为 150 的正六边形；单击"三维工具"选项卡"建模"面板中的"拉伸"按钮，拉伸高度为 10，结果如图 9-72 所示。

03 绘制正六边形并拉伸。重复上述步骤，以(0,0,10)为中心点，绘制外切圆半径为 145 的正六边形；单击"三维工具"选项卡"建模"面板中的"拉伸"按钮，拉伸高度为 5。以(0,0,15)为中心点，绘制外切圆半径为 150 的正六边形，然后将其拉伸，拉伸高度为 5，结果如图 9-73 所示。

04 绘制直线。单击"默认"选项卡"绘图"面板中的"直线"按钮，过(0,0,35)和(0,0,135)绘制直线，结果如图 9-74 所示。

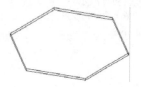　　

图 9-72　绘制正六边形并拉伸　　　图 9-73　绘制正六边形并拉伸　　　图 9-74　绘制直线

05 绘制圆弧。单击"默认"选项卡"绘图"面板中的"圆弧"按钮，以直线的上端点为起点，以下端点为圆心，绘制弧长为 160 的圆弧，结果如图 9-75 所示。

06 旋转曲面。

```
命令：REVSURF↙
当前线框密度：SURFTAB1=6　SURFTAB2=6
选择要旋转的对象：（选择圆弧）
选择定义旋转轴的对象：（选择直线）
指定起点角度 〈0〉：↙
指定包含角（+=逆时针，-=顺时针）〈360〉：↙
```

结果如图 9-76 所示。

07 绘制圆并拉伸。单击"默认"选项卡"绘图"面板中的"圆"按钮，以弧线下端点为圆心，绘制半径为 5 的圆；调用拉伸命令，将圆沿弧线拉伸，然后删除弧线，结果如图 9-77 所示。

08 阵列处理。选择菜单栏中的"修改"→"阵列"→"环形阵列"命令，或者单击"修改"工具栏中的"环形阵列"按钮，或者单击"默认"选项卡"修改"面板中的"环形阵列"按钮，将拉伸后的实体以(0,0,0)为中心进行环形阵列，阵列总数为 6，填充角度为 360°，结果如图 9-78 所示。

图 9-75　绘制圆弧

图 9-76　旋转曲面

图 9-77　绘制圆并拉伸

09 创建圆锥体。单击"三维工具"选项卡"建模"面板中的"圆锥体"按钮◯，以六角形拱顶的顶端为底面中心，绘制半径为 10、高为 50 的圆锥体，结果如图 9-79 所示。

10 创建球体。单击"三维工具"选项卡"建模"面板中的"球体"按钮◯，以圆锥体顶端为球心，创建半径为 5 的球体，结果如图 9-80 所示。

11 渲染视图。单击"可视化"选项卡"材质"面板中的"材质浏览器"按钮◉，在材质选项板中选择适当的材质。单击"可视化"选项卡"渲染-MentalRay"面板中的"渲染"按钮🫖，对实体进行渲染，渲染后的效果如图 9-70 所示。

图 9-78　阵列处理

图 9-79　创建圆锥体

图 9-80　创建球体

 总结与点评

　　本实例讲解了一个简单的建筑单元造型，着重讲到了"实体编辑"命令中的"倾斜面"选项。从本实例我们可以体会灵活应用各种三维造型命令的技巧。

实例 82　转向盘

　　本实例绘制的转向盘如图 9-81 所示。

图 9-81　转向盘

实讲实训
多媒体演示

多媒体演示
参见配套光盘中
的\\动画演示\第
9 章 \ 转 向
盘.avi。

思路提示

本实例绘制的转向盘的主要思路是：先绘制一个圆环作为扶手，然后绘制支筋和轴。主要用到了绘制圆环体命令 TORUS，绘制圆柱体命令 CYLINDER，三维阵列 3DARRAY 命令中环形阵列命令，布尔运算的差集命令 SUBTRACT，并集命令 UNION 来绘制图形。其绘制流程如图 9-82 所示。

解题步骤

01 启动系统。启动 AutoCAD 2016，使用默认设置绘图环境。

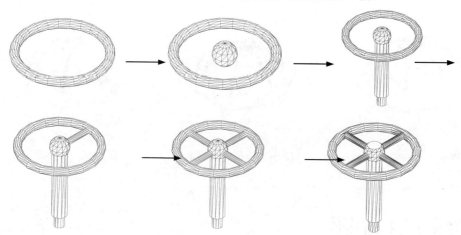

图 9-82　绘制流程图

02 绘制圆环体。

命令：TORUS↙　（或者选择菜单栏中的"绘图"→"建模"→"圆环体"命令，或者单击"建模"工具栏中的"圆环体"按钮◎，或者单击"三维工具"选项卡"建模"面板中的"圆环体"按钮◎，下同）
指定中心点或 ［三点(3P)/两点(2P)/切点、切点、半径(T)］:0，0，0↙
指定半径或 ［直径(D)］ <0.0000>：160↙
指定圆管半径或 ［两点(2P)/直径(D)］ <0.0000>：16↙

03 设置视图方向。选择菜单栏中的"视图"→"三维视图"→"西南等轴测"命令，或者单击"视图"工具栏中的"西南等轴测"按钮 ◇，或者单击"可视化"选项卡"视图"面板中的"西南等轴测"按钮◇，将当前视图方向设置为西南等轴测视图，然后执行消隐命令，结果如图 9-83 所示。

04 绘制球体。

命令：SPHERE↙ （或者选择菜单栏中的"绘图"→"建模"→"球体"命令 或者单击"建模"
工具栏中的"球体"按钮○，或者单击"三维工具"选项卡"建模"面板中的"球体"按钮○，下同）
指定中心点或［三点(3P)/两点(2P)/切点、切点、半径(T)]:0, 0, 0↙
指定半径或［直径(D)]〈0.0000〉: 40↙

结果如图 9-84 所示。

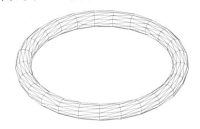
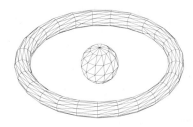

图 9-83　圆环的绘制　　　　　　　图 9-84　绘制球体

05 绘制圆柱体。

命令：CYLINDER↙
指定底面的中心点或［三点(3P)/两点(2P)/切点、切点、半径(T)/椭圆(E)]:0, 0, 0↙
指定底面半径或［直径(D)]: 30↙
指定高度或［两点(2P)/轴端点(A)]: -300↙

方法同前，单击"三维工具"选项卡"建模"面板中的"圆柱体"按钮⬚，以坐标原点为圆心，创建半径为 20，高-350 的圆柱体，绘制如图 9-85 所示。

06 绘制轮辐圆柱体。

命令：CYLINDER↙
指定底面的中心点或［三点(3P)/两点(2P)/切点、切点、半径(T)/椭圆(E)]:0, 0, 0↙
指定底面半径或［直径(D)]: 12↙
指定高度或［两点(2P)/轴端点(A)]: A↙
指定轴端点: 160,0,0↙

结果如图 9-86 所示。

图 9-85　绘制圆柱　　　　　　　　图 9-86　绘制轮辐

07 三维阵列处理。

命令：3DARRAY↙ （或者选择菜单栏中的"修改"→"三维操作"→"三维阵列"命令，下
同）
选择对象：（选择轮辐圆柱体）

选择对象：✓
输入阵列类型 [矩形(R)/环形(P)] 〈矩形〉:P✓
输入阵列中的项目数目：4✓
指定要填充的角度（+=逆时针，-=顺时针）〈360〉：✓
旋转阵列对象？[是(Y)/否(N)] 〈Y〉:✓
指定阵列的中心点：0,0,0✓
指定旋转轴上的第二点：0,0,20✓

消隐后如图 9-87 所示。

08 剖切处理。

命令:SLICE✓
选择要剖切的对象：（选择球体）
选择要剖切的对象：✓
指定 切面 的起点或 [平面对象(O)/曲面(S)/Z 轴(Z)/视图(V)/XY(XY)/YZ(YZ)/ZX(ZX)/三点(3)]
〈三点〉：3
指定平面上的第一个点：0,0,30✓
指定平面上的第二个点:0,10,30✓
指定平面上的第三个点:10,10,30✓
在所需的侧面上指定点或 [保留两个侧面(B)] 〈保留两个侧面〉：（选择圆球的下侧）

09 并集处理。

命令:UNION✓
选择对象：（选择轮辐与圆环）
选择对象：✓
命令：UNION✓
选择对象：（选择支杆的两个圆柱）
选择对象：✓

结果如图 9-88 所示。

图 9-87 三维阵列

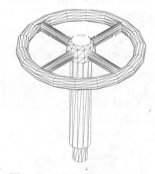

图 9-88 合并后的转向盘

10 渲染处理。单击"可视化"选项卡"材质"面板中的"材质浏览器"按钮，选择适当的材质，然后单击"可视化"选项卡"渲染-MentalRay"面板中的"渲染"按钮，对图形进行渲染。渲染后的效果如图 9-81 所示。

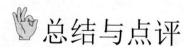 # 总结与点评

本实例讲解了一个简单的工业造型，着重讲到了圆环体命令和三维阵列命令。这里注意体会各种三维造型命令的综合应用。

实例 83　台灯

本实例绘制的台灯如图 9-89 所示。

 思路提示

实讲实训
多媒体演示

多媒体演示
参见配套光盘中
的\\动画演示\第
9章\台灯.avi。

图 9-89　台灯

本实例绘制的台灯主要应用绘制圆柱体命令 CYLINDER，绘制多段线命令 PLINE，移动命令 MOVE，旋转命令 REVOLVE，实体编辑命令 SOLIDEDIT 以及布尔运算的差集命令 SUBTRACT 等，来完成图形的绘制。其绘制流程如图 9-90 所示。

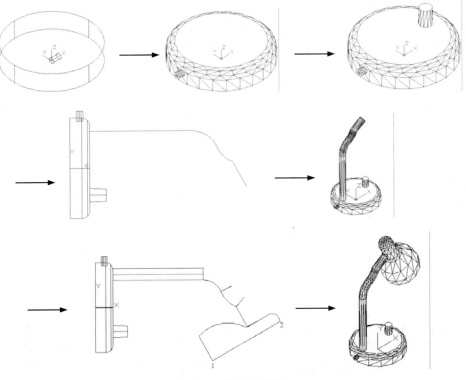

图 9-90　绘制流程图

解题步骤

01 启动系统。启动 AutoCAD 2016，使用默认设置绘图环境。

02 设置线框密度。

命令：ISOLINES
输入 ISOLINES 的新值〈4〉：10✓

03 设置视图方向。选择菜单栏中的"视图"→"三维视图"→"西南等轴测"命令，或者单击"视图"工具栏中的"西南等轴测"按钮 ，或者单击"可视化"选项卡"视图"面板中的"西南等轴测"按钮 ，将当前视图方向设置为西南等轴测视图。

04 绘制圆柱体。

命令：CYLINDER✓
指定底面的中心点或 [三点(3P)/两点(2P)/切点、切点、半径(T)/椭圆(E)]：0, 0, 0✓
指定底面半径或 [直径(D)]：D✓
指定直径：150✓
指定高度或 [两点(2P)/轴端点(A)]：30✓
命令：CYLINDER✓
指定底面的中心点或 [三点(3P)/两点(2P)/切点、切点、半径(T)/椭圆(E)]：0, 0, 0✓
指定底面半径或 [直径(D)]：D✓
指定直径：10✓
指定高度或或 [两点(2P)/轴端点(A)] 〈10.0000〉：a✓
指定轴端点：@15, 0, 0✓

使用同样方法，分别指定底面中心点的坐标为（0, 0, 0），底面直径为 5，另一个圆心坐标为（@15, 0, 0）绘制圆柱体，结果如图 9-91 所示。

05 差集处理。在命令行输入"SUBTRACT"，或者单击"三维工具"选项卡"实体编辑"面板中的"差集"按钮 ，将直径为 5 圆柱体从直径为 10 圆柱体中减去。

06 移动实体导线孔。

命令：MOVE✓
选择对象：（用鼠标选取求差集后所得的实体导线孔）
选择对象：✓
指定基点或 [位移(D)] 〈位移〉：0, 0, 0✓
指定第二个点或 〈使用第一个点作为位移〉：-85, 0, 15✓

此时结果如图 9-92 所示。

07 圆角处理。

命令：FILLET✓
当前设置：模式 = 修剪，半径 = 0.0000
选择第一个对象或[放弃(U)/多段线(P)/半径(R)/修剪(T)/多个(M)]：（用鼠标选择要圆角的对象）
输入圆角半径或 [表达式(E)]：12✓
选择边或 [链(C)/半径(R)]：（用鼠标选择底座的上边缘边）
已拾取到边。
选择边或 [链(C)/环(L)/半径(R)]：（依次用鼠标选择底座的上边缘边）
选择边或 [链(C)/环(L)/半径(R)]：✓

结果如图9-93所示。

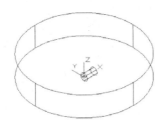

图9-91 绘制圆柱体后的图形

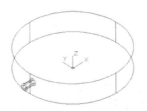

图9-92 移动后的图形

08 绘制圆柱体。单击"三维工具"选项卡"建模"面板中的"圆柱体"按钮，以（40，0，30）为中心点，分别创建直径为20，高25的圆柱体。

09 倾斜面。将刚绘制的直径为20的圆柱体外表面倾斜2°。单击"三维工具"选项卡"实体编辑"面板中的"倾斜面"按钮，根据命令行的提示完成面倾斜操作，结果如图9-94所示。

图9-93 倒圆角后的底座

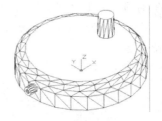

图9-94 开关旋钮和底座

10 设置视图方向。单击"可视化"选项卡"视图"面板中的"前视"按钮。将视图切换到前视图。

11 旋转操作。单击"建模"工具栏中的"三维旋转"按钮，将绘制的所有的实体顺时针旋转-90°，图形如图9-95所示。

12 绘制多段线。

```
命令:PLINE↙
指定起点: 30,55↙
当前线宽为 0.0000
指定下一个点或 [圆弧(A)/半宽(H)/长度(L)/放弃(U)/宽度(W)]: @150,0↙
指定下一点或 [圆弧(A)/闭合(C)/半宽(H)/长度(L)/放弃(U)/宽度(W)]: A↙
指定圆弧的端点(按住 Ctrl 键以切换方向)或[角度(A)/圆心(CE)/闭合(CL)/方向(D)/半宽(H)/
直线(L)/半径(R)/第二个点(S)/放弃(U)/宽度(W)]: S↙
指定圆弧上的第二个点: 203.5,50.7↙
指定圆弧的端点: 224,38↙
指定圆弧的端点(按住 Ctrl 键以切换方向)或[角度(A)/圆心(CE)/闭合(CL)/方向(D)/半宽(H)/
直线(L)/半径(R)/第二个点(S)/放弃(U)/宽度(W)]: 248,8↙
指定圆弧的端点(按住 Ctrl 键以切换方向)或[角度(A)/圆心(CE)/闭合(CL)/方向(D)/半宽(H)/
直线(L)/半径(R)/第二个点(S)/放弃(U)/宽度(W)]: L↙
指定下一点或 [圆弧(A)/闭合(C)/半宽(H)/长度(L)/放弃(U)/宽度(W)]: 269,-28.8↙
指定下一点或 [圆弧(A)/闭合(C)/半宽(H)/长度(L)/放弃(U)/宽度(W)]: ↙
```

结果如图9-96所示。

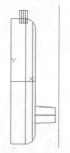

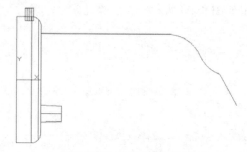

图 9-95　实体旋转　　　　　　　　　　　图 9-96　支撑杆的路径曲线

13 旋转实体。单击"建模"工具栏中的"三维旋转"按钮⊕，将图 9-96 中的所有实体逆时针旋转 90°。

14 设置视图方向。选择菜单栏中的"视图" → "三维视图" → "西南等轴测"命令，或者单击"视图"工具栏中的"西南等轴测"按钮◎，或者单击"可视化"选项卡"视图"面板中的"西南等轴测"按钮◎，将当前视图设置为西南等轴测视图。

15 绘制圆。单击"默认"选项卡"绘图"面板中的"圆"按钮⊙，绘制一个圆，其圆心坐标为（-55，0，30），直径为 20。

16 拉伸圆。

```
命令：EXTRUDE↙
当前线框密度： ISOLINES=10，闭合轮廓创建模式 = 实体
选择要拉伸的对象或 ［模式(MO)］：_MO
闭合轮廓创建模式 ［实体(SO)/曲面(SU)］〈实体〉：_SO
选择要拉伸的对象或 ［模式(MO)］：（用鼠标选择直径为 20 的圆）
选择要拉伸的对象或 ［模式(MO)］：↙
指定拉伸的高度或 ［方向(D)/路径(P)/倾斜角(T)/表达式(E)］〈468.8348〉：P↙
选择拉伸路径或 ［倾斜角(T)］：（用鼠标选择第 12 步绘制的多线段线）
```

消隐后结果如图 9-97 所示。

17 设置视图方向。单击"可视化"选项卡"视图"面板中的"前视"按钮⬚，将当前视图设置为前视图。

18 旋转实体。单击"建模"工具栏中的"三维旋转"按钮⊕，将绘制的所有的实体逆时针旋转-90°。

19 绘制多段线。

```
命令：PLINE↙
指定起点：（选择支撑杆路径曲线的上端点）
当前线宽为 0.0000
指定下一个点或 ［圆弧(A)/半宽(H)/长度(L)/放弃(U)/宽度(W)］：@20<30↙
指定下一点或 ［圆弧(A)/闭合(C)/半宽(H)/长度(L)/放弃(U)/宽度(W)］：A↙
指定圆弧的端点(按住 Ctrl 键以切换方向)或[角度(A)/圆心(CE)/闭合(CL)/方向(D)/半宽(H)/
直线(L)/半径(R)/第二个点(S)/放弃(U)/宽度(W)]：316,-25↙
指定圆弧的端点(按住 Ctrl 键以切换方向)或[角度(A)/圆心(CE)/闭合(CL)/方向(D)/半宽(H)/
直线(L)/半径(R)/第二个点(S)/放弃(U)/宽度(W)]：L↙
指定下一点或 ［圆弧(A)/闭合(C)/半宽(H)/长度(L)/放弃(U)/宽度(W)］：200,-90↙
指定下一点或 ［圆弧(A)/闭合(C)/半宽(H)/长度(L)/放弃(U)/宽度(W)］：177,-48.66↙
指定下一点或 ［圆弧(A)/闭合(C)/半宽(H)/长度(L)/放弃(U)/宽度(W)］：A↙
指定圆弧的端点(按住 Ctrl 键以切换方向)或[角度(A)/圆心(CE)/闭合(CL)/方向(D)/半宽(H)/
```

直线(L)/半径(R)/第二个点(S)/放弃(U)/宽度(W)]:S✓
　　　指定圆弧上的第二个点：216，-28✓
　　　指定圆弧的端点：257.5，-34.5✓
　　　指定圆弧的端点(按住 Ctrl 键以切换方向)或[角度(A)/圆心(CE)/闭合(CL)/方向(D)/半宽(H)/
直线(L)/半径(R)/第二个点(S)/放弃(U)/宽度(W)]：L✓
　　　指定下一点或 [圆弧(A)/闭合(C)/半宽(H)/长度(L)/放弃(U)/宽度(W)]：C✓
结果如图 9-98 所示。

图 9-97　拉伸成支撑杆

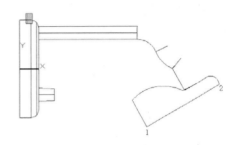

图 9-98　灯头的截面轮廓

　　20 旋转截面轮廓。

命令：REVOLVE✓
当前线框密度：　ISOLINES=4，闭合轮廓创建模式 ＝ 实体
选择要旋转的对象或 [模式(MO)]：(选择截面轮廓)
选择要旋转的对象或 [模式(MO)]：✓
指定轴起点或根据以下选项之一定义轴 [对象(O)/X/Y/Z]〈对象〉：(选择图 9-98 中的 1 点)
指定轴端点：(选择图 9-98 中的 2 点)
指定旋转角度或 [起点角度(ST)/反转(R)/表达式(EX)]〈360〉：✓

　　21 旋转实体。单击"建模"工具栏中的"三维旋转"按钮⊕，将绘制的所有的实
体逆时针旋转 90°。

　　22 设置视图方向。选择菜单栏中的"视图"→"三维视图"
→"西南等轴测"命令，或者单击"视图"工具栏中的"西南等轴
测"按钮◈，或者单击"可视化"选项卡"视图"面板中的"西南
等轴测"按钮◈，将当前视图方向设置为西南等轴测视图，如图 9-99
所示。

　　23 用三维动态观察旋转实体，使灯头的大端面朝外。单击"动
态观察"工具栏中的"自由动态观察"按钮⊘或者选择菜单栏中的
"视图" →"动态观察" →"自由动态观察"命令。

图 9-99　消隐图

　　24 对灯头进行抽壳。

命令：SOLIDEDIT✓
实体编辑自动检查：　SOLIDCHECK=1
输入实体编辑选项 [面(F)/边(E)/体(B)/放弃(U)/退出(X)]〈退出〉：B✓
输入体编辑选项[压印(I)/分割实体(P)/抽壳(S)/清除(L)/检查(C)/放弃(U)/退出(X)]〈退出〉：
S✓
选择三维实体：(选择灯头)
删除面或 [放弃(U)/添加(A)/全部(ALL)]：(选择灯头的大端面)
删除面或 [放弃(U)/添加(A)/全部(ALL)]：✓
输入抽壳偏移距离：2✓

> 已开始实体校验。
> 已完成实体校验。
> 输入体编辑选项[压印(I)/分割实体(P)/抽壳(S)/清除(L)/检查(C)/放弃(U)/退出(X)]〈退出〉:X
> ✓
> 实体编辑自动检查： SOLIDCHECK=1
> 输入实体编辑选项 [面(F)/边(E)/体(B)/放弃(U)/退出(X)]〈退出〉: X✓

25 将台灯的不同部分着上不同的颜色。单击"三维工具"选项卡"实体编辑"面板中的"着色面"按钮 🗄 ，根据命令行的提示，将灯头和底座着上红色，灯头内壁着上黄色，其余部分着上蓝色。

26 渲染处理。单击"可视化"选项卡"渲染-MentalRay"面板中的"渲染"按钮 🫖 ，对台灯进行渲染。渲染后的效果如图 9-89 所示。

 # 总结与点评

> 本实例讲解了一个简单的日常用品造型，着重讲到了旋转命令和三维旋转命令。这里注意体会这两个命令的不同功能。也注意体会"实体编辑"命令中"着色面"选项的使用方法。

实例 84　U 盘

本实例绘制的 U 盘如图 9-100 所示。

 ### 思路提示

本实例绘制的 U 盘，主要应用绘制圆柱体命令 CYLINDER，绘制长方体命令 BOX，复制命令 COPY，倒圆角命令 FILLET，实体编辑命令 SOLIDEDIT 以及布尔运算的差集命令 SUBTRACT 和并集命令 UNION 等，来完成图形的绘制。其绘制流程如图 9-101 所示。

💡 实讲实训 多媒体演示
多媒体演示参见配套光盘中的\\动画演示\第9章\U盘.avi。

图 9-100　U 盘

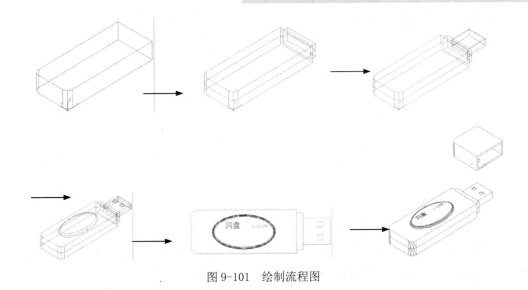

图 9-101　绘制流程图

 解题步骤

01 启动系统。启动 AutoCAD 2016，使用默认设置绘图环境。

02 设置线框密度。

命令：ISOLINES
输入 ISOLINES 的新值〈4〉：10↙

03 设置视图方向。选择菜单栏中的"视图"→"三维视图"→"西南等轴测"命令，或者单击"视图"工具栏中"西南等轴测"按钮◇，或者单击"可视化"选项卡"视图"面板中的"西南等轴测"按钮◇，将当前视图方向设置为西南等轴测视图。

04 绘制长方体。单击"三维工具"选项卡"建模"面板中的"长方体"按钮▭，在以原点为角点处绘制长度为 50，宽度为 20，高度为 9 的长方体。

05 圆角处理。单击"默认"选项卡"修改"面板中的"圆角"按钮▱，对长方体进行倒圆角，圆角半径为 3，结果如图 9-102 所示。

06 绘制长方体。单击"三维工具"选项卡"建模"面板中的"长方体"按钮▭，在以（50,1.5,1）为角点处绘制长度为 3，宽度为 17，高度为 7 的长方体。

07 并集处理。单击"三维工具"选项卡"实体编辑"面板中的"并集"按钮◉，将上面绘制的两个长方体合并在一起。

08 剖切图形。

命令：SLICE↙
选择要剖切的对象：（选择合并的实体）
选择要剖切的对象：↙
指定 切面 的起点或 [平面对象(O)/曲面(S)/Z 轴(Z)/视图(V)/XY(XY)/YZ(YZ)/ZX(ZX)/三点(3)]〈三点〉：XY↙
指定 XY 平面上的点〈0,0,0〉：0,0,4.5↙
在所需的侧面上指定点或 [保留两个侧面(B)]〈保留两个侧面〉：B↙

结果如图 9-103 所示。

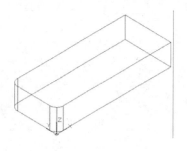
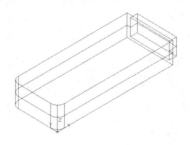

图 9-102　倒圆角后的长方体　　　　　　　　图 9-103　剖切后的实体

09 绘制长方体。单击"三维工具"选项卡"建模"面板中的"长方体"按钮，
以（53, 4, 2.5）为角点，创建长 12、宽 13、高 4 的长方体。

10 改变视图方向。单击"可视化"选项卡"视图"面板中的"东南等轴测"按钮。
将视图切换到东南等轴测视图。

11 抽壳处理。

```
命令: _solidedit
实体编辑自动检查: SOLIDCHECK=1
输入实体编辑选项 [面(F)/边(E)/体(B)/放弃(U)/退出(X)]〈退出〉: _body
输入体编辑选项[压印(I)/分割实体(P)/抽壳(S)/清除(L)/检查(C)/放弃(U)/退出(X)]〈退出〉:
_shell
    选择三维实体: （选择第 9 步绘制的长方体）
    删除面或 [放弃(U)/添加(A)/全部(ALL)]: （选择长方体的右顶面作为删除面）
    删除面或 [放弃(U)/添加(A)/全部(ALL)]: ↙
    输入抽壳偏移距离: 0.5↙
    已开始实体校验。
    已完成实体校验。
    输入体编辑选项[压印(I)/分割实体(P)/抽壳(S)/清除(L)/检查(C)/放弃(U)/退出(X)]〈退出〉:
X↙
    实体编辑自动检查: SOLIDCHECK=1
    输入实体编辑选项 [面(F)/边(E)/体(B)/放弃(U)/退出(X)]〈退出〉: X↙
```

结果如图 9-104 所示。

12 绘制长方体。单击"三维工具"选项卡"建模"面板中的"长方体"按钮，
以（60, 7, 4.5）为角点，创建长 2、宽 2.5、高 10 的长方体。

13 复制长方体。

```
命令:COPY↙
选择对象: （选择第 11 步绘制的长方体）
选择对象: ↙
当前设置: 复制模式 = 多个
指定基点或 [位移(D)/模式(O)]〈位移〉: 60, 7, 4.5↙
指定第二个点或 [阵列(A)]〈使用第一个点作为位移〉: @0, 6, 0↙
指定第二个点或 [阵列(A)/退出(E)/放弃(U)]〈退出〉:
```

14 差集处理。单击"三维工具"选项卡"实体编辑"面板中的"差集"按钮◎，将第 11 步和第 12 步的两个长方体从抽壳后的实体中减去。此时窗口图形如图 9-105 所示。

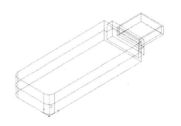

图 9-104 抽壳后的实体

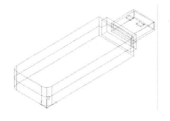

图 9-105 求差集后的实体

15 绘制长方体。单击"三维工具"选项卡"建模"面板中的"长方体"按钮☐，以（53.5，4.5，3）为角点，创建长 12.5、宽 11、高 1.5 的长方体。

16 改变视图方向。单击"可视化"选项卡"视图"面板中的"西南等轴测"按钮◈。将视图切换到西南等轴测视图。

17 绘制椭圆柱体。

```
命令：CYLINDER↙
指定底面的中心点或 ［三点(3P)/两点(2P)/切点、切点、半径(T)/椭圆(E)］: E↙
指定第一个轴的端点或 ［中心(C)］: C↙
指定中心点: 25,10,8↙
指定到第一个轴的距离: @0,15,0↙
指定第二个轴的端点: 8↙
指定高度或 ［两点(2P)/轴端点(A)］: 2↙
```

18 圆角处理。单击"默认"选项卡"修改"面板中的"圆角"按钮☐，对椭圆柱体的上表面进行倒圆角，圆角半径为 1。消隐后结果如图 9-106 所示。

19 编辑文字。

```
命令：MTEXT↙
当前文字样式: ″样式 1″ 文字高度: 2.5 注释性: 否
指定第一角点: 15,20,10↙
指定对角点或 ［高度(H)/对正(J)/行距(L)/旋转(R)/样式(S)/宽度(W)/栏(C)］: 40,-16↙
```

此时，AutoCAD 弹出文字编辑框，其中'闪盘'的字体是宋体，文字高度是 2.5，'V.128M'的字体是 TXT，文字高度是 1.5。

20 设置视图方向。单击"可视化"选项卡"视图"面板中的"俯视"按钮☐，将当前视图设置为俯视方向。此时视图如图 9-107 所示。

21 设置视图方向。选择菜单栏中的"视图"→"三维视图"→"西南等轴测"命令，或者单击"视图"工具栏中的"西南等轴测"按钮◈，或者单击"可视化"选项卡"视图"面板中的"西南等轴测"按钮◈，将当前视图方向设置为西南等轴测视图。

22 设置用户坐标系。

```
命令：UCS↙
当前 UCS 名称: *俯视*
指定 UCS 的原点或 ［面(F)/命名(NA)/对象(OB)/上一个(P)/视图(V)/世界(W)/X/Y/Z/Z 轴(ZA)］
〈世界〉: 80,30,0↙
指定 X 轴上的点或 〈接受〉:↙
```

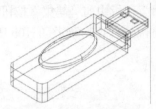

图 9-106　倒圆角后的椭圆柱体

图 9-107　闪盘俯视图

23 绘制长方体。单击"三维工具"选项卡"建模"面板中的"长方体"按钮，以（0，0，0）为角点，创建长 20、宽 20、高 9 的长方体。

24 圆角处理。单击"默认"选项卡"修改"面板中的"圆角"按钮，对上一步绘制的长方体进行倒圆角处理，圆角半径是 2.5。

25 抽壳处理。单击"三维工具"选项卡"实体编辑"面板中的"抽壳"按钮，对圆角后的长方体在进行抽壳，删除面是长方体的前顶面，抽壳距离是 1。消隐后结果如图 9-108 所示。

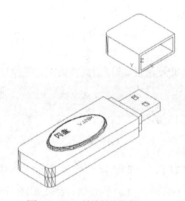

图 9-108　绘制闪盘盖

26 颜色处理。对闪盘的不同部分着上不同的颜色。单击"三维工具"选项卡"实体编辑"面板中的"着色面"按钮，根据 AutoCAD 的提示完成对面的着色操作。

27 渲染处理。单击"可视化"选项卡"渲染-MentalRay"面板中的"渲染"按钮，渲染全部实体。

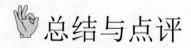

总结与点评

> 　　本实例讲解了一个简单的电子产品造型，着重讲到了椭圆柱体命令和其他各种三维绘制和编辑命令。读者注意体会在三维电子产品造型中灵活应用各种三维造型命令。

第 **10** 章

机械三维造型绘制

本章学习各种三维机械造型的绘制方法。包括各种
键、支架、端盖、轴、轴承、齿轮、壳体等。

本章属于三维造型绘制的深入学习知识，希望读者逐
步熟悉和掌握三维绘图的相关知识。

学 习 要 点

◉ 设置绘图环境
◉ 三维实体绘制命令
◉ 三维编辑命令
◉ 实体渲染命令

实例 85　平键

本实例绘制的平键如图 10-1 所示。

图 10-1　平键

实讲实训
多媒体演示

多媒体演示
参见配套光盘中
的\\动画演示\第
10 章\平键.avi。

 思路提示

本实例绘制的是平键，首先绘制一多段线，然后拉伸处理，最后作相应的倒角处理。其绘制流程如图 10-2 所示。

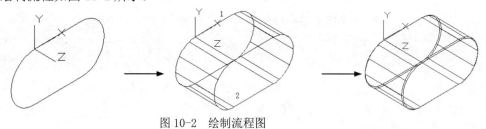

图 10-2　绘制流程图

 解题步骤

01 配置绘图环境。

❶启动 AutoCAD 2016，使用默认绘图环境。

❷建立新文件。单击"快速访问"工具栏中的"新建"按钮⬚，弹出"选择样板"对话框，单击"打开"按钮右侧的下拉按钮▾，以"无样板打开－公制"（毫米）方式建立新文件，将新文件命名为"平键.dwg"并保存。

02 设置线框密度。默认设置是 4，有效值的范围为 0～2047。设置对象上每个曲面的轮廓线数目，命令行中的提示与操作如下：

```
命令：ISOLINES✓
输入 ISOLINES 的新值〈4〉：10✓
```

03 设置视图方向。单击"可视化"选项卡"视图"面板中的"前视"按钮⬚，将当前视图方向设置为主视图方向。

04 绘制多段线。单击"默认"选项卡"绘图"面板中的"多段线"按钮⬚，绘制多段线。命令行中的提示与操作如下：

```
命令: _PLINE
指定起点: 0,0↙
当前线宽为 0.0000
指定下一个点或 [圆弧(A)/半宽(H)/长度(L)/放弃(U)/宽度(W)]: @5,0↙
指定下一点或 [圆弧(A)/闭合(C)/半宽(H)/长度(L)/放弃(U)/宽度(W)]: A↙
指定圆弧的端点(按住 Ctrl 键以切换方向)或[角度(A)/圆心(CE)/闭合(CL)/方向(D)/半宽(H)/
直线(L)/半径(R)/第二个点(S)/放弃(U)/宽度(W)]:A↙
指定夹角: -180↙
指定圆弧的端点(按住 Ctrl 键以切换方向)或 [圆心(CE)/半径(R)]: @0, -5↙
指定圆弧的端点(按住 Ctrl 键以切换方向)或[角度(A)/圆心(CE)/闭合(CL)/方向(D)/半宽(H)/
直线(L)/半径(R)/第二个点(S)/放弃(U)/宽度(W)]: L↙
指定下一点或 [圆弧(A)/闭合(C)/半宽(H)/长度(L)/放弃(U)/宽度(W)]: @-5,0↙
指定下一点或 [圆弧(A)/闭合(C)/半宽(H)/长度(L)/放弃(U)/宽度(W)]: A↙
指定圆弧的端点(按住 Ctrl 键以切换方向)或[角度(A)/圆心(CE)/闭合(CL)/方向(D)/半宽(H)/
直线(L)/半径(R)/第二个点(S)/放弃(U)/宽度(W)]: A↙
指定夹角: -180↙
指定圆弧的端点(按住 Ctrl 键以切换方向)或 [圆心(CE)/半径(R)]:0, 0
指定圆弧的端点(按住 Ctrl 键以切换方向)或[角度(A)/圆心(CE)/闭合(CL)/方向(D)/半宽(H)/
直线(L)/半径(R)/第二个点(S)/放弃(U)/宽度(W)]: ↙
```

结果如图 10-3 所示。

05 设置视图方向。单击"可视化"选项卡"视图"面板中的"西南等轴测"按钮
⬡，将当前视图设置为西南等轴测方向，结果如图 10-4 所示。

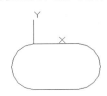

图 10-3　绘制多段线　　　　　图 10-4　设置视图方向

06 拉伸多线段。单击"三维工具"选项卡"建模"面板中的"拉伸"按钮⬚，
将多段线进行拉伸，命令行中的提示与操作如下：

```
命令: _EXTRUDE
当前线框密度: ISOLINES=10，闭合轮廓创建模式 = 实体
选择要拉伸的对象或 [模式(MO)]: _MO 闭合轮廓创建模式 [实体(SO)/曲面(SU)]〈实体〉: _SO
(用鼠标选择绘制的多段线)
选择要拉伸的对象或 [模式(MO)]: (用鼠标选择绘制的多段线) ↙
选择要拉伸的对象或 [模式(MO)]: ↙
指定拉伸的高度或 [方向(D)/路径(P)/倾斜角(T)/表达式(E)]: 5↙
```

结果如图 10-5 所示。

07 倒角处理。单击"默认"选项卡"修改"面板中的"倒角"按钮⬚，对拉伸
体进行倒角操作，命令行中的提示与操作如下：

```
命令: _CHAMFER
("修剪"模式) 当前倒角距离 1 = 0.0000，距离 2 = 0.0000
选择第一条直线或 [选择第一条直线或 [放弃(U)/多段线(P)/距离(D)/角度(A)/修剪(T)/方式
(E)/多个(M)]]: D↙
指定第一个倒角距离 〈0.0000〉: 0.1↙
```

指定第二个倒角距离〈0.1000〉:✓

选择第一条直线或选择第一条直线或［放弃(U)/多段线(P)/距离(D)/角度(A)/修剪(T)/方式(E)/多个(M)］:（用鼠标选择图10-5所示的2处）

基面选择...

输入曲面选择选项［下一个(N)/当前(OK)］〈当前〉:N✓（此时如图10-6所示）

输入曲面选择选项［下一个(N)/当前(OK)］〈当前〉:✓（此时如图10-7所示）

指定基面倒角距离或[表达式(E)]〈0.1000〉:✓

指定其他曲面倒角距离或[表达式(E)]〈0.1000〉:✓

选择边或［环(L)］:（依次用鼠标2处基面的四个边）

选择边或［环(L)］:✓

倒角结果如图10-8所示。

重复"倒角"命令，将图10-5所示的1处倒角，倒角参数设置与上面相同，结果如图10-1所示。请读者练习，熟悉立体图倒角中基面的选择。

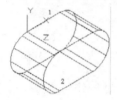 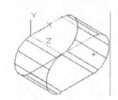 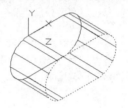 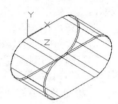

图10-5　拉伸　　　　图10-6　选择基面　　图10-7　选择下一基面　　图10-8　倒角

08 设置视觉样式。单击"视觉样式"工具栏中"真实"按钮 ●，如图10-1所示。

👌 总结与点评

本实例讲解了一个最简单的平键三维机械造型，着重讲述了"倒角"命令的使用，这里需要注意的是，立体图的倒角与平面图形的倒角是不同的，在立体图中倒角的关键是选择正确的基面。立体图中要选择倒角的基面，然后再选择在基面中需要倒角的边，在平面图形中倒角需要选择两个相交的边。

实例 86　三通管

本实例绘制的三通管如图10-9所示。

图10-9　三通管

实讲实训
多媒体演示

多媒体演示参见配套光盘中的\\动画演示\第10章\三通管.avi。

思路提示

本实例绘制的三通管应用了创建圆柱命令、三维旋转命令、三维镜像命令以及布尔运算。其绘制流程如图 10-10 所示。

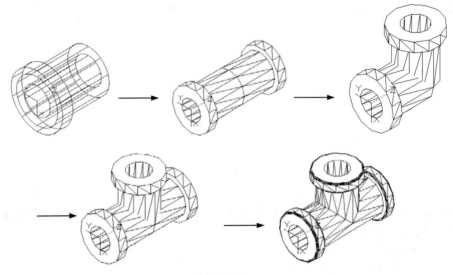

图 10-10　绘制流程图

 解题步骤

01 设置绘图环境。

❶用 LIMITS 命令设置图幅：297×210。

❷设置线框密度。设置对象上每个曲面的轮廓线数目为 10。

02 创建圆柱体。在命令行中输入"UCS"命令，将当前坐标绕 Y 轴旋转 90°。

单击"三维工具"选项卡"建模"面板中的"圆柱体"按钮，创建半径为 50，高 20 的圆柱体，命令行提示如下：

```
命令:_CYLINDER
指定底面的中心点或［三点(3P)/两点(2P)/切点、切点、半径(T)/椭圆(E)］: 0,0,0↙
指定底面半径或［直径(D)］〈74.3477〉:50↙
指定高度或［两点(2P)/轴端点(A)］〈129.2258〉:20↙
```

同上步骤分别创建半径为 40，高 100，及半径为 25，高 100 的两个圆柱。结果如图 10-11 所示。

03 布尔运算。单击"三维工具"选项卡"实体编辑"面板中的"并集"按钮，将 R50 圆柱与 R40 圆柱进行并集运算。再调用布尔运算中的差集命令，将并集后的圆柱与 R25 圆柱进行差集运算，结果如图 10-12 所示。

04 镜像处理。单击"建模"工具栏中的"三维镜像"按钮，以 XY 面为镜像平面，将实体进行镜像处理。命令行提示与操作如下：

> 命令：MIRROR3D↙
> 选择对象：（选择上步运算后的实体）
> 选择对象：↙
> 指定镜像平面（三点）的第一个点或 [对象(O)/最近的(L)/Z 轴(Z)/视图(V)/XY 平面(XY)/YZ 平面(YZ)/ZX 平面(ZX)/三点(3)] <三点>：xy↙
> 指定 XY 平面上的点 <0,0,0>：0，0，100↙
> 是否删除源对象？[是(Y)/否(N)] <否>：↙

结果如图 10-13 所示。

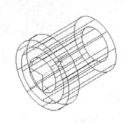
图 10-11　创建圆柱体

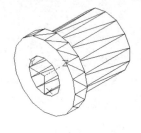
图 10-12　布尔运算

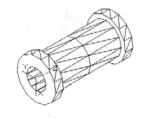
图 10-13　镜像处理

05 旋转实体。单击"建模"工具栏中的"三维旋转"按钮，选取镜像后的实体，以 Y 轴为旋转轴，旋转 90º。命令行提示与操作如下：

> 命令：_3DROTATE
> UCS 当前的正角方向：　ANGDIR=逆时针　ANGBASE=0
> 选择对象：（选取镜像得到的实体）
> 选择对象：↙
> 指定基点：（拾取圆柱体圆心）
> 拾取旋转轴：（拾取 Y 轴）
> 指定角的起点或键入角度：90↙

结果如图 10-14 所示。

06 镜像处理。方法同步骤 4。以 XY 面为镜像平面，将实体进行镜像处理，结果如图 10-15 所示。

07 并集运算。单击"三维工具"选项卡"实体编辑"面板中的"并集"按钮，将创建的三个实体进行并集运算。

08 创建圆柱体。单击"三维工具"选项卡"建模"面板中的"圆柱体"按钮，以坐标原点为圆心，创建半径为 25，高 200 的圆柱。

09 差集运算。单击"三维工具"选项卡"实体编辑"面板中的"差集"按钮，将并集后的实体与创建的 R25 圆柱进行差集运算。

10 圆角处理。单击"默认"选项卡"修改"面板中的"圆角"按钮，对三通管各边倒 R3 圆角。命令行提示与操作如下：

> 命令：_FILLET
> 当前设置：模式 = 修剪，半径 = 0.0000
> 选择第一个对象或 [放弃(U)/多段线(P)/半径(R)/修剪(T)/多个(M)]：R↙
> 输入圆角半径或[表达式(E)]：3↙
> 选择边或 [链(C)/半径(R)]：（拾取三通管各边）

结果如图 10-16 所示。

394

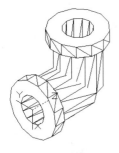

图 10-14　旋转实体

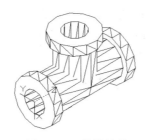

图 10-15　镜像处理

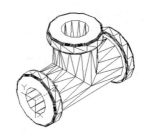

图 10-16　圆角处理

 总结与点评

本实例讲解了一个简单的三通管三维机械造型，在本实例的绘制过程中，注意灵活应用"三维镜像"命令和"三维旋转"命令。

实例 87　支架

本实例绘制的支架如图 10-17 所示。

 思路提示

本实例绘制的支架主要应用了绘制圆柱体命令 CYLINDER，绘制长方体命令 BOX，拉伸命令 EXTRUDE，以及实体编辑命令 SOLIDEDIT 中的复制边操作，倒圆角命令 FILLET，布尔运算中的差集命令 SUBTRACT 以及并集命令 UNION，来完成图形的绘制。其绘制流程如图 10-18 所示。

图 10-17　支架

实讲实训
多媒体演示

多媒体演示参见配套光盘中的\\动画演示\第10章\支架.avi。

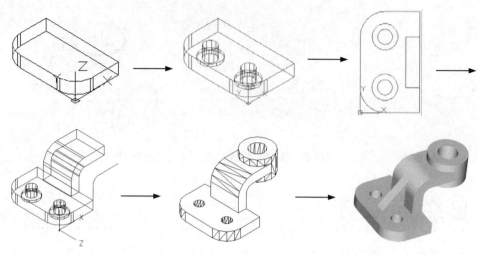

图 10-18 绘制流程图

 解题步骤

01 启动 AutoCAD 2016,使用默认设置绘图环境。

02 设置线框密度。设置对象上每个曲面的轮廓线数目为 10。

03 设置视图方向。选择菜单栏中的"视图"→"三维视图"→"西南等轴测"命令,或者单击"视图"工具栏中的"西南等轴测"按钮 ,或者单击"可视化"选项卡"视图"面板中的"西南等轴测"按钮 ,将当前视图方向设置为西南等轴测视图。

04 绘制长方体。

命令:BOX↙
指定第一个角点或 [中心(C)]:0, 0, 0↙
指定其他角点或 [立方体(C)/长度(L)]: L↙
指定长度:60↙
指定宽度:100↙
指定高度: 15↙

05 圆角处理。

命令:FILLET↙
当前设置: 模式 = 修剪, 半径 = 0.0000
选择第一个对象或 [放弃(U)/多段线(P)/半径(R)/修剪(T)/多个(M)]:(用鼠标选择要圆角的对象)
输入圆角半径或 [表达式(E)]: 25↙
选择边或 [链(C)/半径(R)]:(用鼠标选择长方体左端面的边)
已拾取到边。
选择边或 [链(C)/半径(R)]:(依次用鼠标选择长方体左端面的边)
选择边或 [链(C)/半径(R)]:↙

结果如图 10-19 所示。

06 绘制圆柱体。

命令:CYLINDER↙
指定底面的中心点或 [三点(3P)/两点(2P)/切点、切点、半径(T)/椭圆(E)]:(用鼠标选择长方

体底面圆角圆心）

  指定底面半径或 [直径(D)]: 15↙

  指定高度或 [两点(2P)/轴端点(A)]: 3↙

  重复绘制圆柱体命令，绘制半径为 13，高 15 的圆柱体。并利用复制命令将绘制的两圆柱体复制到另一个圆角处。

07 差集处理。

命令: SUBTRACT↙
选择要从中减去的实体、曲面和面域…
选择对象:（用鼠标选择长方体）
选择对象:↙
选择要减去的实体、曲面和面域…
选择对象:（用鼠标选择圆柱体）
选择对象:↙

结果如图 10-20 所示。

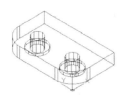

图 10-19 倒圆角后的长方体   图 10-20 差集圆柱后的实体

08 设置用户坐标系。

命令: UCS↙
当前 UCS 名称: *世界*
指定 UCS 的原点或 [面(F)/命名(NA)/对象(OB)/上一个(P)/视图(V)/世界(W)/X/Y/Z/Z 轴(ZA)]
〈世界〉: 0, 0, 15↙
  指定 X 轴上的点或〈接受〉:↙

09 设置视图方向。选择菜单栏中的"视图"→"三维视图"→"俯视"命令，或者单击"视图"工具栏"俯视"按钮🔲，或者单击"可视化"选项卡"视图"面板中的"俯视"按钮🔲，将当前视图方向设置为俯视图。

10 绘制矩形。单击"默认"选项卡"绘图"面板中的"矩形"按钮▢，以（60，25）为第一个角点，以（@-14, 50）为第二个角点，绘制矩形。结果如图 10-21 所示。

11 设置视图方向。选择菜单栏中的"视图"→"三维视图"→"前视"命令，或者单击"视图"工具栏中的"前视"按钮▣，或者单击"可视化"选项卡"视图"面板中的"前视"按钮▣，将当前视图方向设置为前视图。

12 绘制辅助线。

命令: PLINE↙
指定起点:（如图 10-22 所示，捕捉长方体右上角点）
指定下一个点或 [圆弧(A)/半宽(H)/长度(L)/放弃(U)/宽度(W)]: @0,23↙
指定下一点或 [圆弧(A)/闭合(C)/半宽(H)/长度(L)/放弃(U)/宽度(W)]: A↙
指定圆弧的端点(按住 Ctrl 键以切换方向)或[角度(A)/圆心(CE)/闭合(CL)/方向(D)/半宽(H)/直线(L)/半径(R)/第二个点(S)/放弃(U)/宽度(W)]: A↙
  指定夹角: -90↙
  指定圆弧的端点(按住 Ctrl 键以切换方向)或 [圆心(CE)/半径(R)]: @10,10↙
  指定圆弧的端点(按住 Ctrl 键以切换方向)或[角度(A)/圆心(CE)/闭合(CL)/方向(D)/半宽(H)/

直线(L)/半径(R)/第二个点(S)/放弃(U)/宽度(W)：L✓
　　指定下一点或 [圆弧(A)/闭合(C)/半宽(H)/长度(L)/放弃(U)/宽度(W)]：@35,0✓
　　结果如图 10-22 所示。

图 10-21　绘制矩形

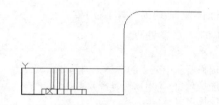

图 10-22　绘制辅助线

13 设置视图方向。选择菜单栏中的"视图"→"三维视图"→"西南等轴测"，或者单击"视图"工具栏中"西南等轴测"按钮 ◈，或者单击"可视化"选项卡"视图"面板中的"西南等轴测"按钮 ◈，将当前视图方向设置为西南等轴测视图。

14 拉伸矩形。单击"三维工具"选项卡"建模"面板中的"拉伸"按钮 ⬆，选取矩形，以辅助线为路径，进行拉伸。结果如图 10-23 所示。

15 删除辅助线。单击"默认"选项卡"修改"面板中的"删除"按钮 ✎，删除绘制的辅助线。

16 设置用户坐标系。

命令：UCS✓
当前 UCS 名称：*世界*
　　指定 UCS 的原点或 [面(F)/命名(NA)/对象(OB)/上一个(P)/视图(V)/世界(W)/X/Y/Z/Z 轴(ZA)]
〈世界〉：105，72，-50✓
　　指定 X 轴上的点或〈接受〉：✓
　　重复该命令将其绕 X 轴旋转90°。

17 绘制圆柱体。单击"三维工具"选项卡"建模"面板中的"圆柱体"按钮 ⬭，以坐标原点为圆心，分别创建直径为50、25，高34的圆柱体。

18 并集处理。

命令：UNION✓
　　选择对象：（用鼠标选取长方体、拉伸实体及φ50圆柱体）
　　选择对象：✓

19 差集处理。单击"三维工具"选项卡"实体编辑"面板中的"差集"按钮 ◎，将实体与φ25圆柱进行差集运算。消隐处理后的图形，如图 10-24 所示。

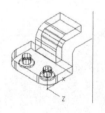

图 10-23　拉伸实体

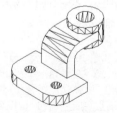

图 10-24　消隐后的实体

20 复制边线。选择菜单栏中的"修改"→"实体编辑"→"复制边"命令，或者单击"实体编辑"工具栏中的"复制边"按钮，选取拉伸实体前端面边线，在原位置进行复制。

21 设置视图方向。选择菜单栏中的"视图"→"三维视图"→"前视"命令，或者单击"视图"工具栏中的"前视"按钮，或者单击"可视化"选项卡"视图"面板中的"前视"按钮，将当前视图方向设置为前视图。

22 绘制直线。单击"默认"选项卡"绘图"面板中的"直线"按钮，捕捉拉伸实体左下端点为起点→（@-30，0）→R10圆弧切点，绘制直线。

23 修剪复制的边线。单击"默认"选项卡"修改"面板中的"修剪"按钮，对复制的边线进行修剪。结果如图10-25所示。

24 创建面域。在命令行输入"REGION"，或者单击"默认"选项卡"绘图"面板中的"面域"按钮，将修剪后的图形创建为面域。

25 设置视图方向。选择菜单栏中的"视图"→"三维视图"→"西南等轴测"命令，或者单击"视图"工具栏中的"西南等轴测"按钮，或者单击"可视化"选项卡"视图"面板中的"西南等轴测"按钮，将当前视图方向设置为西南等轴测视图。

26 拉伸面域。单击"三维工具"选项卡"建模"面板中的"拉伸"按钮，选取面域，拉伸高度为12。

27 移动拉伸实体。在命令行输入"MOVE"，或者单击"默认"选项卡"修改"面板中的"移动"按钮，将拉伸形成的实体移动到如图10-26所示位置。

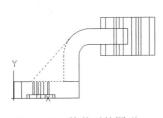
图10-25　修剪后的图形

图10-26　移动拉伸实体

28 并集处理。单击"三维工具"选项卡"实体编辑"面板中的"并集"按钮，将实体进行并集运算。

29 渲染处理。单击"可视化"选项卡"材质"面板中的"材质浏览器"按钮，选择适当的材质，然后单击"可视化"选项卡"渲染-MentalRay"面板中的"渲染"按钮，对图形进行渲染。渲染后的效果如图10-17所示。

✋ 总结与点评

本实例讲解了一个简单的支架三维机械造型，在本实例的绘制过程中，着重讲述了"实体编辑"命令中的"复制边"选项。在这里要注意在使用"拉伸"命令时，拉伸的对象必须是封闭的平面图形，如果是单独的线段，就必须首先将这些线段创建成统一的面域，然后再进一步操作。

实例 88　机座

本实例绘制的机座如图 10-27 所示。

图 10-27　机座

实讲实训
多媒体演示

多媒体演示
参见配套光盘中
的\\动画演示\第
10 章\机座.avi。

 思路提示

本实例绘制的机座主要应用了创建长方体命令 BOX，创建圆柱体命令 CYLINDER，实体编辑命令 SOLIDEDIT 中的倾斜面操作，以及布尔运算的差集命令 SUBTRACT，并集命令 UNION，来完成图形的绘制。其绘制流程如图 10-28 所示。

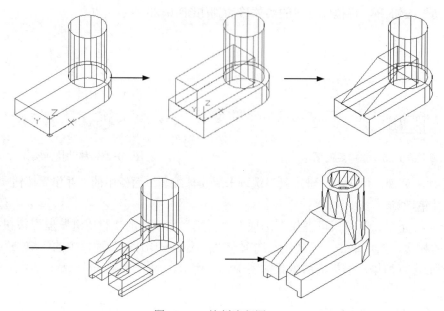

图 10-28　绘制流程图

 解题步骤

01 启动 AutoCAD 2016，使用默认设置绘图环境。

02 设置线框密度。设置对象上每个曲面的轮廓线数目为 10。

03 单击"可视化"选项卡"视图"面板中的"西南等轴测"按钮，将当前视图方向设置为西南等轴测视图。

04 单击"三维工具"选项卡"建模"面板中的"长方体"按钮，指定角点（0，0，0），长宽高为80，50、20绘制长方体。

05 单击"三维工具"选项卡"建模"面板中的"圆柱体"按钮，绘制底面中心点长方体底面右边中点，半径为25，指定高度为20。

同样方法，指定底面中心点的坐标为（80，25,0），底面半径为 20，圆柱体高度为80，绘制圆柱体。

06 单击"三维工具"选项卡"实体编辑"面板中的"并集"按钮，选取长方体与两个圆柱体进行并集运算，结果如图10-29所示。

07 设置用户坐标系。命令行提示与操作如下：

命令：UCS↙
当前 UCS 名称：*世界*
指定 UCS 的原点或 [面(F)/命名(NA)/对象(OB)/上一个(P)/视图(V)/世界(W)/X/Y/Z/Z 轴(ZA)]
〈世界〉：（用鼠标点取实体顶面的左下顶点）
指定 X 轴上的点或 〈接受〉：↙

08 单击"三维工具"选项卡"建模"面板中的"长方体"按钮，以（0，10，0）为角点，创建长80、宽30、高30的长方体。结果如图10-30所示。

09 单击"三维工具"选项卡"实体编辑"面板中的"倾斜面"按钮，对长方体的左侧面进行倾斜操作。命令行提示与操作如下：

命令：SOLIDEDIT↙
实体编辑自动检查：SOLIDCHECK=1
输入实体编辑选项 [面(F)/边(E)/体(B)/放弃(U)/退出(X)] 〈退出〉：F↙
输入面编辑选项[拉伸(E)/移动(M)/旋转(R)/偏移(O)/倾斜(T)/删除(D)/复制(C)/颜色(L)/材质(A)/放弃(U)/退出(X)] 〈退出〉：T↙
选择面或 [放弃(U)/删除(R)]：（如图10-31所示，选取长方体左侧面）
指定基点：_endp 于 （如图10-30所示，捕捉长方体端点2）
指定沿倾斜轴的另一个点：_endp 于 （如图10-30所示，捕捉长方体端点1）
指定倾斜角度：60↙

结果如图10-32所示。

图10-29 并集后的实体

图10-30 创建长方体

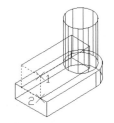

图10-31 选取倾斜面

10 单击"三维工具"选项卡"实体编辑"面板中的"并集"按钮，将创建的长方体与实体进行并集运算。

11 方法同前，在命令行输入"UCS"，将坐标原点移回到实体底面的左下顶点。

12 单击"三维工具"选项卡"建模"面板中的"长方体"按钮，以（0，5）

为角点，创建长 50、宽 40、高 5 的长方体；继续以（0，20）为角点，创建长 30、宽 10、高 50 的长方体。

13 单击"三维工具"选项卡"实体编辑"面板中的"差集"按钮 ⌸，将实体与两个长方体进行差集运算。结果如图 10-33 所示。

14 单击"三维工具"选项卡"建模"面板中的"圆柱体"按钮 ⌸，捕捉 R20 圆柱顶面圆心为中心点，分别创建半径为 15，高-15 及半径为 10，高-80 的圆柱体。

15 单击"三维工具"选项卡"实体编辑"面板中的"差集"按钮 ⌸，将实体与两个圆柱进行差集运算。消隐处理后的图形，如图 10-34 所示。

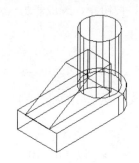
图 10-32　倾斜面后的实体

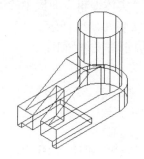
图 10-33　差集后的实体

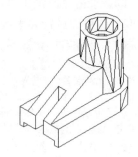
图 10-34　消隐后的实体

16 渲染处理。单击"可视化"选项卡"材质"面板中的"材质浏览器"按钮 ⊗，选择适当的材质，然后对图形进行渲染。渲染后的结果如图 10-27 所示。

✋总结与点评

> 本实例讲解了一个简单的机座三维机械造型，在本实例的绘制过程中，着重讲述了"实体编辑"命令中的"倾斜面"选项。这里读者要体会各种三维绘制命令的综合应用。

实例 89　法兰盘

本实例绘制的法兰盘如图 10-35 所示。

图 10-35　法兰盘

💡 实讲实训 多媒体演示
多媒体演示参见配套光盘中的\\动画演示\第 10 章 \ 法兰盘.avi。

思路提示

本实例绘制的法兰盘主要运用了圆柱体命令 CYLINDER、三维阵列命令 3DARRAY、布尔运算的差集命令 SUBTRACT，以及并集命令 UNION，来完成图形的绘制。

布尔运算有并集处理、差集处理和交集 3 种处理方式，本例将结合法兰盘的绘制重点讲解并集处理和差集处理。其绘制流程如图 10-36 所示。

图 10-36　绘制流程图

 解题步骤

01 启动系统。启动 AutoCAD 2016，使用默认设置绘图环境。

02 设置线框密度。设置对象上每个曲面的轮廓线数目为 10。

03 设置视图方向。选择菜单栏中的"视图"→"三维视图"→"西南等轴测"命令，或者单击"视图"工具栏中的"西南等轴测"按钮 🞂，或者单击"可视化"选项卡"视图"面板中的"西南等轴测"按钮🞂，将当前视图方向设置为西南等轴测视图。

04 绘制圆柱体。

```
命令：CYLINDER↙
指定底面的中心点或［三点(3P)/两点(2P)/切点、切点、半径(T)/椭圆(E)］:0，0，0↙
指定底面半径或［直径(D)］：120↙
指定高度或［两点(2P)/轴端点(A)］：40↙
```

同样方法，分别指定底面中心点的坐标为（0,0,40），底面半径为 50，圆柱体高度为 60；指定底面中心点的坐标为（0,0,0），底面半径为 30，圆柱体高度为 100；指定底面中心点的坐标为（85,0,0），底面半径为 10，圆柱体高度为 40；指定底面中心点的坐标为（85,0,20），底面半径为 20，圆柱体高度为 20；绘制圆柱体。绘制如图 10-37 所示。

05 并集处理。

```
命令:UNION↙
选择对象：(选择半径为 120 与 50 的两个圆柱)
选择对象：↙
```

同样方法，选择半径为 10 与 20 的两个圆柱，进行并集处理。

06 三维阵列。

```
命令：ARRAYPOLAR↙
选择对象：(选择半径 10 与半径 20 圆柱并集的图形元素)
选择对象：↙
类型 = 极轴　关联 = 否
指定阵列的中心点或［基点(B)/旋转轴(A)］：
```

　　选择夹点以编辑阵列或［关联(AS)/基点(B)/项目(I)/项目间角度(A)/填充角度(F)/行(ROW)/层(L)/旋转项目(ROT)/退出(X)］〈退出〉：I
　　输入阵列中的项目数或［表达式(E)］〈6〉:6
　　选择夹点以编辑阵列或［关联(AS)/基点(B)/项目(I)/项目间角度(A)/填充角度(F)/行(ROW)/层(L)/旋转项目(ROT)/退出(X)］〈退出〉：AS
　　创建关联阵列［是(Y)/否(N)］〈否〉：
　　选择夹点以编辑阵列或［关联(AS)/基点(B)/项目(I)/项目间角度(A)/填充角度(F)/行(ROW)/层(L)/旋转项目(ROT)/退出(X)］〈退出〉：F
　　指定填充角度(+=逆时针、-=顺时针)或［表达式(EX)］〈360〉：
　　选择夹点以编辑阵列或［关联(AS)/基点(B)/项目(I)/项目间角度(A)/填充角度(F)/行(ROW)/层(L)/旋转项目(ROT)/退出(X)］〈退出〉：↙

绘制如图 10-38 所示。

07 差集处理。

命令：SUBTRACT↙
选择要从中减去的实体、曲面和面域...
选择对象：(选择半径 120 与半径 50 圆柱的并集体)
选择对象：↙
选择要减去的实体、曲面和面域...
选择对象：(选择六个阵列之后的对象和半径为 30 的圆柱体)
选择对象：↙

消隐后结果如图 10-39 所示。

08 渲染处理。单击"可视化"选项卡"材质"面板中的"材质浏览器"按钮 ◎，选择适当的材质，然后单击"可视化"选项卡"渲染-MentalRay"面板中的"渲染"按钮 ，对图形进行渲染。渲染后结果如图 10-35 所示。

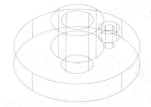 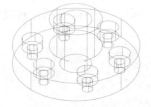 

图 10-37　绘制圆柱体　　　　图 10-38　阵列处理　　　　图 10-39　消隐后的法兰盘

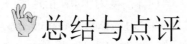 总结与点评

　　本实例讲解了一个简单的法兰盘三维机械造型，在本实例的绘制过程中，着重讲述了"三维阵列"命令。这里读者要体会各种三维绘制命令的综合应用。

实例 90　端盖

　　本实例绘制的端盖如图 10-40 所示。

图 10-40　端盖

实讲实训
多媒体演示

多媒体演示
参见配套光盘中
的\\动画演示\第
10章\端盖.avi。

思路提示

本实例绘制的端盖主要运用了圆柱体命令 CYLINDER、三维阵列命令 3Darray、布尔运算的差集命令 SUBTRACT 以及并集命令 UNION，来完成图形的绘制。其绘制流程如图 10-41 所示。

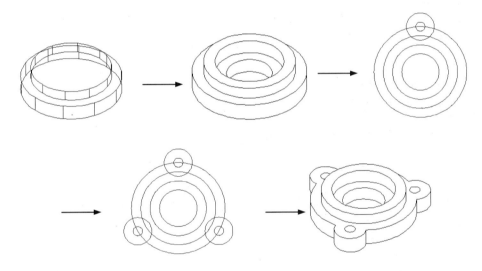

图 10-41　绘制流程图

解题步骤

01 启动系统。启动 AutoCAD 2016，使用默认设置绘图环境。

02 设置线框密度。设置对象上每个曲面的轮廓线数目为 10。

03 设置视图方向。选择菜单栏中的"视图"→"三维视图"→"西南等轴测"命令，或者单击"视图"工具栏中的"西南等轴测"按钮 ◎，或者单击"可视化"选项卡"视图"面板中的"西南等轴测"按钮◎，将当前视图方向设置为西南等轴测视图。

04 绘制端盖外形圆柱体。

命令：CYLINDER✓

> 指定底面的中心点或 [三点(3P)/两点(2P)/切点、切点、半径(T)/椭圆(E)]: 0, 0,0↙
> 指定底面半径或 [直径(D)]: 100↙
> 指定高度或 [两点(2P)/轴端点(A)]: 30↙

同样方法，指定底面中心点的坐标为（0,0,0），底面半径为80，圆柱体高度为50，绘制圆柱体。

05 并集处理。

> 命令: UNION↙
> 选择对象:（用鼠标依次选择第4步绘制的两个圆柱体）
> 选择对象: ↙

结果如图10-42所示。

06 绘制端盖内形圆柱体。单击"三维工具"选项卡"建模"面板中的"圆柱体"按钮，以坐标原点为圆心，创建半径为40,高25；以该圆柱体顶面中心为圆心，创建半径为60，高25的圆柱体。

07 并集处理。单击"三维工具"选项卡"实体编辑"面板中的"并集"按钮，将创第6步绘制的两个圆柱进行并集运算。

08 差集处理。

> 命令: SUBTRACT↙
> 选择要从中减去的实体、曲面和面域...
> 选择对象:（用鼠标选择外形圆柱体）
> 选择对象: ↙
> 选择要减去的实体、曲面和面域...
> 选择对象:（用鼠标选择内形圆柱体）
> 选择对象: ↙

消隐处理后的图形，如图10-43所示。

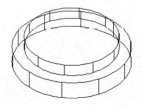
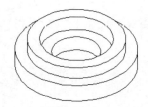

图10-42　创建端盖外形圆柱　　　　　图10-43　创建端盖内形圆柱

09 设置视图方向。选择菜单栏中的"视图"→"三维视图"→"俯视"命令，或者单击"视图"工具栏中的"俯视"按钮，或者单击"可视化"选项卡"视图"面板中的"俯视"按钮，将当前视图方向设置为俯视图。

10 绘制圆柱体。单击"三维工具"选项卡"建模"面板中的"圆柱体"按钮，捕捉R100圆柱底面象限点为圆心，分别创建半径为30、10，高30的圆柱。结果如图10-44所示。

11 阵列圆柱体。单击"默认"选项卡"修改"面板中的"环形阵列"按钮，将创建的两个圆柱进行环形阵列，阵列中心为坐标原点，阵列数目为3，填充角度为360°，结果如图10-45所示。

12 并集处理。单击"三维工具"选项卡"实体编辑"面板中的"并集"按钮，将阵列的三个 R30 圆柱与实体进行并集运算。

13 差集处理。单击"三维工具"选项卡"实体编辑"面板中的"差集"按钮◉，将并集后的实体与三个 R10 圆柱体进行差集运算。

14 设置视图方向。选择菜单栏中的"视图"→"三维视图"→"西南等轴测"命令，或者单击"视图"工具栏中的"西南等轴测"按钮◈，或者单击"可视化"选项卡"视图"面板中的"西南等轴测"按钮◈，将当前视图方向设置为西南等轴测视图。消隐处理后的图形，如图 10-46 所示。

15 渲染处理。单击"可视化"选项卡"材质"面板中的"材质浏览器"按钮◉，选择适当的材质，然后单击"可视化"选项卡"渲染-MentalRay"面板中的"渲染"按钮🫖，对图形进行渲染。渲染后的效果如图 10-40 所示。

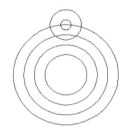 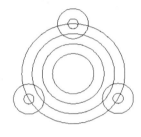 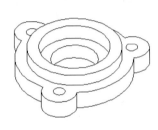

图 10-44 绘制圆柱体后的图形　图 10-45 阵列圆柱体后的图形　图 10-46 消隐后的实体

 # 总结与点评

　　本实例讲解了一个简单的机座三维机械造型，在本实例的绘制过程中，着重讲述了"三维阵列"命令。这里读者要体会布尔运算命令的灵活应用。

实例 91　摇杆

本实例绘制的摇杆如图 10-47 所示。

图 10-47 摇杆

实讲实训 多媒体演示

多媒体演示参见配套光盘中的\\动画演示\第10章\摇杆.avi。

思路提示

本实例绘制的摇杆主要应用了创建圆柱体命令 CYLINDER，实体编辑命令 SOLIDEDIT 中的复制边操作，以及拉伸命令 EXTRUDE，三维镜像命令 MIRROR3D，布尔运算的差集命令 SUBTRACT 以及并集命令 UNION，来完成图形的绘制。其绘制流程如图 10-48 所示。

解题步骤

01 设置线框密度。在命令行中输入"ISOLINES"，设置线框密度为 10。单击"可视化"选项卡"视图"面板中的"西南等轴测"按钮◈，切换到西南等轴测图。

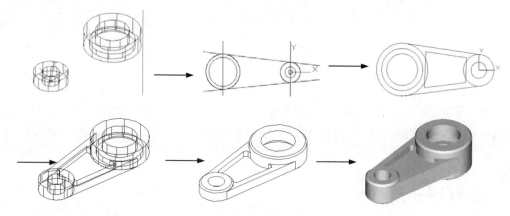

图 10-48　绘制流程图

02 创建摇杆左部圆柱。在命令行输入"CYLINDER"，或单击"三维工具"选项卡"建模"面板中的"圆柱体"按钮▣，以坐标原点为圆心，分别创建半径为 30、15，高为 20 的圆柱。

03 差集运算。在命令行输入"SUBTRACT"，或单击"三维工具"选项卡"实体编辑"面板中的"差集"按钮◎，将 R30 圆柱与 R15 圆柱进行差集运算。

04 创建摇杆右部圆柱。单击"三维工具"选项卡"建模"面板中的"圆柱体"按钮▣，以（150,0,0）为圆心，分别创建半径为 50、30，高为 30 的圆柱，及半径为 40，高为 10 的圆柱。

05 差集运算。单击"三维工具"选项卡"实体编辑"面板中的"差集"按钮◎，将 R50 圆柱与 R30、R40 圆柱进行差集运算，结果如图 10-49 所示。

06 复制边线。选择菜单栏中的"修改"→"实体编辑"→"复制边"命令，或单击"实体编辑"工具栏中的"复制边"按钮⬚，或者单击"三维工具"选项卡"实体编辑"面板中的"复制边"按钮⬚，命令行提示与操作如下：

```
命令: _SOLIDEDIT
实体编辑自动检查: SOLIDCHECK=1
输入实体编辑选项 [面(F)/边(E)/体(B)/放弃(U)/退出(X)] <退出>: _edge
输入边编辑选项 [复制(C)/着色(L)/放弃(U)/退出(X)] <退出>: _copy
```

选择边或 [放弃(U)/删除(R)]: 如图 10-50 所示，选择左边 R30 圆柱体的底边✓
指定基点或位移: 0,0✓
指定位移的第二点: 0,0✓
输入边编辑选项 [复制(C)/着色(L)/放弃(U)/退出(X)] <退出>: C✓
选择边或 [放弃(U)/删除(R)]: 方法同前，选择图 10-50 中右边 R50 圆柱体的底边✓
指定基点或位移: 0,0✓
指定位移的第二点: 0,0✓
输入边编辑选项 [复制(C)/着色(L)/放弃(U)/退出(X)] <退出>: ✓

07 消隐处理。单击"可视化"选项卡"视图"面板中的"俯视"按钮⬚，切换到仰视图。单击"视图"选项卡"视觉样式"面板中的"隐藏"按钮⬡，进行消隐处理。

08 绘制辅助线。在命令行输入"XLINE"，或单击"默认"选项卡"绘图"面板中的"构造线"按钮✐，分别绘制所复制的 R30 及 R50 圆的外公切线，并绘制通过圆心的竖直线，绘制结果如图 10-51 所示。

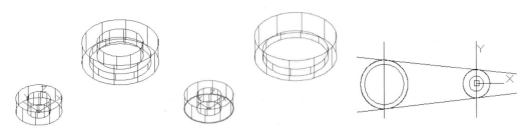

图 10-49　创建圆柱体　　　　图 10-50　选择复制边　　　　图 10-51　绘制辅助构造线

09 偏移辅助线。在命令行输入"OFFSET"，或单击"默认"选项卡"修改"面板中的"偏移"按钮⬚，将绘制的外公切线，分别向内偏移 10，并将左边竖直线向右偏移 45，将右边竖直线向左偏移 25。偏移结果如图 10-52 所示。

10 修剪辅助线。在命令行输入"TRIM"，或单击"默认"选项卡"修改"面板中的"修剪"按钮⊹，对辅助线及复制的边进行修剪。在命令行输入"ERASE"，或单击"默认"选项卡"修改"面板中的"删除"按钮⬚，删除多余的辅助线，结果如图 10-53 所示。

11 创建面域。单击"可视化"选项卡"视图"面板中的"西南等轴测"按钮⬚，切换到西南等轴测图。在命令行输入"REGION"，或单击"默认"选项卡"绘图"面板中的"面域"按钮⬚，分别将辅助线与圆及辅助线之间围成的两个区域创建为面域。

12 移动面域。在命令行输入"MOVE"，或单击"默认"选项卡"修改"面板中的"移动"按钮✛，将内环面域向上移动 5。

13 拉伸面域。在命令行输入"EXT"，或单击"三维工具"选项卡"实体编辑"面板中的"拉伸面"按钮⬚，分别将外环及内环面域向上拉伸 16 及 11。

14 差集运算。单击"三维工具"选项卡"实体编辑"面板中的"差集"按钮⬚，将拉伸生成的两个实体进行差集运算，结果如图 10-54 所示。

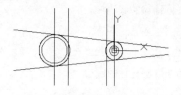

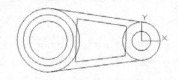

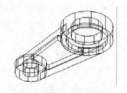

图 10-52　偏移辅助线　　　　图 10-53　修剪辅助线及圆　　　　图 10-54　差集拉伸实体

15 并集运算。在命令行输入"UNION",或单击"三维工具"选项卡"实体编辑"面板中的"并集"按钮◎,将所有实体进行并集运算。

16 对实体倒圆角。在命令行输入"FILLET",或单击"默认"选项卡"修改"面板中的"圆角"按钮◻,对实体中间内凹处进行倒圆角操作,圆角半径为5。

17 对实体倒角。在命令行输入"CHAMFER",或单击"默认"选项卡"修改"面板中的"倒角"按钮◻,对实体左右两部分顶面进行倒角操作,倒角距离为3。单击"视图"选项卡"视觉样式"面板中的"隐藏"按钮◎,进行消隐处理后的图形,如图 10-55 所示。

18 镜像实体。选择菜单栏中的"修改"→"三维操作"→"三维镜像"命令,命令行提示与操作如下:

```
命令:_MIRROR3D
选择对象:(选择实体)✓
指定镜像平面(三点)的第一个点或[对象(O)/最近的(L)/Z 轴(Z)/视图(V)/XY 平面(XY)/YZ 平面(YZ)/ZX 平面(ZX)/三点(3)]<三点>:XY✓
指定 XY 平面上的点 <0,0,0>:✓
是否删除源对象?[是(Y)/否(N)]<否>:✓
```

镜像结果如图 10-56 所示。

单击"实体编辑"工具栏中的"并集"按钮◎,将所有实体进行并集运算。

19 改变视觉样式。单击"视图"选项卡"视觉样式"面板中的"概念"按钮🔲,最终显示效果如图 10-47 所示。

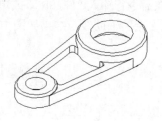

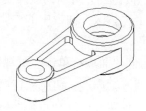

图 10-55　倒圆角及倒角后的实体　　　　图 10-56　镜像后的实体

 # 总结与点评

本实例讲解了一个简单的摇杆三维机械造型,在本实例的绘制过程中,着重讲述了"实体编辑"命令中的"复制边"选项。这一点和前面讲的实例 87 类似,读者注意体会掌握。

实例 92 泵轴

本实例绘制的泵轴如图 10-57 所示。

实讲实训
多媒体演示

多媒体演示
参见配套光盘中
的\\动画演示\第
10 章\泵轴.avi。

图 10-57 泵轴

 思路提示 ━━━━━━━━━━━━━━■

本实例绘制的泵轴主要应用了创建圆柱命令、拉伸命令、三维镜像命令、三维阵列
命令以及布尔运算。其绘制流程如图 10-58 所示。

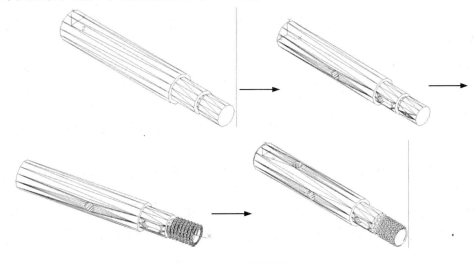

图 10-58 泵轴流程图

 解题步骤 ━━━━━━━━━━━━━━■

01 启动系统。启动 AutoCAD 2016，使用默认设置画图。

02 设置线框密度。在命令行中输入"Isolines"，设置线框密度为 10。

03 设置用户坐标系。在命令行输入"UCS"，将坐标系绕 X 轴旋转 90°。

04 创建外形圆柱。单击"三维工具"选项卡"建模"面板中的"圆柱体"按钮，

411

以坐标原点为圆心，创建直径为14，高66的圆柱；接续该圆柱依次创建直径为11和高14、直径为7.5和高2、直径为8和高12的圆柱。

05 并集运算。单击"三维工具"选项卡"实体编辑"面板中的"并集"按钮◎，将创建的圆柱进行并集运算。单击"视图"选项卡"视觉样式"面板中的"隐藏"按钮◎，进行消隐处理后的图形，如图10-59所示。

06 创建内形圆柱。切换到左视图，单击"视图"选项卡"视觉样式"面板中的"隐藏"按钮◎，进行消隐，创建内形圆柱。单击"三维工具"选项卡"建模"面板中的"圆柱体"按钮◎，以（40，0）为圆心，创建直径为5，高7的圆柱；以（88，0）为圆心，创建直径为2，高4的圆柱。

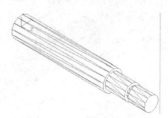

图 10-59　创建外形圆柱

07 绘制二维图形，并创建为面域。

❶单击"默认"选项卡"绘图"面板中的"直线"按钮✐，从（70，0）到（@6，0）绘制直线。

❷单击"默认"选项卡"修改"面板中的"偏移"按钮◎，将上一步绘制的直线分别向上、下偏移2。

❸单击"默认"选项卡"修改"面板中的"圆角"按钮◻，对两条直线进行倒圆角操作，圆角半径为2。

❹单击"默认"选项卡"绘图"面板中的"面域"按钮◎，将二维图形创建为面域。结果如图10-60所示。

08 镜像圆柱。切换视图到西南等轴测图，镜像创建的圆柱。选择菜单栏中的"修改"→"三维操作"→"三维镜像"命令，将 φ5 及 φ2 圆柱以当前 XY 面为镜像面，进行镜像操作。

09 拉伸面域。单击"三维工具"选项卡"建模"面板中的"拉伸"按钮◻，将创建的面域拉伸2.5。

10 移动拉伸实体。单击"默认"选项卡"修改"面板中的"移动"按钮✛，将拉伸实体移动（@0,0,3）。

11 差集运算。单击"三维工具"选项卡"实体编辑"面板中的"差集"按钮◎，将外形圆柱与内形圆柱及拉伸实体进行差集运算，结果如图10-61所示。

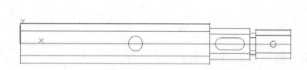

图 10-60　创建内形圆柱与二维图形

图 10-61　差集后的实体

12 创建螺纹。绘制螺旋线。在命令行输入"UCS"，将坐标系切换到世界坐标系，然后绕 X 轴旋转 90°。单击"默认"选项卡"绘图"面板中的"螺旋"按钮墨，绘制螺纹轮廓，命令行提示与操作如下：

```
命令：_HELIX
圈数 = 8.0000        扭曲=CCW
指定底面的中心点：0,0,95✓
指定底面半径或 [直径(D)] ⟨1.000⟩:4✓
指定顶面半径或 [直径(D)] ⟨4⟩:✓
指定螺旋高度或 [轴端点(A)/圈数(T)/圈高(H)/扭曲(W)] ⟨12.2000⟩: T✓
输入圈数 ⟨3.0000⟩:8✓
指定螺旋高度或 [轴端点(A)/圈数(T)/圈高(H)/扭曲(W)] ⟨12.2000⟩: -14✓
```

结果如图 10-62 所示。

13 切换坐标系。在命令行中输入"UCS"命令，命令行中的提示与操作如下：

```
命令：_UCS
当前 UCS 名称：*世界*
指定 UCS 的原点或 [面(F)/命名(NA)/对象(OB)/上一个(P)/视图(V)/世界(W)/X/Y/Z/Z 轴(ZA)]
⟨世界⟩:（捕捉螺旋线的上端点）
指定 X 轴上的点或 ⟨接受⟩:（捕捉螺旋线上一点）
指定 XY 平面上的点或 ⟨接受⟩:
```

在命令行中输入"UCS"命令，将坐标系绕 Y 轴旋转-90°。结果如图 10-63 所示。

图 10-62　绘制螺旋线

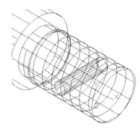

图 10-63　切换坐标系

14 绘制牙型截面轮廓。选择菜单栏中的"视图"→"三维视图"→"平面视图"→"当前 UCS（c）"命令，然后单击"默认"选项卡"绘图"面板中的"直线"按钮，捕捉螺旋线的上端点绘制牙型截面轮廓，绘制一个正三角形，其边长为 1.5。单击"绘图"工具栏中的"面域"按钮，将其创建成面域，结果如图 10-64 所示。

15 扫掠形成实体。单击"可视化"选项卡"视图"面板中的"西南等轴测"按钮，将视图切换到西南等轴测视图。单击"三维工具"选项卡"建模"面板中的"扫掠"按钮，命令行中的提示与操作如下：

```
命令：_SWEEP
当前线框密度：ISOLINES=4，闭合轮廓创建模式 = 实体
选择要扫掠的对象或 [模式(MO)]:_MO 闭合轮廓创建模式 [实体(SO)/曲面(SU)] ⟨实体⟩: _SO
选择要扫掠的对象或 [模式(MO)]:（选择三角牙型轮廓）
选择要扫掠的对象或 [模式(MO)]: ✓
选择扫掠路径或 [对齐(A)/基点(B)/比例(S)/扭曲(T)]:（选择螺纹线）
```

结果如图 10-65 所示。

16 创建圆柱体。将坐标系切换到世界坐标系，然后将坐标系绕 X 轴旋转 90°，单击"三维工具"选项卡"建模"面板中的"圆柱体"按钮，以坐标点（0，0，94）

为底面中心点，创建半径为6，高为2的圆柱体；以坐标点（0，0，82）为底面中心点，半径为6，高为-2的圆柱体；以坐标点（0，0，82）为底面中心点，直径为7.5，高为-2的圆柱体，结果如图10-66所示。

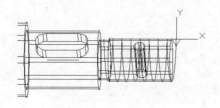

图10-64　绘制牙型截面轮廓

图10-65　扫掠实体

17 布尔运算处理。单击"三维工具"选项卡"实体编辑"面板中的"并集"按钮◎，将螺纹与主体进行并集处理。单击"三维工具"选项卡"实体编辑"面板中的"差集"按钮◎，从左端半径为6的圆柱体中减去半径为3.5的圆柱体，然后从螺纹主体中减去半径为6的圆柱体和差集后的实体，结果如图10-67所示。

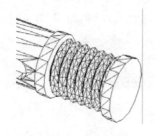

图10-66　绘制圆柱

图10-67　布尔运算处理

18 利用UCS命令，将坐标系切换到世界坐标系，然后将坐标系绕Z轴旋转-90°。

19 创建圆柱。单击"三维工具"选项卡"建模"面板中的"圆柱体"按钮◻，以（24，0，0）为圆心，创建直径为5，高为7的圆柱。

20 镜像圆柱。选择菜单栏中的"修改"→"三维操作"→"三维镜像"，将上一步绘制的圆柱以当前XY面为镜像面，进行镜像操作，结果如图10-68所示。

21 倒角操作。单击"三维工具"选项卡"实体编辑"面板中的"差集"按钮◎，将轴与镜像的圆柱进行差集运算，对轴倒角。单击"默认"选项卡"修改"面板中的"倒角"按钮◻，对左轴端及ϕ11轴径进行倒角操作，倒角距离为1。利用消隐命令对图形进行处理，进行消隐处理后的图形，如图10-69所示。

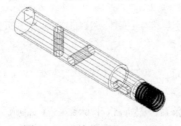

图10-68　镜像圆柱

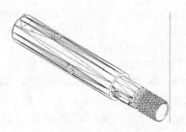

图10-69　消隐后的实体

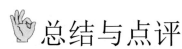 渲染处理。选择适当的材质，对图形进行渲染。

✌ 总结与点评

本实例讲解了一个典型的泵轴三维机械造型，在本实例的绘制过程中，着重讲述了"螺旋"命令和"扫掠"命令。本实例中讲述的螺纹的生成方法和别的书中的讲述方法不太一样，这种建模方法更真实实际，读者要注意体会。

实例 93   轴承

本实例绘制的轴承如图 10-70 所示。

实讲实训
多媒体演示

多媒体演示
参见配套光盘中
的\\动画演示\第
10章\轴承.avi。

图 10-70   轴承

 思路提示

本实例绘制的轴承主要应用绘制圆柱体命令 CYLINDER、绘制圆环体命令 TORUS、绘制球体命令 SPHERE、移动命令 MOVE、旋转实体命令 ROTATE、三维阵列命令 3Darray 以及布尔运算的差集命令 SUBTRACT 等，来完成图形的绘制。其绘制流程如图 10-71 所示。

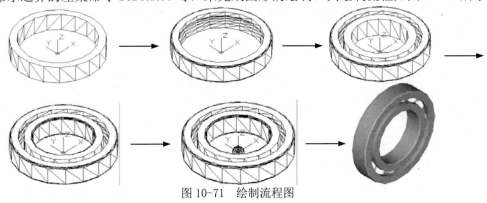

图 10-71   绘制流程图

 解题步骤

01 启动系统。启动 AutoCAD 2016，使用默认设置绘图环境。

02 设置线框密度。设置对象上每个曲面的轮廓线数目为10。

03 设置视图方向。选择菜单栏中的"视图"→"三维视图"→"西南等轴测"命令，或者单击"视图"工具栏中的"西南等轴测"按钮 ，或者单击"可视化"选项卡"视图"面板中的"西南等轴测"按钮 ，将当前视图方向设置为西南等轴测视图。

04 绘制圆柱体。

命令：CYLINDER↙
指定底面的中心点或［三点(3P)/两点(2P)/切点、切点、半径(T)/椭圆(E)］：0,0,0↙
指定底面半径或［直径(D)］：70↙
指定高度或［两点(2P)/轴端点(A)］：26↙

同样方法，分别指定底面中心点的坐标为（0,0,0），底面半径为58.75，圆柱体高度为26，绘制圆柱体。

05 差集处理。

命令：SUBTRACT↙
选择要从中减去的实体、曲面和面域...
选择对象：（用鼠标选取半径为70的圆柱体）
选择对象：↙
选择要减去的实体、曲面和面域...
选择对象：（用鼠标选取半径为58.75的圆柱体）

结果如图10-72所示。

06 绘制圆环体。

命令：TORUS↙
指定中心点或［三点(3P)/两点(2P)/切点、切点、半径(T)］：0,0,13↙
指定半径或［直径(D)］：D↙
指定圆环体的直径：110↙
指定圆管半径或［两点(2P)/直径(D)］：D↙
指定圆管直径：15↙

07 差集处理。单击"三维工具"选项卡"实体编辑"面板中的"差集"按钮 ，将上面第 **05** 步后的图形与第 **06** 步绘制圆环体进行差集运算，结果如图10-73所示。

08 圆角处理。

命令：FILLET↙
当前设置：模式 = 修剪，半径 = 0.0000
选择第一个对象或［放弃(U)/多段线(P)/半径(R)/修剪(T)/多个(M)］：（用鼠标选择要圆角的对象）
输入圆角半径或［表达式(E)］：2↙
选择边或［链(C)/环(L)/半径(R)］：（用鼠标选择图10-73中的1边）
已拾取到边。
选择边或［链(C)/环(L)/半径(R)］：（用鼠标选择图10-73中的2边）

消隐后的图形如图10-74所示。

图10-72 求差集后的图形

图10-73 倒角后的图形

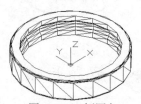
图10-74 倒圆角

09 绘制圆柱体。单击"三维工具"选项卡"建模"面板中的"圆柱体"按钮▢，以坐标原点为圆心，分别创建直径为102.5，高26的圆柱体和直径为80，高26的圆柱体。

10 差集处理。单击"三维工具"选项卡"实体编辑"面板中的"差集"按钮◎，将第9步绘制的两个圆柱体进行差集运算，结果如图10-75所示。

11 圆角处理。单击"默认"选项卡"修改"面板中的"圆角"按钮▢，对图10-75中内圈的上边和下边进行倒圆角，圆角的半径为2，消隐后的图形如图10-76所示。

12 绘制轴承的滚珠。单击"三维工具"选项卡"建模"面板中的"球体"按钮○，以坐标（0，0，0）为球心，创建直径为15球体。结果如图10-77所示。

13 移动球体。

命令：MOVE↙
选择对象：（选择第12步绘制的球体）
选择对象：↙
指定基点或 [位移(D)] <位移>: 0, 0, 13↙
指定第二个点或 <使用第一个点作为位移>: @55, 0, 0↙

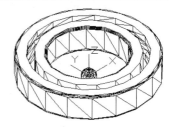

图 10-75　求差集后的图形　　　　图 10-76　倒圆角后的图形　　　　图 10-77　绘制的球体

14 设置视图方向。单击"可视化"选项卡"视图"面板中的"左视"按钮▢，将当前视图设置为左视方向。

15 旋转实体。

命令：ROTATE↙
UCS 当前的正角方向： ANGDIR=逆时针　ANGBASE=0
选择对象：（用框选方式选择图10-75中的全部实体）
选择对象：↙
指定基点: 0, 0↙
指定旋转角度，或 [复制(C)/参照(R)]: 90↙

16 设置视图方向。选择菜单栏中的"视图"→"三维视图"→"前视"命令，或者单击"视图"工具栏中的"前视"按钮▢，或者单击"可视化"选项卡"视图"面板中的"前视"按钮▢，将当前视图方向设置为前视方向。

17 阵列轴承的滚珠。

命令：arraypolar↙
选择对象：（选择移动后的球体）
选择对象：↙
类型 = 极轴　关联 = 是
指定阵列的中心点或 [基点(B)/旋转轴(A)]: 0, 0
选择夹点以编辑阵列或 [关联(AS)/基点(B)/项目(I)/项目间角度(A)/填充角度(F)/行(ROW)/层(L)/旋转项目(ROT)/退出(X)] <退出>: I
输入阵列中的项目数或 [表达式(E)] <6>: 15
选择夹点以编辑阵列或 [关联(AS)/基点(B)/项目(I)/项目间角度(A)/填充角度(F)/行(ROW)/层

(L)/旋转项目(ROT)/退出(X)]〈退出〉: F

　　指定填充角度(+=逆时针、-=顺时针)或［表达式(EX)］〈360〉:

　　选择夹点以编辑阵列或［关联(AS)/基点(B)/项目(I)/项目间角度(A)/填充角度(F)/行(ROW)/层
(L)/旋转项目(ROT)/退出(X)]〈退出〉:↙

　　将当前视图方向切换到西南等轴测视图，然后利用自由动态观察命令观察图形，结果如图 10-78 所示。

18 渲染处理。单击"可视化"选项卡"材质"面板中的"材质浏览器"按钮 ◎，选择适当的材质，然后单击"可视化"选项卡"渲染-MentalRay"面板中的"渲染"按钮 🫖，对图形进行渲染。渲染后的效果如图 10-79 所示。

图 10-78　阵列后的图形

图 10-79　渲染后的图形

 # 总结与点评

　　本实例讲解了一个典型的深沟球轴承三维机械造型，在本实例的绘制过程中，着重讲述了二维绘图命令"移动"命令和"旋转"命令。这里要注意的是，二维命令在三维绘图中的灵活应用。读者要注意体会它们与相应的"三维移动"和"三维旋转"命令的区别。

实例 94　齿轮齿条传动

　　本实例绘制的齿轮齿条传动如图 10-80 所示。

图 10-80　齿轮齿条传动

实讲实训
多媒体演示

　　多媒体演示参见配套光盘中的\\动画演示\第 10 章\齿轮齿条传动.avi。

思路提示

本实例绘制的齿轮齿条传动主要应用绘制多线段命令 PLINE 命令、绘制圆柱体命令 CYLINDER、拉伸命令 EXTRUDE、三维镜像命令 MIRROR3D、移动命令 MOVE 以及布尔运算的差集命令 SUBTRACT 和并集命令 UNION 等，来完成图形的绘制。其绘制流程如图 10-81 所示。

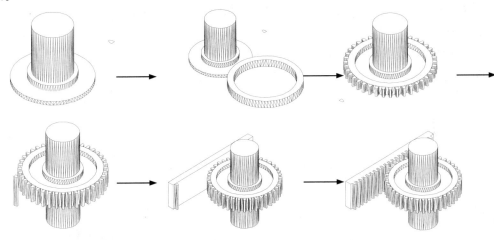

图 10-81 绘制流程图

 解题步骤

01 启动系统。启动 AutoCAD 2016，使用默认设置绘图环境。

02 设置线框密度。设置对象上每个曲面的轮廓线数目为10。

03 绘制多线段。

```
命令:PLINE↙
指定起点: 395,25↙
当前线宽为 0.0000
指定下一个点或 [圆弧(A)/半宽(H)/长度(L)/放弃(U)/宽度(W)]: A↙
指定圆弧的端点(按住 Ctrl 键以切换方向)或[角度(A)/圆心(CE)/方向(D)/半径(H)/直线(L)/半
径(R)/第二个点(S)/放弃(U)/宽度(W)]: R↙
指定圆弧的半径: 45↙
指定圆弧的端点(按住 Ctrl 键以切换方向)或 [角度(A)]: 390,0↙
指定圆弧的端点(按住 Ctrl 键以切换方向)或[角度(A)/圆心(CE)/方向(D)/半宽(H)/直线(L)/半
径(R)/第二个点(S)/放弃(U)/宽度(W)]: 1↙
指定下一点或 [圆弧(A)/闭合(C)/半宽(H)/长度(L)/放弃(U)/宽度(W)]: @20,0↙
指定下一点或 [圆弧(A)/闭合(C)/半宽(H)/长度(L)/放弃(U)/宽度(W)]: A↙
指定圆弧的端点(按住 Ctrl 键以切换方向)或[角度(A)/圆心(CE)/方向(D)/半宽(H)/直线(L)/半
径(R)/第二个点(S)/放弃(U)/宽度(W)]: R↙
```

指定圆弧的半径：45↙
指定圆弧的端点(按住 Ctrl 键以切换方向)或 ［角度(A)］：405,25↙
指定圆弧的端点(按住 Ctrl 键以切换方向)或［角度(A)/圆心(CE)/方向(D)/半宽(H)/直线(L)/半径(R)/第二个点(S)/放弃(U)/宽度(W)］：L↙
指定下一点或 ［圆弧(A)/闭合(C)/半宽(H)/长度(L)/放弃(U)/宽度(W)］：C↙

绘制如图 10-82 所示。

04 绘制圆柱体。单击"三维工具"选项卡"建模"面板中的"圆柱体"按钮，以（0,0,0）为底面中心点，分别创建半径为 100，高 300；半径为 120，高 50 及半径为 200，高 20 的圆柱体。

05 设置视图方向。选择菜单栏中的"视图"→"三维视图"→"西南等轴测"命令，或者单击"视图"工具栏中的"西南等轴测"按钮，或者单击"可视化"选项卡"视图"面板中的"西南等轴测"按钮，将当前视图设置为西南等轴测视图，消隐后结果如图 10-83 所示。

图 10-82　绘制多线段

图 10-83　西南视图后的图形

06 并集处理。单击"三维工具"选项卡"实体编辑"面板中的"并集"按钮，将以上 3 个圆柱体合并。

07 绘制齿轮轮廓圆柱体。单击"三维工具"选项卡"建模"面板中的"圆柱体"按钮，分别绘制圆心为（0，-400，0），半径为 200，高为 50 的圆柱体；圆心为（0，-400，0）、半径为 240、高为 50 的圆柱体

08 差集处理。单击"三维工具"选项卡"实体编辑"面板中的"差集"按钮，从半径为 240 的圆柱中减去半径为 200 的圆柱。

09 缩放图形。

命令：ZOOM↙
指定窗口的角点，输入比例因子（nX 或 nXP），或者[全部(A)/中心(C)/动态(D)/范围(E)/上一个(P)/比例(S)/窗口(W)/对象(O)]〈实时〉：ALL↙

消隐后的结果如图 10-84 所示。

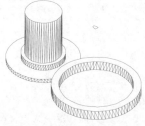

图 10-84　消隐后的图形

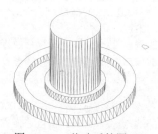

图 10-85　移动后的图形

⑩ 移动处理。单击"默认"选项卡"修改"面板中的"移动"按钮✥，将上述实体由点（0，−400，0）移动至点（0，0，0），结果如图 10-85 所示。

⑪ 齿轮主体结构并集处理。单击"三维工具"选项卡"实体编辑"面板中的"并集"按钮⬤，将除了多线段之外的所有图形合并。

⑫ 复制处理。

```
命令：COPY↙
选择对象：（选择最初绘制的多线段）
当前设置：　复制模式 = 多个
指定基点或 [位移(D)/模式(O)]〈位移〉：400,0,0↙
指定第二个点或 [阵列(A)]〈使用第一个点作为位移〉：0,240,0↙
指定第二个点或 [阵列(A)/退出(E)/放弃(U)]〈退出〉：
```

结果如图 10-86 所示。

⑬ 设置视图方向。选择菜单栏中的"视图" → "三维视图" → "西北等轴测"命令，或者单击"视图"工具栏中的"西北等轴测"按钮◈，或者单击"可视化"选项卡"视图"面板中的"西北等轴测"按钮◈，将当前视图设置为西北等轴测视图。

⑭ 拉伸操作。

```
命令：EXTRUDE↙
当前线框密度：　ISOLINES=4，闭合轮廓创建模式 = 实体
选择要拉伸的对象或 [模式(MO)]：_MO
闭合轮廓创建模式 [实体(SO)/曲面(SU)]〈实体〉：_SO
要拉伸的对象或 [模式(MO)]：（选择图 10-86 所示的拉伸对象，即上述复制的多线段）
要拉伸的对象或 [模式(MO)]：↙
拉伸的高度或 [方向(D)/路径(P)/倾斜角(T)/表达式(E)] 50↙
```

结果如图 10-87 所示。

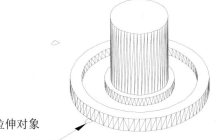

拉伸对象

图 10-86　复制后图形

图 10-87　俯视图

⑮ 设置视图方向。选择菜单栏中的"视图" → "三维视图" →"俯视"命令，或者单击"视图"工具栏中的"俯视"按钮▱，或者单击"可视化"选项卡"视图"面板中的"俯视"按钮▱，将当前视图设置为俯视图。

⑯ 三维阵列处理。单击"建模"工具栏中的"三维阵列"按钮⊞，阵列第 **⑭** 步拉伸的对象，命令行提示与操作如下：

```
命令：3DARRAY↙
选择对象：（选择图 10-87 所示的拉伸对象）
选择对象：↙
输入阵列类型 [矩形(R)/环形(P)]〈矩形〉：P↙
输入阵列中的项目数目：30↙
```

指定要填充的角度（+=逆时针，-=顺时针）〈360〉：↙
旋转阵列对象？[是(Y)/否(N)]〈Y〉：↙
指定阵列的中心点：0,0,0↙
指定旋转轴上的第二点：0,0,50 ↙

17 单击"可视化"选项卡"视图"面板中的"东北等轴测"按钮，将当前视图设为东北等轴测视图，结果如图 10-88 所示。

18 三维镜像处理。

命令：MIRROR3D↙
选择对象：（选择并集之后的实体）
选择对象：↙
指定镜像平面（三点）的第一个点或 [对象(O)/最近的(L)/Z 轴(Z)/视图(V)/XY 平面(XY)/YZ 平面(YZ)/ZX 平面(ZX)/三点(3)]〈三点〉：XY↙
指定 XY 平面上的点〈0,0,0〉：↙
是否删除源对象？[是(Y)/否(N)]〈否〉：↙

结果如图 10-89 所示。

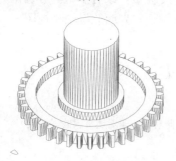

图 10-88 东北等轴测视图

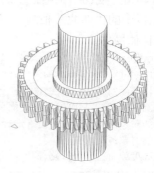

图 10-89 三维镜像后的图形

19 轮齿结构并集处理。单击"三维工具"选项卡"实体编辑"面板中的"并集"按钮，将除多线段除外的所有实体合并。

20 拉伸多线段。

命令：EXTRUDE↙
当前线框密度： ISOLINES=4，闭合轮廓创建模式 = 实体
选择要拉伸的对象或 [模式(MO)]：_MO
闭合轮廓创建模式 [实体(SO)/曲面(SU)]〈实体〉：_SO
要拉伸的对象或 [模式(MO)]：（选择上述绘制的多线段）
要拉伸的对象或 [模式(MO)]：↙
拉伸的高度或 [方向(D)/路径(P)/倾斜角(T)/表达式(E)]：200↙

绘制如图 10-90 所示。

21 绘制长方体。单击"三维工具"选项卡"建模"面板中的"长方体"按钮，命令行提示与操作如下：

命令:BOX↙
指定第一个角点或 [中心(C)]：-375,-275,75↙
指定其他角点或 [立方体(C)/长度(L)]：@800,-50,-200↙

结果如图 10-91 所示。

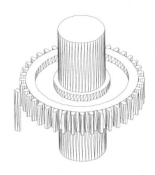

图 10-90　拉伸多线段后的图形

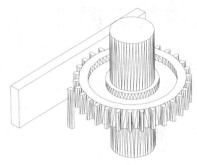

图 10-91　绘制长方体

22 移动图形。

```
命令: MOVE↙
选择对象: (选择多线段生成的柱体)
选择对象: ↙
指定基点或 [位移(D)] <位移>: 410,0,0↙
指定第二个点或 <使用第一个点作为位移>: 425,-275,-125↙
```

结果如图 10-92 所示。

23 三维阵列处理。

```
命令: 3DARRAY↙
选择对象: (选择齿牙)
选择对象: ↙
输入阵列类型 [矩形(R)/环形(P)] <矩形>:↙
输入行数 (---) <1>:↙
输入列数 (|||) <1>: 22↙
输入层数 (...) <1>:↙
指定列间距 (|||): -35↙
```

24 并集处理。单击"三维工具"选项卡"实体编辑"面板中的"并集"按钮 ⑩,将齿条与齿牙做并集处理,绘制如图 10-93 所示。

25 渲染处理。单击"可视化"选项卡"材质"面板中的"材质浏览器"按钮 ⑧,选择适当的材质,然后单击"可视化"选项卡"渲染-MentalRay"面板中的"渲染"按钮 ⛲,对图形进行渲染。渲染后的效果如图 10-80 所示。

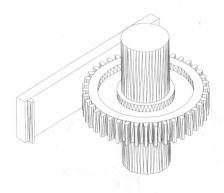

图 10-92　移动齿牙

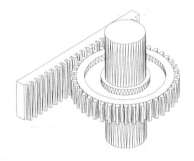

图 10-93　矩形阵列

423

总结与点评

本实例讲解了一个典型的齿轮齿条传动三维机械造型，在本实例的绘制过程中，着重讲述了齿轮齿廓曲线的近似生成方法以及轮齿的生成方法。请读者注意体会。

实例 95　阀体

本实例绘制的阀体如图 10-94 所示。

图 10-94　阀体

实讲实训
多媒体演示

多媒体演示
参见配套光盘中
的\\动画演示\第
10章\阀体.avi。

 思路提示

本实例绘制的阀体主要应用创建圆柱体命令 CYLINDER，长方体命令 BOX，球命令 SPHERE、拉伸命令 EXTRUDE 以及布尔运算的差集命令 SUBTRACT 和并集命令 UNION 等，来完成图形的绘制。其绘制流程如图 10-95 所示。

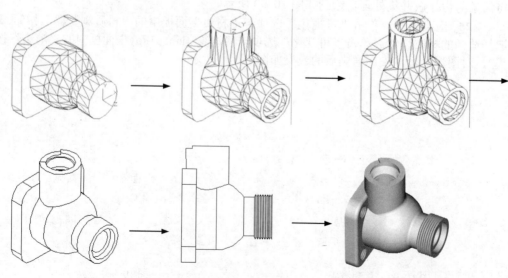

图 10-95　绘制流程图

解题步骤

01 启动系统。启动 AutoCAD 2016，使用默认设置绘图环境。

02 设置线框密度。设置对象上每个曲面的轮廓线数目为10。

03 设置视图方向。单击"可视化"选项卡"视图"面板中的"西南等轴测"按钮，将当前视图方向设置为西南等轴测视图。

04 设置用户坐标系。

命令：UCS↙
当前 UCS 名称：*世界*
指定 UCS 的原点或 [面(F)/命名(NA)/对象(OB)/上一个(P)/视图(V)/世界(W)/X/Y/Z/Z 轴(ZA)]
<世界>：X↙
指定绕 X 轴的旋转角度 <90>：↙

05 绘制长方体。单击"三维工具"选项卡"建模"面板中的"长方体"按钮，以（0,0,0）为中心点，创建长75、宽75、高12的长方体。

06 圆角处理。单击"默认"选项卡"修改"面板中的"圆角"按钮，对上一步绘制的长方体的四个竖直边进行圆角处理，圆角的半径为12.5。

07 设置用户坐标系。利用 UCS 命令，将坐标原点移动到（0，0，6）。

08 绘制圆柱体。单击"三维工具"选项卡"建模"面板中的"圆柱体"按钮，以（0，0，0）为圆心，创建直径为55，高17的圆柱体。

09 绘制球体。单击"三维工具"选项卡"建模"面板中的"球体"按钮，绘制以（0,0,17）为球心，直径为55的球体。

10 设置用户坐标系。利用 UCS 命令，将坐标原点移动到（0，0，63）。

11 绘制圆柱体。单击"三维工具"选项卡"建模"面板中的"圆柱体"按钮，以（0，0，0）为圆心，分别创建直径为36，高-15，及直径为32，高-34的圆柱体。

12 并集处理。单击"三维工具"选项卡"实体编辑"面板中的"并集"按钮，将所有实体进行并集运算。消隐处理后的图形如图10-96所示。

13 绘制内形圆柱体。单击"三维工具"选项卡"建模"面板中的"圆柱体"按钮，以（0，0，0）为圆心，分别创建直径为28.5，高-5，及直径为20，高-34的圆柱体；以（0，0，-34）为圆心，创建直径为35，高-7的圆柱体；以（0，0，-41）为圆心，创建直径为43，高-29的圆柱体；以（0，0，-70）为圆心，创建直径为50，高-5的圆柱体。

14 设置用户坐标系。利用 UCS 命令，将坐标原点移动到（0，56，-54），并将其绕 X 轴旋转90°。

15 绘制外形圆柱体。单击"三维工具"选项卡"建模"面板中的"圆柱体"按钮，以（0，0，0）为圆心，创建直径为36，高50的圆柱体。

16 并集及差集处理。单击"三维工具"选项卡"实体编辑"面板中的"并集"按钮，将实体与 36 外形圆柱进行并集运算。单击"三维工具"选项卡"实体编辑"

面板中的"差集"按钮◎，将实体与内形圆柱体进行差集运算。消隐处理后的图形，如图 10-97 所示。

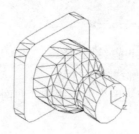

图 10-96　并集后的实体

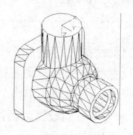

图 10-97　布尔运算后的实体

17 绘制内形圆柱体。单击"三维工具"选项卡"建模"面板中的"圆柱体"按钮◻，以（0，0，0）为圆心，绘制直径为 26，高 4 的圆柱体；以（0，0，4）为圆心，绘制直径为 24，高 9 的圆柱体；以（0，0，13）为圆心，绘制直径为 24.3，高 3 的圆柱体；以（0，0，16）为圆心，绘制直径为 22，高 13 的圆柱体；以（0，0，29）为圆心，绘制直径为 18，高 27 的圆柱体。

18 差集处理。单击"三维工具"选项卡"实体编辑"面板中的"差集"按钮◎，将实体与内形圆柱进行差集运算。消隐处理后的图形，如图 10-98 所示。

19 设置视图方向。创建新的坐标系，绕 X 轴 180°，将当前视图方向设置为俯视图。

20 绘制二维图形，并将其创建为面域。以下为创建为面域的步骤。

❶绘制圆。单击"默认"选项卡"绘图"面板中的"圆"按钮⊙，以（0，0）为圆心，分别绘制直径为 36 及 26 的圆。

❷绘制直线。单击"默认"选项卡"绘图"面板中的"直线"按钮╱，从（0，0）→（@18<45），及从（0，0）→（@18<135），分别绘制直线。

❸修剪图形。单击"默认"选项卡"修改"面板中的"修剪"按钮╱，对圆进行修剪。

❹面域处理。单击"默认"选项卡"绘图"面板中的"面域"按钮◎，将绘制的二维图形创建为面域，结果如图 10-99 所示。

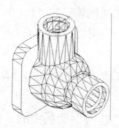

图 10-98　差集后的实体

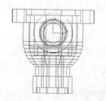

图 10-99　创建面域

21 设置视图方向。单击"可视化"选项卡"视图"面板中的"西南等轴测"按钮◇，将当前视图方向设置为西南等轴测视图。

22 拉伸图形。单击"三维工具"选项卡"建模"面板中的"拉伸"按钮⬆，将上一步的面域图形拉伸高度为-2。

23 差集处理。单击"三维工具"选项卡"实体编辑"面板中的"差集"按钮◎，将阀体与拉伸实体进行差集运算，结果如图 10-100 所示。

24 设置视图方向。将当前视图方向设置为左视图。

25 绘制阀体外螺纹。

❶绘制多边形。单击"默认"选项卡"绘图"面板中的"多边形"按钮⬡，在实体旁边绘制一个正三角形，其边长为 2。

❷绘制辅助线。单击"默认"选项卡"绘图"面板中的"构造线"按钮↗，过正三角形底边绘制水平辅助线。

❸偏移直线。单击"默认"选项卡"修改"面板中的"偏移"按钮⬚，将水平辅助线向上偏移 18。

❹旋转对象。单击"建模"工具栏中的"旋转"按钮🖮，以偏移后的水平辅助线为旋转轴，选取正三角形，将其旋转 360°。

❺删除辅助线。单击"默认"选项卡"修改"面板中的"删除"按钮✐，删除绘制的辅助线。

❻三维阵列处理。单击"建模"工具栏中的"三维阵列"按钮⬚，将旋转形成的实体进行 1 行，8 列的矩形阵列，列间距为 2。

❼并集处理。单击"三维工具"选项卡"实体编辑"面板中的"并集"按钮◉，将阵列后的实体进行并集运算。

❽移动对象。单击"默认"选项卡"修改"面板中的"移动"按钮✛，以螺纹右端面圆心为基点，将其移动到阀体右端圆心处。

❾差集处理。单击"三维工具"选项卡"实体编辑"面板中的"差集"按钮◎，将阀体与螺纹进行差集运算。消隐处理后的图形，如图 10-101 所示。

26 绘制螺纹孔。同理，为阀体创建螺纹孔。结果如图 10-102 所示。

 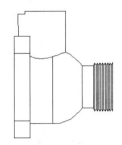 

图 10-100 差集拉伸实体后的阀体　　图 10-101 创建阀体外螺纹　　图 10-102 创建阀体螺纹孔

27 倒角及倒圆角处理。对壳体相应位置进行倒角及倒圆角操作。

28 渲染处理。单击"可视化"选项卡"材质"面板中的"材质浏览器"按钮◉，选择适当的材质，然后单击"可视化"选项卡"渲染-MentalRay"面板中的"渲染"按

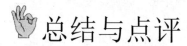

钮 ，对图形进行渲染。渲染后的效果如图 10-94 所示。

✋ 总结与点评

本实例讲解了一个相对比较复杂的阀体三维机械造型，在本实例的绘制过程中，综合利用了各种各样的三维绘图命令。读者注意体会。

实例 96 泵盖

本实例绘制的泵盖如图 10-103 所示。

🐦 思路提示

本实例绘制的泵盖主要应用创建圆柱体命令 CYLINDER，长方体命令 BOX，实体编辑命令 SOLIDEDIT 中的复制边操作，拉伸命令 EXTRUDE，倒圆角命令 FILLET，倒角命令 CHAMFER 以及布尔运算的差集命令 SUBTRACT 和并集命令 UNION 等，来完成图形的绘制。其绘制流程如图 10-104 所示。

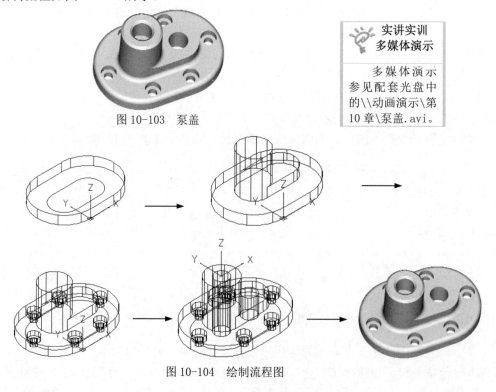

图 10-103　泵盖

> 💡 **实讲实训**
> **多媒体演示**
>
> 多媒体演示参见配套光盘中的\\动画演示\第 10 章\泵盖.avi。

图 10-104　绘制流程图

解题步骤

01 启动系统。启动 AutoCAD 2016，使用默认设置绘图环境。

02 设置线框密度。设置对象上每个曲面的轮廓线数目为 10。

03 设置视图方向。选择菜单栏中的"视图"→"三维视图"→"西南等轴测"命令，或者单击"视图"工具栏"西南等轴测"按钮◇，或者单击"可视化"选项卡"视图"面板中的"西南等轴测"按钮◇，将当前视图方向设置为西南等轴测视图。

04 绘制长方体。单击"三维工具"选项卡"建模"面板中的"长方体"按钮，以（0,0,0）为角点，创建长 36、宽 80、高 12 的长方体。

05 绘制圆柱体。单击"三维工具"选项卡"建模"面板中的"圆柱体"按钮，分别以（0,40,0）和（36,40,0）为底面中心点，创建半径为 40，高 12 的圆柱体。结果如图 10-105 所示。

06 并集处理。单击"三维工具"选项卡"实体编辑"面板中的"并集"按钮，将第 **04** 步绘制的长方体以及第 **05** 步绘制的两个圆柱体进行并集运算，结果如图 10-106 所示。

07 复制实体底边。

命令:SOLIDEDIT↙ （或者选择菜单栏中的"修改"→"实体编辑"→"复制边"命令，或者单击"实体编辑"工具栏中的"复制边"按钮，或者单击"三维工具"选项卡"实体编辑"面板中的"复制边"按钮，下同）
实体编辑自动检查： SOLIDCHECK=1
输入实体编辑选项 [面(F)/边(E)/体(B)/放弃(U)/退出(X)] <退出>: _edge
输入边编辑选项 [复制(C)/着色(L)/放弃(U)/退出(X)] <退出>: _copy
选择边或 [放弃(U)/删除(R)]:(用鼠标依次选择并集后实体底面边线)
选择边或 [放弃(U)/删除(R)]:↙
指定基点或位移: 0,0,0↙
指定位移的第二点: 0,0,0↙
输入边编辑选项 [复制(C)/着色(L)/放弃(U)/退出(X)] <退出>:↙
实体编辑自动检查： SOLIDCHECK=1
输入实体编辑选项 [面(F)/边(E)/体(B)/放弃(U)/退出(X)] <退出>:↙

结果如图 10-107 所示。

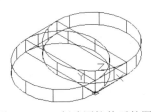 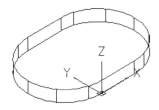 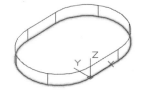

图 10-105 创建圆柱体后的图形　　图 10-106 并集后的图形　　图 10-107 选取复制的边

08 合并多段线。

命令:PEDIT↙
选择多段线或 [多条(M)]:(用鼠标选择复制底边后的任意一个线段)
选定的对象不是多段线,是否将其转换为多段线? <Y>↙
输入选项 [闭合(C)/合并(J)/宽度(W)/编辑顶点(E)/拟合(F)/样条曲线(S)/非曲线化(D)/线型

生成(L)/反转(R)/放弃(U)]: J↙
　　选择对象:（用鼠标依次选择复制底边的四个线段）
　　选择对象:↙
　　3 条线段已添加到多段线
　　输入选项［打开(O) / 合并(J)/宽度(W)/编辑顶点(E)/拟合(F)/样条曲线(S)/非曲线化(D)/线型
生成(L)/反转(R)/放弃(U)]:↙

09 偏移边线。

命令: OFFSET↙
当前设置: 删除源=否　图层=源　OFFSETGAPTYPE=0
指定偏移距离或［通过(T)/删除(E)/图层(L)]〈通过〉: 22↙
选择要偏移的对象, 或［退出(E)/放弃(U)]〈退出〉:（用鼠标选择合并后的多段线）
指定要偏移的那一侧上的点, 或［退出(E)/多个(M)/放弃(U)]〈退出〉:（单击多段线内部任意一
点）
选择要偏移的对象, 或［退出(E)/放弃(U)]〈退出〉:↙

　　结果如图 10-108 所示。

10 拉伸偏移的边线。

命令: EXTRUDE↙
当前线框密度: ISOLINES=10, 闭合轮廓创建模式 = 实体
选择要拉伸的对象或［模式(MO)]: _MO
闭合轮廓创建模式［实体(SO)/曲面(SU)]〈实体〉: _SO
选择要拉伸的对象或［模式(MO)]:（用鼠标选择上一步偏移的直线）
选择要拉伸的对象或［模式(MO)]:↙
指定拉伸的高度或［方向(D)/路径(P)/倾斜角(T)/表达式(E)]:24↙

　　11 绘制圆柱体。单击"三维工具"选项卡"建模"面板中的"圆柱体"按钮，
捕捉拉伸形成的实体左边顶端圆的圆心为中心点，创建半径为 18、高 36 的圆柱。

　　12 并集处理。单击"三维工具"选项卡"实体编辑"面板中的"并集"按钮，
将绘制的所有实体进行并集运算，结果如图 10-109 所示。

　　13 设置视图方向。单击"可视化"选项卡"视图"面板中的"俯视"按钮，将
当前视图方向设置为俯视图。

　　14 偏移边线。单击"默认"选项卡"修改"面板中的"偏移"按钮，将复制的
边线，向内偏移 11。

　　15 绘制圆柱体。单击"三维工具"选项卡"建模"面板中的"圆柱体"按钮，
捕捉偏移形成的辅助线左边圆弧的象限点为中心点，创建半径为 4，高 6 的圆柱。结果如
图 10-110 所示。

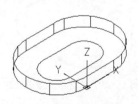
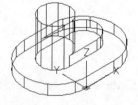
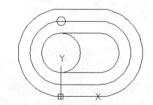

图 10-108　偏移边线后的图形　　图 10-109　并集后的图形　　图 10-110　绘制圆柱后的图形

　　16 设置视图方向。选择菜单栏中的"视图"→"三维视图"→"西南等轴测"命
令，或者单击"视图"工具栏中的"西南等轴测"按钮，或者单击"可视化"选项卡"视

图"面板中的"西南等轴测"按钮◈，将当前视图方向设置为西南等轴测视图。

17 绘制圆柱体。单击"三维工具"选项卡"建模"面板中的"圆柱体"按钮▯，捕捉 R4 圆柱顶面圆心为中心点，创建半径为 7、高 6 的圆柱。

18 并集处理。单击"三维工具"选项卡"实体编辑"面板中的"并集"按钮◉，将创建的 R4 与 R7 圆柱体进行并集运算。

19 复制圆柱体。

> 命令：COPY✓
> 选择对象：（用鼠标选择并集后的圆柱体）
> 选择对象：✓
> 当前设置：复制模式 = 多个
> 指定基点或 [位移(D)/模式(O)] <位移>：（在对象捕捉模式下用鼠标选择圆柱体的圆心）
> 指定第二个点或 [阵列(A)] <使用第一个点作为位移>：（在对象捕捉模式下用鼠标选择圆弧象限点）
> 指定第二个点或 [阵列(A)/退出(E)/放弃(U)] <退出>：✓

结果如图 10-111 所示。

20 差集处理。单击"三维工具"选项卡"实体编辑"面板中的"差集"按钮◉，将并集的圆柱体从并集的实体中减去。

21 删除边线。

> 命令：ERASE✓
> 选择对象：（用鼠标选择复制及偏移的边线）
> 选择对象：✓

22 设置用户坐标系。将坐标原点移动到 R18 圆柱体顶面中心点。

23 绘制圆柱体。单击"三维工具"选项卡"建模"面板中的"圆柱体"按钮▯，以坐标原点为圆心，创建直径为 17、高-60 的圆柱体；以（0，0，-20）为圆心，创建直径为 25，高-7 的圆柱；以实体右边 R18 柱面顶部圆心为中心点，创建直径为 17，高-24 的圆柱。结果如图 10-112 所示。

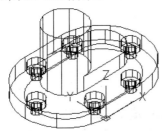
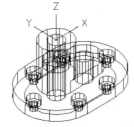

图 10-111　复制圆柱体后的图形　　　　图 10-112　绘制圆柱体后的图形

24 差集处理。单击"三维工具"选项卡"实体编辑"面板中的"差集"按钮◉，将实体与绘制的圆柱体进行差集运算。消隐处理后的图形，如图 10-113 所示。

25 圆角处理。

> 命令：FILLET✓
> 当前设置：模式 = 修剪，半径 = 0.0000
> 选择第一个对象或[放弃(U)/多段线(P)/半径(R)/修剪(T)/多个(M)]：（用鼠标选择要圆角的对象）
> 输入圆角半径或 [表达式(E)]：4✓
> 选择边或 [链(C)/环(L)/半径(R)]：（用鼠标选择要圆角的边）

已拾取到边。

选择边或 [链(C)/环(L)/半径(R)]：(依次用鼠标选择要圆角的边)

选择边或 [链(C)/环(L)/半径(R)]：✓

26 倒角处理。

命令：CHAMFER✓

（"修剪"模式）当前倒角距离 1 = 0.0000，距离 2 = 0.0000

选择第一条直线或[放弃(U)/多段线(P)/距离(D)/角度(A)/修剪(T)/方式(E)/多个(M)]：(用鼠标选择要倒角的直线)

基面选择...

输入曲面选择选项 [下一个(N)/当前(OK)] <当前>：✓

指定 基面 倒角距离或 [表达式(E)]：2✓

指定 其他曲面 倒角距离或 [表达式(E)] <2.0000>：✓

选择边或 [环(L)]：(用鼠标选择要倒角的边)

选择边或 [环(L)]：✓

消隐处理后的图形如图 10-114 所示。

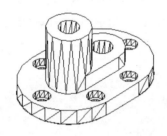
图 10-113　差集后的图形

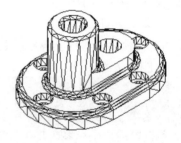
图 10-114　倒角后的图形

27 渲染处理。单击"可视化"选项卡"材质"面板中的"材质浏览器"按钮 ◉，选择适当的材质，然后单击"可视化"选项卡"渲染-MentalRay"面板中的"渲染"按钮 🍵，对图形进行渲染。渲染后的效果如图 10-103 所示。

 # 总结与点评

本实例讲解了一个相对比较复杂的泵盖三维机械造型，这个零件属于典型的盘盖类零件。在本实例的绘制过程中，着重讲述了一个"合并多段线"命令，读者可以自己试一下，如果不采用此命令把几条线段或圆弧合并成多段线，后续拉伸操作会出现什么问题。这一点读者注意体会。

实例 97　阀盖

本实例绘制的阀盖如图 10-115 所示。

实讲实训 多媒体演示

多媒体演示参见配套光盘中的\\动画演示\第10章\阀盖.avi。

图 10-115 阀盖

思路提示

本实例绘制的阀盖主要应用创建圆柱体命令 CYLINDER、长方体命令 BOX、旋转命令 REVOLVE、圆角命令 FILLET、倒角命令 CHAMFER 以及布尔运算的差集命令 SUBTRACT 和并集命令 UNION 等，来完成图形的绘制。其绘制流程如图 10-116 所示。

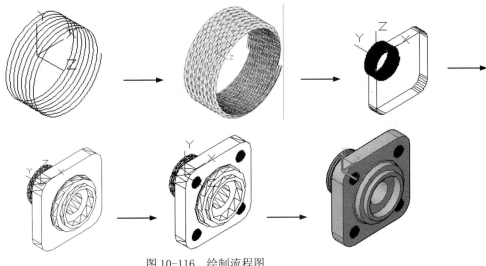

图 10-116 绘制流程图

解题步骤

01 建立新文件。启动 AutoCAD 2016，使用默认设置绘图环境。利用"文件"中的 "新建"命令，打开"选择样板"对话框，单击"打开"按钮右侧的下拉按钮，以"无样板打开－公制"（M）方式建立新文件，将新文件命名为"阀盖立体图.dwg"并保存。

02 设置线框密度。在命令行中输入"isolines"命令，更改设定值为 10。

03 设置视图方向。将当前视图方向设置为西南等轴测视图。

04 绘制外部轮廓。

❶改变坐标系。在命令行中输入"UCS"命令，将坐标原点绕 X 轴旋转 90°。

❷单击"默认"选项卡"绘图"面板中的"螺旋"按钮⃞，绘制螺旋线设置指定底面的中心点为（0,0,0），底面半径为 17，顶面半径为 17，圈数为 8，螺旋高度为 16，如图 10-117 所示。

❸单击"默认"选项卡"绘图"面板中的"直线"按钮╱，捕捉螺旋线的上端点绘制牙型截面轮廓，尺寸如图 10-118 所示。绘制结果如图 10-119 所示。

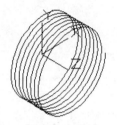

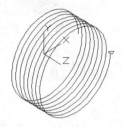

图 10-117　螺纹轮廓线　　图 10-118　牙型截面尺寸　　图 10-119　绘制截面三角形

❹单击"默认"选项卡"绘图"面板中的"面域"按钮⃝，将其创建成面域。

❺利用"扫掠"命令，命令行提示与操作如下：

```
命令: _sweep
当前线框密度:　ISOLINES=8，闭合轮廓创建模式 = 实体
选择要扫掠的对象或［模式(MO)］: _MO 闭合轮廓创建模式［实体(SO)/曲面(SU)］〈实体〉: _SO
选择要扫掠的对象或［模式(MO)］:选择三角牙型轮廓
选择要扫掠的对象或［模式(MO)］: 按 Enter 键
选择扫掠路径或［对齐(A)/基点(B)/比例(S)/扭曲(T)］:选择螺纹线
```

概念显示后的结果如图 10-120 所示。

❻改变坐标系。在命令行输入"UCS"，将当前坐标系绕 X 轴旋转-90°。

❼绘制圆柱体。单击"三维工具"选项卡"建模"面板中的"圆柱体"按钮⃞，绘制以点（0,0,0）为底面圆心，半径为 17，轴端点为（@0,-16,0）的圆柱体。消隐后的结果如图 10-121 所示。

❽绘制长方体。单击"三维工具"选项卡"建模"面板中的"长方体"按钮⃞，绘制以点（0,-32,0）为中心点，长度为 75，宽度为 12，高度为 75 的长方体，结果如图 10-122 所示。

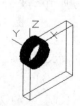

图 10-120　扫掠结果　　图 10-121　绘制圆柱体后图形　　图 10-122　绘制长方体后的图形

❾圆角处理。单击"默认"选项卡"修改"面板中的"圆角"按钮⃞，对上一步绘制的长方体的 4 个竖直边进行圆角处理，圆角的半径为 12.5，结果如图 10-123 所示。

⓾绘制圆柱体。单击"三维工具"选项卡"建模"面板中的"圆柱体"按钮◻，绘制一系列圆柱体。

底面中心点为（0, -16, 0），半径为14，顶圆中心点为（0, -26, 0）。

底面中心点为（0, -38, 0），半径为26.5，顶圆中心点为（@0, -1, 0）。

底面中心点为（0, -39, 0），半径为25，顶圆中心点为（@0, -5, 0）。

底面中心点为（0, -44, 0），半径为20.5，顶圆中心点为（@0, -4, 0）。

⓫并集运算。单击"三维工具"选项卡"实体编辑"面板中的"并集"按钮◎，将视图中所有的图形合并为一个实体，消隐后的结果如图10-124所示。

05 绘制内部轮廓。

❶绘制圆柱体。单击"三维工具"选项卡"建模"面板中的"圆柱体"按钮◻，绘制内部一系列圆柱体。

底面中心点为（0, 0, 0），半径为14.25，顶圆中心点为（@0, -5, 0）。

底面中心点为（0, -5, 0），半径为10，顶圆中心点为（@0, -36, 0）。

底面中心点为（0, -41, 0），半径为17.5，顶圆中心点为（@0, -7, 0）。

❷差集运算。单击"三维工具"选项卡"实体编辑"面板中的"差集"按钮◎，将实体和上一步绘制的三个圆柱体进行差集运算，消隐后结果如图10-125所示。

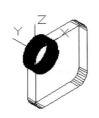  

图10-123　圆角处理后的图形　　　图10-124　绘制圆柱体后的图形　　图10-125　差集后的图形

06 绘制连接螺纹孔。

❶在上一节中已经提到螺纹孔的绘制，本节将不做详细介绍，只针对本图做相应的调整。

❷利用UCS命令，将坐标系绕X轴旋转90°。单击"默认"选项卡"绘图"面板中的"螺旋"按钮▤，以点（100, 100, 100）为中心点绘制半径为5，圈数为12，高度为-12的螺旋线。绘制边长为0.98，高为0.85的三角形。

❸单击"三维工具"选项卡"建模"面板中的"扫掠"按钮⊕，创建螺纹。

❹单击"三维工具"选项卡"建模"面板中的"圆柱体"按钮◻，以（100, 100, 100）为圆心创建半径为5，高度为-12的圆柱体。

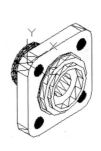

图10-126 差集处理

❺单击"三维工具"选项卡"实体编辑"面板中的"并集"按钮◎，将两者进行并集。

❻单击"默认"选项卡"修改"面板中的"复制"按钮❀，将这段螺纹从（100, 100, 100）

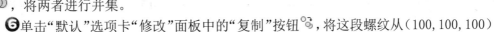

435

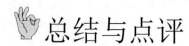
点分别复制到点（25, 25, 38）、（-25, -25, 38）、（25, -25, 38）、（-25, 25, 38）。

❼将初始的螺纹删除后，单击"三维工具"选项卡"实体编辑"面板中的"差集"按钮⓪，与实体进行差集运算，消隐后的结果如图 10-126 所示。

07 着色实体。单击"三维工具"选项卡"实体编辑"面板中的"着色面"按钮，对实体进行着色，概念显示后结果如图 10-115 所示。

👌 总结与点评

本实例讲解的阀盖三维机械造型也属于典型的盘盖类零件。本实例的绘制方法综合了前面两个例子的技巧和方法，总体上与泵盖方法类似，又借用了阀体绘制方法中生成螺纹的方法。这一点读者注意体会。

实例 98 壳体

本实例制作的壳体如图 10-127 所示。

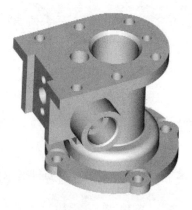

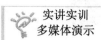

**实讲实训
多媒体演示**

多媒体演示参见配套光盘中的\\动画演示\第10章\壳体.avi。

图 10-127 壳体

 思路提示

本实例主要采用的绘制方法是拉伸绘制实体的方法与直接利用三维实体绘制实体的方法。本实例设计思路：先通过上述两种方法建立壳体的主体部分，然后逐一建立壳体上的其他部分，最后对壳体进行圆角处理。要求读者对前几节介绍的绘制实体的方法有明确的认识。本例主要应用创建圆柱体命令 CYLINDER，长方体命令 BOX，拉伸命令 EXTRUDE，三维镜像命令 Mirror3D，实体编辑命令 SOLIDEDIT 中的拉伸面操作及复制边操作，以及布尔运算的差集命令 SUBTRACT 和并集命令 UNION 等，来完成图形的绘制。其绘制流程如图 10-128 所示。

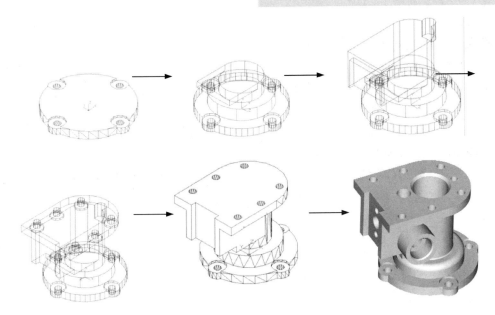

图 10-128 绘制流程图

 解题步骤

01 启动系统。启动 AutoCAD 2016，使用默认设置画图。

02 设置线框密度。在命令行中输入"Isolines"，设置线框密度为 10。切换视图到西南等轴测图。

03 创建底座圆柱。

❶单击"三维工具"选项卡"建模"面板中的"圆柱体"按钮⬚，以（0，0，0）为圆心，创建直径为 84、8，高 8 的圆柱。

❷单击"默认"选项卡"绘图"面板中的"圆"按钮⊙，以（0，0）为圆心，绘制直径为 76 的辅助圆。

❸单击"三维工具"选项卡"建模"面板中的"圆柱体"按钮⬚，捕捉 $\phi76$ 圆的象限点为圆心，创建直径为 16、高 8 及直径为 7，高 6 的圆柱；捕捉 $\phi16$ 圆柱顶面圆心为中心点，创建直径为 16，高 -2 的圆柱。

❹单击"默认"选项卡"修改"面板中的"环形阵列"按钮⬚，将创建的 3 个圆柱进行环形阵列，阵列角度为 360°，阵列数目为 4，阵列中心为坐标原点。

❺单击"三维工具"选项卡"实体编辑"面板中的"并集"按钮◉，将 $\phi84$ 与高 8 的 $\phi16$ 进行并集运算；单击"三维工具"选项卡"实体编辑"面板中的"差集"按钮◉，将实体与其余圆柱进行差集运算。消隐后结果如图 10-129 所示。

❻单击"三维工具"选项卡"建模"面板中的"圆柱体"按钮⬚，以（0，0，0）为圆心，分别创建直径为 60，高 20 及直径为 40，高 30 的圆柱。

❼单击"三维工具"选项卡"实体编辑"面板中的"并集"按钮◉，将所有实体进行

并集运算。

❽删除辅助圆，消隐后结果如图 10-130 所示。

04 创建壳体中间部分。

❶单击"三维工具"选项卡"建模"面板中的"长方体"按钮▣，在实体旁边，创建长 35、宽 40、高 6 的长方体。

❷单击"三维工具"选项卡"建模"面板中的"圆柱体"按钮▣，长方体底面右边中点为圆心，创建直径为 40、高-6 的圆柱。

❸单击"三维工具"选项卡"实体编辑"面板中的"并集"按钮◉，将实体进行并集运算，如图 10-131 所示。

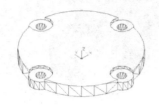
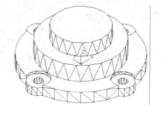

图 10-129　壳体底板　　　　　图 10-130　壳体底座　　　　　图 10-131　壳体中部

❹单击"默认"选项卡"修改"面板中的"复制"按钮❀，以创建的壳体中部实体底面圆心为基点，将其复制到壳体底座顶面的圆心处。

❺单击"三维工具"选项卡"实体编辑"面板中的"并集"按钮◉，将壳体底座与复制的壳体中部进行并集运算，如图 10-132 所示。

05 创建壳体上部。

❶单击"三维工具"选项卡"实体编辑"面板中的"拉伸面"按钮▣，将创建的壳体中部，顶面拉伸 30，左侧面拉伸 20，结果如图 10-133 所示。

❷单击"三维工具"选项卡"建模"面板中的"长方体"按钮▣，以实体左下角点为角点，创建长 5、宽 28、高 36 的长方体。

❸单击"默认"选项卡"修改"面板中的"移动"按钮✥，以长方体左边中点为基点，将其移动到实体左边中点处，结果如图 10-134 所示。

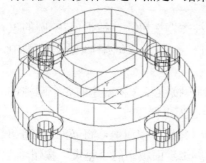
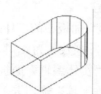
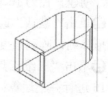
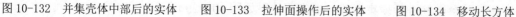

图 10-132　并集壳体中部后的实体　　　图 10-133　拉伸面操作后的实体　　　图 10-134　移动长方体

❹单击"三维工具"选项卡"实体编辑"面板中的"差集"按钮◉，将实体与长方体进行差集运算。

⑤单击"默认"选项卡"绘图"面板中的"圆"按钮⊙，捕捉实体顶面圆心为圆心，绘制半径为 22 的辅助圆。

⑥单击"三维工具"选项卡"建模"面板中的"圆柱体"按钮⬜，捕捉 R22 圆的右象限点为圆心，创建半径为 6，高-16 的圆柱。

⑦单击"三维工具"选项卡"实体编辑"面板中的"并集"按钮◎，将实体进行并集运算，如图 10-135 所示。

⑧删除辅助圆。

⑨单击"默认"选项卡"修改"面板中的"移动"按钮✛，以实体底面圆心为基点，将其移动到壳体顶面圆心处。

⑩单击"三维工具"选项卡"实体编辑"面板中的"并集"按钮◎，将实体进行并集运算，如图 10-136 所示。

06 创建壳体顶板

❶单击"三维工具"选项卡"建模"面板中的"长方体"按钮⬜，在实体旁边，创建长 55、宽 68、高 8 的长方体。

❷单击"三维工具"选项卡"建模"面板中的"圆柱体"按钮⬜，长方体底面右边中点为圆心，创建直径为 68、高 8 的圆柱。

❸单击"三维工具"选项卡"实体编辑"面板中的"并集"按钮◎，将实体进行并集运算。

❹单击"三维工具"选项卡"实体编辑"面板中的"复制边"按钮⬜，如图 10-137 所示，选取实体底边，在原位置进行复制。

 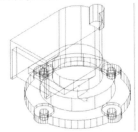 

图 10-135　并集圆柱后的实体　图 10-136　并集壳体上部后的实体　图 10-137　选取复制的边线

❺利用合并多段线命令(PEDIT)，将复制的实体底边合并成一条多段线。

❻单击"默认"选项卡"修改"面板中的"偏移"按钮⬜，将多段线向内偏移 7。

❼单击"默认"选项卡"绘图"面板中的"构造线"按钮⬜，过多段线圆心绘制竖直辅助线及 45°辅助线。

❽单击"默认"选项卡"修改"面板中的"偏移"按钮⬜，将竖直辅助线分别向左偏移 12 及 40，如图 10-138 所示。

❾单击"三维工具"选项卡"建模"面板中的"圆柱体"按钮⬜，捕捉辅助线与多段线的交点为圆心，分别创建直径为 7，高 8，及直径为 14，高 2 的圆柱；选择菜单栏中的"修改"→"三维操作"→"三维镜像"，将圆柱以 ZX 面为镜像面，以底面圆心为 ZX 面上的点，进行镜像操作；单击"三维工具"选项卡"实体编辑"面板中的"差集"按钮◎，

将实体与镜像后的圆柱进行差集运算。

⑩删除辅助线；单击"默认"选项卡"修改"面板中的"移动"按钮✛，以壳体顶板底面圆心为基点，将其移动到壳体顶面圆心处。

⑪单击"三维工具"选项卡"实体编辑"面板中的"并集"按钮⚭，将实体进行并集运算。如图 10-139 所示。

07 拉伸壳体面。单击"三维工具"选项卡"建模"面板中的"拉伸"按钮⬆，如图 10-140 所示，选取壳体表面，拉伸-8，消隐后结果如图 10-141 所示。

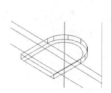

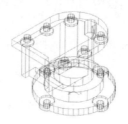
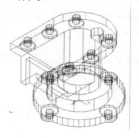

图 10-138 偏移辅助线　　　图 10-139 并集壳体顶板后的实体　　　图 10-140 选取拉伸面

08 创建壳体竖直内孔。

❶单击"三维工具"选项卡"建模"面板中的"圆柱体"按钮⬚，以（0，0，0）为圆心，分别创建直径为18，高14，及直径为30，高80的圆柱；以（-25，0，80）为圆心，创建直径为12，高-40的圆柱；以（22，0，80）为圆心，创建直径为6，高-18的圆柱，

❷单击"三维工具"选项卡"实体编辑"面板中的"差集"按钮⚭，将壳体与内形圆柱进行差集运算。

09 创建壳体前部凸台及孔。

❶设置用户坐标系。在命令行输入"UCS"，将坐标原点移动到（-25，36，48），并将其绕 X 轴旋转 90°。

❷单击"三维工具"选项卡"建模"面板中的"圆柱体"按钮⬚，以（0，0，0）为圆心，分别创建直径为30，高-16，直径为20、高-12及直径为12，高-36的圆柱。

❸单击"三维工具"选项卡"实体编辑"面板中的"并集"按钮⚭，将壳体与 φ30 圆柱进行并集运算。

❹单击"三维工具"选项卡"实体编辑"面板中的"差集"按钮⚭，将壳体与其余圆柱进行差集运算，如图 10-142 所示。

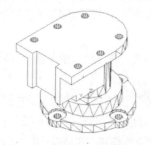
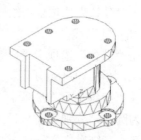

图 10-141 拉伸面后的壳体　　　　　　图 10-142 壳体凸台及孔

10 创建壳体水平内孔。

❶设置用户坐标系。将坐标原点移动到（-25，10，-36），并绕Y轴旋转90°。

❷单击"三维工具"选项卡"建模"面板中的"圆柱体"按钮，以（0，0，0）为圆心，分别创建直径为12，高8，及直径为8，高25的圆柱；以（0，10，0）为圆心，创建直径为6，高15的圆柱。

❸选择菜单栏中的"修改"→"三维操作"→"三维镜像"，将φ6圆柱以当前ZX面为镜像面，进行镜像操作。

❹单击"三维工具"选项卡"实体编辑"面板中的"差集"按钮，将壳体与内形圆柱进行差集运算。如图10-143所示。

11 创建壳体肋板。

❶切换视图到前视图。

❷单击"默认"选项卡"绘图"面板中的"多段线"按钮，如图10-144所示，从点1（中点）→点2（垂足）→点3（垂足）→点4（垂足）→点5（@0，-4）→点1，绘制闭合多段线。

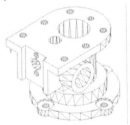

图10-143　差集水平内孔后的壳体

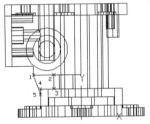

图10-144　绘制多段线

❸单击"三维工具"选项卡"建模"面板中的"拉伸"按钮，将闭合的多段线拉伸3。

❹选择菜单栏中的"修改"→"三维操作"→"三维镜像"，将拉伸实体，以当前XY面为镜像面，进行镜像操作。

❺单击"三维工具"选项卡"实体编辑"面板中的"并集"按钮，将壳体与肋板进行并集运算。

❻圆角操作。单击"默认"选项卡"修改"面板中的"圆角"按钮，对壳体进行倒角及倒圆角操作。

❼渲染处理。单击"可视化"选项卡"材质"面板中的"材质浏览器"按钮，选择适当的材质，然后单击"可视化"选项卡"渲染-MentalRay"面板中的"渲染"按钮，对图形进行渲染，渲染后的效果如图10-127所示。

🖐 总结与点评

本实例讲解的壳体三维机械造型也属于典型的壳体类零件。这类零件结构复杂，尤其是内部结构比较繁杂，所以在绘制的过程，需要综合应用各种三维绘图命令，读者注意灵活应用。

实例 99 球阀装配立体图

本实例绘制的球阀装配立体图如图 10-145 所示。

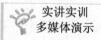

实讲实训
多媒体演示

多媒体演示
参见配套光盘中
的\\动画演示\第
10 章\球阀装配
立体图.avi。

图 10-145 球阀装配立体图

 思路提示

　　本节绘制的球阀装配立体图由双头螺母、螺母、密封圈、扳手、阀杆、阀芯、压紧套、阀体和阀盖等立体图组成。首先打开基准零件图，将其变为平面视图；然后打开要装配的零件，将其变为平面视图，将要装配的零件图复制粘贴到基准零件视图中；然后再通过确定合适的点，将要装配的零件图装配到基准零件图，并进行干涉检查；最后，通过着色及变换视图方向将装配图设置为合理的位置和颜色，然后渲染处理。其绘制流程如图 10-146 所示。

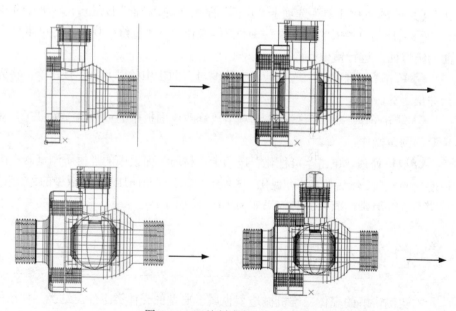

图 10-146 绘制流程图

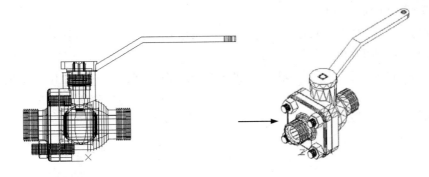

图 10-146　绘制流程图（续）

 解题步骤

01 配置绘图环境。

❶建立新文件。启动 AutoCAD 2016，使用默认设置绘图环境。单击"快速访问"工具栏中的"新建"按钮□，弹出"选择样板"对话框，单击"打开"按钮右侧的下拉按钮▾，以"无样板打开－公制"（毫米）方式建立新文件；将新文件命名为"球阀装配立体图.dwg"并保存。

❷设置线框密度。在命令行中输入"ISOLINES"，设置线框密度为10。

❸设置视图方向。单击"可视化"选项卡"视图"面板中的"西南等轴测"按钮◈，将当前视图方向设置为西南等轴测视图。

02 装配阀体立体图。

❶打开阀体立体图。单击"快速访问"工具栏中的"打开"按钮☞，打开"阀体立体图.dwg"。

❷设置视图方向。将当前视图方向设置为左视图方向。

❸复制阀体立体图。选择菜单栏中的"编辑"→"复制"命令，将"阀体立体图"图形复制到"球阀装配立体图"中。指定的插入点为"0,0"，结果如图 10-147 所示。图 10-148 所示为西北等轴测方向的阀体装配立体图的渲染视图。

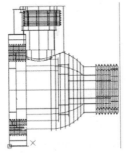

图 10-147　装入泵体后的图形

图 10-148　西北等轴测方向图形

03 装配阀盖立体图。

❶打开阀盖立体图。单击"快速访问"工具栏中的"打开"按钮 📂，打开"阀盖立体图.dwg"，结果如图 10-149 所示。

❷设置视图方向。将当前视图方向设置为左视图方向。结果如图 10-150 所示。

❸复制阀盖立体图。选择菜单栏中的"编辑"→"复制"命令，将"阀体立体图"图形复制到"球阀装配立体图"中。将插入点指定为一合适的位置，结果如图 10-151 所示。

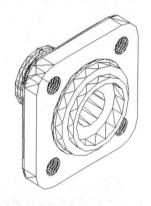

图 10-149　阀盖立体图

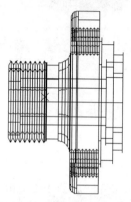

图 10-150　左视图的图形

❹移动阀盖立体图。单击"默认"选项卡"修改"面板中的"移动"按钮 ✛，将"阀盖立体图"以图 10-135 中的点 1 为基点移动到图 10-151 中的点 2 位置，结果如图 10-152 所示。

❺干涉检查。选择菜单栏中的"修改"→"三维操作"→"干涉检查"命令，对"阀体立体图"和"阀盖立体图"进行十涉检查，命令行提示与操作如下：

```
命令：INTERFERE↙
选择第一组对象或 [嵌套选择(N)/设置(S)]：（选择阀体立体图）
选择第一组对象或 [嵌套选择(N)/设置(S)]：↙
选择第二组对象或 [嵌套选择(N)/检查第一组(K)]〈检查〉：（选择阀盖立体图）
选择第二组对象或 [嵌套选择(N)/检查第一组(K)]〈检查〉：↙
```

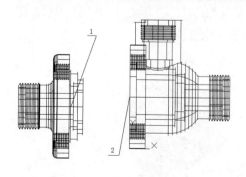

图 10-151　阀盖立体图

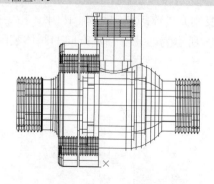

图 10-152　装入阀盖后的图形

系统弹出"干涉检查"对话框，如图 10-153 所示。该对话框显示检查结果，如果存在干涉，则装配图上会亮显干涉区域，这时，就要检查装配是否到位，调整相应的装配位置，直到不发生干涉为止。图 10-154 所示为装配后的西北等轴测方向的渲染视图。

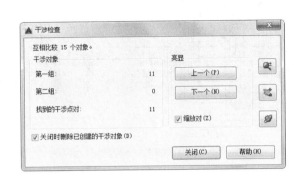

图 10-153 "干涉检查"对话框

图 10-154 阀盖立体图

04 装配密封圈立体图。

❶打开密封圈立体图。单击"快速访问"工具栏中的"打开"按钮 📂，打开"密封圈立体图.dwg"，结果如图 10-155 所示。

❷设置视图方向。将当前视图方向设置为左视图方向。

❸三维旋转视图。单击"建模"工具栏中的"三维旋转"按钮 ⊕，将"密封圈立体图"沿 Z 轴旋转 90º，结果如图 10-156 所示。

❹复制密封圈立体图。选择菜单栏中的"编辑"→"复制"命令，复制两个"密封圈立体图"图形复制到"阀体装配立体图"中，将插入点指定为一合适的位置，结果如图 10-157 所示。

❺三维旋转对象。单击"建模"工具栏中的"三维旋转"按钮 ⊕，将左边的"密封圈立体图"沿 Z 轴旋转 180°。结果如图 10-158 所示。

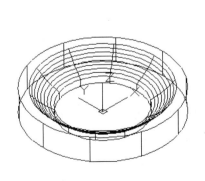

图 10-155 密封圈立体图

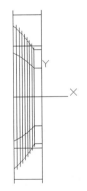

图 10-156 三维旋转的图形

❻移动密封圈立体图。单击"默认"选项卡"修改"面板中的"移动"按钮 ✛，将图 10-158 中的左边的密封圈立体图以图 10-158 中的点 3 为基点移动到图 10-158 中的点 1 位置。将图 10-158 中的右边的密封圈立体图以图 10-158 中的点 4 为基点移动到图

10-158 中的点 2 位置。结果如图 10-159 所示。

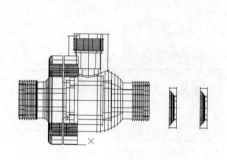

图 10-157　插入密封圈后的图形

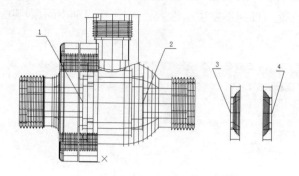

图 10-158　旋转密封圈后的图形

❼干涉检查。选择菜单栏中的"修改"→"三维操作"→"干涉检查"命令，对"阀体立体图"和"密封圈立体图"进行干涉检查，如果发生干涉，则检查装配是否到位，调整相应的装配位置，直到不发生干涉为止。图 10-160 所示为消隐后的西北等轴测方向的装配图。

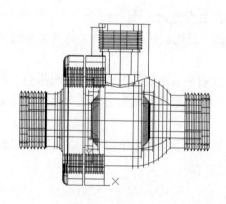

图 10-159　装入密封圈后的图形

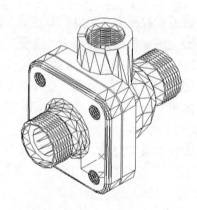

图 10-160　西南等轴测视图

05 装配阀芯立体图。

❶打开阀芯立体图。单击"快速访问"工具栏中的"打开"按钮 📂，打开"阀芯立体图.dwg"。图 10-161 所示为"阀芯立体图"的渲染视图。

❷设置视图方向。将当前视图方向设置为前视图方向，结果如图 10-162 所示。

❸复制阀芯立体图。选择菜单栏中的"编辑"→"复制"命令，将"阀芯立体图"图形复制到"球阀装配立体图"中。将插入点指定为一合适的位置，结果如图 10-163 所示。

❹移动阀芯立体图。单击"默认"选项卡"修改"面板中的"移动"按钮 ✛，将"阀芯立体图"以图 10-164 中阀芯的圆心为基点移动到图 10-164 中密封圈的圆心位置。结果如图 10-164 所示。

图 10-161　阀芯立体图　　　　　　　　　图 10-162　主视图的图形

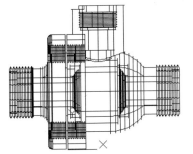
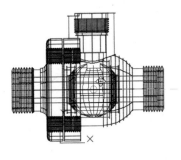

图 10-163　插入阀芯后的图形　　　　　　图 10-164　装入阀芯后的图形

⑤干涉检查。选择菜单栏中的"修改"→"三维操作"→"干涉检查"命令，对"阀芯立体图"和左右两个"密封圈立体图"进行干涉检查，如果发生干涉，则检查装配是否到位，调整相应的装配位置，直到不发生干涉为止。图 10-165 所示为装配后的西北等轴测方向的渲染视图。

06 装配压紧套立体图。

❶打开压紧套立体图。单击"快速访问"工具栏中的"打开"按钮，打开"压紧套立体图.dwg"。图 10-166 所示为渲染后的压紧套立体图。

❷设置视图方向。将当前视图方向设置为左视图方向，结果如图 10-167 所示。

图 10-165　西北等轴测消隐视图　　　　　图 10-166　压紧套立体图

❸三维旋转视图。单击"建模"工具栏中的"三维旋转"按钮，将"压紧套立体

447

图"沿 Z 轴旋转 90°，结果如图 10-168 所示。

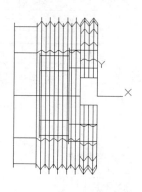

图 10-167　左视图方向图形

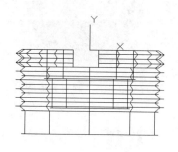

图 10-168　旋转后的图形

❹复制压紧套立体图。选择菜单栏中的"编辑"→"复制"命令，将"压紧套立体图"图形复制到"阀体装配立体图"中，结果如图 10-169 所示。

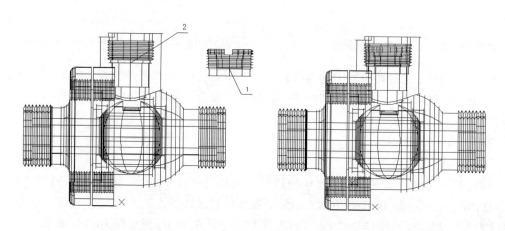

图 10-169　插入压紧套后的图形　　　　　图 10-170　装入压紧套后的图形

❺移动压紧套立体图。单击"默认"选项卡"修改"面板中的"移动"按钮✛，将"压紧套立体图"以图 10-167 中点 1 为基点移动到图 10-167 中点 2 位置，结果如图 10-170 所示。

❻干涉检查。选择菜单栏中的"修改"→"三维操作"→"干涉检查"命令，对"压紧套立体图"和"阀体立体图"进行干涉检查，如果发生干涉，则检查装配是否到位，调整相应的装配位置，直到不发生干涉为止。图 10-171 所示为消隐后的西北等轴测方向的装配图。

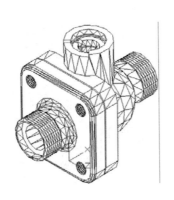

图 10-171　西北等轴测视图　　　　　　图 10-172　阀杆立体图

07 装配阀杆立体图。

❶打开阀芯立体图。单击"快速访问"工具栏中的"打开"按钮⬀，打开"阀杆立体图.dwg"。图 10-172 所示为渲染后的阀杆立体图。

❷设置视图方向。将当前视图方向设置为左视图方向，结果如图 10-173 所示。

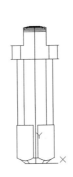

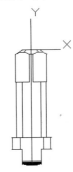

图 10-173　左视图方向图形　　　　　　图 10-174　旋转后的图形

❸三维旋转视图。单击"建模"工具栏中的"三维旋转"按钮⬢，将"阀杆立体图"沿 Z 轴旋转 180º，结果如图 10-174 所示。

❹复制阀杆立体图。选择菜单栏中的"编辑"→"复制"命令，将"阀杆立体图"图形复制到"球阀装配立体图"中。将插入点指定为一合适的位置，结果如图 10-175 所示。

❺移动阀杆立体图。单击"默认"选项卡"修改"面板中的"移动"按钮✥，将"阀杆立体图" 以图 10-175 中点 2 为基点移动到图 10-175 中点 1 位置，结果如图 10-176 所示。

❻干涉检查。选择菜单栏中的"修改"→"三维操作"→"干涉检查"命令，对"阀杆立体图"和"阀芯立体图"进行干涉检查，如果发生干涉，则检查装配是否到位，调整相应的装配位置，直到不发生干涉为止。图 10-177 所示为装配后的西北等轴测方向的渲染视图。

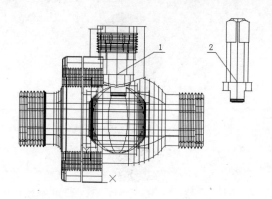

图 10-175　插入阀杆后的图形

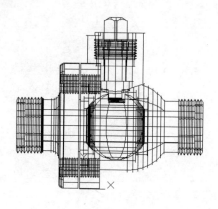

图 10-176　装入阀杆后的图形

图 10-177　西北等轴测视图

图 10-178　扳手立体图

图 10-179　主视图方向图形

08 装配扳手立体图。

❶打开扳手立体图。单击"快速访问"工具栏中的"打开"按钮 🖝，打开"扳手立体图.dwg"。图 10 178 所示为渲染后的扳手立体图。

❷设置视图方向。将当前视图方向设置为前视图方向。结果如图 10-179 所示。

❸复制扳手立体图。选择菜单栏中的"编辑"→"复制"命令，将"扳手立体图"图形复制到"阀体装配立体图"中，结果如图 10-180 所示。

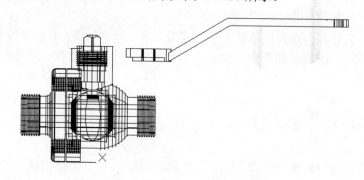

图 10-180　插入扳手后的图形

❹移动扳手立体图。单击"默认"选项卡"修改"面板中的"移动"按钮 ✥，将"扳手立体图"以图 10-176 中扳手左上部的圆心为基点移动到图 10-180 中阀杆上部的圆心

位置，结果如图 10-181 所示。

❺干涉检查。选择菜单栏中的"修改"→"三维操作"→"干涉检查"命令，对"扳手立体图"和"阀杆立体图"进行干涉检查，如果发生干涉，则检查装配是否到位，调整相应的装配位置，直到不发生干涉为止。图 10-182 所示为消隐后的西北等轴测方向的装配图。

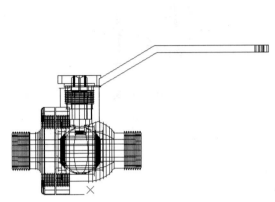

图 10-181　装入扳手后的图形

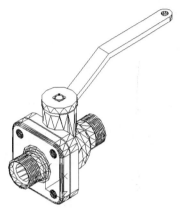

图 10-182　西北等轴测图形

09 装配双头螺柱立体图。

❶打开双头螺柱立体图。单击"快速访问"工具栏中的"打开"按钮📂，打开"双头螺柱立体图.dwg"。图 10-183 所示为渲染后的双头螺柱立体图。

❷设置视图方向：将当前视图方向设置为左视图方向，结果如图 10-184 所示。

图 10-183　双头螺柱立体图

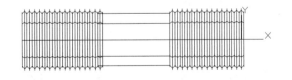

图 10-184　左视图的图形

❸复制双头螺柱立体图。选择菜单栏中的"编辑"→"复制"命令，将"双头螺柱立体图"图形复制到"球阀装配立体图"中。将插入点指定为一合适的位置，结果如图 10-185 所示。

❹移动双头螺柱立体图。单击"默认"选项卡"修改"面板中的"移动"按钮✛，将"双头螺柱立体图"以图 10-185 中点 2 为基点移动到图 10-185 中点 1 位置。结果如图 10-186 所示。

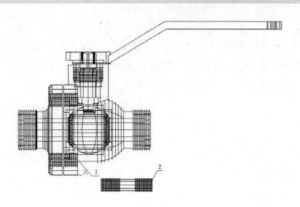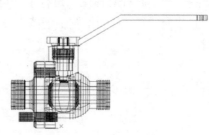

图 10-185　插入双头螺柱后的图形　　　　图 10-186　装入双头螺柱后的图形

❺干涉检查。选择菜单栏中的"修改"→"三维操作"→"干涉检查"命令，对"双头螺柱立体图"和"阀盖立体图"以及"阀体立体图"进行干涉检查，如果发生干涉，则检查装配是否到位，调整相应的装配位置，直到不发生干涉为止。图 10-187 所示为装配后的西北等轴测方向的渲染视图。

10 装配螺母立体图。

❶打开螺母立体图。单击"快速访问"工具栏中的"打开"按钮 ，打开"螺母立体图.dwg"。图 10-188 所示为渲染后的螺母立体图。

图 10-187　西北等轴测视图　　　　　图 10-188　螺母立体图

❷设置视图方向。将当前视图方向设置为主视图方向，结果如图 10-189 所示。

❸复制螺母立体图。选择菜单栏中的"编辑"→"复制"命令，将"螺母立体图"图形复制到"阀体装配立体图"中，结果如图 10-190 所示。

❹移动螺母立体图。单击"默认"选项卡"修改"面板中的"移动"按钮 ，将"螺母立体图" 以图 10-190 中点 2 为基点移动到图 10-190 中点 1 位置，结果如图 10-191 所示。

❺干涉检查。选择菜单栏中的"修改"→"三维操作"→"干涉检查"命令，对"螺母立体图"和"双头螺柱立体图"进行干涉检查，如果发生干涉，则检查装配是否到位，调整相应的装配位置，直到不发生干涉为止。图 10-192 所示为消隐后的西北等轴测方向

的装配图。

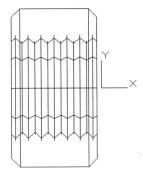

图 10-189 左视图方向图形

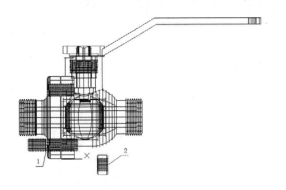

图 10-190 插入螺母后的图形

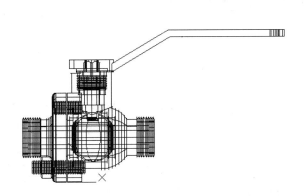

图 10-191 装入螺母后的图形

图 10-192 西北等轴测图形

⑪ 阵列双头螺柱和螺母立体图。

❶设置视图方向。将当前视图方向设置为左视图方向，结果如图 10-193 所示。

❷三维阵列双头螺柱和螺母立体图。单击"建模"工具栏中的"三维阵列"按钮 ⊞，将"双头螺柱立体图"和"螺母立体图"进行三维矩形阵列操作，行数为 2，列数为 2，层数为 1，行间距为 50，列间距为-50，结果如图 10-194 所示。

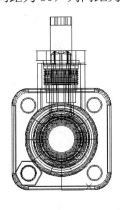

图 10-193 左视图方向图形

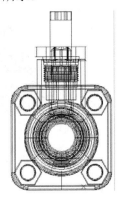

图 10-194 三维阵列后的图形

❸设置视图方向：将视图设置为西北等轴测方向。消隐后结果如图 10-195 所示。

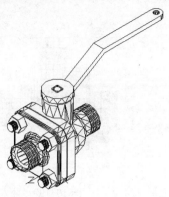

图 10-195　西北等轴测视图

 总结与点评

　　本实例讲解了球阀装配体三维机械造型。本通过本实例的讲解，帮助读者掌握了三维造型中装配体的生成方法也用到了装配图中特有的"干涉检查"等命令，这一点读者注意体会。

实例 100　剖切球阀装配立体图

本实例绘制的球阀装配立体图剖切图如图 10-196 所示。

图 10-196　1/4 剖切视

实讲实训
多媒体演示

多媒体演示参见配套光盘中的\\动画演示\第 10 章\剖切球阀装配立体图.avi。

 思路提示

本节绘制的是剖切球阀装配立体图，首先打开球阀装配立体图，然后利用剖切命令 SLICE 剖切视图，最后渲染处理。其绘制流程如图 10-197 所示。

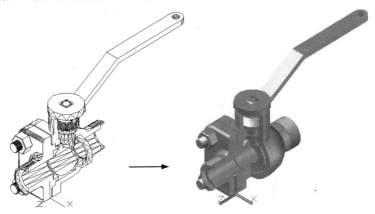

图 10-197　绘制流程图

 解题步骤

01 打开球阀装配立体图。单击"快速访问"工具栏中的"打开"按钮，打开"球阀装配立体图.dwg"，如图 10-195 所示。

02 1/2 剖切视图。单击"三维工具"选项卡"实体编辑"面板中的"剖切"按钮，对球阀转配立体图进行 1/2 剖切处理。命令行提示与操作如下：

命令：SLICE↙
选择对象：（选择阀盖、阀体、左边的密封圈和阀芯立体图）
选择对象：↙
指定切面上的第一个点，依照 [对象(O)/Z 轴(Z)/视图(V)/XY 平面(XY)/YZ 平面(YZ)/ZX 平面 (ZX)/三点(3)] ⟨三点⟩：YZ↙
指定 YZ 平面上的点 ⟨0,0,0⟩：↙
在要保留的一侧指定点或 [保留两侧(B)]：-1,0,0↙

03 删除对象。单击"默认"选项卡"修改"面板中的"删除"按钮，将 YZ 平面右侧的两个"双头螺柱立体图"和两个"螺母立体图"删除。消隐后结果如图 10-198 所示。

04 打开球阀装配立体图。单击"快速访问"工具栏中的"打开"按钮，打开"球阀装配立体图.dwg"，如图 10-195 所示。

05 1/4 剖切视图。单击"三维工具"选项卡"实体编辑"面板中的"剖切"按钮，对球阀转配立体图进行 1/4 剖切处理。相同方法连续进行两次剖切。

 说 明

　　执行第二次"剖切"命令时，AutoCAD 会提示"剖切平面不与 1 个选定实体相交。"执行该命令后，将多余的图形删除即可。

06 删除对象。单击"默认"选项卡"修改"面板中的"删除"按钮，将视图中相应的图形删除。渲染后结果如图 10-196 所示。

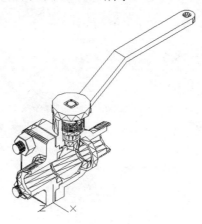

图 10-198　1/2 剖切视图

总结与点评

　　剖切图也是装配图的一种，它有利于表达装配图的内部结构。本实例在绘制过程中，主要使用了"剖切"命令。这一点读者注意体会。